地矿类专业创新人才
培养模式及实践

杨玉中 景国勋 吴立云 著

科学出版社
北京

内 容 简 介

本书针对当前对创新型人才的巨大需求和人才培养的严重不足的现状，通过引入大工程观、CDIO、产学研合作教育等理念与理论，运用问卷调查、理论分析、实证研究等方法，开展了地矿类工程技术创新人才培养模式的研究，以期构建地矿类专业工程技术创新人才培养的新模式，提高人才培养的质量。本书主要内容包括地矿类工程技术创新人才培养的制约因素分析及优化，创新人才的素质结构，创新人才培养的目标体系、课程体系、实践创新能力培养模式、教学方法和保障机制等。

本书可作为高等院校地矿类专业师生和教育管理人员参考用书。

图书在版编目（CIP）数据

地矿类专业创新人才培养模式及实践/杨玉中，景国勋，吴立云著. —北京：科学出版社，2017.10

ISBN 978-7-03-054626-5

Ⅰ. ①地… Ⅱ. ①杨…②景…③吴… Ⅲ. ①地矿业–人才培养–培养模式–研究–中国 Ⅳ. ①TD

中国版本图书馆 CIP 数据核字（2017）第 240022 号

责任编辑：朱晓颖　张丽花/责任校对：郭瑞芝
责任印制：吴兆东/封面设计：谜底书装

科学出版社出版
北京东黄城根北街16号
邮政编码：100717
http://www.sciencep.com

北京京华虎彩印刷有限公司 印刷
科学出版社发行　各地新华书店经销

*

2017年10月第 一 版　开本：787×1092　1/16
2017年10月第一次印刷　印张：16 3/4
字数：428 000

定价：98.00元
（如有印装质量问题，我社负责调换）

前　言

创新是一个民族的灵魂，是一个国家兴旺发达的不竭动力。当今世界各国综合国力竞争的核心，是知识创新、技术创新和高新技术产业化。面对世界科技飞速发展的挑战，我们必须把增强民族创新能力提高到关系中华民族兴衰存亡的高度来认识，奋力加快创新型国家建设。建设创新型国家，关键是要把培养创新型人才作为国家增强自主创新能力的战略基点，贯穿全面建成小康社会各个方面，进一步激发全民族创新精神，形成有利于创新人才辈出的良好氛围，实现中华民族伟大复兴的"中国梦"。

《国家中长期人才发展规划纲要(2010—2020年)》中明确提出"创新人才培养模式，建立学校教育和实践锻炼相结合、国内培养和国际交流合作相衔接的开放式培养体系。探索并推行创新型教育方式方法，突出培养学生的科学精神、创造性思维和创新能力。加强实践培养，依托国家重大科研项目和重大工程、重点学科和重点科研基地、国际学术交流合作项目，建设一批高层次创新型科技人才培养基地"的战略任务。党的十八大明确提出了实施创新驱动发展战略，明确了通过体制机制改革加快创新人才培养的战略任务。创新驱动实质上更靠人才驱动，创新型人才是实现创新驱动发展战略最具能动性的因素。近年来，人才强国已成为我国经济社会发展的一项基本战略，以高层次人才、高技能人才为重点的各类创新型人才队伍不断壮大。2015年3月，中共中央、国务院印发的《关于深化体制机制改革加快实施创新驱动发展战略的若干意见》明确提出，要把人才作为创新的第一资源，更加注重培养、用好、吸引各类人才，促进人才合理流动、优化配置，创新人才培养模式，提出了"开展启发式、探究式、研究式教学方法改革试点"的创新人才培养举措。

为贯彻党中央、国务院关于进一步激励大众创业、万众创新的精神，落实党中央、国务院《关于深化体制机制改革加快实施创新驱动发展战略的若干意见》《国务院办公厅关于发展众创空间推进大众创新创业的指导意见》和《河南省全面建成小康社会加快现代化建设战略纲要》要求，2015年6月，河南省人民政府也印发了《关于发展众创空间推进大众创新创业的实施意见》，《实施意见》指出，推进实施大学生创业引领计划，鼓励各高校开设创新创业教育课程，开展大学生创业培训，重点建设一批大学生创业教育示范学校。这些都充分体现了创新已成为我国社会经济发展的关键要素，高等院校工程创新人才培养是创新驱动战略实施的重要任务之一。

我国在创新人才培养方面做出了一系列重大举措，取得了一定的成效。但是，我国人才发展的总体水平同世界先进国家相比仍存在较大差距，高层次创新型人才匮乏，人才创新能力不强，人才流动存在诸多体制机制障碍。特别是高等院校培养具有创新型高技能型人才的能力严重不足。

针对当前对创新型人才的巨大需求和培养的严重不足的现状，课题组开展了地矿类工程技术创新人才培养模式的研究，以期构建地矿类专业工程技术创新人才培养的新模式，提高人才培养的质量。主要进行了地矿类工程技术创新人才培养的制约因素分析及优化、创新人才的素质结构、创新人才培养模式的目标体系、课程体系、实践创新能力培养模式、教学方法和保障机制等内容的研究，得出了一些有益的结论。

  本书由河南理工大学的杨玉中、景国勋和吴立云共同主笔，得到了河南省教育教学研究改革重点项目（2014SJGLX018、2012SJGLX012）的资助。在项目研究和成书的过程中，河南理工大学的范如永、邓广涛、武学超、赵观石也做了大量的工作，作者在此一并表示衷心的感谢！此外还特别感谢科学出版社对本书的大力支持和帮助！对有益于本书编写的所有参考文献的作者们表示真诚的感谢！

  由于作者的水平和时间有限，书中不当之处，敬请读者不吝指正！

作 者
2017 年 5 月

目　录

第 1 章　绪论 ··· 1
1.1　研究背景及意义 ··· 1
1.2　国内外研究现状 ··· 8
1.3　研究的主要内容与方法 ··· 23
1.4　本章小结 ··· 25

第 2 章　创新人才培养体系构建的理论基础 ··· 26
2.1　CDIO 工程理论 ··· 26
2.2　大工程观教育理论 ··· 27
2.3　发展中学习理论 ··· 28
2.4　产学研合作教育 ··· 30
2.5　本章小结 ··· 47

第 3 章　地矿类工程技术创新人才培养的制约因素 ··· 48
3.1　地矿类专业人才培养模式的现状调查 ··· 48
3.2　地矿类工程技术创新人才培养存在的问题 ··· 53
3.3　地矿类创新人才培养的制约因素及其优化 ··· 59
3.4　本章小结 ··· 76

第 4 章　地矿类工程技术创新人才的素质结构 ··· 77
4.1　地矿类大学生创新素质的要求 ··· 77
4.2　地矿类工程技术创新人才的素质结构分析 ··· 80
4.3　本章小结 ··· 89

第 5 章　地矿类工程技术创新人才培养的目标体系 ··· 90
5.1　工程技术创新人才培养的目标体系分析 ··· 90
5.2　地矿类卓越工程师培养目标体系的构建 ··· 93
5.3　地矿类本科人才培养目标体系的构建 ··· 137
5.4　本章小结 ··· 148

第 6 章　地矿类工程技术创新人才培养的课程体系 ··· 149
6.1　我国高校地矿类专业课程体系存在的问题 ··· 149
6.2　国外地矿类专业课程体系改革的经验及启示 ··· 152
6.3　地矿类工程技术创新人才培养模式的课程体系 ··· 156
6.4　本章小结 ··· 168

第 7 章　地矿类工程技术人才实践创新能力的培养模式 ··· 169
7.1　地矿类专业培养目标概述 ··· 169
7.2　专业教学内容体系的重构 ··· 171
7.3　校内外教学平台体系的构建 ··· 175

7.4 多元化教学方法与手段 ……………………………………………………… 180
7.5 全方位闭环式教学质量监控体系 …………………………………………… 181
7.6 "五机制相结合"的教学运行机制 …………………………………………… 183
7.7 本章小结 ……………………………………………………………………… 184

第8章 地矿类工程技术创新人才培养的教学方法 …………………………………… 186
8.1 地矿类工程技术创新人才培养的研究型教学方法 ………………………… 186
8.2 地矿类工程技术创新人才培养的协作式教学方法 ………………………… 194
8.3 地矿类工程技术创新人才培养的项目导向教学方法 ……………………… 200
8.4 地矿类工程技术创新人才培养的案例式教学方法 ………………………… 202
8.5 本章小结 ……………………………………………………………………… 205

第9章 地矿类工程技术创新人才的培养模式 ………………………………………… 206
9.1 地矿类专业创新人才培养模式的现状 ……………………………………… 206
9.2 地矿类专业创新人才培养的主要模式 ……………………………………… 208
9.3 河南理工大学地矿类专业创新人才培养模式的案例分析 ………………… 221
9.4 本章小结 ……………………………………………………………………… 232

第10章 地矿类工程技术创新人才培养的保障机制 …………………………………… 233
10.1 大工程的产学研合作教育环境 ……………………………………………… 233
10.2 构建注重创新的产学研合作课程平台 ……………………………………… 237
10.3 提高教师的教育教学水平 …………………………………………………… 241
10.4 创造有利于人才创新的环境和条件 ………………………………………… 248
10.5 本章小结 ……………………………………………………………………… 254

参考文献 ………………………………………………………………………………… 255

第1章 绪 论

创新已经成为时代的最强音。培养工程技术创新人才及其创新能力已经成为国内外高等教育人才培养中面临的重要任务和主要目标之一。对国家安全问题较为突出的煤矿、金属矿以及石油等行业的地矿类专业工程技术人才的培养尤其重要。

1.1 研究背景及意义

1.1.1 问题缘起

石化能源尤其是煤炭是我国一次性消费能源中的核心能源，是我国国民经济的重要支柱和基础，对我国未来发展和实现现代化的建设目标都具有不可替代的重要作用和价值。尤其是在我国建设创新型国家的过程中，如何让地矿能源为国民经济发展服务、为创新型国家建设服务，并在此基础上，能够切实推动节约经济、环保经济、绿色经济战略的实施，都离不开地矿能源的支撑和发展。加强地矿工作，必须依靠科学技术进步和技术创新。科技创新，人才为本，加强地矿工作的关键在于培养一支数量和质量均优的地矿人才队伍。

发展科技教育和壮大人才队伍，是提升国家竞争力的决定性因素。科学技术发展，要坚持自主创新、重点跨越、支撑发展、引领未来，不断增强企业创新能力，加快建设国家创新体系。从我国经济社会发展的战略需求出发，把能源、资源、环境、农业、信息等关键领域的重大技术开发放在优先位置，按照有所为有所不为的要求，启动一批重大专项，力争取得重要突破。加强基础研究和前沿技术研究，在信息、生命、空间、海洋、纳米及新材料等战略领域超前部署，集中优势力量，加大投入力度，增强科技和经济持续发展的后劲。加强重大科技基础设施建设，实施若干重大科学工程，支撑科学技术创新。继续深化科技体制改革，调整优化科技结构，整合科技资源，加快建立现代科研院所制度，形成产学研相结合的有效机制(中共中央关于制定十一五规划的建议，2005)。中华人民共和国成立后，我国实行了国家集中计划、中央各部委和地方政府分别办学的高等教育体制，发挥中央各部委和地方政府的办学积极性，促进高等教育的发展，培养了一大批适应当时社会主义建设对基础研究、艰苦行业和特殊需要的专门人才。但是随着我国市场经济发展的深化，教育体制也相应发生了巨大的变化，主要表现在以下几个方面(郭桓宇，2009)。

(1) 政府对高等教育的学科专业目录和课程体系进行了调整，把以往针对特定行业领域服务来设置专业调整为按照学科门类和科学发展的要求来设置学科专业。这种做法改变了以往专业口径过窄、人才培养模式单一的局面，增强了学科专业的覆盖面和人才的普适性。但同时也造成一些特殊领域、艰苦行业人才培养力度的削弱，人才培养失衡的现象开始出现。

(2) 人才配置趋于市场化。高校毕业生就业逐渐呈现出向待遇高的行业、条件好的区域涌入的趋势，以往人才流动以政府分配为主导的局面被改变，一些艰苦行业的工程技术人才开始流失。

(3)信息产业、新兴工业的发展壮大,严重冲击艰苦行业专门技术人才培养进程。高科技发展的需要和国家政策的进一步倾斜导致信息产业、新兴工业得到国家优先支持和发展,相关产业领域人才培养规模逐年扩大。基础研究、艰苦行业和特殊人才培养规模逐渐萎缩,人才培养模式落后,人才质量下降,最终导致这些专业技术人才紧缺。而地矿类专业,正是这样一个应该摆在重点扶植之列的专业门类。

地矿类专业主要包括采矿工程、安全工程、矿物加工工程、石油工程、地质工程、资源勘查工程、勘查技术与工程等专业。这些专业涉及矿产和能源两大领域,在石油、煤炭以及非能源类固体矿产均为世界各国最重要的战略资源的前提下,这些专业的重要性不言而喻。因此,做好地矿类工程专业人才的培养,探索和创新地矿类工程专业人才培养模式是当务之急。

1.1.2 研究背景

创新是一个民族的灵魂,是一个国家兴旺发达的不竭动力。当今世界各国综合国力竞争的核心,是知识创新、技术创新和高新技术产业化。面对世界科技飞速发展的挑战,我们必须把增强民族创新能力提高到关系中华民族兴衰存亡的高度来认识,奋力加快创新型国家建设。建设创新型国家,关键是要把培养创新型人才作为国家增强自主创新能力的战略基点,贯穿全面建成小康社会各个方面,进一步激发全民族创新精神,形成有利于创新人才辈出的良好氛围,实现中华民族伟大复兴的"中国梦"。

人才培养是高校的根本任务,培养高素质的创新人才必须加大对人才培养模式的改革,这是建设创新型国家的重要任务和举措。2005年7月29日,温家宝总理看望了著名科学家钱学森,钱学森表示:"现在中国没有完全发展起来,一个重要原因是没有一所大学能够按照培养科学技术发明创造人才的模式去办学,没有自己独特的创新的东西,老是'冒'不出杰出人才。"钱学森之问,包括两个层面:一是学校培养创造发明型人才的模式,二是创新创业型人才在社会上发挥作用脱颖而出的机制。知识经济发展的时代是人才竞争的时代,高层次人才竞争已经成为一个国家的核心竞争能力和要素,要想在国际竞争中占有一席之地必须在高素质人才培养上下功夫,促改革,就必须能够培养、使用、引进、发挥人才的作用,使人才真正成为国家发展的核心力量和重要支撑。改革开放30年以来,我国高等教育的发展为现代化建设提供了强有力的人才支撑,使我国实现了快速发展。近年来,我国高等教育规模先后超过俄罗斯、印度和美国,成为世界第一。在很有限的条件下,实现了从精英教育到大众化教育的跨越,走完了别的国家需要三五十年甚至更长时间才能走完的道路。在充分肯定这一伟大成就的同时,我们也要清醒地看到,我们与国外高水平大学相比,毕业生的创新意识、创新精神和实践能力还有相当大的差距。我们的大学调动学生学习的主动性和创造性明显不够,实践教学还很不足,尤其是我们在培养拔尖创新人才方面成效不明显,致使国内各学科领域缺少大师级人才和领军人才。第一,要创新教育观念和人才培养模式,将中国的传统教育思想和国外现代教育理念结合起来,将科研、工程实践与人才培养紧密结合起来,使教育理念、内容、方法、手段适应时代进步、科技创新和人的全面发展的要求。第二,要高度重视、积极推进研究生培养模式的改革和创新,整体设计,分步推进。大学要研究社会对高素质创新人才的实际需要,借鉴世界一流大学的成功经验,调整、完善研究生教育的学位类别设计和质量标准体系,建立以科学研究为主导的导师负责制及导师资助制。第三,要为拔尖创新人才的成长提供良好的制度和环境。从政策体系入手，建立开放、流动、竞争、协作的科学研究机制，完善激励机制，使拔尖创新人才能潜心钻研学问（洪银兴，2008）。创新人才的培养是一项系统工程，必须从教育理念、师资队伍、培养模式等方面全面加强改革，才能为创新人才的培养奠定基础。

产学研合作教育是指在人才培养过程中，通过高校、企业的相互合作，使高校和企业在教学、科研、生产劳动方面加强合作，以培养创新型、复合型、应用型人才为目标，建立适应创新型社会发展需要的一种教育体制和人才培养模式（霍红豆，2010）。它符合当前经济、科学技术和教育的发展规律，是高等学校面向创新型国家战略，培养创新精神和创新能力的高素质人才的有效教育模式，也是未来高等教育改革发展的一种基本趋势。其本质是一种以培养学生的全面素质、综合能力和就业竞争能力为重点，充分利用高校和企业、科研单位等多种不同的教育环境、教育资源以及在人才培养方面的各自优势，把以课堂传授知识为主的学校教育与直接获得实际经验、实践能力为主的生产、科研实践有机地结合于大学生的培养过程之中的一种教育模式。这种人才培养模式由于在创新型人才培养中的重要意义和价值，因而得到了我国高等教育界的普遍重视。国家教育委员会（以下简称教委）于1992年11月14日在北京召开了全国普通高等教育工作会议，会议的主文件《关于加快改革和积极发展普通高等教育的意见》提出，要进一步贯彻落实教育与生产劳动相结合的方针，采取多种形式，大力加强学校与科研部门、企事业等单位的密切联系和合作，争取社会更多地参与高等学校人才培养工作。1993年3月，中共中央、国务院发布的《中国教育改革和发展纲要》规定，高等教育要进一步改变专业偏窄的状况，拓宽专业的业务范围，加强实践环节的教学和训练，发展同社会实际工作部门的合作培养，促进教学、科研、生产三结合。1999年，中共中央、国务院发布的《中共中央国务院关于深化教育改革全面推进素质教育的决定》要求努力改变教育与经济、科技相脱节的状况，促进教育和经济科技的密切结合。高等教育也要实施素质教育，要加强产学研结合，大力推进高等学校和产业界以及科研院所的合作。《中华人民共和国教育法》于1995年3月18日第八届全国人民代表大会第三次会议通过，并在1995年3月18日中华人民共和国主席令第45号公布，自1995年9月1日起施行。在第六章中规定：一是国家鼓励企业事业组织、社会团体及其他社会组织同高等学校、中等职业学校在教学、科研、技术开发和推广等方面进行多种形式的合作。企业事业组织、社会团体及其他社会组织和个人，可以通过适当形式支持学校的建设，参与学校管理。二是国家机关、军队、企业事业组织及其他社会组织应当为学校组织的学生实习、社会实践活动提供帮助和便利。三是学校及其他教育机构在不影响正常教育教学活动的前提下，应当积极参加当地的社会公益活动。《中华人民共和国高等教育法》于1998年8月29日第九届全国人民代表大会常务委员会第四次会议通过，于1998年8月29日中华人民共和国主席令第7号公布，自1999年1月1日起施行。在第一章总则中提出，高等教育必须贯彻国家的教育方针，为社会主义现代化建设服务，与生产劳动相结合，使受教育者成为德、智、体等方面全面发展的社会主义事业的建设者和接班人。国家鼓励高等学校之间、高等学校与科学研究机构以及企业事业组织之间开展协作，实行优势互补，提高教育资源的使用效益。国家鼓励和支持高等教育事业的国际交流与合作。第35条第二款规定，国家鼓励高等学校同企事业组织、社会团体及其他社会组织在科学研究、技术开发和推广等方面进行多种形式的合作。2005年，教育部下发的《关于进一步加强高等学校本科教学工作的若干意见》中指出："以社会需求为导向，走多样化人才培养之路。高等学校要根据国家和地区、行业经济建设与社会发展的需要和自身特点，科学定位，办出特色，办出水平。要根据不同专业的服务面向和特点，结合学校实际和生源状况，大力推进因材施教，探索多样化人才培养的有效途径。各地教育行政部门要紧密结合本地经济社会发展需要，科学规划本地高等学校布局结构、层次结构和科类结构，引导学校明确办学思想，找准学校的定位。各地教育行政部门和高等学校要根据本地、本校的办学基础和社会需要，建设品牌专业，形成优势和特色。教育部将用政策导向等多种手段，形成一批在不同类型高等学校中起示范带头作用的学校。"要加强产学研合作教育，充分利用国内外资源，不断拓展校际之间、校企之间、高校与科研院所之间的合作，加强各种形式的实践教学基地和实验室建设。教育部将适时启动基础课程实验教学示范中心建设项目，推动高校实践环节教学改革，并把实践教学作为教学工作评估的关键性指标。2006年国务院颁布的《国家中长期科学和技术发展规划纲要（2006—2020年）》中指出，国家鼓励企业聘用高层次科技人才和培养优秀科技人才，并给予政策支持。鼓励和引导科研院所和高等院校的科技人员进入市场创新创业。允许高等院校和科研院所的科技人员到企业兼职进行技术开发。引导高等院校毕业生到企业就业。鼓励企业与高等院校和科研院所共同培养技术人才。多方式、多渠道培养企业高层次工程技术人才。允许国有高新技术企业对技术骨干和管理骨干实施期权等激励政策，探索建立知识、技术、管理等要素参与分配的具体办法。支持企业吸引和招聘外籍科学家和工程师。

现阶段，中国特色国家创新体系建设重点是：

(1) 建设以企业为主体、产学研结合的技术创新体系，并将其作为全面推进国家创新体系建设的突破口。只有以企业为主体，才能坚持技术创新的市场导向，有效整合产学研的力量，切实增强国家竞争力。只有产学研结合，才能更有效地配置科技资源，激发科研机构的创新活力，并使企业获得持续创新的能力。必须在大幅度提高企业自身技术创新能力的同时，建立科研院所与高等院校积极围绕企业技术创新需求服务、产学研多种形式结合的新机制。

(2) 建设科学研究与高等教育有机结合的知识创新体系。以建立开放、流动、竞争、协作的运行机制为中心，促进科研院所之间、科研院所与高等院校之间的结合和资源集成。加强社会公益科研体系建设。发展研究型大学。努力形成一批高水平的、资源共享的基础科学和前沿技术研究基地。

2007年，国家正式启动实施高等学校本科教学质量与教学改革工程，在教育部高教司下发的《关于进一步深化本科教学改革全面提高教学质量的若干意见》中指出，密切与产业和行业的联系，加强紧缺人才培养。高等学校要根据我国经济社会发展，尤其是相关产业和行业对专门人才的实际需求，加强紧缺人才培养工作。要加强与产业和行业的结合，充分发挥行业主管部门和企业的作用，加大紧缺人才培养力度，为产业部门提供人才和智力支持。各级教育行政部门要采取政策引导、信息发布、行政规范等多种措施，加强对特殊专业的宏观调控和管理，保护特殊专业、国防急需专业、面向艰苦地区和行业的专业，扶持和培育国家急需的新兴专业。要加强产学研密切合作，拓宽大学生校外实践渠道，与社会、行业以及企事业单位共同建设实习、实践教学基地。要采取各种有力措施，确保学生专业实习和毕业实习的时间和质量，推进教育教学与生产劳动和社会实践的紧密结合。要加大青年教师培养与培训的工作力度，支持青年教师到企事业单位进行产学研合作、参加国内外进修和学术会议、与其他高等学校教师交流经验等，提高青年教师的素质和水平。

2009年12月上旬，教育部启动国内部分高校"卓越工程师教育培养计划"的人才培养改革战略，以邓小平理论和"三个代表"重要思想为指导，深入贯彻落实科学发展观，全面贯彻党的教育方针，全面落实党的十七大关于走中国特色新型工业化道路、建设创新型国家、建设人力资源强国等战略部署，全面落实加快转变经济发展方式、推动产业结构优化升级和优化教育结构、提高高等教育质量等战略举措，贯彻落实《国家中长期教育改革和发展规划纲要(2010—2020年)》的精神，树立全面发展和多样化的人才观念，树立主动服务国家战略要求、主动服务行业企业需求的观念。改革和创新工程教育人才培养模式，创立高校与行业企业联合培养人才的新机制，着力提高学生服务国家和人民的社会责任感、勇于探索的创新精神和善于解决问题的实践能力。面向工业界，面向世界，面向未来，培养造就一大批创新能力强、适应经济社会发展需要的高质量各类型工程技术人才，为建设创新型国家、实现工业化和现代化奠定坚实的人力资源优势，增强我国的核心竞争力和综合国力。以实施卓越计划为突破口，促进工程教育改革和创新，全面提高我国工程教育人才培养质量，努力建设具有世界先进水平、中国特色的社会主义现代高等工程教育体系，促进我国从工程教育大国走向工程教育强国。遵循"行业指导、校企合作、分类实施、形式多样"的原则，联合有关部门和单位制定相关的配套支持政策，提出行业领域人才培养需求，指导高校和企业在本行业领域实施卓越计划。支持不同类型的高校参与卓越计划，高校在工程型人才培养类型上各有侧重。参与卓越计划的高校和企业通过校企合作途径联合培养人才，要充分考虑行业的多样性和对工程型人才需求的多样性，采取多种方式培养工程师后备人才。2010年国务院颁布的《国家中长期教育改革和发展规划纲要(2010—2020年)》明确指出，更新人才培养观念。深化教育体制改革，关键是更新教育观念，核心是改革人才培养体制，目的是提高人才培养水平。树立全面发展观念，努力造就德智体美全面发展的高素质人才。树立人人成才观念，面向全体学生，促进学生成长成才。树立多样化人才观念，尊重个人选择，鼓励个性发展，不拘一格培养人才。树立终身学习观念，为持续发展奠定基础。树立系统培养观念，推进小学、中学、大学有机衔接，教学、科研、实践紧密结合，学校、家庭、社会密切配合，加强学校之间、校企之间、学校与科研机构之间合作以及中外合作等多种联合培养方式，形成体系开放、机制灵活、渠道互通、选择多样的人才培养体制。创新人才培养模式。适应国家和社会发展需要，遵循教育规律和人才成长规律，深化教育教学改革，创新教育教学方法，探索多种培养方式，形成各类人才辈出、拔尖创新人才不断涌现的局面。注重知行统一。坚持教育教学与生产劳动、社会实践相结合。开发实践课程和活动课程，增强学生科学实验、生产实习和技能实训的成效。充分利用社会教育资源，开展各种课外及校外活动。加强中小学校外活动场所建设。加强学生社团组织指导，鼓励学生积极参与志愿服务和公益事业。

从国家和教育主管部门的政策文件中可以看出，产学研合作已经成为未来教育改革和人才培养的重要途径，加强产学研合作，培养高素质的创新人才已经成为教育发展和改革的重要趋势。

产学研合作最早诞生于英美国家，其发展过程大致上经历了以下几个阶段(陈立红，2005)。①在19世纪前半叶，其合作的形式主要表现为大学教师为企业、公司做咨询工作。②以1862年美国总统林肯颁布的《赠地学院》为标志，大学同企业的合作进入第二阶段。其特点是建立农业实验站、推广服务所，以及大学和企业共同制定研究规划。最成功的范例是在农业方面，1862年美国有一半农业人口，现在只有2%。农业技术的很大部分是从大学科研成果中转化出来的。③20世纪初，以美国辛辛那提大学在1906年同几家大企业合作培养27名技术学生为开端，大学与企业的合作进入联合培养人才和建立科学研究实验室的阶段，这也是现代西方合作教育的早期实践。④第二次世界大战（以下简称二战）前，由于战争需要，许多著名大学成为受国家与企业等外部力量所左右的巨型大学，与企业的合作也出现了新的特点，主要表现为企业进入大学校园，在大学或在大学群建立各种研究机构和各种公司，与大学一起致力于科研活动。⑤20世纪80年代以来，大学与企业的合作又增添了新的重要内容，注入了新的活力。其特点是，在联邦政府的资助下，由大学与企业合作建立工程研究中心，以便在大学里造就一种工业的环境，通过研究和开发培养应用型高层次专门人才。产学研合作人才培养模式在20世纪80年代中后期引进中国（易迎，2009）。20世纪80年代中期，我国教育界从英文"Cooperative Education"意译过来产学合作教育的概念。1990年3月由教育部高教司召集清华大学、浙江大学、北京市高等教育研究所等17家单位，在京举行了全国第一次合作教育研讨会。1991年3月在上海成立了产学合作教育协会，并创办了会刊《产学合作教育通讯》，此后将产学合作教育扩展为产学研合作教育。为了更好地解决科技与经济的紧密结合问题，借鉴国际经验，从我国的现实情况出发，国家经济贸易委员会、教育部、中国科学院于1992年4月共同组织实施了"产学研联合开发工程"，这可以说是我国产学研合作教育实施的正式开始。

产学研合作教育引入我国以后，受到了高等教育界和企业界的高度关注和重视，也在高等教育的人才培养中得到了广泛应用。总之，我国高校通过各种形式，积极投身于产学研合作教育，高等教育和科技经济紧密结合，并开始向战略层面发展，向人才培养、科技创新和社会服务综合效益的合作发展，呈现出区域产学研联盟、园区产学研联盟、行业产学研战略联盟等多种形式共同发展的新格局，促进了区域创新能力的优化提升，为地区乃至国家经济社会发展注入了新的活力。在新的形势下，在政府、高校、企业和科研院所的共同努力下，中国的产学研合作教育正从低层次向高层次，从点到面，从小规模向大规模蓬勃向前发展，向更高的水平迈进（易迎，2009）。目前，有关高等教育产学研合作教育正在深入发展，正在为我国的创新人才培养奠定良好的发展基础。

1.1.3 研究意义

《国家中长期人才发展规划纲要(2010－2020年)》明确提出、"创新人才培养模式，建立学校教育和实践锻炼相结合、国内培养和国际交流合作相衔接的开放式培养体系。探索并推行创新型教育方式方法，突出培养学生的科学精神、创造性思维和创新能力。加强实践培养，依托国家重大科研项目和重大工程、重点学科和重点科研基地、国际学术交流合作项目，建设一批高层次创新型科技人才培养基地"的战略任务。党的十八大明确提出了，实施创新驱动发展战略，明确了通过体制机制改革加快创新人才培养的战略任务。创新驱动实质上更靠人才驱动，创新型人才是实现创新驱动发展战略最具能动性的因素。这些年，人才强国已成为我国经济社会发展的一项基本战略，以高层次人才、高技能人才为重点的各类创新型人才队伍不断壮大。2015年3月，中共中央、国务院印发了《关于深化体制机制改革加快实施创新驱动发展战略的若干意见》明确提出，要把人才作为创新的第一资源，更加注重培养、用好、吸引各类人才，促进人才合理流动、优化配置，创新人才培养模式，提出了"开展启发式、探究式、研究式教学方法改革试点"的创新人才培养举措。

为贯彻党中央、国务院关于进一步激励大众创业、万众创新的精神，落实党中央国务院《关于深化体制机制改革加快实施创新驱动发展战略的若干意见》、国务院办公厅《关于发展众创空间推进大众创新创业的指导意见》（国办发〔2015〕9 号）和《河南省全面建成小康社会加快现代化建设战略纲要》要求，2015 年 6 月，河南省人民政府印发了《关于发展众创空间推进大众创新创业的实施意见》，并指出，推进实施大学生创业引领计划，鼓励各高校开设创新创业教育课程，开展大学生创业培训，重点建设一批大学生创业教育示范学校。这些都充分体现了创新已成为我国社会经济发展的关键要素。高等院校工程技术创新人才培养尤其是地矿类人才培养，是创新驱动战略实施的重要任务之一。

高校是人才培养的重要基地，也是基础研究和技术创新的主要参与者，同时也是实现技术转移和成果转化的生力军，更是国家创新体系和区域创新体系的重要组成部分，在基础科学研究领域具有无可比拟的优势和地位。人才培养作为高等学校职能中最核心和最重要的职能，无论是科学研究、社会服务还是文化引领，都必须服从和服务于人才培养，而不能冲击或者忽视人才培养，这是高等学校之所以能够发挥服务社会职能的最重要的方面。面对知识经济时代对高素质人才的强烈要求，高等学校应适应和顺应这一要求，把对人才的需求转化为人才培养的过程，使人才培养过程能够更好地适应社会发展的需要。这就需要按照创新人才培养的要求，让企业深度参与人才培养的全过程，才能彻底改变高等学校过去的人才培养模式，使培养出来的人才更加符合社会和行业的需求。产学研合作教育由于在人才培养模式上的巨大优势和作用，能够加速人才培养的过程，能够激发人才的创新精神和创新能力，因而成为未来高等教育人才培养的发展趋势。因此，开展基于产学研合作的创新人才培养模式研究具有重要的理论意义和实践意义。

1. 理论意义

开展地矿类工程技术创新人才培养研究，具有重要的理论价值：

（1）地矿类工程技术人才培养相关理论亟待创新。自 20 世纪 90 年代我国提出"创新型国家"发展战略以来，国内对工程技术人才培养，特别是地矿类工程技术人才培养的相关理论研究较少，且整体性、系统性不强，相关理论研究成果的普适性较差。为此，深入研究"CDIO 工程教育观"、"大工程观"、LBD 工程教育观等相关工程教育理论，借鉴国外高校工程技术创新人才培养的成功经验，深度挖掘创新我国地矿类工程技术人才培养的理论依据和理论视角，对准确把握我国地矿类工程技术人才培养规律、深化我国本科高校工程技术人才培养研究，具有重要的理论价值。

（2）地矿类工程技术创新人才培养的具体实践亟待升华为理论。回顾我国地矿类工程技术人才培养实践，其中有很多深刻的教训值得反思，但也不乏宝贵的经验需要总结，更有诸多现实问题亟待深入探讨并升华为理论，如地矿类工程技术人才培养与创新教育的联系是什么，地矿类工程技术人才培养实践与本科人才培养制度设计的适切性如何实现，等等。对于以上问题的系统研究必将有助于地矿类工程技术人才培养理论体系的形成，从而进一步丰富我国工程技术人才培养理论。

2. 实践意义

当前，人才培养模式改革已经成为制约我国人才培养的最大障碍，也是我国人才培养改革面临的最大挑战。严峻的毕业生就业形势、社会对高等教育人才培养质量的迫切要求、国家建设创新型国家对高层次创新的需要、国际竞争的严峻形势，都要求我们应从战略的高度来看待创新人才培养问题。因此，对地矿类工程技术创新人才培养问题进行深度研究，具有很强的现实针对性和较高的实际应用价值。随着"创新型国家"建设步伐的加快，社会对工程技术人才的需求日益增加。可以预见，今后10年，我国高等工程教育将进入一个快速发展的黄金时期，而全面提升工程技术人才培养质量，将成为我国高等工程教育的重中之重。研究究竟如何开展工程技术人才培养、提高工程技术人才培养质量，尤其是地矿类工程技术人才培养质量，责任重大，意义深远。因此，面对地矿类工程技术人才培养的新形势、新任务，我国地矿类工程技术人才培养政策应如何调整、地矿类工程技术人才培养的目标定位是什么、我国地矿类工程技术人才培养保障体系如何构建等问题亟待解决，这些只有在对地矿类工程技术创新人才培养问题进行专题研究的基础上才能给予正确回答。可见，深入研究地矿类工程技术创新人才培养问题，构建新型的地矿类工程技术创新人才培养保障体系，揭示地矿类工程技术创新人才培养规律，对提高地矿类工程技术人才培养质量，促进我国高等工程教育事业的科学发展具有重要的现实意义和应用价值。

1.2 国内外研究现状

1.2.1 国内研究现状

20世纪90年代以来，国内学者就地矿类工程技术创新人才培养进行了大量研究。总体来看，国内研究主要集中在以下几个方面。

1.2.1.1 地矿类工程技术人才培养模式的研究

吕明等(2006)指出，必须用发展的眼光看待地矿类专业的前景，必须改革旧有的人才培养模式，必须不断调整专业结构，提高办学效益，必须注重提高教育教学和人才培养质量；强欣(2006)提出，按照知识、能力、素质协调发展、体现创新和全面发展的教育理念，构建工程院校创新型人才培养模式，明确提出了以创新能力、思想道德、文化、业务和身心素质等基本规格为内容的培养目标，建立弹性学制和学分制，改革专业设置和课程体系的培养体制，采取现代先进的教学手段，开展互动式教学和加强教学与科研实践结合的培养过程，同时要以更新传统教育观念、优化师资队伍建设、创新学生思想政治工作和构建创新素质评价体系等措施确保新培养模式的实施。余本胜等(2009)针对地矿类专业特殊的行业特点，提出对其人才培养模式、课程设置体系等进行改革，并以河南理工大学安全工程专业为例，提出了调整优化学科结构、改革人才培养模式、加强课程体系建设、强化实践教学环节等改革思路并进行实践，探索了培养地矿类专业高素质创新人才的方法和途径。

1.2.1.2 实践创新能力培养体系的研究

王秀丽(2007)分析了创新人才的素质特征、制约我国高校创新人才培养的因素和我国高校在创新人才培养方面存在的问题，并提出了加快创新人才培养相关建议。张继河等(2011)认为落实和推进"卓越计划"，提高本科生实践创新能力的培养，应该从加强实践教学工作条件的支撑、充实优化教学队伍、建立科学合理的考核评价体系、支持学生进行科研实践训练等几个方面开展工作。付保川等（2013）以苏州科技学院为例，提出了"导入需求、嵌入课程、植入平台、介入培养、回归工程"的实践教学体系重构基本思路，建立了涵盖内容体系、方法体系、管理体系、保障体系4个方面内容的实践教学体系。徐厚峰（2013）依据"AGIL（Adaption Goal attainment Integration Latency pattern maintenance）模型"提出了我国高校创新人才培养在适应功能、目标达成功能、整合功能以及潜在模式维持功能方面存的问题，并针对存在的问题提出了改善适应功能、维持目标达成功能、提升整合能力、增强潜在模式维持功能的对策建议。王纯旭（2013）指出了我国高校创新人才培养存在的制度问题、环境问题和思想问题，分析了问题产生的宏观、中观和微观原因，运用SWOT分析方法和层次分析法评价基于协同创新平台建设我国高校创新人才培养的环境，提出应加大对学科交叉研究项目的立项支持力度，增加对高校协同创新研究项目的经费投入，完善高校协同创新研究的评价和监督体系的国家策略和树立协同创新理念，构建协同创新利益分配机制，完善协同创新评价指标体系、优化协同创新实现形式的高校创新人才培养策略和路径保障。

1.2.1.3　工程技术人才培养的目标定位和质量保障体系研究

邹克敌（2001）提出高等教育质量的核心是培养人才满足社会需要的程度，21世纪的教育质量观念明显由单一性、学科性、即时性向综合性、适应性、合用性和可持续性方向发展，高等教育的评价体系应包括内部质量保障和外部质量监控两个方面，提高高等教育质量要努力转变教育观念，深化教育改革，推进素质教育，实施创新教育，提高教师的职业道德素质、专业素质和教学业务素质，建立健全区别于应试教育模式的教学质量考核体系。张炳生（2006）在阐述工程人才培养目标、规格和模式基本内涵的基础上，从培养什么样的人、如何培养人两个方面，探讨了工程人才的培养目标、规格和模式的相互关系，明确提出了培养工程人才应解决好适应社会需求、树立大工程观和体现办学特色等几个方面的问题。汪辉（2006）以美国的ABET、欧洲的FEANI以及日本的JABEE为研究对象，分析对比其评估的特点与内容，探讨国际高等工程教育质量管理的发展趋势及中国高等工程教育界应采取的对策。彭向东等（2011）提出了由企业"支持办学建设、参与办学过程、检验办学成效"的理念，采用一校两地双师型的办学模式——"紫金模式"，适时调整人才培养计划，增设地矿类专业英语系列课程，这对于培养高素质适用型的专业技术人才具有重要意义。白逸仙（2007）通过分析美国工程教育发展的历程，提出为满足我国建设创新型国家的战略需求，我国的工程教育应在社会需求导向下，对各层次、各类型工程人才提出明确的培养目标，确立以创新能力为核心的工程人才质量目标、科类结构与层次结构清晰的工程人才规格目标。

1.2.1.4　创新型工程技术人才培养研究

陈先霖（1999）院士指出，对人才培养而言，土壤起育苗固根的作用，氛围起诱导熏陶的作用，机制起激励推动的作用，它们是创新性人才成长所需要的"软"环境。邹克敌（1997）认为，高等工程教育的功能不仅是传递文化和继承人类已有的一切文明成果，更重要的是要培养受教育者的主动性、创造性和选择性，高等工程教育必须走出"过度专业化"的误区，把重点放到促进人的全面发展和综合素质的提高上，要加强"育人"教育在学校中的主导地位，要坚持"通识教育"与"专门教育"的统一，要强化对受教育者"主体思维"的培养，要注重"边缘学科"和"交叉学科"的教育，要坚持科学教育与工程训练相统一的工程教育观。丁三青(2006)认为，高级工程技术人才的严重匮乏，是近几年"矿难"频发的最重要原因之一，而矿业高级工程技术人才供需矛盾日益加剧，且煤炭高等教育日益被边缘化。因此，应从政府、高校和企业3个层面上构建矿业类高级工程技术人才培养体系，以实现我国煤炭行业健康可持续发展。李正(2006)提出，当前我国研究型大学必须坚持科学发展观，顺应建设创新型国家的客观需求，要培养出现代高素质的研究型工程师，就要在"大工程"背景下调整学科专业和课程体系结构，打造新的人才培养平台；就要强化渗透与融合，实施教学和科研相长的研究型教学模式；就要面向工程实际，加强学生工程实践能力训练。中国工程院"创新人才"项目组(2010)分析了培养创新型工程科技人才的紧迫性、中国工程科技人才培养的机遇与可行性、未来10年中国创新型工程科技人才需求的态势、当代工程科技创新人才的特征，在此基础上，提出了提高工程科技和工程科技人才培养的战略地位、加快高等工程教育改革、强化工程技术人员评价与继续教育体系、切实推进产学研多元化合作、设立"国家工程科技基金"5方面的创新性工程科技人才培养的建议。胡小清等(2013)通过总结中南大学有色金属工业人才培养经验，从高校、企业、校企合作3个层面探索了有色金属工业创新型工程技术人才的培养模式。近几年来，"卓越工程师教育培养计划"开始成为国内工程技术人才培养的研究热点，相关文献开始大量涌现，林健(2010、2011、2012、2013、2014、2015)、李继怀等(2011)、潘艳平等(2011)、赵启峰等(2014)等对卓越工程师教育培养计划实施各关键环节进行了较深入的研究。

1.2.1.5 产学研合作教育研究

学者们对"产学研合作"的关注由来已久，但对"产学研合作与人才培养"的研究正处于探索阶段，尤其是对"产学研合作与创新型人才培养"的研究不多。通过文献资料的收集和梳理，我们发现国内外相关研究主要从理论研究和实践探索两个方面进行。在理论研究上，有产学研合作与人才培养、产学研合作与创新人才培养两个方面的相关研究，其中关于产学研合作与人才培养的相关研究有如下几个方面。

(1)产学研合作对人才培养的必要性研究。

张炼(2001)认为，产学研合作教育把理论学习和实践活动较好地统一起来，它的最大特点是利用了学校与产业、科研等单位在人才培养方面各自的优势，把以课堂传授间接知识为主的学校教育环境与直接获取实际经验、能力为主的真实工作环境有机地结合于学生的培养过程之中，很好地弥补了学校教育功能之不足，是当前值得关注的一种人才培养模式。实践在人才培养中的作用是不可或缺的。用什么方式增加学生通过实践学习的机会又与学校的课堂学习有机结合，是我们必须认真研究的问题。在众多的理论研究和实践探索中，产学研合作教育的人才培养模式值得我们关注。经过国外近100年和国内15年的实践探索，产学研合作教育模式在人才培养过程中所显示出来的有别于传统人才培养模式的优势和特点越来越突出。它对于突破单一的学校育人环境、完善学校的教育功能是十分有效的。产学研合作教育的基本内涵可以概括为，它是一种以培养学生的全面素质、综合能力和就业竞争能力为重点，充分利用学校与企业、科研等多种不同的教育环境、教育资源和在人才培养方面的各自优势，把以课堂传授间接知识为主的学校教育，与直接获取实际经验、实践能力为主的生产、科研实践有机地结合于学生的培养过程之中的教育模式。作为一种教育模式，产学研合作教育把理论学习和实践活动较好地统一起来。这是过去人才培养过程中没有过的，它突破了在校内进行的单一的人才培养模式,是社会参与办学,既培养学生基础理论和专业知识,又对学生进行实际训练,学校同社会共同培养人才的一种开放式的教育模式。经过我国部分高校多年的实践,产学研合作教育对学生知识的获得、能力的形成和全面素质的培养都具有十分明显的优势,可以在一定程度上弥补当前学校教育功能上的缺陷。徐小芬(2006)提出,产学研相结合是促进高层次、创新型、应用型人才培养的重要途径,产学研相结合是推进高校服务社会的重要渠道。产学研相结合作为一种新型的人才培养模式,在高等教育内部日益受到关注。随着经济和科技的飞速发展,知识更新速度的加快,社会对人才的素质有了更高的要求。高等教育作为培养人才的重要场所,培养出来的人才不仅仅要求掌握本学科已有的理论知识,而且还应该将所学习到的理论知识运用到生产生活的实际。同时,还应能够根据当前生产最前沿的实际,反过来进一步加强理论的学习,在学习的过程中去发现和创造知识。这样培养出来的人才才能适应当今知识经济发展的需要,高等学校在办学过程中也因此获得生存与发展的生命力。实践证明,产学研相结合是培养高层次、创新型和应用型人才的有效途径。

王迎军(2010)认为,产学研结合是培养拔尖创新人才的必由之路,符合世界高等教育发展潮流和拔尖创新人才培养规律。我国从20世纪80年代中叶开始借鉴国外合作教育的成功经验,以工学交替的教学模式开展合作教育试点探索,30多年来,产学研合作教育经历了一个从无到有、从弱到强、从民间到官方的发展历程。目前,不少高校都将开展产学研合作教育视为提高人才培养质量、增强人才培养适应性的有效手段,都在积极推进产学研合作教育。然而,由于我国开展产学研合作教育时间较短,仍处于起步和探索阶段,从发展现状来看,总体上还未发展成为一种独立的人才培养模式,大多产学研合作还未凸显创新人才培养的目标,更没有提升到拔尖创新人才培养体制机制创新的战略高度,尚未从根本上改变我国传统的以"三个中心"(即:以教师为中心、以课堂为中心、以教材为中心)为主要特征的封闭式教学模式。而这种长期沿袭的封闭式教学模式只能批量生产继承性人才,不利于培养创新型人才。古今中外无数的实践经验证明,创新人才培养需要打造平台,提供舞台,需要把课堂教学与课外活动、校内教学与校外实践、国内教学资源与国外教学资源有机结合起来,将课堂教学的"小课堂"延伸到课外、校外和国外,变成课内课外、校内校外、国内国外"三结合"的"大课堂"。创新的根本在于实践,只有有效开展经验性学习,采取理论联系实际的教学,才能促进创新人才培养。反之,再沿用原有的老思路、老模式、老办法,再从课堂到课堂、从书本到书本、从理论到理论,不打造实践平台、科研平台和专业平台,不提供学生创新实践的舞台,拔尖创新人才培养根本无从谈起。因此,改革封闭式人才培养制度,探索实施产学研结合的开放式人才培养机制,具有十分重要的现实意义,是拔尖创新人才培养的必然选择。王小虎、王乐乐等(2010)认为,产学研合作教育是高等教育改革与发展的方向,是提升学生创新能力和实践能力的重要途径,是推动经济建设和可持续发展的战略性举措。他们在文章中解读了产学研结合教育的内涵、沿革、现状和意义,分析了产学研结合教育对于人才培养的作用,提出了产学研合作教育培养应用型人才的基本策略。产学研结合教育改变了传统的教学模式,实现了企业、高校和研究机构三方面的优势互补。高校实行产学研合作,有利于高等教育及时了解产业发展的实际情况和需要,是高校寻求社会和企业所需人才类型的最佳培养手段和途径,可以保证高等教育人才培养目标有的放矢,促进高等教育的可持续发展;学生通过语言沟通,与人打交道,学会做人做事,培养了良好的情操和伦理道德。企业把对学生的学习指导与就业指导结合起来,并鉴定毕业生的质量,从中选择高质量的毕业生充实到企业，强化了企业的人才队伍建设。产学研结合缩短了高校与社会的距离，促进了高校人才培养模式和教育观念的转变，企业为高校提供了学生实践教学、学生参与科研、双师型教师培养等重要平台和路径，也为大学生专业实践能力的培养创造了条件。

(2) 产学研合作人才培养的模式、机制和体制研究。

卢丽君(2004)通过对产学研合作教育的系统理论研究，结合我国具体情况，在对校企联合办学经验进行总结提高的基础上，提出了一种高校与企业合作培养高素质人才的具有可操作性的、可资借鉴的高等教育人才培养模式。株洲工学院将人才培养目标定位为：服务行业，面向地方，培养应用型高级专门人才。为实现培养目标，重点是加强对学生实践能力、动手能力、创新能力的培养。株洲工学院作为一所年轻的本科院校，多年来一直在积极探索与企业、科研院所进行合作教育的途径：一是依靠株洲工业城市的地方优势，加强与株洲地区大中型企业的联系。20世纪90年代初到中期，他们先后与南方航空动力公司、株洲硬质合金厂、株洲冶炼厂、608研究所等16家企业、科研院所合作建立了19个长期稳固的校外学生实践基地，同时，争取企业的支持，企业在学院设立了各种奖励20多项。二是利用学院隶属于中国包装总公司的行业优势，加强与全国包装企业的合作。通过承担包装企业的科研课题，为企业解决实际问题。举办厂长、经理培训班，聘请有名望的企业领导来校为学生讲课等形式，密切与包装企业的联系，争取包装企业在办学经费、承担学生实习、接收毕业生等方面的支持。三是近年来将学生毕业实习和毕业设计积极与企业合作，让学生的毕业设计承担企业的实际课题。几年来学院艺术设计专业学生的毕业设计有许多为企业所采用，既锻炼了学生的实践能力，又为企业带来了经济效益，还提高了学校的知名度。邹晓东、王忠法(2004)认为，在适应高等教育大众化和社会经济发展对培养目标多样化的要求下，发挥办学优势，转变办学观念，就应该加强产学研合作体制的创新，培养高素质应用型人才。实践证明，学生通过产学研合作模式的培养，锻炼了胆识，陶冶了情操，增长了才干，特别是在与人相处、沟通和合作等方面大有提高。他们既有理论知识，又有一定的动手能力，适应性强，进入岗位角色快，深受社会欢迎。通过产学研合作培养应用型人才5年来的实践，我们有以下体会：

——产学研合作是一项系统工程，需要全社会的支持。目前尚有不少困难，有待进一步探索解决：①社会对提高大学毕业生应用能力的要求迫切，但缺乏参与培养的责任感；②教育行政部门(包括学校自身)对人才的评价标准与社会的评价标准不对称；③学校教学计划的安排与企事业单位对学生实习锻炼时间的要求不对称；④教师的知识结构与应用型人才培养的需求不对称。因此，要从根本上解决问题，必须在体制上有所创新，国家应从法律法规上界定产学研合作教育的地位和性质，各级政府和教育行政部门应制定相应的政策给予支持。如对企事业单位提出相应的行政要求，设定考核指标，并给予经费支持或减免税收的优惠；学校应改革现行的评价体系，使之最大限度地接近社会对人才知识、能力、素质结构的要求。

——合作基地建设一定要以双赢为原则。随着市场经济的发展和政府职能的变化，社会企事业单位基于利益考虑和学生管理的困难，一般都不大愿意接受实习教育。因此，学校要发挥自身的人才、科技和信息优势，积极为企事业单位解决技术、培训或其他诸方面的实际问题，使他们在付出的同时获得应有的利益，从而形成双赢的合作局面。

——要造就一支适合于应用型人才培养的师资队伍。有了一支充满活力、具有创新精神、与社会联系广泛、又能解决生产实际问题的教师队伍，才能培养出具有创新精神、在社会上"站得住、拿得起、吃得开"的学生。一条行之有效的教师培养途径，就是鼓励教师科研和为社会服务。

——要开拓多元化的产学研合作途径。对于高等院校，特别是综合性院校来说，单一模式的产学研合作是难以满足学生培养需求的。必须充分利用校内外各种教学资源，发展多模式合作教育。如利用网络信息技术进行模拟仿真实习训练，开展学科设计竞赛，挂职锻(训)练，校内外合作建立开放式实验中心或工业中心，学生科研训练计划等。

——产学研合作要有体制保证。合作各方可建立协调委员会、合作领导小组或联络小组，辅以共同遵守的制度或协议，避免虎头蛇尾，为善不终。例如，浙江大学城市学院在短短三四年时间就建立起近百个产学研合作基地，产学研合作委员会起了积极的促进作用。在此改革进程中，杭州市西湖博览会组委会办公室一跃成为城市学院产学研合作示范基地，这就得益于由双方领导和相应部处负责人组成的协调联络小组的保障和促进作用。

张永安(2007)指出了新经济条件下高校教育理念、体制、模式创新的意义，提出了以主体性教育为中心的产学研结合培养高素质创新人才范式的基本思路、基本框架与实施方法。

• 人才培养理念。以主体性教育为中心的产学研合作培养高素质人才的人才培养理念是"发展学生的整体素质，培养学生的主体型人格"。发展学生的整体素质即满足培养对象自然(生理)素质、社会文化道德素质和心理素质的协调发展，即达到人的整体素质的提高和完善。学校的主体性人格则是培养一种独特的、整体的，有利于弘扬人的主体，开发人的潜能，实现人的价值的人格模式。虽然这一人才培养理念与我国教育目标与方针大体上是一致的，但主体性教育重点仍然在教育对象的主体性上，更强调发扬学生的主体精神，培养学生的主体能力，塑造学生的主体人格，发展学生的主体性，从而培养整体素质优良的综合人才，这对于高素质人才培养是至关重要的。

• 人才目标定位。建立以素质教育为基础、以创新教育为核心、以主体人格充分发挥为导向的人才目标定位。这一目标定位更体现了人才培养的主体性、多向性及创新特征。这一定位趋向于打破以往人才培养中的特定模式和已形成的固定框架，追求人才培养的多元化、一体化，谋求多种教育资源、寻求灵活的教育方式，注重被教育者对社会需求的认知、对主体意识的觉醒、对主体责任与使命的体验，从而使被教育者的品格、能力、知识、心理素质得到全面提升。不难看出，目前的人才目标定位难以摆脱以教师为主导、模式僵化、方法单一、以灌输为主的教育组织方式。而以主体教育为主，根据其教育目标要求，教育者与被教育者必然寻求更广泛的教育资源，探索灵活的教育模式，研究互动更多的教育方法，因而，产学研结合的模式不是仅仅停留在表面上，而是人才培养不可或缺的重要组织方式之一。

• 人才培养内容。在主体性教育的理论框架下，受教育者"能够成为自主地、能动地、创造性地进行认识和实践活动的社会主体"，因而，应该更注重教育对象的认识与实践过程是否"自主地、能动地、创造性地"进行，是否成为这样的社会主体。因此，在课程设置上应少而精、博而约，即教学内容上少而精，突出重点、难点、疑点，多搞一些与实际结合紧密、能利用多种资源、生动活泼的内容与学生互动。改变目前课程设置过多、内容陈旧、课时过长、统一过多、与实践联系较少的课程体系，应当在专业范围上体现宽与交、专与前，即拓宽专业口径，重视基础课程降低专业重心，精选专业课程，强调综合交叉，增加跨学科课程。从理论与实践的关系看，针对当前教育现状，理论教学时间要压缩，内容要精练，要与前沿研究与课题结合，反映前沿研究问题。应当多开设短课、研讨课，选修课注重多样化、差异化。由于教育对象的差异性和社会需求的多样性，新的人才培养模式必然是多样化的。因此，应当树立多元化观点,改变过去四统一(统一课程、统一教材、统一学制、统一管理)培养规范,构建"多规格、多通道、模块化"的培养框架,推进课程改革,让学生有更多的选择机会和更大的选择余地。

• 人才培养模式。以主体性教育为中心的高素质人才培养更强调培养模式的多元化与培养过程与社会资源的结合。目前,在高校中存在着3种基本模式,即封闭模式、半封闭模式、开放模式。在封闭模式中,教育的各环节,如人才培养目标确定、人才培养内容、方式都基本限制在学校、教室、实验室等范围内,教学内容、教学模式、教学要求有严格规定,有一定约束。半开放模式,即学校开拓了较大范围的实习基地、实训平台、工程中心以及大学科技园、创业中心等实践研究基地,受教育者有一定时间在这些区域接受培训。开放模式,即学校与社会有全方位的教育资源共享机制,产学研结合与建立研究及培养基地得到全社会支持,研究与培养有更完整、系统的计划、标准与要求。在人才培养中形成了培养基地共建、教育资源共享、研究成果共同开发、共参与多赢的局面。所以,以主体性教育为中心的高素质人才培养即是开放模式,在开放模式下建设实现其创新、持续发展、多赢功能。

• 人才培养的创新环境建设。以主体性教育为中心的高素质人才培养注定是一个开放的办学模式,是一个以创新为核心的模式。而创新环境是实施创新的重要载体。创新环境基本涉及激发、影响学生创新素质提升的相关物质、制度、行为、精神等方面的因素。创新环境体现于4个方面,即创新文化与氛围、创新意识、创新方法评介、创新实践。通过政策导向与制度建设确立有利于创新的学术氛围,把创新列为教育、研究与人才培养的重点。另外,要通过创新人物评介、创新对社会经济发展的意义方面强化受教育者的创新意识,通过对科学家研究创新的大量案例系统的介绍使受教育者接受各种创新方法。同时,创设更多的参加研究与创新的机会,使受教育者有创新的实践体验与对创新的初步认识。总之,在创新实践中,使受教育者由知识的传递者转变为知识接受的激发者和引导者,真正尊重学生的主体地位,激发学生的主体性,发挥学生在创新中的主体作用。创新素质培养的基本途径是实践加思考,学生只有在科学研究和社会实践中接受锻炼,才能有效地养成和提高创新素质。所以,要充分挖掘、利用实践环节,鼓励学生在实践或研究中实施发现式学习,从而营造浓厚的创新氛围,激发学生的创造激情,使他们在科研活动和社会实践中学会学习、学会研究、学会创新。

陈萍(2007)提出,应建立一种新型的人才互动机制——人才柔性流动机制来促进产学研合作创新的深入开展。人才柔性流动是指摆脱传统的国籍、户籍、档案、身份等人事制度中的瓶颈约束,在不改变与其原单位隶属关系的前提下,以智力服务为核心,注重人、知识、创新成果等的有效开发与合理利用的流动方式。然而,尽管产学研中高校、科研院所在知识创造中具有重要的源泉作用,但企业是产学研自主创新活动的主体,其直接面对市场,实现科技成果的商品化、产业化,却极其缺乏创新人才,这也是导致企业至今未成为技术创新主体的重要原因之一。因此,在产学研合作进行技术创新过程中,建立科技创新人才的柔性流动机制,使高校、科研院所的科技精英柔性流动到企业中,既在一定程度上稳定和缓解了产学研三方的科技队伍建设,又实现了人力资源的有效配置,达到了科技创新能力提升的目的。由于产学研合作创新存在模式的多样化,因而,人才柔性流动机制也应建立不同的流动方式,归纳起来主要有4种形式:聘任流动制、项目合作制、咨询流动制、交换流动制。当然,产学研合作创新应该根据实际合作,建立符合自身发展的人才柔性流动的一种方式,或多种方式相结合的形式。

李伟铭、黎春燕(2011)基于产学研合作教育视角来探讨构建产学研合作教育的创新人才培养机制问题,并且将产学研合作教育人才培养机制分为外层、中间和核心三个层次,认为在当前我国大学、科研院所与企业之间在人才培养方面的合作较为松散的环境下,又需要从合作驱动机制、合作选择机制、联合导师机制、多元交流机制等方面构建创新人才的产学研合作教育培养机制,完善我国产学研合作教育的建设体系,从而为培养具有创新精神和实践能力的高素质人才奠定基础。产学研合作教育的关键在于有效地实现对高校、科研院所、企业各自的互补性资源的整合与利用。他们提出从合作驱动、合作选择、联合导师、多元交流以及考核协调等方面构建产学研合作模式下的创新人才培养机制,并将产学研合作教育人才机制分为外、中间与核心3个层次。其中,外层包括合作驱动和考核协调机制,中间层包括联合导师和多元交流机制,核心层主要是合作选择机制。因此,通过完善的产学研合作教育人才培养机制,将充分发挥高校、科研院所、企业各方在资源方面的各自优势,突破现行"封闭式"的人才培养模式,切实有效地培养具有创新精神与创新能力的高素质人才,从而为国家实施创新型发展战略提供人才保证与智力支持。

(3)产学研合作推动高校教学改革研究。

关荐伊、张磊(2006)提出,深化教育教学改革,提高育人质量,创建能适应和推动产学研合作教育培养创新人才的教学内容、课程体系、教学方法、教学手段。刘东、王秋萍等(2008)认为,为使高等学校更好地完成人才培养、科学研究和社会服务三大功能,应从制定、完善教学计划,提高学生实践和创新能力,加快高校科技成果转化等几个方面,对于如何在高校的教学环节运行过程中有效地实行产学研合作教育进行有益的尝试,为产学研合作教育培养高素质创新人才提供一定的思路,对国内高校教学计划改革具有一定的借鉴意义。程国华等(2017)通过借鉴上海工程技术大学产学研合作教育的成功经验,提出了河南高校发展产学研教育的合理模式,以加强河南省人力资源教育、校企联合培养人才、提高在校生的综合素质和操作技能,并为河南高校教学改革提供借鉴作用。

(4)产学研合作培养高层次人才研究。

王德广(2003)提出,高校应为企业培养动手能力强的高级专业人才。杨浪萍(2007)从培养高素质工程技术人才出发,分析了传统的封闭式教育模式给人才培养带来的不利影响,探讨了产学研合作教育对于培养高素质专业技术人才的意义,介绍了产学研互动专业教育模式的一些有益尝试。丁芸、鲍燕宁(2008)对国内外产学研联合培养复合型人才的科技工业园区、创建中介机构、促进大学科研成果产业化、顾问合作制、"工读交替"制基本模式进行了比较、分析,并认为产学研合作教育的模式有利于学生知识的转化和知识的发展、全面素质的培养和就业竞争力的提高。罗克美(2012)借鉴了案例研究方法,对湖南有色金属控股集团有限公司(HNG)与中南大学(CSU)合作的卓越人才培养问题进行调查分析,从政府职能缺位、企业统筹规划和保障机制缺失、学校缺乏长效机制等方面切入,来分析产学研合作卓越人才培养问题,探讨问题存在的原因,尝试提出一套有建设性意义的路径选择模式,即树立追求卓越理念,构建培养卓越人才机制,拓宽人才培养渠道,深化教育教学改革等。

(5)产学研合作培养专业型人才研究。

李盛青、林辉(2007)根据产学研合作培养药学类创新人才和分析目前的合作现状,提出要提高教师产学研观念和能力,建立合作平台和机制,并改革人才培养体系等来培养药学类创新人才，认为这是社会发展的需要。李陶深(2009)分析了我国现有IT专业在应用型、创新型人才培养上存在的问题和弊端，从人才培养模式、课程体系改革、实践教学体系建设等方面进行积极的探索与实践，旨在通过产学研合作，培养学生实践能力和创新意识，提高学生的综合素质。续勇波、兰建强等(2011)在论述产学研合作的含义和重要性的基础上，以云南农业大学烟草学院培养应用型创新人才方面的初步尝试为例，总结了实行产学研合作培养烟草应用型人才的具体措施和取得的突出成效，并提出了进一步研究的方向和思路。

(6) 产学研合作人才培养实践中的问题及对策研究。

李大胜、江青艳等(2007)论述了产学研合作办学对培养创新型人才的重要意义，分析了国内外产学研合作办学的主要模式，介绍华南农业大学进行的产学研合作办学的实践与成效，通过校企合作办学、依托大学科技园区开展产学研结合办学、以重大科研项目为纽带的产学研结合办学等方式，极大地促进了创新人才培养。张晓东(2009)针对目前高校产学研合作人才培养模式运行中存在的问题进行了剖析，给出了建设性的对策。曾丽娟、马云阔等(2010)概述了东北石油大学产学研合作教育培养创新人才的探索与实践，探讨了高校产学研合作教育存在的问题，指出产、学、研各方有各自的目标、任务与规律，三者的矛盾存在是必然的，只有解决或消除了这些矛盾，产学研合作教育才能产生实效。梁喜、黄承锋(2010)根据重庆市产学研合作教育的现状，分析了重庆市产学研合作教育存在的问题，提出了建立和完善运行机制、建立产学研联盟、强化各方合作、进一步健全高校内部机制与条件等推进重庆市产学研合作教育的对策建议。

(7) 产学研合作人才培养质量评价体系研究。

关毅、周欣荣(2002)针对产学研联合的质量，探索性地提出了一种评估指标体系，指标体系共分为技术水平、创新程度、难易程度、工作量、直接经济效益、间接经济效益、社会效益、政策措施、与企业结合程度、参与企业程度、成果人员外流等(工科评估为1~11项，理科(社会、经济、管理等)评估为1~3项、6~11项)。模拟案例分析表明，该质量评估体系具有实用性和可操作性。霍妍(2009)阐述了产学研合作评价指标体系的构建是产学研合作评价的基础，而评价方法的选择则对评价的客观性和公正性起着至关重要的作用。为此，从管理者作为评价主体的角度出发，应通过把产学研合作划分为投入、过程、产出3个环节，提炼出各个环节的评价指标，最后构建一套三层产学研合作评价指标体系，并结合标准离差法提出了一种产学研合作评价方法。赵惠芳、王桂伶等(2010)认为产学研合作已经成为知识转化为效益的有效途径，也是科技创新和经济发展的必然要求，尝试性地建立了衡量产学研合作质量的评价指标体系，并在证据理论的基础上提出了产学研合作质量的评价方法和评价步骤。

2010年12月下旬，第四届中国产学研合作(北京)高峰论坛在北京举行，本次会议以"产学研合作与战略性新兴产业发展"为主题，设有"产学研合作与创新人才、创新企业、创新园区""产学研合作与产业技术创新联盟建设""产学研合作公共服务平台与环境建设""产学研合作与金融创新""产学研合作与知识产权保护"5个专题分论坛，就深入推进产学研合作创新，充分发挥科技创新在调结构、转方式中的支撑和引领作用，大力培育和发展战略性新兴产业进行了深入探讨和交流。此次论坛为进一步完善国家和区域技术创新体系、更好地发挥科技创新在经济发展方式转变中的支撑引领作用，提供了新思路、新对策。

近年来，在我国加大经济结构调整力度、推动经济发展方式转变的新形势下，产学研合作培养创新型人才研究进入到了一个新的发展阶段,主要的相关研究有如下几个方面。

(1)产学研合作培养创新型人才模式研究。

罗文标(2006)运用以知识经济为背景的人力资本形成理论和终身教育理论,阐述了知识、知识创新、技术创新人才培养的内涵,揭示了知识创新、技术创新人才培养、知识转化三者之间的内在互动关系,探讨了培养技术创新人才的动力与阻力因素和企业技术创新人才应具备的知识结构和能力结构,建立了基于知识创新的企业技术创新人才"五元素培养模式"。林卉、赵长胜等(2006)从时代发展的需要、国际高等教育改革的趋势以及我国高等教育改革与高校自身发展的需要,阐明产学研合作教育是培养创新人才的重要途径,概括性地指出了目前我国产学研合作教育的3种模式及其适用性,最后对产学研合作教育实践与效果做了整体的评价。曾蔚、游达明等(2012)以某大学为样本对学生创新能力培养开展问卷调查,分析当今学生创新能力培养的重点、途径和对高校教育、教学改革的要求,结合某大学创新型人才培养的实践,总结了产学研合作教育培养学生创新能力的五大模式和创新人才培养体系。

(2)产学研合作培养创新型人才政策、制度研究。

叶忠海(2010)提出建设创新人才培养的连贯机制,强调了"合力式"和"实践式"培养模式。所谓"合力式",即通过建立产学研战略联盟,促成培养高层次人才和创新团队的共同体。所谓"实践式",即依托项目为载体,在创造实践中培养创新人才。企业可以根据自身需求,对项目方案进行实用化改造,高校和科研院所则可以按照企业修正的方案进行研究和开发,以此强化科研合作的育人功能。肖鸣政(2010)认为产学研合作培养创新人才相关政策在实际落实中,应注意完善"四种制度":一是双导师制度,二是人才交流制度,三是"人才+项目"在企业的流动制度,四是企业接纳实习生的政府补贴制度。赵红(2011)比较系统、深入地研究了高校创新人才培养的政策背景、中华人民共和国成立以来,各个时期的政策特点和影响、当前的政策现状,并且以上海交通大学为例展开分析,揭示出我国高校创新人才培养政策具有渐进决策模式以及自上而下的特点,同时探讨了我国高校创新人才培养政策改革取得的成效和不足,并提出了完善高校创新人才培养政策的建议,具体包括:注重教育政策决策的理性,创新人才培养政策对接国家战略,以产学研合作培养创新人才模式为主的重点突破,以及加快高等教育国际化进程等内容。

(3)产学研合作培养创新型人才载体研究。

李炎锋、李明等(2009)以北京工业大学建筑工程学院"十五"教学基地建设和人才培养为例,介绍学院在董事会形式的产学研合作方面的探索,讨论了产学研合作在基地建设和人才培养中发挥效益的主要途径。结果表明,产学研合作可以在实践教学环节的设置、优化、调整以及实施中发挥作用,能够拓宽校内外教学基地建设的内涵,从而有利于提高工程应用型人才的培养。刘作华、周小霞等(2010)结合重庆地方产业实际和企业自主创新能力建设的需要,建立了校企共建联合实验室,提高了学生的综合素质,取得了较好的研究成果,为企业带来良好的经济效益。潘柏松(2008)根据国际著名工程教育学者提出的大工程思想和CDIO工程教育大纲,提出了面向区域经济发展的机械工程学生创新实践能力的内涵,构建了区域经济知识创新和人才培养一体化的产学研合作模式和区域经济产学研联盟的机械工程学生创新实践能力培养模式。张建英(2012)介绍了山西大学工程学院依托校企联合会平台,利用技术优势互补、资源共享,改善了高校目前存在的困境,开辟新的实践教学改革道路,促进大学生工程实践能力全面提高。通过校企联合会平台,推进了产学研合作,培养了创新型人才，实现了学校、企业、学生三赢。

(4) 产学研合作培养研究生教育研究。

王东旭(2010)通过对研究生产学研合作培养的系统理论研究，结合哈尔滨工程大学动力与能源工程学院研究生产学研合作培养的实践，对高层次创新型人才的培养模式进行探讨和分析，思考研究生产学研合作培养在扩大发展中所存在的问题，并根据问题提出相应的对策和策略。胡燕平、郭源君等(2010)认为，建设研究生培养创新基地是产学研合作、培养创新型人才的重要途径，通过介绍研究生培养创新基地的概念、内涵，探讨了人才培养模式特征，阐述了研究生培养创新基地在建设理念、管理制度、激励机制等方面的改革措施及其建设成效。吴菲、张红(2011)认为，影响研究生创新能力培养的主要因素有应试教育模式、招生制度与规模、培养环境等，阐述了南京工业大学产学研合作培养研究生的实践，从而表明了利用产学研合作培养研究生的创新素质、构建创新人才培养的先进模式与机制、营造良好的创新环境和平台等具有重要的作用。宋之帅、田合雷等(2012)分析了产学研合作在国家创新体系、高等教育改革和创新人才培养方面的作用，阐释了安徽省开展产学研合作的主要模式，结合实践对产学研模式下如何培养研究生创新人才进行探讨。

理论研究的深入推动着实践的发展，在政府、企业的共同配合下，高等院校也积极加强产学研合作的实践探索，主动与用人部门加强联系，探索了不同层次、不同类型的产学研合作教育模式。现今试点学校已达200多所，其中包括北京大学、清华大学、上海交通大学、浙江大学等高校，取得了一定的教育和社会经济效益。

我国产学研合作教育正在不断向前发展，主要的探索实践有如下几种。

1) 创办国家大学科技园

我国大学科技园是产学研体系的重要组成部分，是培养应用创新型人才的合作平台之一。国家大学科技园是国家创新体系的重要组成部分和自主创新的重要基地，是区域经济发展和行业技术进步以及高新区二次创业的主要创新源泉之一，是中国特色高等教育体系的组成部分，是高等学校产学研结合、为社会服务、培养创新创业人才的重要平台。一流的国家大学科技园是一流大学的重要标志之一。2002~2007年，科技部、教育部认定国家大学科技园62家，在培养创新创业人才、转化高校科技成果、孵化高新技术企业、推动高新技术产业发展、加速区域经济建设和行业技术进步，以及缓解就业压力等方面发挥了重要作用。截至2016年，我国共有115个国家级大学科技园，这些科技园为我国高校产学研合作提供了重要平台，如清华大学科技园、北京大学科技园、上海张江科技园都是这些科技园的典范，这些科技园为高校科技成果转化、培养人才做出了巨大的贡献。

2) 校企联合

校企联合是指利用学校和企业两种不同的教育环境和教育资源，采取课堂教学与学生参加实践工作有机结合的教育方式。校企联合是开展继续教育的一个有效途径，它既能充分有效地利用高等学校的教育资源，又能为企业做好职工的继续教育工作，为企业获得更大的发展打下坚实的人才基础。

(1) 对高等学校的作用。高等学校与企业联合开展继续教育办学，可以使高校的成人教育走上开放办学的路子，扩大办学规模，提高办学水平，提升高校社会形象。高校还可以通过面向企业来探索继续教育的其他途径和模式，获得第一手的资料，同时也解决了办学经费不足和实习实验基地缺乏等问题。此外，高校教师在教学过程中能够与一线职工进行直接交流,接受生产实践锻炼,从而为培养"双师型"教师提供了一个良好的机会和平台。由于继续教育所特有的高层次性、创造性、新颖性、实用性等基本属性,决定了继续教育的内容必须是"最新知识、最新技术、最新研究成果、最新的教材",这必将对高等学校的教学科研起到巨大的拉动作用。

(2)对企业的作用。企业要发展,人才是关键。一个企业要取得长足稳定的发展,就要依靠人才来实现。因为生产科学技术的高起点、企业经营管理上的高水平、生产产品上的高质量都要靠人来完成。所以,企业一般都很重视人力资源的开发,最大限度地发挥人的潜能,使之为企业的经济发展服务。实现校企联合开展继续教育,不仅能够提高企业职工的技能水平和专业知识水平,进一步促进企业的发展,而且通过利用高校的教育资源和师资,可以节约企业的培训成本,提高培训质量。"上海交大—宝钢"(中国教育新闻网,2009)是高校产学研合作人才培养的成功案例之一,以"植入式人才培养"为途径构建产学研合作模式。"上海交大—宝钢"人才培养模式相对于传统模式而言,在培养目标上注入了新的内容,即具有很强的就业针对性、技术应用性、科研开发性。"上海交大—宝钢"人才培养模式把学习分为两个阶段:第一阶段以交大培养为主,侧重理论学习,完成交大与宝钢共同规定的公共课、专业基础课和专业课的学习;第二阶段以宝钢培养为主,让学生深入宝钢参加工作实习、实验和论文撰写,培养其工作实践、技术应用、科研开发能力。

3)衍生企业合作

如浙江大学与浙大网新集团合作是大学与衍生企业进行产学研合作的典范(浙大网新,2017)。浙江大学与网新集团共同承担多个研发项目,为浙江大学人才培养提供了平台。企业员工和浙江大学学生在共建科研中心内全面交流,实现知识转移和学习方式更加多样化,通过参与实践等多种方式提高了人才培养的质量。浙大网新集团有限公司(简称"网新集团")创建于2001年,原名浙江浙大网新控股有限公司,2006年年初更名。中国工程院院士、浙江大学校长潘云鹤2001~2005年任网新集团董事长。浙江大学为网新集团第一大股东。2005年,网新集团实现签约合同额近100亿元,实现销售收入逾60亿元。历年累计上缴税收超过7亿元,拥有近5000名员工。作为一家高校背景的高科技集团企业,网新集团采用战略控制型的集团管控模式。经过5年多的发展,初步形成了包括IT服务、机电总包、创新地产等三大业务单元的多元化经营格局。网新集团在财务管理、投融资管理、人力资源管理、国际合作和产学研管理、品牌和平台服务与管理等五大方面,为所属业务单元提供有力支持,推动相关公司成为所在行业的领先企业。同时,网新集团秉持"着眼国际化、整合高科技、服务大客户"的发展战略,紧紧抓住发展机遇,不断拓展集团的发展空间。依托浙江大学雄厚的教学科研力量,构建产学研一体化的自主创新平台,网新集团实现了企业发展目标与国家意志的高度吻合。在国家重点发展的两大技术应用领域:环保和新能源技术,装备制造业和信息产业核心技术,网新集团已经成为相关行业应用的领导者之一。

4)联合技术攻关

如厦门大学与中国广东核电集团签订了产学研一体化合作框架协议(中国教育网,2011),在人才培养、技术研究等方面开展深入合作。目前,合作开展的"核电站不锈钢管道防腐蚀处理""核电站钢筋混凝土结构腐蚀的检测"等多项联合攻关课题都取得了阶段性研究成果。此项协议的签订进一步密切了双方的合作关系,也为今后双方在行波堆技术等新能源方向上开展更深层次的合作奠定了基础。

1.2.2 国外研究现状

国外关于高校工程技术人才培养的研究，主要集中在高等工程技术人才培养质量提升、培养课程建设、STEM 领域高等工程技术人才培养、产学研合作教育等方面。

(1) 工程技术人才培养质量研究。主要代表文献有：帕迪尔和格雷(Patil A, Gray P, 2009)编著的《工程教育质量保障：全球视角》(Engineering Education Quality Assurance: A Global Perspective)一书中，专门论述了美国工程技术人才培养质量保障体系问题。美国国家工程院(National Academy of Engineering)2005 年出版的《教育 2020 年工程师：力促工程教育适应新世纪》(Educating the Engineer of 2020: Adapting Engineering Education to the New Century)一书，分析了高等院校工程师教育的选拔、留守和质量提升等问题，并提出了提升工程师教育质量的建议。同时，在美国国家工程院 2004 年出版的《2020 年工程师：新时期的工程学前景》(Engineer of 2020: Visions of Engineering in the New Century)一书中，分析了当前美国高校工程师教育质量问题，提出了未来美国卓越工程师人才培养的知识和技能标准。

(2) 高校工程技术人才培养课程建设研究。主要代表文献有：史蒂文斯(Stevens R)等(2008)在《成为一名工程师：工程学学习的三维观》一文中建构了高等院校工程师培养中的三维工程学习模式。戴维森(Ryan C D)(2009)在《工程学课程：理解设计空间和探索机会》(Engineering Curricula: Understanding the Design Space and Exploiting the Opportunities)报告中，分析了高等工程教育中工程学课程和教学的发展现状，提出了以引导性教学和学习、探究性学习和真实性学习为根本特征的高等工程学课程重构的思想，以培养未来卓越工程师。菲尔德(Richard M F)等(2002)的《符合 2000 年工程标准的课程设计与教学》(Designing and Teaching Courses To Satisfy Engineering Criteria 2000)一文，依据美国 2000 年工程师培养标准探索了一系列工程学课程设计和教学方法。

(3) 科学、技术、工程、数学(STEM)领域人才培养的政策与实践研究。这方面研究相对较多，如美国审计总署(2006)发布的《高等教育：联邦科学、技术、工程与数学项目及其相关趋势》和《科学、技术、工程和数学教育：背景、联邦政策和法律行动》等研究报告。

(4) 产学研合作教育。西方产学研合作历史悠久，最早可以追溯到 19 世纪初(姜艳辉，2008)。德国人洪堡等在当时柏林大学的革新思想下大胆改制，第一次提出了"教学和科学研究相统一"的新理念。这种新理念以大学为研究中心，强调大学的研究功能，认为教师的首要任务就是自由地从事创造性学问。这种理念与传统思想的差别就在于大学不再是只教育人，而是应该成为知识创新的源泉。这种新理念后来被许多国家的大学所仿效。1862 年，美国颁布了著名的《莫雷尔法案》，赋予高校社会服务的新使命，从而扩大了高等教育的职能。该法案规定联邦政府拨给各州 3 万亩土地开办工学院，即赠地学院，资助他们培养工农业发展急需的人才。"莫雷尔赠地法"使得以社会服务为己任的赠地学院得到迅猛发展，将大学的教学、科研直接与工农业生产联系起来，扩大了美国高等教育的规模，形成了今天高校教育、科研、服务社会的三大职能。20 世纪初，美国威斯康星大学提出了"威斯康星计划"，即帮助州政府在全州各个领域开展科技推广和函授教育，以帮助本州公民发展经济。这就是产学研结合史上著名的威斯康星思想。威斯康星思想及其实施计划使得根据"莫雷尔赠地法"创办的学院社会服务职能更加完善。这一思想的确立以及在世界范围内的传播，进一步推动了高校向社会敞开合作联系的大门。20 世纪中后期，以美国斯坦福大学为中心建立的斯坦福工业园，成功地创造出硅谷般的经济奇迹，使产学研结合成为推动经济和整个社会发展的一种最强劲的动力。斯坦福大学校长特曼教授和斯坦福大学开创了大学支持教师、学生创业之路，加强了产学研之间的密切合作，其影响一直延续至今。历史表明，高校从单一的教学，发展到教学、科研相结合，再到教学、科研、生产相结合，功能不断扩大，地位不断提升，这与生产力发展的水平是相适应的。随着知识经济的来临，产学研结合必然成为国家、社会乃至学生全面发展的要求，也是高等教育改革发展的必然趋势。纵观世界各国各地区产学研合作体系的发展，都是在各自国情的背景下所展开的，都具有自身的显著特色，无论是美国硅谷和斯坦福科学园、日本筑波科技园区、英国剑桥科技园区、德国产业集群发展、法国雷恩科学技术园、新加坡科学园、中国台湾新竹科学园等，都与大学有着不可分割的天然联系，都是产学研合作的成功典范，强有力地证明了产学研合作的巨大价值，尤其在知识经济时代条件下，教育、经济、科技一体化趋势更加明显。

与国内的研究类似，国外的相关研究也有理论研究和实践探索两个方面，其中在理论研究方面，主要有如下几个方面的研究。

1) 关于产学研合作培养人才模式的研究

秦旭、陈士俊(2001)认为，美国的产学研合作培养人才模式多种多样，但都是以两种模式为基准演变而来的：一种是以辛辛那提大学为代表的强调技能学习和有利于学生毕业后充分就业的合作教育模式；一种是以安提亚克大学为代表的建立在全人教育基础上的合作教育模式。他们还指出，主导模式正在从辛辛那提模式向安提亚克模式转变。日本的产学研合作培养人才开展得也比较早，日本是后进国家中通过提高本国企业创新能力，赶超先进的工业化国家，成为世界经济与科技先进国家的少数国家之一。尽管20世纪90年代以来，日本经历了近10年的经济不景气过程，但日本的经济实力和创新能力仍位居世界前列。2000年以来，日本每年新增专利近20万项，新增专利数已连续十多年位居世界前三位。2005年，法国总统科技顾问贝法在一份报告中对日本的创新体系进行了全面研究，认为日本的创新模式和经验，值得同样是科技大国的法国认真研究和学习。以企业为主体的产学研合作是日本创新体系的重要特点，共同研究和委托研究制度则是日本产学研合作的重要模式。崔艳琦、张春艳等(2007)总结了国外产学研合作培养人才的主要模式：科学园，如美国斯坦福科学园、英国剑桥科学园、加拿大萨斯客彻温大学科学园；工程研究中心，以大学和企业为主体，政府给予技术和指导而创办的产学研合作教育模式；产学研联合体，大学与企业共同建立的经济实体，为大学培养了一大批高级人才；合作科研，如美国的大学工业合作研究计划；联合培养人才，一种比较普遍的人才培养模式，并在德国取得了成功的经验。

2) 关于产学研合作政策的研究

主要发达国家政府在产学研合作过程中，通过制定政策、法规，为产学研合作提供法律保障，设立专门计划、项目，划拨专项资金支持产学研合作，创办产学研结合的服务与研究中介机构，建设产学研合作的产业集聚区，采用多种形式鼓励人才培养和人员流动(范福娟，2010)。美国是产学研合作创新立法最完善的国家：1980年，实施《斯蒂文斯-韦德勒技术创新法案》，同年国会通过了《贝赫-多尔法案》，这是美国产学研合作史上最具有里程碑意义的两项立法；在1981年出台的《经济复苏法》中，政府采取了一系列特殊的税收举措，刺激产业部门不断增加对研发的投入；1984年，政府制定了《国家合作研究法》来促进研究合作伙伴关系的形成。日本政府于1986年制定了《研究交流促进法》，对产学官各机构的研究活动都具有指导意义；1998年制定了《大学技术转移促进法》，支持大学成立科技中介机构；2002年制定了《产学官合作促进税制》，在税收上为产学官合作项目提供优惠。法国政府于1999年出台针对科技创新和产学研合作的《创新和科研法》，其宗旨是促进公共研究机构与企业界的合作与交流。德国通过组织实施一些重大联合项目，对政府、大学和企业三大研究开发体系进行宏观管理，如德国联邦研究部主导的技术协作中心和技术协作网的建设等。德国联邦政府的一系列科研计划都要求在产学研合作的体系下执行，如可再生能源计划、海洋计划、信息技术等都依靠产学研合作。

日本政府为了大力推进产学研合作，创造产学研合作的有利环境，建立了相关的制度，对合作的内容、经费的负担、设施设备的利用等都做了相应的规定(厉建欣，2006)：

首先，完善与产学研合作相关的制度与体制。1981年，日本科技厅和通产省分别确立了管、产、学三位一体的以人为中心的流动科研体制。1982年，日本学术振兴会成立了"综合研究联络会议"和"研究开发专门委员会"，这些专门委员会根据各研究领域的具体情况开展工作。1983年，文部省在学术国际局设置了研究协作室，以此作为产学协作的窗口，促进大学与产业界的合作。

其次，以法律的形式保证产、学、研合作的顺利进行。为了促进大学科研成果的产业化和产学研的合作，1986年，日本制定了《研究交充促进法》。1998年4月、5月，国会分别通过了促进大学技术研究成果向民营企业转让的相关法律《大学技术转让促进法》和《研究交流促进法》的部分修正案，均于该年5月实施。

产学研合作进一步巩固了日本科技创新的世界领先地位，为日本培养了一大批具有很强技术创新研究能力的高层次人才。

在实践探索方面，国外在产学研合作培养人才方面总结了许多经验，通过不同的方式参与产学研合作，实现教学科研人才培养的统一。主要的实践探索如下。

1) 企业在大学建立研究中心

工程研究中心是以大学和企业为主体、政府给予技术和指导创办的产学研合作教育模式。中心一般建立在企业；也有的建在学校，企业是资金主要支持者，学校主要提供科研项目和成果。双方派出科研人员组成研究队伍，政府给予政策和资金的支持，研究中心的选题主要围绕着企业发展的目标，不仅具有十分明显的先进性，而且要结合企业的实际，应具有工业化前景，为企业直接提供技术服务和技术贮备。美国于20世纪70年代建立工程研究中心，其目的是一方面引导大学面向企业界，从事广阔的跨学科研究，发展新兴学科和高新技术，为传统产业寻找新的出路；另一方面吸引企业向工程中心投资，推动产业界支持大学的科研工作和人才培养，从而加强产业界与大学的联系。由于工程中心的选题与企业发展密切相关，因此，企业可以就课题提出意见和建议，可以直接转让中心的科研成果。英国也建立十多个工程研究中心，加拿大仅安大略省就建立了37个工程研究中心(崔艳琦、张春艳等，2007)。这些都对大学生参与社会生产实践具有十分重要的意义，同时为提高高等教育质量提供了有利条件。

2) 建立大学科学园区

科学园是世界上最早产生的一种产学研合作教育模式。它以大学的科研成果转化为主要目标，建在大学的周围，把研究、生产和经营组成一体，使科学园内部互相鼓励，互相调节，共同发展，它不仅是研究型大学高新技术成果的"孵化"基地，为高校科研成果直接转为生产力提供基础条件，促进大学科研和办学水平的提高，而且还为大学的科研人员创办高新技术公司提供条件，让科研人员参加生产实践和经营，产生经济效益，直接为社会服务。参加科学园建设和经营的不仅有大学本身，也有研究机构、企业和公司。世界上最早建立起来的科学园是由美国斯坦福大学副校长特曼教授倡导而创立的斯坦福科学园，它建于1951年，占地3000公顷，有90多家企业。美国至今已有科学园100多家。英国从20世纪70年代开始建立科学园，如英国剑桥大学科学园于1975年建立。曼彻斯特科学园于1980年建立。英国至今已有科学园20多家。加拿大萨斯客彻温大学科学园，引入96家公司，学校承担公司委托的科研项目，安排学生到科学园学习，聘请公司的专家作为兼职教授，不定期地为学生讲授一些课程或举办学术报告，双方都有收益(崔艳琦、张春艳等，2007)。通过这种合作创新培养高层次的人才，为企业技术创新做出了巨大贡献。

3) 建立企业大学培养人才

产学研联合培养人才，尤其培养应用型人才，这也是世界各国普遍推广的人才培养模式。这点做得最好的是德国，它起源于德国职业技术教育的"双元制教育"，即理论知识为基础，应用为目的，教学活动在企业与高校交替进行。企业根据自身的需要，学校根据学科特色、专业设置、教学条件等，提出方案，这包括合作方式、目的、项目、期限、经费、各方的权利与义务，经双方协商一致后，达成双方共同认可的计划书。由于德国的职业技术教育法规定，要有80%的青年必须接受不同类型的职业技术教育，因此，德国的大部分青少年在完成基础教育后，到工厂做工当学徒。在工厂做工时以企业为主，合作学校派出教师进驻工厂给予理论指导；理论学习时，以学校为主，工厂也可以派出技术专家到学校协商课程的设置与教学。在日本，高校必须与产业界结合，双方都承担着重要的教育责任，都应对人才培养起重要作用。研究生由大学招收，完成基本理论学习后，进入合作企业，企业提供经费和场所，在学校和企业的联合培养下，完成整个学业，而这些企业则有优先用人权。在加拿大，学生在完成一定的专业课程后，被安排到与所学专业对口的合作公司、工厂进行有酬工作实践。学生实践的时间一般为专业课学习时间的1/2，学校负责联系实践单位，用人单位付给学生工作报酬，学校负责跟踪检查学生的实践能力，用人单位为学生实践提供条件和指导。这种模式培养的人才，既有扎实的理论基础，又有非常强的实际操作能力，学生被企业聘用后，直接进入工作岗位，很受社会和学校的欢迎(崔艳琦、张春艳等，2007)。通过这种方式，在企业大学学习的学生获得直接的生产实践经验，毕业后能很快适应企业的工作环境。

有关产学研合作培养人才的理论研究与实践探索在我国历史不长，但是产学研合作无论是对高校整体发展的影响，还是对人才的培养，都具有十分重要的作用和价值。就目前的研究来看，总体上来说，借鉴研究较多，探讨我国产学研合作的研究较少；实际案例总结较多，理论提升和系统总结较少；定性研究较多，实证和定性研究较少。在建设创新性国家和人力资源强国的背景下，积极倡导产学研合作，推动产学研进行深度的、实质性的合作，发挥产学研在人才培养、科学研究和社会服务方面的综合功效是未来工程教育改革的核心和关键。

1.3 研究的主要内容与方法

1.3.1 研究的主要内容

项目组针对当前对创新型人才的巨大需求和培养的严重不足的现状，通过引入大工程观、CDIO、产学研合作教育等理念与理论，运用问卷调查、理论分析、实证研究等方法，开展地矿类工程技术创新人才培养模式的研究，以期构建地矿类专业工程技术创新人才培养的新模式，提高人才培养的质量。主要的研究内容包括如下 8 个部分。

(1) 地矿类工程技术创新人才培养的制约因素及其优化。通过对地矿企业和毕业生进行问卷调查，分析地矿企业对毕业生的相关要求和毕业生对企业的要求；深入分析地矿类工程技术创新人才培养中存在的问题及其原因；在此基础上，对地矿类工程技术创新人才培养中的制约因素进行分析与优化。

(2) 地矿类工程技术创新人才的素质结构。主要分析对地矿类专业大学生创新素质的要求。在此基础上，分析地矿类工程技术创新人才的素质结构。

(3) 地矿类工程技术创新人才培养的目标体系。主要分析工程技术创新人才培养目标体系的构成和构建原则，分析地矿类卓越工程师培养目标体系的制定依据；然后，以河南理工大学为例，分析几个地矿类专业卓越工程师教育培养计划的目标体系；最后，以河南理工大学为例，分析构建两个地矿类专业本科创新人才培养的目标体系。

(4) 地矿类专业工程技术创新人才培养的课程体系。主要分析我国高校地矿类专业课程体系存在的问题，结合国外地矿类专业课程体系改革的发展方向和课程体系改革对我国的启示，对地矿类工程技术创新人才培养模式的课程体系进行构建。

(5) 地矿类工程技术创新人才实践创新能力的培养模式。以河南理工大学为例，分析地矿类 6 个专业的培养目标，对各专业教学内容体系进行分析，构建其课程体系；构建由校内基地、专业基础课、专业实验室和校外实践教学基地组成的教学平台体系、多元化的教学方法与手段、高校教学质量监控体系、教学运行机制。

(6) 地矿类工程技术创新人才培养的教学方法。主要分析研究型教学方法、协作式教学方法、项目导向教学方法和案例教学法的内涵及使用方法。

(7) 地矿类工程技术创新人才的培养模式。主要分析地矿类专业创新人才培养面临的挑战和产学研合作教育对创新人才培养体系的要求。在此基础上，分析地矿类专业创新人才培养的几种主要模式，包括订单式、卓越计划、科研项目主导、本硕博一体化和以重点实验室为基地的创新人才培养模式。

(8) 地矿类工程技术创新人才培养的保障机制。主要分析地矿类工程技术创新人才培养的产学研合作教育的文化环境、管理环境、课程体系改革、师资队伍建设以及产学研合作教育的合作方式和合作机制。

1.3.2 研究方法

本项目在研究过程中综合运用文献分析法、调查研究法、比较分析法、专家咨询法等。

前期通过广泛查阅文献，调查研究，收集中文与外文期刊、书籍以及互联网中的有关资料，并对其进行分析。在此基础之上，结合河南省高校的实际情况，运用演绎、归纳的方法，确定整体的分析框架与研究重点。具体的研究方法如下。

(1) 文献分析法。文献法是一种普遍的研究方法，包括文献的搜集、筛选、综述、分析和应用。任何科学研究都是建立在前人和他人的研究成果基础上的，所以，应查阅与论题有关的书本资料、论文资料及网上资料，以获取国内外有关文献来丰富本课题的研究内容、支持本课题的论点，作为本课题立论的基础。

(2)调查研究法。实地调查是对理论的补充与证明,为了获得更加真实可靠的资料,通过对高校和科研院所以及相关企业进行实地走访,了解各高校的专业设置情况和相关企业产学研合作的利益契合点,获得准确的数据资料,并对已有的产学研创新人才培养的实施情况进行实地调查,为本课题的研究提供有力的论据。

(3)比较分析法。本论文对美国、英国、日本以及其他发达国家产学研合作创新人才培养的发展状况进行探索,同时也对我国高校产学研实施现状进行剖析,通过比较分析,概括出一些可以利用的经验与启示。

(4)专家咨询法。通过对企业、高校、科研机构的专家进行虚心请教与咨询,了解产学研合作的流程和当前高校在产学研合作方面存在的问题,获得了大量真实可靠的资料,为本研究提供更加科学的佐证。

1.4 本章小结

本章主要分析了地矿类工程技术创新人才培养研究的背景及意义、创新人才培养的国内外研究现状,以及本书的主要内容和采用的研究方法。

第 2 章 创新人才培养体系构建的理论基础

创新人才培养是一项复杂的系统工程，既需要先进的教育理念和教育理论指导，又需要高效的培养体系支撑。本章主要介绍构建创新人才培养体系所需的几种主要的教育理念和理论。

2.1 CDIO 工程理论

2.1.1 CDIO 工程教育理念

在 20 世纪 50 年代，全球工程教育特别强调工程实践操作能力。然而，在 20 世纪后半叶科技创新主导的知识经济社会背景下，世界各国逐渐开始重视自然科学在社会中的经济地位，工程教育动力环境也逐渐走向工程科学。到 20 世纪 80 年代，全球工程教育过分强调工程科学而忽视工程实践的现象日趋严重，导致工程实践与工程科学严重失衡。这种重工程理论、轻工程实践的工程教育理念培养出的工程人才开始日益受到来自企业界的批评，学校培养出来的工程人才越来越难以适应企业工程实践创新的需求，工程技术创新人才短缺问题和工程教育质量问题开始成为各国共同面临的挑战。为应对这些挑战，世界各国纷纷进行工程教育改革，这次改革以追求工程理论知识与工程实践能力关系平衡为落脚点，以培养面向企业界的工程实践创新人才为终极目标。20 世纪 90 年代开始，美国工程教育界兴起了"回归工程"的教育浪潮，提出新的工程教育理念要"以人为本"，要具有包容性，要着眼于学生的全面发展，厚基础，强实践，使学生在实践中提高其适应企业创新需求的工程人才。为实现真正的"回归工程"教育理念，一些学者探索并提出了一种平衡工程理论知识与工程实践能力关系的工程教育模式。2004 年，美国麻省理工学院联合瑞典查尔姆斯技术学院、林克平大学、皇家技术学院 3 所大学，开发了 CDIO(Conceive Design Implement Operate)这一新型工程教育模式，提出了 CDIO 模式的工程教育理念，它主要强调以项目从研发到运行的生命周期为载体，让学生以主动的、实践的和课程之间具有有机联系的方式学习和获取工程能力，包括个人的科学和技术知识、终身学习能力、交流和团队工作能力以及在社会和企业环境下构建产品、过程和系统的能力。它强调知识与能力之间的关联，并较好地解决了工程教育中理论知识与实践能力的平衡问题。

2.1.2 CDIO 的基本内容及特点

CDIO 工程教育理念不仅继承和发展了欧美最新工程教育改革思想，而且还系统地提出了具有可操作性的工程实践能力培养的 12 条标准。瑞典国家高等教育署 2005 年采用这 12 条标准对本国 100 个工程学位计划进行评估，结果表明：新标准比原标准适应面更宽，更利于提高质量，尤为重要的是新标准为工程教育的系统化发展提供了基础。截至 2013 年，已有几十所世界著名大学加入了 CDIO 组织，其机械系和航空航天系全面采用 CDIO 工程教育理念,取得了较好的效果。

CDIO 是 Conceive(构思)、Design(设计)、Implement(实现)、Operate(运行) 4 个英文单词的缩写,基本运行程序包括工程师领导或者参与产品、过程和系统全生命周期的各个阶段(厉威成,2012)。第一阶段即构思阶段,包括确定客户需求,考虑技术战略、企业战略、开发理念、技术、商业计划和有关规定。第二阶段即设计阶段,集中在创建设计,包括计划、图纸和描述产品、过程和系统实施的方法和算法。第三阶段即实现阶段,是指完成从设计到产品的转变过程,包括硬件制造、软件编程、测试和验证。在最后运行阶段,用实现了的产品、过程和系统为用户提供预期的价值,包括对系统的维护、改造、回收和报废。

CDIO 包括 3 个核心文件:1 个愿景、1 个大纲和 12 条标准。它的愿景是为学生提供一种强调工程基础的、建立在真实世界的产品和系统的构思—设计—实现—运行(CDIO)全过程背景环境基础上的工程教育。它的大纲首次将工程师必须具备的工程基础知识、个人能力、人际团队能力和整个 CDIO 全过程能力以逐级细化的方式表达出来(3 级、70 条、400 多款),使工程教育改革具有更加明确的方向性、系统性。它的 12 条标准对整个模式的实施和检验进行了系统的、全面的指引,使工程教育改革具体化、可操作、可测量,对学生和教师都具有重要指导意义(厉威成,2012)。CDIO 体现了系统性、科学性和先进性的统一,代表了当代工程教育的发展趋势。

CDIO 工程教育理念的愿景是让学生能够更深地理解和掌握技术基础知识,使学生在各种不同的工程实践特例或环境下对工程知识进行灵活的应用;培养学生具备能够领导新产品、过程和系统的建造和运行的工程实践能力;教育学生并使其能够理解工程技术研发对社会实践的重要性和战略影响。CDIO 教学大纲列出了一系列知识、能力和态度的学习效果目标,这些目标是根据当代工程实践的准则推理出来的,包含了工程师所需要具备的各种能力和素质。CDIO 工程教育理念系统用具有可操作性的工程实践能力培养、全面实施以及检验测评的 12 条标准来描述 CDIO 要求的专业培养,分别考察了专业培养理念(标准 1)、课程计划的制定(标准 2、3、4)、设计实施经验和实践场所(标准 5、6)、教与学的新方法(标准 7、8)、提高教师工程能力(标准 9、10)、考核和评估(标准 11、12)。其中,标准 1、2、3、5、7、9、11 这 7 条是最根本的,体现了 CDIO 专业培养与其他教育改革的不同之处;另外 5 条反映了工程教育的最佳实践,作为丰富 CDIO 培养内容的补充标准(厉威成,2012)。

CDIO 工程教育理念的优势特征是,能够让学生在工程实践活动中主动构建工程知识,让学生掌握一种直接参与思考和解决问题的学习方法,而不是学生被动接收信息。它强调的是学生参与操作、应用、分析和评价其想法,培养其自学能力,强调应用所学知识解决问题。这种主动的学习方式能够很好地培养学生分析问题、解决问题的能力。另外,CDIO 特别强调学生参与实践和进行实践环境的建设,其核心理念就是采用一体化课程设计方式,以项目为导向来组织工程专业课程,在开展项目过程中学习必要的工程实践知识。因此,CDIO 工程教育思想是可作为当前工程人才实践创新能力培养的新型理念。

2.2 大工程观教育理论

"大工程观"是伴随 20 世纪 90 年代美国工程教育"回归工程运动"这一变革历程而生成的一套完整的指导工程教育改革的理论体系(王雪峰、曹荣,2006)。"回归工程运动"的核心内容是改革美国"过度工程科学化"的工程教育体系，要使建立在学科基础上的工程教育回归其本来的含义，更加重视工程实际以及工程教育本身的系统性和完整性。对此，以麻省理工学院为首的美国著名大学对工程教育开展了一系列理论研究与教学实践改革探索。著名学者莫尔在1993年提出"大工程观"理论，并指出这是未来工程教育发展的新方向，该理论获得广泛认同。

工程本质上是多学科的综合体，是以一种或几种核心专业技术加上相关配套的专业技术所重构的集成性知识体系，是创造一个新的实体。工程活动就是要解决现实问题，是实践的学问。因此，"大工程观"的本质就是将科学、技术、非技术、工程实践融为一体的，具有实践性、整合性、创新性的"工程模式"教育理念体系。"大工程观"是从实践的视角，将大型复杂工程系统存在的传统与非传统属性，上升为学术研究领域，演变为改革现代工程教育的理论体系，经历各学科、各部门人员的不懈努力和丰富完善，逐渐形成了"工程系统学"理论体系，其外延与内涵进一步扩大。"大工程观"不是指工程规模本身的"大"，而是指为大型复杂工程提供理论支撑的科学基础知识系统范围的"大"，涉及各方面学科的交叉与融合，远远突破"工程科学"知识本身的范围（谢笑珍，2008）。"大工程观"具有明显的整体论思想。整体论是"大工程观"的典型特征，它要求在描述和分析工程系统时，关注工程系统的整体架构；要求抽象地将其作为一个整体来思考，而不仅仅是相对独立的各分支部门；要求用联系的观点来看待问题，而不仅仅把工程系统看作一个整体，同时还要将其放到更大范围内的政治、经济、文化等社会背景中去，把它们共同看作一个整体。整体论思想体现在工程实践系统层面，就是工程系统中的工作人员，不仅运用工程科学、技术、工程方法、企业管理标准、社会因素中的某一学科方面的知识开展专业化的工程活动，而且必须综合这些学科知识运作工程系统，关注来自不同学科的工程师与其他专业人员团队协作，关注工程过程，关注技术手段的选用，关注多元价值观对工程师的求解问题方法与途径的制约。

因此，"大工程观"将科学、技术、非技术要素融为一体，形成完整的工程活动系统，在注重工程技术本身的同时，把非技术因素作为内生因素加以整合，引入工程活动。重视对整个工程系统的研究。工程活动包含着对生态环境结构与功能的重塑，与社会相互协调发展，既改造环境又保护环境，促进环境的可持续发展。"大工程观"重视多元价值观统摄，力图实现多元价值观的整合。现代工程将科学、技术、经济、社会、环境生态、文化以及审美艺术、伦理道德等价值观整合起来，指导工程实践，创造一个人工的实体。人工的实体一旦生成，就成为一个社会文化的实体，并围绕其形成新的社会结构系统（谢笑珍，2008）。"大工程观"作为以系统化和工程实践为导向的新型工程教育理念，许多观点能够为当前我国工程技术创新人才实践创新能力培养提供重要的理论指导。

2.3 发展中学习理论

LBD（Learning-By-Doing）工程教育理念是21世纪初在欧洲国家，特别在芬兰工程教育领域兴起的一种新型教育理念，本质是将学生的学习活动与研发创新活动深度整合，促进研发成果生成和工作创新发展，培养具有工程实践创新能力的高技能型人才。简而言之，是将大学的教育、研发、区域创新发展三大知识使命相整合，以学生为中心的实践导向工程教育理念（Vyakarnam S et al.，2008）。LBD工程教育理念源于"基于问题学习"和"基于项目学习"

(Problem-Based Learning，PBL)的教育理念，但在诸多方面与PBL教育模式有本质区别。PBL工程教育理念强调学习工程实践以围绕问题组织或以项目形式开展，工程实践问题是学习过程的出发点，并将学习置于问题情景中；强调跨学科学习，超越了传统学科边界和方法；学习实践具有高度典型性和示范性，学习过程主要将工程理论知识运用于具体工程实践问题进行分析解决。

PBL最早于20世纪60年代在美国的医学教育中启用。但由于它符合以学生为中心的探究式学习的建构主义学习理念，因此很快就在各个教学领域中广泛运用。20世纪80年代，美国研究型大学本科生教育人才培养目标出现了历史性的转型，由原来的培养全面发展的人才转向培养创新型人才，探究性学习受到重视。PBL模式在美国研究型大学得到前所未有的发展，受此影响我国许多地方也逐步开展对这一教学模式的研究与实践(孙志农等，2009)。

PBL是以建构主义为理论基础的。建构主义理论认为，知识不是对外部客观世界的被动反映，而是个人通过同化和顺应进行的积极建构，是学习者在一定情境下，借助其他人的帮助，利用相应的学习资料，通过意义建构的方式而获得的。因为只有当学习者完全参与学习活动，经过了问题解决的每一个步骤和知识建构的每一个过程，才能在学习新的知识时，将先前获得的知识和经验很好地整合起来，从而达到对新知识的理解与掌握，进一步完善自己的知识结构。

PBL有如下特点：问题性、情境性、主动性、探究性与合作性。它依赖于6条原则(埃德温等，2002)：①教学的目的和活动应该以本领域遇到的问题所需要的知识和技能为基础；②教学采取合作的方式，教学资源不全是第一线教师；③学习以自我指导学习为主；④发展经历时强调合作和团队精神；⑤教育经历既强调分析与反思，又强调实施；⑥学生评价强调诊断性反思，意见来自不同层次的人。

埃德温等(2002)指出，PBL与传统教学模式的区别主要是由PBL的指导思想所决定的。PBL的指导思想为：①问题是学习的起点，也是选择知识的依据，"先问题，后学习"；②PBL模式中教师的工作重心是课前的设计和课后的反馈与反思；③PBL模式中教育管理者的专业发展必须与工作场所的真实情境和复杂问题相连接。

在PBL教学中，学生是学习过程中的讨论者(negotiator)、学习的计划者(planner)、调控者(monitor)、评估者(evaluator)，教师是学生的管理者(administrator)、组织者(organizer)、助动者(facilitator)、激励者(catalyst)、诊断者(diagnostician)、征询者(consultant)、指导者(guide)、学习的典范(model of learning)。PBL模式将以教师为中心转变为以学生为中心，基于问题来组织教学并作为学习的驱动力，问题是真实的、与专业技能直接相关的，摒弃了传统的以书本和教材为中心、以知识为中心组织教学的模式，改变了以往以考试成绩和升学率作为驱动力的方式(刘莉等，2011)。

从构建原则看，PBL教育理念以课程为本源，强调课程设置；而LBD工程教育理念则强调学习结果以及外部关系，而非课程本身。从价值取向看，"真实性"(authentic)是LBD工程教育理念的核心价值取向，而PBL教育理念并未对"真实性"问题做出必然要求，也就是说，PBL教育理念所要求的问题既可以是理论层面问题，也可以是现实生活问题，因此LBD工程教育理念在问题指向上比PBL更具体。从学习情景的开放性、共同体和协同性看，临时"协作"是PBL教育理念的核心要素，但LBD工程教育理念所强调的具有战略性、持续性、较稳定性的"伙伴关系"和"网络关系"，比临时"协作"具有更广、更深的蕴意。从"体验"

属性看,"体验"是 PBL 的学习原则,源于体验式学习理论,这一点二者基本相同。从研究导向看,实际工程技术研发活动是 LBD 工程教育理念的核心向度,PBL 教育理念学习原则更多地强调"探究"思维,并非真正意义上的研发活动。在关注对象上,LBD 工程教育理念不仅关注学生群体,也关注社会用户,而 PBL 教育理念则仅关注学生。在社会责任感上,LBD 工程教育理念比 PBL 教育理念更注重社会责任感。由此可见,LBD 工程教育理念是一种源于 PBL 教育理念,但又超越 PBL 教育理念的一种新型工程技术创新人才培养理念,能够为当前我国高校工程技术创新人才工程实践能力培养提供新的理念指导。

2.4 产学研合作教育

当今社会,高等教育与社会生产活动之间的融合日益紧密,产学研合作教育已成为我国实施科教兴国战略和创新型国家建设过程中高等教育改革和发展的一项重要措施。目前许多高校都在大力开展产学研合作,并在促进科技成果的转化上取得了较为丰硕的成果。但在实际操作过程中,产学研结合更多的是侧重如何进行科学研究和成果转化。产学研合作教育是现代高等教育发展的大趋势,也是当代国际经济竞争、科技竞争的重要手段。产学研合作教育是高等学校对外开放、同社会相结合的产物,与现代教育、现代科技、现代化大生产的发展密不可分,是高校实施全面素质教育进行人才培养的新型模式。

2.4.1 产学研合作教育的内涵

产学研合作教育在国外已有上百年的历史,产学研合作教育的概念源于国外早期的"合作教育",即一般特指的"学工交替"教育模式。国际上普遍认同的英文表达是"Cooperative Education",通常理解为学校和产业用人单位合作培养学生。关于产学研合作教育的概念(姜健等,2006),早在 1946 年美国职业协会发表的《合作教育宣言》中描述为:"合作教育是一种独特的教育形式,它将课堂学习与在公共或者私营机构中的有报酬的、有计划的和有督导的工作经历结合起来,它允许学生跨越校园界限,面对现实世界去获得基本的实践技能,增强学生的自信和确定职业方向。"加拿大合作教育协会对则对其描述为:"合作教育计划是一种形式上将学生的理论学习与在合作教育雇主机构中的工作经历结合起来的计划。通常的计划是提供学生在商业、工业、政府及社会服务等领域的工作实践与专业学习之间定期轮换。"2001 年世界合作教育协会对合作教育的描述为:"合作教育将课堂上的学习与工作中的学习结合起来,学生将理论知识应用于现实的实践中,然后将在工作中遇到的挑战和见识带回学校,促进学校的教与学。"

我国的学者对"产学研合作教育"的概念也有大量探讨。我国学者最初把英文"Cooperative Education"翻译为"合作教育",到 20 世纪 90 年代中期,国内才逐渐将其意译为"产学研合作教育",并沿用至今。这种命名突出体现了高校教学、科研与生产三者相结合的合作教育特征。教育部 1997 年颁布的《关于开展产学研合作教育"九五"试点工作的通知》中,正式将"产学研合作教育"纳入国家教育政策框架体系中,国家政府开始在全国有组织地开展产学研合作教育的试点工作,并将"中国产学合作教育协会"更名为"中国产学研合作教育协会",合作教育的范围和内涵得到了进一步扩展。近年来,"产学研合作"以及"产学研合作教育"等概念在国家发展战略中不断得以强调,并走向深入的实践和探索活动中。2005 年国家出台的《中长期科学和技术发展规划纲要(2006—2020年)》中,明确提出了将建立"以企业为主体、市场为导向、产学研相结合"的技术创新体系,作为全面推进国家创新体系建设的突破口,作为建设创新型国家的关键环节。产学研结合已成为我国适应市场经济发展需要,切实实施科教兴国战略,推动国家技术创新体系和自主创新能力建设的重要战略举措。与此同时,我国"产学合作教育"的内涵也日益丰富,范围日益宽泛。产学研合作教育的内涵通常被人们理解为一种教育模式、教育方式或教学方法,名称上通常包括产学研合作教育、产学研结合(合作)培养人才、产学研结合(合作)培养人才模式等。一些学者则将高校产学研合作教育分类为:产学研结合的合作产业模式(产业主导型)、产学研结合的合作教育模式(教学主导型)、产学研结合的合作科研模式(科研主导型)和产学研结合的一体化模式(综合主导型)。

总之,产学研合作教育是一个较为宽泛的概念,在具体对产学研合作教育的内涵进行界定时,应当考虑如下因素:第一,在师资队伍结构上应有高校教师和校外兼职教师,并有合理比例的"双师型"教师队伍;第二,整个教学体系中要有合理比例的校外实训;第三,企业等合作方应具有参与学校专业设置、招生、教学计划制定等方面的权利,学生实训、工作实行双向选择;第四,企业等合作方对学生的校外实训、工作有监督、评价权。据此,我们可将"产学研合作教育"理解为:充分利用高校与企业、科研院所等多种不同教学情境和教学资源以及在人才培养方面的多方优势,将以课堂知识传授为主的高校教育与直接获取企业实际工作经验、实践能力为主的生产、科研实践有机结合的教育形式。这从根本上解决了学校教育与社会需求脱节的问题,缩小了学校和社会对人才培养与需求之间的差距,增强了学生的社会竞争力。

2.4.2 产学研合作教育的发展历程

2.4.2.1 国外产学研合作教育概述

国外产学研合作教育最早起源于100多年前的工程教育领域。在20世纪初,美国辛辛那提大学首创了产学研合作教育项目。随着对合作教育模式相关理论的深入研究,形成了各具特色的产学研合作教育模式。如比较典型的早期美国的学徒制模式、硅谷模式,英国的"三明治"模式、教学公司模式,德国的双元制模式,这些逐渐成为世界上近代产学研合作教育的雏形。随后,到了当代,美国的产学研合作教育界更加注重教育思想指导的变革,开始走向全方位、多元模式、深层次、规范化的发展方向。同时,英国也开始创建了全英的教学公司,并由此搭建高效与企业共同参与的协同创新项目,高等教育与产业界之间建立了比较稳定的协同关系。

从理论上来看,国外产学研合作教育的理论研究兴起于19世纪后期的德国劳作教育思想和20世纪初的美国实用主义哲学思潮和教育思想。到了现代,西方学者更多地开始从经济学角度对产学研合作的意义和本质进行探讨。但同时,美国学者亨利·埃兹克维茨从社会学角度对产学研合作进行研究,并在1995年提出了"三螺旋创新模式"。三螺旋是一种创新模式,主要是指大学—产业—政府三方在创新中密切合作、相互作用,同时每一方都保持自己的独立身份。该模式目的是改变传统上高校与企业的双螺旋模式,通过政府协调机制监督大学与企业的合作运行,一方面高校为企业和政府培养专业人才,另一方面企业则可借助于市场来发挥其品牌优势和经济效益,从而促进政府与大学之间的关系发展。

在实践上，国外产学研合作教育实践是从创建新型大学开始的。早在1810年，德国教育家洪堡创办了世界上第一所具有现代意义的柏林大学，并提出教学与研究相统一原则。1906年美国辛辛那提大学创建了第一个合作教育项目，并于1962年和1963年成立了美国合作教育委员会和合作教育协会。到20世纪70年代，美国康奈尔大学和威斯康星大学分别提出了直接服务社会的办学理念，由此构成了继教学、科研职能后的"社会服务"的大学第三大职能。从此，大学才逐渐走出了象牙塔，开始与社会和企业建立密切关系，使产学研合作逐渐走向成熟。

2.4.2.2 美国产学研合作教育的发展历程

1) 美国高等学校"产学研合作教育"的产生

早在19世纪70年代，以新能源应用、新材料发明和运用为主要标志的第二次工业革命开始在英美等发达资本主义国家蓬勃兴起，后来随着不断增加的科学发现，工业革命顺利进展，西方主要资本主义国家经济得到了迅猛发展，从而促使当时比较发达的资本主义国家上层建筑发生巨大变化。在美国，政治界追求民主的浪潮对当时美国高等教育的贵族特权产生了巨大冲击。当时美国总统托马斯·杰弗逊就曾明确指出："公众能否受到教育是证实任何国家的任何政府能否长久不衰和成功与否的前提。"在这一论断的影响下，美国大学开始由"贵族教育"转向"精英教育"。接受高等教育的公民范围大大拓宽，高等教育也得到空前发展。

1862年，美国国会通过了"莫雷尔法案"（Morrill Act），法案明确规定：联邦提供给各州一定的土地，将这些土地的收益用于建立一批州立大学，要求这些大学开设有关农业和机械技艺方面的实用性学科。这就是美国历史上著名的"赠地学院运动"，比较典型的就是威斯康星州立大学（Wisconsin State University），该大学建立了推广教育中心，向农民传授农业科技知识，为当地社会经济发展提供咨询服务，形成了"直接有利于促进农业，使工业效率更高，有利于州政府的办学思想"，也就是著名的威斯康星思想。威斯康星思想带来了美国高等教育的一场重大革命。

第二次工业革命之后，科技革命盛行于世，各种科学发现不断涌现，科学日益繁荣，科学的发展给人们的思想和活动带来了巨大变化。一些哲学家们开始摆脱传统思想束缚，将所谓的绝对真理的观点转向强调知识可以通过实践获得的理念，并开始注重事物发展的实用性结果，这种实用主义哲学思潮日渐成为美国主流文化，从而也不可避免地影响了当时美国高等教育，美国著名教育家杜威就是其核心代表。杜威的主要思想观点是：从经验和实际工作中学习。他的这一思想对当时的高等教育产生了重大的影响，特别是为"经验学习"的教育模式打下了深厚的思想基础。

总的来看，19世纪资本主义社会经济、政治、文化的发展为高等教育改革提供了深刻的基础。正是在这样一个变革的社会中，随着人类知识的快速膨胀和对高等教育提出的挑战，合作教育的萌芽开始出现。从国际上看，合作教育的产生最早可追溯到1903年英国桑德兰技术学院在工程和船舶建筑系中实施的"三明治"教育模式。由于社会发展，只注重知识和理解的传统教育模式已经难以适应社会对人才的新需求，学生在学习书本间接知识的同时更应该获取一定量的工作经验，于是在教学过程中夹有工作训练的教育模式便由此产生。与此同时，美国俄亥俄州辛辛那提大学工程学院的赫尔曼·施奈德教授也于1906年进行了一项卓有成效的教育改革试验，即由辛辛那提大学与当地一些企业合作，采用课堂学习与企业实习交替的模式，也就是"工学交替"教育模式，辛辛那提大学的教育改革标志着美国高等学校"产学研合作教育"由此产生。

  2) 美国高等学校"产学研合作教育"的发展期

  美国"产学研合作教育"正式开始于 1906 年的辛辛那提大学，当时该大学与企业联合共同对数十名技术系的学生开展职业教育。在此后约 40 年间，美国高等学校"产学研合作教育"得到了稳步发展，到 20 世纪 40 年代末、50 年代初，美国已经创办了 40 多个比较成功的"产学研合作教育"计划。到 1957 年，由爱迪生基金会发起召开了全国"产学研合作教育"会议，并于 1958~1960 年开展了对全国"产学研合作教育"的大规模研究工作。发展到 20 世纪 60 年代中期，联邦教育部和大量基金会的财政支持有力地推动了"产学研合作教育"的发展，美国"产学研合作教育"实施范围开始拓展到高中职业科和研究生院等领域。

  美国开展和推广的"产学研合作教育"，主要是由学校倡导和企业推动，另外一些社会组织也积极地参与。由此可见，这种产学研合作教育模式是顺应时代发展要求的，是与人们的日常生活需要密切相关的，也是高校、学生、企业三方互相合作、各自受益的一种新型教育模式。二战之前，美国的"产学研合作教育"并没有真正发展起来，没有形成一定规模，实行"产学研合作教育"项目的高校也仅有 29 所而已，而且开展"产学研合作教育"的这 29 所院校内，选择产学研合作教育模式的学生人数也是少之又少。其原因主要有两个，一是该模式作为新生事物首先就会受到质疑，不被认可，广大师生和企业普遍不能接受；二是当时美国大学生人数少，1950 年美国的大学入学率仅为 20%左右，社会能基本满足大学学习者的就业要求，因此。大学生的就业率很高，便导致了当时大学"产学研合作教育"难以广泛推行。

  3) 美国高等学校"产学研合作教育"的萎缩期

  二战后，主要发达国家经济快速发展，对专业人才需求强烈。同时，高校不断扩大招生规模，学生人数不断增加，教学资源日益紧张，此时"产学研合作教育"就显示出其对学校和社会现有资源充分利用的优越性。从美国 1946 年到 20 世纪 60 年代末的发展情况看，全面开展"产学研合作教育"的高校已由 29 所发展到 140 所，约有 8 万名学生参与"产学研合作教育"。随后，由于 20 世纪 60 年代美国课程改革和 70 年代前期移植英国"开放课堂"改革的失败，20 世纪 70 年代中期以后，美国教育界又提出了"回归基础"的教育改革口号。回归基础教育运动实质上是美国教育改革中一次重归传统教育的思潮，它否定了前期美国盛行的"进步教育"运动的基本主张，又开始重视学生视读、写、算的基本训练和系统知识的教学，要求重新树立教师主导的权威作用，强调严格学生管理，提高教育质量。受到"回归基础"教育改革运动的影响，"产学研合作教育"的发展也受到了严重冲击，由此历经了短暂几年的萎缩期，造成这一阶段美国产学研合作教育发展的停滞不前。当然，停滞的原因是很多的，但最主要的原因是"产学研合作教育"模式自身存在一定问题，比如产学研合作教育的证书制度发展滞后，因为许多高校还没有实行这种教育模式，因此这种教育培养出来的学生证书难以被一些学校认可，整个社会对其不予认可，具有一定的局限性；还有的组织和企业对其教育教学乃至学术水平存在质疑，使得"产学研合作教育"在学校和企业之间合作的顺利开展受到严重阻碍。这种状态影响了美国高校"产学研合作教育"顺利发展，使这一时期"产学研合作教育"出现明显的停滞不前发展状况。

  4) 美国高等学校"产学研合作教育"的快速发展期

  20 世纪 90 年代以后，美国教育界通过多种实施途径，采取了一系列积极举措，以促使产学研合作教育在更大规模上得以顺利开展。第一，美国教育界呼吁联邦政府和州政府应重视高校"产学研合作教育"，要求政府通过拨款、立法、人员配备等途径加大对国家"产学研合作教育"项目的支持和影响。克林顿政府执政后，也非常重视"产学研合作教育"，他在有关高等教育改革和发展的多次讲话中，高度肯定了产学研合作教育的重要意义，并表示要采取积极措施支持"产学研合作教育"的快速发展。第二，美国教育界针对一些高校与企业合作关系不景气状况，采取多种刺激性举措，激励高校努力实施教育教学改革，改变"以学科为中心"的传统教育方式，加强与企业，特别是与中小企业的合作与联系，并增加企业急需的专业技能和学历要求都较高的大学专业设置，使高校培养的学生更适应企业人才需求，也更能适应国家高科技发展。美国教育界还建议，产学研合作教育的合作双方——企业与学校，包括学生在内，都应该在产学研合作教育项目开展之前就制定一个严密的合作训练计划，这个计划应该包括产学研合作教育和训练的全过程，明确到时间、地点、人员以及各项考核标准，并在每个实践环节结束时进行考核，以检查是否达到预期目标。

2.4.2.3 英国产学研合作教育的发展历程

1) 艰难的孕育——英国产学研合作教育的起源

在12世纪中叶和13世纪初，英国先后建立了世界上最古老的古典大学——牛津大学和剑桥大学。这两所大学的人才培养目标是培养统治国家的精英，知识传授以人文知识为主，洛克的"绅士教育"思想充分总结了英国早期大学人才培养模式特征。也就是说，这些大学不注重与企业结合，不重视科学研究，也不参与技术研发和产业合作。根据英国学者尼克·西格尔的描述，到19世纪80年代，英国一些早期大学才开始慢慢涉足企业部门，1881年来自剑桥大学的达尔文率先创办了剑桥科学仪器公司，1896年，以剑桥卡文迪许实验室研究员帕依命名的帕依公司也随之成立，英国早期大学开始陆续参与到产学研合作中来。与此同时，英国职业教育系统也得到了一定程度的发展。1852年英国政府成立了"皇家工艺学会"，1853年英国政府又成立了"科学工艺部"，旨在加强对职业技术教育的管理，负责建立全国职业技术学科的考试制度。并且民间创立的初级职业技术教育学校以及在20世纪初由英国各级政府创办的高等职业学校在一定程度上也对产学研结合教育模式进行了探索。这些学校在课程体系中增加应用科学、实用技术比重的同时，也同当地企业密切合作，让学生到企业中参加实际工作，获得工作经验，比较有代表性的是桑德兰特技术学院形成的"三明治"教育模式。1921年，英国中央教育署与一些专业团体（如工业技术人员协会）开展合作，建立了一套较为完备的技术人员证书制度。这种新的证书考试制度具有国家性质，而且具有统一的标准，对考试合格者授予国家证书或国家文凭，作为进入某一行业或专业的资格认证。这一资格认证制度的建立在英国职业教育的发展史上具有划时代的意义。这一资格认证制度的建立，经过后来多次的修正、完善，对英国产学研合作教育的发展起到了重要作用。

2) 珀西报告——英国产学研合作教育的积极探索

受英国政府委托，以珀西议员为首的英国国家教育调查小组于1945年发表了英国教育史上著名的"珀西报告"。这份调查报告尖锐地指出了英国当时面临的严重的科技、教育问题，主要表现在(胡昌送等，2007)："没能将科学有效地应用于产业上而导致的失败，国家缺乏发展科学技术的有效措施和方法，产业界与教育界之间缺乏相互联系和协作，从而使得英国受过高等专业技术教育的人才质劣量缺，科学研究转化为生产力的周期过长，造成了国家目前的困境。"在报告中还提出了具有影响的一项建议是，建立地区性和全国性职业教育协作和协调机构，以加强产业界与教育界之间的联系和合作。该报告勾画了战后英国科技教育政策的重要蓝图，可称为战后英国政府、社会民间组织以及民众大力发展职业技术教育、加强产学研合作教育的重要开端。自"珀西报告"发表后，英国政府相继出台了一系列的相关政策法规，成立了各种机构和咨询委员会，以促进产学研合作教育发展。这段时期，英国政府发表的促进产学研合作教育相关政策主要包括：《〈技术教育〉白皮书》(1956)、《卡尔报告》(1958)、《克劳瑟报告》(1959)、《〈产业训练〉白皮书》(1962)、《产业训练法》(1964)、《就业与训练法》(1973)等；主要机构和咨询委员会有："全国工商业教育咨询委员会"和10个地区继续教育咨询委员会(1948)，"产业训练委员会""全国训练服务处""人力服务委员会""中央训练咨询委员会"等。

另外，这一时期英国高等职业教育学院的飞速发展，推进了英国产学研合作教育的发展进程。根据"珀西报告"的建议，英国政府随后出台了一系列政策，并相继成立和规范了原有的高等职业技术教育学校体系，将高等职业技术教育学院划分为4类，即地方学院、区域学院、地区学院和高级工程技术学院。20世纪60年代后，这4类学院都得到了很好的发展。英国高等职业技术教育存在着与产业界合作的内在需求，这些学院积极寻求与产业界的合作途径，以提高人才培养的质量，推动了英国产学研合作教育的快速发展。

英国在产学研合作教育方面，开始与实际情况相结合，积极探索具有英国特色的产学研合作教育模式。

(1)英国企业内部职员教育培训模式。根据"产业训练白皮书"和"产业训练法"的精神，英国境内基本构建了具有英国特色的企业内部职业教育培训模式。在具体做法上，英国中央政府设置了"人力服务委员会"，并且不同行业也成立了"产业训练委员会"，相关的职业技术学院也开始设置"连续性间断脱产学习制"的课程体系。在财务管理上，各产业训练委员会有权向本行业的企业主征收相当的训练费，然后将这些财政收入支付给得到"产业训练委员会"所认可的企业主使用。

(2)多科技术学院开始兴起。20世纪60年代，英国出现了一批多科技术学院。到20世纪90年代，英国国家高等教育体制改革，将这些多科技术学院升格为大学。这些大学的课程设置在形式上主要有全日制、工读交替制、部分时间制和夜间制4种，工读交替的"三明治"课程在当时的多科技术学院中最为盛行。随着英国高等职业技术教育的快速发展，这种"三明治"式的人才培养模式得到了较大发展。英国占很大部分的继续教育学院也都采取了这一课程模式。另外，在"三明治"课程设置的自身模式上，又呈现出"厚三明治"模式和"薄三明治"模式。这种工读交替的人才培养模式得以进一步的发展和完善。

3)教学公司——英国产学研合作教育的个性化与成熟

二战后，英国产学研合作教育日渐形成了具有英国特色的产学研结合模式，开始进入了其发展过程的成熟阶段。这一时期的标志性事件是1975年在英国创立的国家教学公司。

(1)教学公司模式兴起。从1975年开始，英国政府科学和工程委员会(SERC)、贸易和工业局、经济和社会研究委员会以及北爱尔兰经济发展局联合资助研究基金会等部门组建了全国性的教学公司。该教学公司设有管理委员会和理事会，管理委员会拥有决定重大事件的决策权，理事会负责管理日常工作，并任命约20名经验丰富的项目协调员同全国各地的管理委员会(LMC)共同管理分布在全国各地的数百家教学公司计划。教学公司主要任务是负责组织由高校与企业共同参加的科技协同项目，从而为高校和企业界之间合作建立比较稳固的渠道。经过多年实践，英国教学公司取得了较大发展，到 1996 年，已先后完成合作项目 1000 多项，仅在 1992 年立项的项目就达 443 项；全英国有 83 所高校参与了教学公司的合作项目，涉及经费达 5490 万英镑，合作领域非常广泛，主要包括机械与电子工程、化学与化工工程、土木与结构工程、信息与信息技术、纺织与塑料橡胶、生物与医学等。

(2) NVQ 与 GNVQ 证书体系不断完善和推广。英国的 NVQ、GNVQ 以及普通教育证书的国家高等教育证书体系在世界教育系统中是非常独特的。1986 年英国政府成立了国家职业资格委员会，负责制定职业资格体系的相关政策，与有关各方协商实现目标，认可资格授予机构等工作。职业资格委员会组成上主要包括雇主、工会工作者、教育和培训的提供者以及那些在职业资格认证上有丰富经验的工作人员。培训计划主要是由培训企业委员会推行，鼓励当地企业雇主采用 NVQ 标准和国家培训计划，并积极支持 NVQ 培训。职业资格委员会极大地推动了国家职业资格(NVQ)以及普通国家职业资格(GNVQ)证书体系的发展。NVQ 与 GNVQ 均注重雇主、专业机构、高等教育机构和个人的承认与参与，因而也得到了各经济部门的理解、接受和尊重。

(3) 科技工业园区的发展与沃里克模式。在英国产学研合作教育发展到 20 世纪 70 年代，英国传统大学界开始发生重大的观念转变，积极创办科学工业园区，围绕剑桥大学和牛津大学建成了以高科技公司为主的科技工业园区。1986 年，英国政府成立了工业和高等教育委员会，旨在鼓励产学研合作。1987 年该委员会发表了《走向合作：高等教育—政府—工业》的政策报告，进一步强调高等教育、政府与工业三个部门合作的必要性。该报告引起了工商业界的强烈反响，科学工业园区的概念从此在英国范围内迅速传播。同时独具企业家精神的"沃里克模式"也在英国逐渐兴起。沃里克模式是以沃里克大学命名的一种产学研结合模式。当时沃里克大学首任副校长杰克·巴特沃斯就特别强调发展学术事业，加强大学与工业界和区域之间的密切联系，致力于建立具有企业精神的研究型大学。并先后建立起为企业和社区有偿服务的商学院(1967)、艺术中心(1974)、沃里克制造业集团(1980)、沃里克大学科学园有限公司(1984)等实体组织，与商业界建立了密切的合作关系，不断拓展其服务范围，使其办学经费来源日益多元化。沃里克大学在发展过程中不断总结和商业界联合的经验，逐渐形成了自身特色的沃里克产学研合作教育模式。

(4) 英国产学研合作教育发展趋势

进入 20 世纪 90 年代后，英国在产学研合作教育方面又有了新的重大发展，在继续完善和推广前期兴起的教学公司模式，完善"三明治"课程模式的同时，积极借鉴采用和推广 MES 课程模式，促使大学与企业间的产学研合作教育方式更加多样化。另外，积极开展国际产学研教育合作，作为技术输出方推进其他国家的职业资格认证体系建立。

2.4.2.4 我国产学研合作教育的发展历程

我国实施产学研合作教育相对较晚，真正实施是在改革开放之后。在改革开放以前，我国在新文化运动中出现了"工读主义"的教育思潮，在革命根据地出现了"劳教结合"教育运动，在"文化大革命"之前出现了"勤工俭学"和"半工半读"的教育模式，但严格来说，这些教育与培训形式都不能称为"产学研合作教育"，但也为改革开放以后我国产学研合作教育的广泛开展奠定了一定基础，并为我国随后的产学研合作教育实践提供了前期经验和教训。

具体来讲，我国产学研合作教育发展大致经历了如下几个阶段。

1) 我国产学研合作教育初步发展

产学研合作教育在我国出现于 20 世纪 80 年代末至 90 年代末，这一阶段可称为引入并初步形成阶段。初步形成阶段突出表现为对国外产学研合作教育的经验介绍与模式移植。在 1985 年 5 月中共中央公布的《关于教育体制改革的决定》中明确指出："高等学校有权接受委托或与外单位合作，进行科学研究和技术开发，建立教学、科研、生产联合体。"就在同一年，上海工程技术大学借鉴加拿大滑铁卢大学产学研合作教育经验和做法，采用了"一年三学期，工学交替"的教育模式开展产学研合作教育试验，这标志着我国产学研合作教育的"引入"阶段的开始。随后，我国许多高校开始探索各种形式的产学研合作教育。这一阶段主要特征表现为，以多样化的形式与国外教育界进行合作，复制国外的产学研合作教育模式。

在 1991 年到 1997 年间，我国产学研合作教育已初步形成。这一阶段主要是对产学研合作教育模式的探索，已经开始从各教育机构自发状态走向有组织、有计划的团体互动状态。期间，教育部高教司于 1990 年 3 月召集清华大学、浙江大学、北京市高等教育研究所等 17 家单位在北京举行了我国第一次产学合作教育研讨会，并于 1991 年 3 月在上海成立了全国性的"产学合作教育协会"，创办了会刊《产学合作教育通讯》。从此以后，我国产学合作教育逐步扩展为"产学研合作教育"。1992 年 4 月，国家经贸委、教育部、中国科学院三部委共同组织实施了"产学研联合开发工程"。该工程项目可以说标志着我国产学研合作教育开始进入正式实施阶段。此后，我国大学通过各种形式积极开展产学研合作教育。据统计，实施产学研合作教育实验的院校，1990 年为 16 所，1991 年上升到 29 所，而 1992 年剧增到 71 所，其中包括专科学校 8 所(刘平等，2007)。1993 年 2 月，中共中央、国务院颁布的《中国教育改革和发展纲要》中指出："高等教育要进一步改变专业设置偏窄的状况，拓宽专业业务范围，加强实践环节的教学和训练，发展同社会实际工作部门的合作培养，促进教学、科研、生产三结合。"此后，各地积极开展产学研合作，形式多样。上海市召开全市高校产学研合作教育讨论会，组织了产学研合作教育运行机制的专题研究；北京市积极推进大学产学研合作教育改革试点，并制定了产学研合作教育"九五"试点计划(周伟，2002)。1995 年 12 月，"中国产学合作教育协会"正式更名为"中国产学研合作教育协会"，扩展了合作教育的范围和内涵，至此，产学研合作教育这一概念正式形成。

2) 产学研合作教育的进一步发展

在 1997 年到 2002 年间，在各级政府大力支持下，产学研合作教育在我国进一步发展。该时期我国产学研合作教育的主要特点是政府主导产学研合作，有组织、有计划地推进，加强了产学研合作教育的政府领导力以及具体操作。教育部于 1997 年 10 月发布了《关于开展产学研合作教育"九五"试点工作的通知》，确定了我国"九五"期间组织农业部、煤炭部、机械部等 10 多个部委所属的多所大学开展产学研合作教育的试点工作。由此，我国合作教育从民间社团组织的实践与探索，走上了由政府组织的有计划的试点。产学研合作教育纳入政府教育主管部门教育教学改革的总体规划中(周伟，2002)。

为进一步推进产学研合作教育的深入探索和发展，教育部在《面向 21 世纪教育振兴行动计划》中明确指出："加强产学研合作，鼓励高校与科研院所开展多种形式的联合、合作，促进高校、科研院所和企业在技术创新和发展高科技产业中的结合。"之后，教育部成立高校科技产业发展资助机构，用于资助高校有开发前景的重大科技项目。并将"产学研合作教育培养创新人才的实践与探索"列为重点项目，得到世界银行贷款的有力支持（易迎，2009）。

3) 产学研合作教育全方位高速发展阶段

从2002年至今，我国产学研合作教育进入全方位高速发展阶段。在这一阶段，在政府正确引导下，"产""学""研"各相关部门积极协同探索各种形式的人才培养模式。该阶段的主要特征是，大学、企业、科研院所在各级政府的引导下，积极寻求合作，并主动探索产学研结合各种人才培养模式。从地方政府来看，2002年5月，江苏省教育厅、农业厅、农科院同南京农业大学共同建立了江苏省农业科学研究生联合培养基地，这是全国第一个产学研联合培养研究生的基地（赵建春，2005）。2004年7月，上海市教委、上海市发展改革委员会等9部门共同决定建立"上海研究生联合培养基地"（肖国芳，2007）。2007年，教育部、国家发展改革委、财政部、人事部、科技部、国资委等六部委联合出台《关于进一步加强国家重点领域紧缺人才培养工作的意见》（以下简称《意见》）指出，积极推进产学研合作教育，统筹协调招生、培养、就业、使用等各个环节，加速培养国家重点领域紧缺人才，为我国到2020年进入创新型国家行列提供强有力的人才支撑。《意见》要求：教育行政部门和高校要坚持以服务为宗旨，主动适应经济社会的发展需要，加大专业结构调整力度根据相关产业和行业对专门人才的实际需求，在拓宽专业口径的基础上，在高年级灵活设置专业方向，努力扩大紧缺专业的人才培养规模，优化人才培养结构，为产业部门提供人才和智力支持。要加快人才培养体制和机制的改革，积极推进产学研合作教育，鼓励高校与企业开展合作办学，联合建设重点领域学科和专业，按照企业对人才的要求实行"订单式"培养。

这一阶段，我国部分高校还积极参与和组建产学研联盟。比较典型的如由教育部、科技部和广东省联合创建的省部产学研结合示范基地。该基地2006年启动，到2008年，广东已组建31个产学研技术创新联盟，涉及50多所重点高校、30多家科研院所和近300家地方企业。重点高校与广东有关地市、企业共建了200多家研究院所、研发基地、国家重点实验室分部以及国家级工程（技术）中心分支机构等技术创新平台。另外，2008年"省部企业科技特派员行动计划"和2009年"百校千人万企省部企业科技特派员创新工程"开始全面实施以来，约有150多所高校、60多个科研院所的2000多名企业技术专员，带着10000多名由应届大学毕业生、在读硕士和博士研究生担任的科技特派员助理，深入广东2200多家企业一线开展科技服务工作（李正等，2010）。

这一系列重大措施为广东省产学研合作教育的快速发展提供了良好的环境和平台。不仅为建设广东省区域创新系统注入了巨大动力，也为大学生创新能力培养开辟了新路径。产研合作把高校的科技创新推向了国家经济和科技发展的最前沿，促进了学科建设发展，更新了人才培养观念，为高校学科建设、人才培养和教师队伍建设以及毕业生就业提供了强有力的支持。同时，客观上对产学研合作教育的发展也起到了积极的促进作用。

2.4.3 国内外产学研合作教育模式的现状与问题

2.4.3.1 国外产学研合作教育模式

1) 美国"学徒制合作训练"

近年来，美国许多地方不断出现多种新的产学研合作教育模式。其中"学徒制合作训练"

(ACE)就是典型例子。美国高校"学徒制合作训练"主要是将学徒制训练和合作教育结合起来，以克服传统的产学研合作教育的资金投入、人员配置、资格证书授予等要素的薄弱环节。如在宾夕法尼亚、内布拉斯加、阿肯色等州，州教育部门通过开展"学徒制合作训练"项目，加强了对"产学研合作教育"项目实施过程中的监管力度，增加了产学研合作教育的资金投入，并配备了"产学研合作教育"专职服务人员，参加项目的学生也可以在考核合格后获得一份能在较大范围内被认可的技能等级证书。特别是在内布拉斯加州，"学徒制合作训练"实施给该州带来了20万美元的联邦政府资助，该州在学生达到计划规定的各项考核标准后即授予州一级的技能等级证的试点，获得了成功，此模式深受企业、学校及学生的欢迎，吸引了一大批企业的参与。

2）美国"底特律契约"模式

"底特律契约"是美国当前比较流行的一种产学研合作教育模式，该模式的参与者除了企业、学校、学生外，还有地方社区团体、劳工组织、州及市等各级行政主管部门、密歇根州的多所大学、银行、电视台等共同参与合作。学生一旦签约，就能获得暑期工作、实习训练岗位、未来就业、大学奖学金等方面的机会及待遇。仅在1993年，国际商业机器公司（International Business Machines Corporation，IBM）就为该模式提供了近50万美元的教育教学仪器设备和各项服务支持。"底特律契约"模式中，美国有14所私立大学承诺要为"契约"学生提供上百万美元奖学金，以支持这些学生进一步深造。为提高质量，"底特律契约"模式还对学生的教学、实习等各个环节都制定了详细的规定，如对上课迟到、早退，平时考核成绩、学科分数都做了明确的规定，只有达到各项考核标准，学生才能获得就业机会或大学奖学金。这些举措加强了对学生的严格管理，提高了教学与实习质量，从该模式中毕业的"契约"学生深受企业和大学的欢迎，"底特律契约"模式的学生规模逐年增加。1992年仅有1000多名学生达到了"契约"所要求的就业标准，被"底特律契约"企业正式录用。在1993~1994年度，已有21万名学生及家长加入了"底特律契约"计划。1994年春天，有近200名"契约"学生获得了进入本科院校就读所需的奖学金。

3）"交替式"产学研合作教育模式

"交替式"产学研合作教育是当前美国产学研合作教育的主流模式之一。该模式主要是指全日制高校学生每学年分为学习和工作两个学期，并在每个学期结束之后进行交替，并且工作学期的工作任务都是由学校许可的，各个学期时间长短也主要由高校自己来决定。美国大多数四年制高校几乎都在实施"交替式"产学研合作教育模式。在四年制本科高校采取的产学研合作教育规定学校必须有三个学期或者两年的时间都在与自己专业相关工作岗位实习。实习时间学校根据学生学业完成情况和学生在校表现是否成熟来决定，并做出合理安排，而并不是学生随意选择的。在开展产学研合作教育的高校中，占相当部分的高校都把学生的实习纳入整个学分系统中；也有部分高校是不将实习计入学分的，因此这些学校的学生在实习期间就不需要交纳学费。但学费并不会成为大部分学生负担，他们可以在实习期间领取到一定的薪酬。这种产学研合作教育的优点是，能够将学生实习时间集中起来，从而使他们的实践经验具有高度系统性和连续性，在长时间、连续的工作中，学生也能够同企业雇主建立起信任感，对锻炼学生交往能力和沟通能力很有益处。但是这种连续性的工作实习也可能会使学生的理论知识学习产生间隔，从而导致学生在实习学期过去之后不能立即投入到理论知识的学习中去，以致考试成绩下滑，不能正常毕业。

4) 英国"三明治教育模式"

关于英国的产学研合作教育模式，目前众人所熟知的主要是这三大类："三明治教育模式""教学公司模式""沃里克教育模式"。

早在 19 世纪初，英国桑德兰特技术学院为摆脱传统的只注重知识和理解的教育模式的弊端，就主张学生在学习课程时，还应该获取一定量的工作经验，于是产生了半工半读、学工交替式课程设置的教育模式。这一模式要求学生在校学习期间拿出专门一段时间到企业参加实际工作，形式上有点像"三明治"，因此被称为"三明治"教育模式。"三明治"教育模式在英国经历了一个较为漫长的发展历史：20 世纪初到 50 年代，可为"三明治"教育的萌芽和艰难起步期；20 世纪 60 年代到 70 年代为"三明治"教育的快速发展期；20 世纪 80 年代到 90 年代为"三明治"教育发展的成熟期；21 世纪初至今，"三明治"教育发展完全进入了的繁荣稳定期。

"三明治"课程设置 4 个学习主题。"三明治"课程并不仅仅注重处理工作中的突发情况，该课程设置还提供了一种以学习者为中心的优质课程范例。重点是关注学生想要学什么，而不是提供给他们什么。"三明治"4 个学习主题分别是：

(1) 原有学习的鉴定。也就是学习者通过复习回顾过去学到知识，建立起已有知识和将要学的知识之间的关系。已有知识为学习提供了起点，并将学习者纳入到国家学历或资格体系的特殊层次。

(2) 进一步学习。主要是指为实现学习项目的目的而从事的新学习，这是项目中心。进一步学习不仅涉及专门工作知识，也通过评估一个人的自我学习能力，以提高其终身学习能力。

(3) 公认学习。主要是指学习者通过学习掌握被公众认可的知识。

(4) 等价学习。主要是指如何让学生的学分或印在纸上的学习成绩同真正学到的知识技能产生等价效果。这种学习结果不单是"教学内容"或工作本身所要求的新知识，也指学习者获得的固有知识。

以工作任务为主要指标来选择课程内容，是"三明治"课程设置的最基本特征，因而通过工作任务分析法进行课程内容开发是"三明治"课程设置的基本方法。工作任务分析法主要是从工作实际需求出发，同用人单位密切合作，以学生职业能力培养为根本，由某一职业领域的专家来确定课程内容。核心流程是：首先要准确分析某个职业领域所需技能，用较简明的方式将能胜任该职相关的每一种行为进行陈述；行为就是学生的单独学习目标，并对每一行为的难度予以明确，以便"三明治"学习课程的开发研究。学生在学校完成 6 学期专业基础课以及部分专业课的理论知识学习之后，到第 7 学期，学生就要到实习基地参加工作实践，了解企业生产的各个环节，随后再回到学校学习其余专业课并进行毕业设计。

该模式具有以下特点。

(1) 充分运用学校和企业两种不同的教育环境资源，来培养能够适合企业需要的应用型人才，能够很好地将课堂与工作学习结合起来，学生能够有效地将理论应用于实践，把工作经历中的问题和经验带到学校，进而促进学校的教和学。

(2) 工作训练是学校教学活动的重要组成部分。英国政府规定，三年制高校的学生工作时间不应少于 12 个月，而四年制本科学生工作时间至少为 18 个月。并强调工作与学业目标相一致，学生在工作实习中主要由企业对其日常管理并做出评价，同时授予学分，将其作为获取学位的必要条件之一。

(3)政府强化企业在合作教育中的作用,对此英国境内创建了 80 多个"培训和企业协会",专门负责协调学校和企业的合作关系。

(4)英国的"三明治"教育模式主要是针对三年制工程教育因时间、经费和社会条件的限制,学生缺少实际应用训练的缺点而提出的。它把工程人才的培养与社会挂起钩来,解决了理论与实践相结合培养人才的问题。同时也使学校与企业的联系,科研与生产的联系都得到加强,从而改变了原来意义上学校的性质(石伟平等,2001)。

5)英国"教学公司"教育模式

"教学公司"这一概念源于英国医科院校通过教学医院临床实习来培养新医生的这种"边学边做"模式。基于此,为了进一步加强高等学校与产业界之间的合作关系,增强高等院校根据生产实际需求开展科学研究和教学活动的积极性,1975 年英国政府组建了全国性的教学公司(李炳安,2012),设立在英国北爱尔兰贝尔法斯特市,由英国科学与工程研究委员会(SERC)、贸易和工业局、经济和社会研究委员会以及北爱尔兰经济发展局联合资助。"教学公司计划"是英国实施产学研的重要措施和旨在鼓励科技界与产业部门合作的政策。该计划早期主要针对大公司,现在 90%的方案涉及的是中小企业。随后,英国"教学公司计划"与"院校与企业界的合作伙伴计划"在 2003 年合并为"知识转移合作伙伴计划"。到 2008 年,约有 900 多家公司参加该计划,为 1000 多名毕业生提供培训,范围涵盖英国所有大学。

从创建目的看,英国教学公司主要是为了实现产学研合作教育的模式创新,提高大学生的实践技能。其目的总体上具有明显的公益性,是一种基于科研成果应用和创业型人才培养双重公益目的为导向的教育模式。该模式设计的实质是要实现教育资源优化配置,一方面让中小企业较快地获取基于自身发展需要并解决自身发展问题的大学科研成果;另一方面大学生在大学和企业双重创业导师的指导下,将科研成果应用于特定企业,以便解决特定技术问题,从而能够在企业获利的同时使大学生创新创业能力也得到培养。英国政府对教学公司的财政投入是非营利性的,其目的是促进公益目的的实现。

英国教学公司模式在运行机制上具有明显特点。从创新型国家建设和创业人才培养出发,在制度设置上教学公司本身内含的特有制度、机制包括:

(1)启动机制。英国教学公司在运作上,除了公司本身以外,还涉及特定高校和特定企业这两个核心主体。高校和企业要成为教学公司运转中的特定主体,主要有 3 种途径(李炳安,2012):一是由教学公司启动,直接通过"拉郎配"方式,将某一高校和企业直接捆绑起来,进行产学研合作;二是由高校启动,高校主动寻找特定的企业,将所研发的成果应用生产实践;三是由企业启动,根据生产实际和市场的需要,主动寻求合作研发项目。英国教学公司采取的是第三种启动方式,符合特定条件的企业,可以直接启动教学公司的项目。这些特定条件中的基础条件是企业本身要有一定的财力,有合格的企业指导导师;根本条件是项目对企业发展要起关键和战略的作用。

(2)配对机制。配对机制就是项目的形成机制。一般来说,企业依据自身发展需要启动相关项目后,就要与本地区的教学公司的协调机构进行沟通和咨询,从而确认其获取所需要的专家和技术成果输出的大学。之后,企业与所选大学进行咨询和协商,共同对企业启动的协同开发项目进行可行性论证,对项目目标和实施细则达成协议。随后,校企双方共同形成项目资助申请书,提交英国贸工部的教学公司办公室审批。

(3) 培养机制。教学公司培养机制主要指项目助理选拔和培养的机制。项目助理设置英国政府主动将培养创业人才的功能融入整个产学研合作的重要举措。项目助理工作期限和人数根据项目实际情况而定。由于高校选任能力、识别能力相对较强，其项目助理主要由高校选聘，大多由优秀大学毕业生或研究生来担任。项目助理与所在高校签订双方劳动协议，具体工作在企业部门，其工资主要由企业予以支付，并享受与所在公司职工同等福利待遇。项目助理一般要配备两名顾问作为导师，一个是高校资深教授作为学术顾问，另一个是合作企业的高级技术人员作为技术顾问。这种基于在企业实际发展需求的"以用为主、以用促学"的用学结合培养机制，在很大程度上体现了创新型人才培养的规律。在具体实施过程中，高校的学术顾问也要经常性地到企业指导项目助理的研发工作，项目助理除了和企业技术顾问在现场解决工作中不断出现的问题外，每周还需要有半天的时间与高校的学术顾问进行研究工作(孙福全，2008)。从这方面来看，教学公司模式实质上是属于产学研结合的"教育模式"，并非产学研结合的"产业模式"。

英国教学公司模式在功能上具有明显优势：

(1) 组织体内聚性功能。由政府资助的英国教学公司的组织体因为各种机制的科学配置使得组织体在运行过程中呈现出明显的内聚性功能。教学公司的利益共享机制顺应了不同行为主体的利益诉求，从而使得各参与主体各得其所、各行其责，充分体现了财政资金的公益性，同时又充分利用市场机制激发功能，促进了教学公司组织体的内聚共赢局面的形成。政府参与的多方合同机制有效地促使了高校走向市场，把高校科研事务与企业生产需求密切结合，从而为高校科研工作的纵深发展提供了重要资金支持，同时也增强了企业的发展原动力，为国家培养了宝贵的创新人才。

(2) 以用促学的培养功能。教学公司改变了传统的"以学备用"的人才培养观，而是采取了以满足企业现实需要为出发点的方式，并将其与人才培养密切结合。教学公司采用"以用促学、学用相长"的培养途径，从而增强了项目助理的责任感，有效地提高了他们的创造力和技术能力；另外，也能够激发项目助理探究解决企业实际问题和创新创业的兴趣，从而调动学生学习相关知识和技能主动性；并在协调能力、交际能力、口头和书面表达能力以及意志品德等方面也能受到较全面的现实磨炼，也是一个获得良好的职业发展潜力、完善自己能力的机会。

(3) 内生性的企业创新功能。教学公司作为企业创新模式，主要是将企业本身的人财物资源纳入技术创新体系，企业内部研究人员主动参与，是一种明显的以内生性为主导的创新模式。

2.4.3.2 我国产学研合作教育模式的发展现状

改革开放以后，我国于1985年颁布了《中共中央关于教育体制改革的决定》，明确提出了"建立教学、科研、生产联合体"改革战略。随后于1993年出台了《中国教育改革和发展纲要》，明确指出，高等学校要"加强实践环节的教学和训练，发展同社会实际工作部门的合作培养，促进教学、科研、生产三结合。"近年来，我国高等学校积极学习借鉴国外合作教育成功经验，结合中国国情以及行业、企业特点，开展了和发展了多种形式的人才培养模式，并在产学合作教育方面做出了积极的探索和有益的尝试。经过高校、科研院所和企业不断探索，我国产学研合作教育已初步形成了独具特色的模式。

1) "项目加基地"模式

该模式的主要运作形式是，高校与企业之间以项目、课题等为纽带，以产学研合作基地为平台的教育项目,并通过充分利用校企双方在人才、技术、设备以及环境方面的共同资源,共同开展科研项目,创造良好的技术创新氛围,提高社会和经济效益。"项目加基地"合作教育模式日益成为当前我国产学研合作教育的主导模式。该模式的主要特点是:以科研项目为校企合作结合点,以产学研合作基地为不同创新要素资源汇聚的平台,在科技攻关、技术转移、技术培训等方面通过校企合作,加快高校科技成果转化,推动企业创造更大的经济效益,相应地也为高校实现创新教育提供了有利条件。另外,该模式要求参与校企合作的高校应有较强的科研实力,甚至在某些领域应有国际一流的人才和科研成果,如清华大学、华中科技大学已经开展这种产学研合作教育模式。

2)"订单式"培养模式

"订单式"培养模式主要是指,通过高校和用人单位合作,充分发挥高校教学资源优势,针对地方社会经济发展、产业结构调整以及用人单位的需求,培养和输出具有一定理论知识、实践操作技能以及较高综合素质的应用型创新人才。"订单式"培养模式主要是按照培养目标与企业单位用人标准相结合、学科专业设置与企业人才需求相结合、技能培训与岗位需求相结合的指导原则,通过"学习-实践-再学习-再实践"的过程系统地加强学生培养。该模式的实施弥补了传统教育模式缺乏实践性、专业知识缺乏针对性的不足,使学生能够具备复合型人才的基本素质。对于企业来说,直接把企业职位条件和要求传递给学校,学校则按照企业需求以及不同岗位的设置,专门制定相应的教学计划、课程结构、实践教学环节,使"订单"的学生较早地接近新技术、新工艺、新设备、新材料,从而使企业不但可以减少繁杂的中间环节,也大大节省了人力、物力的支出。另外,企业通过这种提前介入的培养方式,能够有效地使应届毕业生进入企业后就能直接上岗,大大缩短了人才培养期。这种模式在一些行业性工科院校得到了实践的检验,产生了明显的成效。

3)"三明治"合作教育模式

"三明治"合作教育模式最早产生于英国,其核心环节就是"实践-理论-实践"。在该模式中,学生入学先到企业接受一段时间的工业训练,随后回校学习二至三年的理论知识,到最后一年再到企业进行岗位实习。这种循环式的教育模式,就是人们常说的"三明治"模式。在我国教育实践中,"三明治"模式经过不断发展,现在又出现了"工学交替"模式,二者的实质是一致的。"工学交替"合作教育模式遵循学生认知规律,能够更好地促进学生学习书本知识、掌握实践技术、养成劳动技能。从认识论来讲,学生的知识与技能的学习过程就是从感性认识到理性认识,再由理性认识到感性认识,这样不断往复循环、不断提高的螺旋式发展过程。实行工学交替合作教育模式,学生既能够学习理论,又能在专业理论指导和企业技术专家的引导下,更容易地学会专业技术,形成职业技能。工学交替教育模式为高校提供了重要的校外实践学习基地,从而弥补了学校教学资源不足。"工学交替"合作教育模式将学生的毕业就业与其工作实践相结合,西北工业大学、华东理工大学、南京航空航天大学、无锡轻工大学等一批高校从 20 世纪 80 年代就开始探索和试验,取得了十分明显的效果和成功经验。

4)校内产学合作模式

该模式主要是为了确保学生接受实践教学环节,向学生提供经常性实训机会,并充分利用校办企业、生产基地、实习工厂以及科研设备等校内资源,认真组织有关专业教师指导学生开展实习实训,推动产学研合作教育。该模式主要还是一种以高投入、实用性强,并融教学、科研、产业技术开发以及人才培养为一体的产学结合模式，它能够有效地促进技能型人才培养、推动高校教学与科研的发展，也能够实现高校科技成果的产业化，因此这种模式是高校提高人才培养质量的有效方式。我国香港理工学院创建的产业中心，以及深圳职业技术学院创建的产业实训中心等，基本上都是校内开展产学合作教育模式的典范，并在该模式方面创造了很好的经验。

5) 合作建立博士后流动站

在我国国家创新体系中，企业是技术创新的主体，在政府大力支持和机制不断创新条件下，一些大型企业与高校联合建立了博士后流动站。这种模式建立起来的企业博士后工作站更有利于创新创业人才的培养，推进企业技术进步以及培养、使用高层次人才的产学研合作新机制的创建；同时也有利于促进高层次人才进入企业并生产出大量研发成果。目前全国已设立了 3401 家企业博士后科研工作站，涵盖国防工业、电子信息、生物医药、冶金、机械、建筑、化工、煤炭等各个重要领域。

2.4.4 我国产学研合作教育现状与问题

2.4.4.1 我国产学研合作教育取得的成效

近年来，产学研合作教育在我国有了一定的发展，也得到了一定的成效。

1) 产学研合作教育推动了我国教育改革的进程

产学研合作教育对于促进高校教学不断适应科技进步、经济发展，提高高校教学质量起着十分重要的作用。通过长期的产学研合作教育的实施，促使了高校对一些专业课程设置进行调整，有效地推动当前我国高等学校对教学内容以及教学方法的改革。我国产学研合作教育特别重视对学生以创造能力为核心的综合素质的培养，由于传统教学内容难以满足这种要求，基于此，在高校教学改革过程中，打破传统课程结构，调整理论教学和实践教学的结构比例，优化和重构教学内容已成为当前我国教育改革的一项重要任务。同时，在实施产学研合作教育过程中，教学方法和教学手段的改革也得到了一定程度的发展。

2) 实施产学研合作教育已成为各界共识

从国内关于产学研合作教育的研究可以看出，当前教育界、管理界、产业界、政府部门都在不同程度上表现出了对于实行产学研合作教育的关心和重视。产学研合作教育改变传统教育模式，是创新型人才培养的重要途径，因此，这种新型人才培养模式的必要性得到了各方人士的认可，并得到大力支持。在实行产学研合作教育试点以来，我国政府部门也给予了足够的重视，从多项法规和政策当中都体现出了对产学研合作教育的支持。

3) 产学研合作教育模式日渐多样化

从目前我国高校进行的试点情况看，产学研合作教育的形式呈现明显多样化趋势。从不同的角度可以把产学研合作教育的模式进行不同的分类，如按层次分，可分为专科层次、本科层次、研究生层次的产学研合作教育模式；按合作阶段分，有全过程结合、后期结合、结束期结合以及线状结合和面状结合等产学研合作教育模式；按产学双方主体参与程度划分，可分为以高校为主的合作教育模式、以企业为主的合作教育模式和校企双方合作教育模式；按过程结合方式划分，可分为预分配模式和"三明治"培养模式。

4) 开辟了高校发展战略新途径

我国高校通过产学研合作教育各种模式,发现并主动适应了国家科学技术和区域经济发展的实际需要,以产学研合作教育为平台,拓展了高校与地方行业的联系渠道,高校自身发展了其生存和发展空间。一些高校产学研合作教育项目的实施,有效地推动了区域行业经济增长方式转变和产业结构优化升级,加快了高校科技成果转化,帮助企业部门解决了研发和创新活动中的人才、研发资源不足问题,同时也引领高校紧密结合地方社会经济发展实际和行业发展需求来确定办学方向,有效地将高校应用型人才与地方经济社会发展相适应,实现区域高等教育与地方经济社会发展的协调互动。

5) 有效地提高了高校创新人才培养质量

近年来,随着我国高校多种产学研合作教育模式的有效实施,将高校教学实习、专业实习、社会实践以及毕业设计等实践教学环节有机地整合到产学研合作教育活动中,在很大程度上提高了高校大学生的工程实践能力、创新意识和团队精神。据有关调查研究表明(孙健,2011):85.6%的学生表示合作教育对培养实践能力、创新能力、团队合作能力和就业竞争力的作用很大;87%的学校行政人员和98%的教师对合作教育在提高学生综合整体素质方面评价很高,总满意度达到92.8%,其中道德素养、社会责任感、敬业精神等指标满意度达到90%以上;88.7%的企业负责人认为通过合作教育培养的学生走上工作岗位后能很快进入工作状态。近5年来,被调查的10所院校通过合作教育方式培养的毕业生大约有8.6万人,其中80.5%的毕业生成为合作企业优先选择的对象,表明合作教育在提升学生就业能力方面卓有成效。

6) 促进了校企双方的互动发展

我国产学研合作教育的广泛实施、企业对高校师生的引入,大大提高了企业的整体技术水平和创新研发能力,从而使企业部门在项目研发、技术咨询、产品生产等方面得到了有利的人力、智力的支持和补充。产学研合作教育项目的攻关大大缩短了项目生产的周期,确保了项目产出效率,进而使企业技术创新能力和区域竞争力得到有效提高。据相关调查研究显示(孙健,2011):广东省10所被调查的院校与企业联合攻关的852个合作项目中,有83.5%的项目所有权隶属于企业,其中有26%的合作项目达到了国内领先进水平,有42.6%的合作项目达到了国内先进水平。对于高校来说,企业为这10所院校提供了大约340个教学实践实习基地和20多个科技服务创新平台,每年约有800位企业工程技术人员指导学生实践,帮助学生解决理论联系实践过程中遇到的实际问题;每年约有1300位教师深入企业锻炼,使教师及时跟进科学技术前沿的动态发展。在科研方面,地方企业每年委托给高校的产学研合作教育方面的横向科研项目达80多项。总之,我国产学研合作教育有效地推动了高校与企业的有效联合,使它们互通有无,资源共享,合作双方都有收益。

2.4.4.2 我国产学研合作教育的问题

产学研合作教育在我国还处于探索阶段,在其发展过程中不可避免地出现许多问题有待解决,主要表现在各方产学研合作教育观念认识不科学、模式单一、相关政策和法律不健全、管理体制不健全、评价体系不完善等方面。

1) 产学研合作教育观念认识不科学

由于我国高校主要由政府来投资,高校的市场意识和竞争意识欠缺,办学开放性不足,影响了高校与企业之间的广泛深入性合作。我国高校正处于结构性调整时期,在高校质量提升和学生扩招上投入了过多的精力和财政支持,而忽略了教育产出质量和社会效益,这是影响产学研合作教育顺利开展的重要因素。另外,我国高校过于注重科研发展,而对实现科研成果的产学研合作教育热情不高。高校对产学研合作教育的本质属性认识不深,对产学研合作教育可能产生的教育、经济和社会效益的认识并不深刻。

由于现在企业受到国内国际竞争的双重压力,追求经济效益是企业的生存之本,也是企业领导者要考虑的首要问题。有些企业用人单位担心学生进公司之后会影响其正常的生产秩序,从而可能会影响其经济效益,就在一定程度上排斥参与合作教育。此外,现在我国大量大中型企业自主创新能力不足,企业经营中重视营销和售后服务,而企业技术开发与技术创新并未受到充分重视。一般来说,企业对高校安排学生到企业实习缺乏真正的兴趣,对创新人才需求的"质"和"量"也并没有过高要求。因此,对与高校进行合作教育缺乏热情。

2) 产学研政策体系不健全

产学研合作不仅是围绕技术创新而展开的一系列经济行为的总和,也是一系列法律行为的综合,涉及多种新的法律关系。这些法律关系或单独、依次呈现,或交叉错综呈现。产学研合作往往不能通过市场行为自发解决,需要通过一系列法律制度的安排,确立必要的准则、规范和约束合作行为,界定各类合作主体的职责和权益,建立共同投入、成果分享,技术、市场、管理等风险分担的机制,从而促进和推动产学研用合作的健康、可持续发展。而我国现有法律,仅有新修订的《中华人民共和国科学技术进步法》第三十条及《中华人民共和国促进科技成果转化法》第二十六条对产学研合作有直接的规定,其他与产学研用合作相关的法律规范较为分散,系统性不强,有的法律规定过于原则化,缺乏操作性。我国政府虽然出台了一系列关于推进产学研合作的政策措施,如《关于加强高等学校为经济社会发展服务的意见》(1996年)、《教育部关于贯彻落实〈中共中央国务院关于加强技术创新,发展高科技,实现产业化的决定〉的若干意见》(2001年)、《关于充分发挥高等学校科技创新作用的若干意见》(2002年)、《教育部、科技部关于进一步加强地方高等学校科技创新工作的若干意见》(2006年)、《关于加快研究型大学建设增强高等学校自主创新能力的若干意见》(2007年)、科技部、教育部等七部委《关于动员广大科技人员深入基层,服务企业的若干意见》(2008年)、科技部、教育部等五部委《关于鼓励科研项目单位吸纳和稳定高校毕业生就业的意见》(2009年)等,这些政策从人才培养、基地建设、人事制度改革、评估体系和奖励制度等多个方面提出了要求,对推动高等学校加强产学研合作、提高自主创新能力、加快科技成果转化和高新技术产业化起到了积极的推动作用。

由于产学研合作教育涉及教育、经济、劳动人事、知识产权、劳动保护、税收等各个方面,如果缺乏国家统一的产学研合作教育相关政策体系保障,产学研合作教育难以健康发展。在当前国外产学研合作教育发展成熟的国家中,相关政策体系比较完善且可行性很强。如美国通过的《国防教育法》《高等教育法》《职业教育法》以及2000年的《美国教育规则》等政策文件,从财政制度和实施管理等维度都对产学研合作教育发展提供了重要政策保障;英国政府相关政策规定,如果企业和高校联合培养学生,实行"三明治"式合作教育,安排学生在企业进行实践训练,高校就可以根据接收学生的数量适当免交教育税。这些包含实际利益并且切实可行的政策法规对引导和鼓励企业参与产学合作教育发挥了积极作用(赵成,2007)。

相对于国外产学研合作教育发展较成熟的国家,我国在关于产学研合作教育方面的政策体系建设存在较大差距。主要体现在以下方面:教育立法完整性、系统性、规范性和指导性较差。在产学研合作教育方面,我国在这方面缺乏系统性和指导性的法规条文,国家和地方政府的作用发挥不足;国外通过教育立法为建立产学研合作教育财政制度、财政支持以及拨款制度提供了相应的法律条款和基本要求,我国在这方面可以说还是空白;发达国家通过立法形式,较好地保证了学校和雇主、公司以及科研部门的有效合作,基本形成了一种自然和谐的产学研合作教育,而我国仍处在一种被动的实施局面;我国在实施产学研合作教育方面的运作还不是很通畅,管理体制和运行机制不够健全。

3)产学研合作教育管理体制不健全

在管理体制上,我国政府、企业、大学都没有形成一套相对完整的产学研合作教育组织制度和管理体制,从而导致在产学研合作教育的具体推广、实施、管理上存在着一系列问题。

我国政府缺乏相应的管理制度和机构。一般来说,产学研合作教育具有很强的市场化特征。这就需要建立起与市场经济相适应的高等教育制度,并不断完善市场经济体制,使我国高等教育与社会之间市场协调机制相适应,从而为产学研合作教育顺利开展营造良好的教育和经济环境。目前,我国政府还没有产学研合作教育的独立行政管理部门,对产学研合作教育的管理缺乏系统性和针对性,影响了我国产学研合作教育实践的广泛开展。从学校层面看,我国高校缺乏与市场相适应内部管理制度。中华人民共和国成立以来,我国已经历了3次大规模的高校内部管理体制改革,初步激活了高校内部运行机制,使学校内部运作逐步科学和合理化。但未能真正根据产学研合作教育发展的需求建立起与之相适应的高校内部管理体制。因此,当前,为适应产学研合作教育的迫切需求,我国高等学校内部管理体制的改革在考虑高等教育运作自身规律的基础上,应充分考虑适应经济转轨所带来的外部环境的巨大变化,解决好高等教育与社会经济发展相适应的问题。

2.5 本章小结

本章主要介绍了创新人才培养的几种主要理念和理论。首先介绍了CDIO工程教育理念、基本内容和特点;其次介绍了"大工程观"教育理论;再次介绍了发展中学习教育理论,并与PBL进行了简要对比分析;最后重点介绍了产学研合作教育的内涵、发展历程、教育模式的现状与问题,以及我国产学研合作教育的现状和问题。

第 3 章 地矿类工程技术创新人才培养的制约因素

工程技术创新人才的培养涉及方方面面，是一项复杂的系统工程。分析找出创新人才培养的制约因素对有效构建培养模式、提高培养质量至关重要。

3.1 地矿类专业人才培养模式的现状调查

为了深入了解和掌握河南省高校地矿类产学研合作人才培养模式的实际状况，课题组采用了问卷调查的方法，对部分地矿类专业毕业生及相关专业的毕业生，以及部分矿山企业及上下游加工企业进行了问卷调查，以期通过实证研究，发现地矿类企业对人才的要求与高校人才培养现状之间的差异。

3.1.1 地矿及相关企业的调查

本次对地矿及相关企业的调查，共发放问卷 130 份，回收有效问卷 109 份，有效回收率为 83.8%。

在问卷设计中，所涉及的问题要素如表 3-1 所示。

表 3-1 地矿及相关企业对毕业生素质需求及高校人才培养模式调查问卷的设计要素

企业调查问卷的设计要素名称	问卷涵盖的具体内容
企业的用人需求	1.企业对毕业生的知识技能的需求 2.企业对毕业生的个人品质的要求 3.企业对毕业生的满意程度
高校教育教学与企业需求的差异	1.理论教学与企业需求的差异 2.实践教学与企业需求的差异
产学研合作教育中企业的角色与作用	1.企业在产学研合作教育中的角色 2.企业参与产学研合作教育的积极性
企业对职业资格证书的要求	1.企业对职业资格证书的认可度 2.职业资格证书对企业用人的影响程度

3.1.1.1 地矿及相关企业对毕业生的知识技能的需求

调查显示，企业认为在毕业生的知识技能方面，按照重要性程度排在前 5 位的分别是技术熟练程度、快速掌握新技术的能力、专业知识及专业基础知识、技术革新能力、广泛的知识基础。具体结果如表 3-2 所示。

表 3-2　地矿及相关企业对毕业生的知识技能的需求

选项	比例/%
技术熟练程度	91.2
快速掌握新技术的能力	86.8
专业知识及专业基础知识	79.3
技术革新能力	58.2
广泛的知识基础	45.7

3.1.1.2　地矿及相关企业对毕业生的个人品质要求

企业认为在毕业生的个人品质方面，按照重要性程度排序，结果显示：企业在招聘人才时优先考虑的是毕业生的工作热情、责任心、合作精神等基本素质，其次关注的是毕业生的人际沟通能力、主动学习的精神、谦虚、耐心、服从精神等。具体结果如表 3-3 所示。

表 3-3　地矿及相关企业对毕业生的个人品质的要求

选项	比例/%
工作热情	89.2
责任心	85.5
合作精神	78.4
人际沟通能力	67.3
主动学习的精神	65.2
谦虚	63.9
耐心	61.5
服从精神	51.5

3.1.1.3　地矿及相关企业对毕业生的满意度

调查结果显示，从企业对毕业生的总体满意程度上，非常满意和满意的仅占 35.2%，一般的占 48.7%。具体结果如表 3-4 所示。

表 3-4　企业对毕业生的满意度

选项	比例/%
非常满意	5.3
满意	29.9
一般	48.7
不满意	16.1

3.1.1.4　高校教学与地矿及相关企业需求的匹配程度

调查结果显示，企业普遍认为目前高校所教授的理论性专业知识与企业的实际要求距离较大,主要表现为专业知识普遍落后,与企业的要求存在一定的差异。具体结果如表 3-5 所示。

表 3-5 高校专业知识教学与企业需求的匹配程度

选项	比例/%
非常一致	8.2
有一定差距	28.6
差距较大	52.9
差距很大	10

在实践教学效果的评价中,多数地矿及相关企业认为当前高校组织实施的实习、实训等实践教学不充分,制约了专业技能的培养与提高,实践教学有待加强。具体结果如表 3-6 所示。

表 3-6 高校实践教学与企业需求的匹配程度

选项	比例/%
非常一致	12.2
有一定差距	46.6
差距很大	41.2

3.1.1.5 地矿及相关企业在产学研合作教育中的主要任务

调查结果显示,企业普遍认为在产学研合作教育中,企业分担的主要任务是提供实习场所、指导实训等,对于参与人才培养目标制定、及时提供新技术发展趋势及信息等不够重视。不仅如此,企业主动参与产学研合作人才培养的积极性非常低。具体结果如表 3-7、表 3-8 所示。

表 3-7 地矿及相关企业在产学研合作教育中分担的主要任务

选项	比例/%
指导实训	82.5
提供场所	7.2
管理基地	2.7
参与人才培养目标制定	4.2
及时提供新技术发展趋势及信息	3.9

表 3-8 地矿及相关企业主动参与产学研合作人才培养的积极性

选项	比例/%
积极性很高	6.7
一般	12.8
基本上不主动参与	80.5

3.1.1.6 对职业资格证书的认可度

调查结果显示,有超过半数的企业认为,毕业生获得了职业资格证书说明毕业生的技能达到了一定程度,也有 27.5%的企业认为,目前的职业资格证书针对性较低,难以确定能够胜任特定工作。在职业资格证书对企业用人的影响程度上,72.1%的企业表示,职业资格证书是企业招聘人才时较多考虑的因素。具体结果如表 3-9、表 3-10 所示。

表 3-9 企业对职业资格证书的认可度

选项	比例/%
能够较全面地反映毕业生的专业技能	51.3
能够在一定程度上反映毕业生的专业技能	21.4
针对性较低,难以确定能够胜任特定工作	18.9
基本上没有反映出相应的专业能力	8.4

表 3-10 职业资格证书对企业用人的影响程度

选项	比例/%
影响很大,是招聘人才主要考虑的因素	72.1
可作为招聘人才时考虑的因素之一	21.8
基本上不作为对职业资格证书的认可度	6.1

3.1.2 毕业生的调查

毕业生是高校教育质量的集中体现,为了真正了解高校教育存在的问题,我们选择了地矿类及相关专业的毕业生 300 人作为样本对象,回收有效问卷 262 份,有效回收率为 87.3%。问卷调查所涉及的要素为 4 个,即教育教学质量、资格证书的考取、对毕业生素质要求及在校生对企业用人信息的获得渠道,如表 3-11 所示。

表 3-11 毕业生调查问卷的设计要素

毕业生调查问卷的设计要素名称	问卷涵盖的具体内容
个人素质与企业要求是否匹配	在知识能力和个人品行方面与企业需求存在的差距
资格证书的考取	1.对考取职业资格证书的态度 2.影响毕业生考取职业资格证书的因素
在校生对企业用人要求等信息的获得渠道	信息来源
毕业生对岗位的适应性	毕业生的岗位适应情况

3.1.2.1 毕业生个人素质与地矿及相关企业要求的匹配程度

高校的教育教学质量直接影响对人才的创新能力及素质培养效果。高校教育教学模式设计的成功与否,是否满足企业的需求,是否贴合学生实际,至关重要。从毕业生的角度展开对目前高校教育教学质量的调查，对于高校教育模式的改革具有一定的实际参考价值。

对毕业生个人素质与企业要求是否匹配的调查，结果显示，78.2%的毕业生认为自己的个人素质与企业现实需求存在一定差距。具体结果如表3-12所示。

表3-12　毕业生个人素质与企业要求的匹配程度

选项	比例/%
非常一致	21.8
有一定差距	29.6
差距很大	48.6

3.1.2.2　对毕业生考取和持有职业资格证书情况的调查

对考取和持有职业资格证书的态度的调查中，有43.1%的人认为职业资格证书是非常重要的，会努力考取。39.2%的人认为职业资格证书可能会成为就业竞争的最大优势，比较重要，但不是最重要的。16.9%的人认为如果能够考取，就考一个，以备不时之需。只有极少数毕业生认为考取职业资格证书没有明显的用处。具体结果如表3-13所示。

表3-13　毕业生对考取和持有职业资格证书的态度

选项	比例/%
非常重要的，会努力考取	43.1
职业资格证书是就业竞争的最大优势，比较重要	39.2
可以考取，以备不时之需	16.9
没有用	0.8

目前，推动毕业生考取职业资格证书的主要因素中，占据首位的是企业的要求或企业规定，达到82.5%，其他依次为学校的提倡和要求、证明自己的技能水平、促进学习等。具体结果如表3-14所示。

表3-14　推动毕业生考取职业资格证书的主要因素

选项	比例/%
企业的要求或企业规定	82.5
学校的提倡和要求	10.1
证明自己的技能水平	3.6
促进学习	1.8
其他	2.0

3.1.2.3　企业用人要求等信息的获得渠道

毕业生增强就业竞争力的根本是毕业生的素质及个人技能符合企业的要求，而企业对人才的要求又是不断变化的。然而，目前高校学生获得企业对人才要求的信息渠道，49.6%是通过各种媒体的招聘广告获得的,38.7%是通过学校及学校教师获得的,12.4%是同学、朋友之间的信息传递,8.3%是家庭成员通报的信息。具体结果如表3-15所示。

表3-15　在校生获得企业用人要求等信息的渠道

选项	比例/%
各种媒体的招聘广告	49.6
学校及学校教师	28.7
同学、朋友之间的信息传递	12.4
家庭成员通报的信息	8.3
其他	1.0

3.2　地矿类工程技术创新人才培养存在的问题

对地矿及相关企业和高校毕业生的双向调查显示,高校人才培养的现状与企业人才需求之间存在较大的差异,这是高校教育发展面临的重大困境,这一问题如果不能得到很好的解决,不仅地矿类工程技术创新人才的培养难以实现,而且地方高校的发展空间也将会受到压缩。这是因为,对于地方高校而言,适应和促进区域经济的发展过程,就是高等教育功能的实现过程。具体表现在:

(1)地方高校要为区域经济发展提供实用技术型人才支持。从根本上说,区域技术创新系统的效率,最终依赖于人的素质及创新思维能力的提高。没有一支高水平的人才队伍,新的知识和新的技术就难以产生;没有大量的高素质的劳动者,就难以掌握和运用新的知识和技术,技术成果也难以转化为现实的生产力。经济学的研究表明,区域经济的发展层次,是由社会成员所具备的知识技能的整体水平决定的。早在1960年,美国经济学家舒尔茨就指出,美国生产的增长有20%来自设备的改善,其余80%来自管理、方法和劳动者素质的改善。索伦也认为,经济发展10%来自人口和自然环境,其余的90%来自技术革新和人的素质的提高。高素质的劳动者和创新人才是区域经济可持续发展的原动力。河南省是矿产资源丰富的省份,对地矿类工程技术创新人才的需求量更大,要求也更高。地方高校只有在人才培养上满足的区域经济的要求,才能获得更好的发展。

(2)地方高校要为区域经济发展提供技术支撑和技术服务。教育功能的实现只有通过人的活动才能变为现实。地矿类大学生在技术转化、革新、推广、应用等方面,具有独特的优势,是助推区域经济发展的重要力量。但是,从目前的状况来看,由于高校在地矿类工程技术创新人才培养上存在着观念落后、实践环节薄弱、脱离市场需求等多种问题,影响了毕业生的竞争力,进而也影响了高校教育功能的实现。因此,为了增强地方高校对区域经济发展的适应性与推动力,提高其促进区域经济的发展的能力,就必须要下大力气解决高校产学研合作创新人才培养模式在运行中存在的困境,即高校地矿类工程技术创新人才培养的现状与地矿企业人才需求之间存在的较大差异的问题;一方面,地矿类毕业生的创新能力薄弱,无法满足企业的要求;另一方面,企业急需的高技能人才在人才市场上缺口较大。只有解决了这一问题,才能促使地方高校在区域经济的发展中更好地实现教育功能,使地方高校获得可持续发展的生命力。

尽管产学研合作地矿类工程技术创新人才培养模式对企业和高校的发展都极为有利，但是，由于历史和现实的复杂原因，当前产学研合作人才培养模式面临着诸多问题。

3.2.1 高校人才培养质量不高

在调查中，有不少企业反馈，毕业生在知识和技能上与企业所需存在较大的差异。这种状况反映出产学研合作人才培养模式在"人才需求"这个结合点上的把握显然存在着不准确的情况。毕业生能力素质与企业所需存在一定的差距，对企业缺乏吸引力。从根本上说，大学生素质的不断提升，是吸引企业参与合作教育的基本条件。目前，中外企业对我国高校地矿类专业工程技术人才培养的共识是：毕业生普遍缺乏对现代企业工作流程和文化的了解，上岗适应慢，缺乏团队工作经验、沟通能力、动手能力较差，缺乏创新精神和创新能力，职业道德、敬业精神等人文素质薄弱，难以满足现代企业对高素质、创新型工程技术人才的要求。企业界认为，"未来工程师"应具备以下8个方面的能力：一是扎实的科学基础；二是分析、解决问题的能力；三是创新能力；四是实践能力；五是多学科交叉的工程综合能力；六是交流与协作能力；七是正确的价值观；八是终身学习能力。经济社会发展对工程技术人才需求素质条件的变化，向传统的工程技术人才培养提出了新挑战、新要求。高校本科教学，特别是培养未来工程师的地矿类专业的教学，必须适应当前经济社会和高等教育发展的新常态，符合经济社会发展对工程师培养的新趋势、新要求。

随着高等教育改革的不断深化和高校素质教育的全面推进，高校学生的综合素质、动手能力和创新精神培养成为高校普遍关注的问题。目前，地矿类专业传统的教学模式仍占主导地位，旧的教育教学机制、教育教学模式、教育教学方法和教育教学手段还在不同程度地支配着地矿类专业人才培养的各教学环节和教学活动，旧的教育教学理念仍未得到彻底改变。地矿类专业传统的教育教学模式导致地矿类专业教学工作处于被动地位而难以自成体系，教学模式基本以课堂理论教学为主，缺乏相应的实践教学来培养学生的创新意识和实践能力。这种陈旧、落后的教学模式严重制约了高校地矿类专业工程技术人才实践创新能力的培养，严重影响了高校地矿类专业工程技术人才培养质量。当前，我国高校地矿类专业教学主要存在以下几个方面的问题。

1）教学系统偏离工程技术人才培养目标

绝大多数高校地矿类专业人才培养目标单一，学生理论与实践能力发展不均衡，人才培养目标过分注重深厚理论基础和坚实的专业知识，走重理论、轻实践的路线，导致学生没能真正掌握实际工作中所需要的实践技能。同时，因教学系统偏离人才培养目标，重理论、轻实践，导致地矿类专业在人才培养课程设置方面，过分强调理论教学知识的系统性和完备性，忽视实践教学对学生创新精神和实践能力培养的重要性，致使理论教学课程门数不断增加，理论教学总学时也随之增加，而在地矿类专业人才培养总学时数一定的情况下，拥有地矿类专业的高校，只能通过减少实践教学课程门数、实验教学项目数量及其学时等办法，以保持地矿类专业学生在校总学时数不会出现大幅度的增加。而实践教学作为地矿类专业工程技术人才实践创新能力培养的重要载体，其实践、实验教学课程、项目数和学时数被压缩，影响了学生对其专业实践技能的掌握和学生创新意识、动手能力的培养。在实践项目开设、仪器设备操作、实践教学管理等方面，基本以指导教师为主体，着重强调教师的"教"，全部教学设计都是围绕教师自认为合理的"教"的模式展开，较少关注学生的主观能动性和对知识探究的需要，制约了学生个性的发展；在教育教学改革研究方面，往往侧重于理论课程体系建设，忽视实践教学体系构建，从而影响了地矿类专业学生实践创新能力的养成，最终影响地矿类专业人才培养目标实现，其结果是：培养成果与市场需求存在较大差距。因为企业需要的是走上工作岗位能够迅速适应的毕业生，而我国目前培养的地矿类专业毕业生毕业后并不能马上走上岗位为企业创造价值，与企业的期望、要求相比，还有很大差距。

2) 师资队伍难以满足工程技术人才培养要求

培养优秀的地矿类专业工程技术人才，需要一支具有广博知识面、卓越工程教学科研能力、丰富工程管理实践经历和崇高敬业精神与职业道德的教师队伍。然而，大多数地矿类专业教师队伍的现状与地矿类专业工程技术人才培养的要求之间存在较大差距。主要表现在：一是绝大多数地矿类专业教师都是从学校到学校的书生型毕业生，他们接受的是传统的大学教育训练，知识结构以学术型为主，在长期教学科研中形成了长于理论研究而疏于工程实践的学术风格。地矿类专业教师教学科研工作经历相对单一，缺乏工程实践背景经历的实际，导致其工程教育知识体系不完善，工程实践能力不足，难以满足地矿类专业工程技术人才的培养要求。二是地矿类专业教师队伍数量不足，结构不够优化，职称学历偏低，学缘、年龄结构不合理，且大多是从校门到校门、从课堂到课堂的年轻教师，普遍缺乏工程实践经历，自身动手能力不强，难以满足地矿类专业教学，特别是地矿类专业实践教学的需要。三是地矿类专业师资队伍建设存在"三重三轻"现象，即重视工程理论掌握，轻工程实践经历；重视科学研究，轻视本科教学；重视学术论文发表，轻视工程能力提高。究其根源是高校按科学教育的要求聘任、考核和评价教师，多数高校衡量地矿类专业教师的标准是科研项目的等级和经费数额、理论研究成果获奖的层次和排名、在 SCI 上发表论文的影响因子和数量，以及出版的学术专著等。上述地矿类专业教师队伍建设存在的问题，导致地矿类专业教师的选聘未能体现工程技术背景，许多教师从学校到学校，缺乏工程实践经验，更有一些学校留校教师比例居高不下；另一方面，教师注重理论研究和追求论文发表，轻视工程实际问题的研究和解决，忽视工程实践经历的积累。凡此种种，严重地影响了地矿类专业工程技术人才培养质量。

3) 教学各培养环节理念亟待更新

教学过程是在现代教育理论、教育思想指导下，按照特定的培养目标和人才规格，以相对稳定的教学内容和课程体系，管理制度和评估方式，实施人才教育、培训的过程的总和。本质上，教学过程是由各教学环节紧密联系、相互作用构成的一个复杂的动态系统。目前，地矿类专业教学培养环节与地矿类专业人才培养要求之间存在诸多问题，如地矿类专业课程体系落后，课程教学中没能追踪、吸纳地矿学科前沿研究成果和最新的科学技术；教学方法落后，课堂讲授仍是最主要的教学方法，课程设计缺乏系统性，学生虽然学习了许多支离破碎的知识，但难以融会贯通；考核评价方式僵化单一，不少高校始终简单地以笔试成绩为考核依据，不利于地矿类专业学生创新能力培养等。同时，还存在地矿类专业学生实习实验环节未得到充分保障问题。实习和实验环节是地矿类专业教学中必不可少的重要环节，但随着市场经济的发展，企业从自身安全和生产效益出发，对地矿类专业学生实习产生抵触情绪，导致地矿类专业学生实习困难，直接造成现在大多数高校地矿类专业在实习地点选择上采用"游击战"，没有相对稳定的实习基地(场所)，学生实习成了"免费的工业旅游"的现象比较普遍，实习难成为各高校地矿类专业的难题。除实习教学外，地矿类专业实验教学是培养地矿类专业学生实践动手能力、解决问题能力和创新能力的重要环节，而实验教学环节存在日常教学实验仪器台数不足，多数学生没有动手操作的机会，有的实验教学以模型参观为主等问题。上述地矿类专业教学培养环节存在的问题，与地矿类专业人才培养实际需要相比，与地矿类专业人才培养目标要求相比，与培养地矿类专业学生实践创新能力相比，还有较大差距，亟待解决。

4) 实践教学经费投入不足

实践教学是巩固理论知识和加深对理论认识的有效途径，是培养具有创新意识的高素质工程技术人员的重要环节，是理论联系实际、培养学生掌握科学方法和提高动手能力的重要途径载体，是创新型人才培养，特别是创新型工程技术人才培养不可或缺的教学重要组成部分。通过实践教学培养学生创新意识和实践能力，需要一定的物质条件做保障。然而，经过10余年的连续扩招，各高校在校生规模持续扩大，绝大部分高校实践教学经费日益紧张，高校投入实践教学经费的绝对值持续增长，但生均教学仪器设备经费却呈下降趋势的现象普遍存在，这直接导致高校特别是工科类院校实践教学基础设施和设备仪器更新缓慢，主要表现在：实践教学场地严重不足，实践教学课程、项目安排困难；实践教学所需仪器设备得不到及时添置和配套更新，仪器设备数量不足或老化落后，不能保证必做的实验项目全部开出，更无法满足综合型和创新型实验的要求；实验教学运行经费不足，导致高水平本科教学实验室偏少，实验室建设举步维艰，实验教学场所不能满足实验教学的需要；实验室开放内容较少、开放项目层次较低、开放时间较短、设备资源共享不够、学生受益面小，在组织完实验教学后就对学生关闭，设备闲置，利用率较低，先进的实验设施只在进行特定课内实验内容时才允许学生使用，教学质量和效果较差，等等。学生长期处于这样一种不能较好地满足自身自由学习和主动探索实践的教学环境中，学生学习的主动性和积极性将受到限制，久而久之，学生的创新思维、创新潜能被抑制甚至被扼杀，动手能力、发现问题能力和解决问题能力在实践中得不到有效的培养，通过实践教学培养、提升学生实践创新能力将成为一句空话。

5) 实验教学工作缺乏大平台有力支撑

我国高校实验室体制一直沿用苏联的三级管理模式，并随之形成了相应的体制，实验室直接隶属于系或教研室，各实验室相互独立，自成一体，互不往来。这既不利于各学科专业之间的相互渗透，又增加了学校对教学设备的重复投资，设备利用率低，不能很好地在一个平台上实现实验仪器设备、实验用房的资源共享，实验室在某种程度上不但不能为实验教学发展提供条件保障，甚至影响了实验教学。目前，绝大多数高校地矿类专业实验教学仅仅是为了传授学科知识、验证学科理论，培养学生掌握实验操作的基本技能，缺乏对学生的设计思维、开拓意识、创新能力、科学素质和动手能力的培养。实验教学附属于理论教学，学生无法自由选择实验教学内容和实验时间，影响了地矿类专业学生的积极性和地矿类专业实验教学效果，不利于地矿类专业学生实践创新能力的培养。高校地矿类专业实验教学若继续按照传统的教学模式培养工程技术人才，难以培养出适合未来经济社会发展需要的工程师。因此，进一步深化地矿类专业工程教育研究，加快基于"未来工程师"能力培养的大平台建设，是稳步提高地矿类专业工程技术人才实践创新能力亟待解决的问题。

6) 教学质量监控体系不完善

教学质量监控是教学管理工作的重要组成部分，是教学管理的核心问题。科学的教学质量监控体系是高校实现自我约束和提高教学质量的重要保障，它对引导学生全面、主动、和谐发展，促进教师的专业成长，形成正确的教学观、质量观具有重要意义。目前，教学质量监控体系主要存在以下问题。

(1) 体系设计理念落后。建立教学质量监控体系的目的是提高学校的整体教学质量，而实现这一目的关键在于教师。因果关系论认为，事物的变化来自于内因和外因，内因是变化的根本，外因是变化的条件。因此，调动教师教学的积极性和主动性，不断提高教学质量，需要我们在内外因上同时做文章，特别是应该把工作的重心放在满足教师的需要、充分发挥其主观能动性的内因上来。然而，目前教学质量监控理念设计，往往只注重对教师的外部刺激，即教师由外部压力可得到激励，并刺激他们改进教学。这种外力强制的做法往往事与愿违，它所改进的只是教师迟到与否，教案齐全与否等表面现象，而对教师主观能动性的发挥，不但少有触动，反而造成其心理抵触，效果作用不明显。

(2) 教学督导员制度存在缺陷。主要表现在：①督导员来源单一。目前，督导员一般来自本校退休的老领导、老教授。这些老同志有着丰富的教学和管理经验，也愿意为学校的发展发挥余热。然而，面对日新月异的知识更新和教学模式的更迭，他们显得心有余而力不足。②督导工作存在形式主义问题。其主要原因是：其一，督导员数量不足、学科专业结构不合理，无法对自己不熟悉学科专业教学进行有效监督，凭感觉评价督导问题较严重；其二，有些督导员工作不负责任，害怕得罪人，做老好人，导致督导工作没有真正落到实处，督导效果不明显。

(3) 学生评教制度不科学。主要表现在：①评教标准单一，参与主体的缺失。就目前评教标准形式看，大部分高校采取的是全校统一的评教标准，没有充分考虑学科、专业、课程之间的差异以及高年级与低年级学生认识水平的不同；就评教标准内容看，仅局限在教学内容、教学效果、教学方法、教学态度4个方面，其中有些指标还不具有可操作性。就评教标准的制定来看，大部分高校采取的是教学管理者制定标准的做法，基本排除了评价主体和客体参与评教标准的设计。这种做法往往造成评教标准与教学实践脱节，标准不能正确地反映教学质量的优劣。②对评教结果的处理不当。有些高校往往把评教结果作为认定教学能力好坏的唯一尺度，一锤定音，不能从全面、发展的观点看问题。有些高校往往过分关注评教结果的鉴定、考核、淘汰功能，而忽视了其改进、发展和提高的功能。为此，有些教师通过放松课程纪律、考试划重点等方式千方百计地讨好学生，以获取一个好的评教结果。

(4) 同行督导存在"放水"的情况。绝大部分高校基层学院没有建立院级同行教学督导组，教学计划实施和教学质量把控全靠教师本人自觉完成，教学质量保障无从谈起。部分建立了院级同行教学督导组的，同行在督导时，出于同一个学院、同一个系或者教研室"低头不见抬头见"的考虑，同行之间的监督也往往只讲好的，不提意见，有的甚至不去听课，把听课表填完了事，没有真正发挥同行督导的作用，教学质量评价监控形同虚设。

3.2.2 产学研合作教育流于形式

从20世纪80年代中期开始，合作教育引入我国，许多高校在借鉴国外合作教育经验的基础上，开展了多种尝试，并形成了多种合作模式。河南省在大力推动高校产学研合作教育的过程中，地方高校地矿类专业也采取多种形式开展产学研合作的人才培养工作。尽管取得了一定的成效，但是，也逐渐暴露出一些亟待解决的问题，如产学研合作教育在内涵上比较肤浅，仅仅简单地理解为为学生找实习基地、为学生安排生产实习等。另外，双方的合作方式存在着一定的形式化的现象，并没有实现资源、人才等的共享。从地矿类企业来说，由于对参与产学研合作工程技术创新人才培养模式的积极性不高，有相当多的企业不愿意接收大学生实习。一些愿意提供参观性实习的企业，也只是把学生当作走马观花的看客，甚至出现走形式的状况，不能提供让学生参加生产操作的条件，使学生无法体验真正的生产实习，不利于学生了解先进的技术生产设备和工艺。这些问题的存在严重制约了产学研合作教育工程技术创新人才培养模式的深化发展和人才培养质量的提高。

3.2.3 实践教学体系薄弱

实践教学的目的是为了检验学生所学的理论与方法，采用相应手段，按照实际工作的要求进行的教学活动，是掌握基本技能的必要教学活动。实践教学是地方高校教学不可或缺的重要组成部分，是培养学生综合素质和创新能力的重要途径，在教学中起着其他任何教学形式都无法替代的重要作用。随着社会经济的发展，要求地矿类毕业生不仅要具有扎实的科学基础，而且还要具有分析和解决问题的能力、创新能力、实践能力、多学科交叉的工程综合能力、交流与协作能力、正确的价值观、终身学习的能力。这就需要加强实践教学环节，培养学生的多方面能力。

但是，从实际情况看，很多地方高校如今依然采用以学校为中心的教学模式，实践教学往往是理论课程的验证和补充，被视为教学中的一种辅助手段，没有确立实践教学的独立作用和地位。当前，对实践教学的重要性重视不够的现象比较明显，导致实践教学的内在价值和重要的现实意义并没有得到足够的认识，实践教学现状与素质教育以及社会的要求有相当大的距离。主要表现在：

(1) 实践教学培养模式不科学。目前尽管许多高校都开设了实践教学方面课程，如课堂实验、认识、实习、生产、实习、毕业设计等，但是实践教学比重普遍较小。大部分高校仍然在沿用以课堂传授理论知识为主、实习和实验操作等实践教学为辅的课程设置模式，实践教学时间较少。

(2) 实践教学方法及内容更新不及时。在制定专业实践性教学计划时，与专业发展和社会需要的结合没有做到与时俱进，导致高校的教学与地矿类行业企业的实际脱节。专业课实验中，验证性实验与综合性开发性实验的比例严重失调，验证性实验居多，综合性开发性实验太少。有些课程设计本来具有很强的综合性与开发性，但受制于实验设备及课程设计的内容，失去了它的优势，不能真正提高地矿类大学生综合利用所学理论知识解决实际问题的能力，更不能培养和锻炼大学生的自主设计与开发的创新能力。

(3) 实践教学的师资队伍建设滞后。理论课教师普遍缺乏实践操作能力，而从事实践教学的专职人员的地位和待遇又长期得不到充分的改善，导致高校实验从业人员业务素质普遍不高、待遇偏低的情况。师资质量不能满足实践教学所需也是导致实践教学质量不高的重要原因。

3.3 地矿类创新人才培养的制约因素及其优化

众所周知,创新人才的培养是一项系统工程,涉及诸多要素及其相应的影响因素。对于地方高校来说,创新人才的培养模式正处于探索形成的时期,地矿类创新人才的培养更是刚刚起步。这里仅从教育理念、实践教学、产学研合作状况三方面,简要地分析当前地矿类工程技术创新人才培养的制约因素。

3.3.1 教育理念的制约及其优化

刘济良(2004)认为,所谓教育理念是指关于教育未来发展的理想的观念,它是未来教育发展的一种理想的、永恒的、精神性的和终极的范型。而地矿类工程技术创新人才的培养,从根本上说,必须在教育理念的统摄下才能开展,而教育理念的核心部分如人才观、课程观、教学观等,则对地矿类工程技术创新人才的培养具有直接的制约作用。从当前的实际情况来看,统摄高校教学的人才观、课程观、教学观对高校教学既有积极的作用,也有一些消极的影响,存在着有待优化或更新、改进的部分。

1) 人才观制约与优化

在地矿类工程技术创新人才的培养中,首要解决的问题是培养具有何种素质的人才和怎样培养这种素质的人才。围绕着这两个问题,反思原有的人才观,建立新型的人才观已成为地矿类工程技术创新人才培养中亟待解决的核心问题。

通常在不同的社会历史时期会形成不同的人才观。改革开放之后,随着科学知识在我国经济社会中地位越来越高,得到越来越多的认可,人才观随之发生了巨大的变化。从过去注重人的出身,即"根正苗红"的观念,逐步过渡到注重"知识"的观念,其外化形式为注重学历与职称。人才被定义为高职称、高学历的人。这种人才观念在改革开放之后对我国经济社会的发展起到了巨大的推动作用,它唤起了整个社会对知识和知识人才的尊重与重视。从操作层面来说,这种注重学历与职称的人才判断标准,对于人才的甄别与使用,应该说是具有一定的合理性且易于操作的办法。毕竟职称和学历都是国家认可的重要资质,它能够一目了然地提供"人才"的受教育程度和专业水平。

然而,随着社会的发展,尤其是当代社会对地矿类工程技术创新人才的需求日益强烈,这种人才标准很难完全满足地矿类行业和企业发展的需要,显现出了一些问题。主要表现在3个方面:

(1) 在人才的认定上,简单化的倾向普遍存在。这种简单化不仅表现在人才界定上,即以职称和学历这种只能反映人的局部能力的内容进行分界,而且还表现在对人才的认定是粗线条的而非细线条的,它是以人事部门为主导而不是以实际需要为主导。

(2) 人才是有针对性的,即他在自己所从事的某一领域、某一行业,甚至某一单位、某一企业内有用武之地。在这种背景下,以职称和学历作为唯一标准来判断,就有可能埋没一些没有职称和学历的人才,造成人才资源的浪费。

(3) 就目前的情况而言,职称和学历的评定和认定往往掺杂着一些复杂的因素,并不能完全代表人才全部和真实的水平。

改革开放之后形成的这种人才标准,对同时期高等教育的发展产生了巨大的影响,促进了高等教育的快速发展及整个社会对高等教育的重视。然而，时至今日，这种人才标准对高等教育的消极影响也日益明显。一方面，它直接导致了高等教育的"知识人"的培养理念，限制了人才素质结构。把高智商作为创新人才的唯一评判标准，而忽视了非智力因素在创造力培养中的巨大作用。另一方面，它禁锢了高等教育的人才培养的层次观。人们普遍认为，只有上了大学，成了专家、学者才能称为人才，只把高学历、高层次的人才看作创新人才，而忽视了社会发展的实际所需。

所以，要推进高校地矿类工程技术创新人才的培养，首先就必须突破单一的人才观，用更科学的人才观指导高校的教学改革。我国目前正处于知识经济时代，对人才的一般素质的要求集中体现在以下6个方面：①知识创新能力；②知识重组和知识应用能力；③自我更新能力；④个性化的决策能力；⑤社会合作能力以及反馈速度；⑥价值反省与承担责任的能力。其核心是人的主体精神与创造素质，尤其是创造素质。面对知识经济的挑战和对人的素质的较高要求，地矿类工程人才的培养目标必将重心转向对工程创新型人才的培养。

新型的地矿类工程创新型人才的内涵应该具有两个基本内容：一方面，地矿类工程技术创新人才应该是多元化的人才。地矿类所需要的人才结构是多元化的。随着分工越来越细，各个领域的知识技能也会越来越专。这就使得地矿行业企业对人才的需求越来越趋向多元化。因而，各个专业领域和各个层次中都需要创新人才，创新人才在类型和层次上必然表现出多元化趋势。对于地方高校来说，在地矿类大学生的培养中，要根据大学生的个体特点，进行有差别的培养，促使学生工程创新能力的形成。这是因为，对于个体的学生来说，他们的个性特征和潜能是不同的，发展的方向也各不相同。教育者只有树立了多元人才观，才能在教学中鼓励学生根据自己的个性、兴趣和爱好，选择适合于自己的发展路径，成为在地矿行业不同岗位和专业上的工程技术创新人才。另一方面，地矿类工程技术创新人才是自由的、全面发展的人才。创新人才不仅是具有大量知识和技能的人才，而且也应该具有勇敢的进取与开拓精神，有强烈的求知欲和创造欲，有明确的竞争意识和组织协调能力，有高尚的道德情感和强烈的社会责任感与使命感等。地方高校要培养地矿类工程技术创新人才，首先，要努力促使他们成为个性自由、独立发展的人，而不是成为"工具人"。这是因为，自由独立是成为创新人才的基本条件，没有个性的自由发展，就不可能诞生创新人才。其次，人的全面发展是成为创新人才的基础。创新意识、创新精神、创新思维和创新能力并不是凭空产生的，而与人才的其他素质有着十分密切的联系。创新人才首先是全面发展的人才，是在全面发展的基础上创新意识、创新精神、创新思维和创新能力高度发展的人才。所以，地方高校必须通过教学改革，努力促成大学生综合素质的全面发展，使其真正成为地矿类工程技术创新人才。

2) 课程观的制约与优化

课程在人才培养中所发挥的是基础性的作用，对人才知识结构和能力结构的形成具有十分重要的影响。当前地方高校在地矿类专业的课程设置与内容安排上执行的基本是目标模式。在目标模式的课程设计中，目标受到高度的重视。在整个课程设计中，目标处于核心地位，起着统领的作用。目标模式的基本过程及特点表现在以下4个方面：一是课程目标是在分析社会、学生、学科等因素影响的基础上确定的。二是经验是按照有利于学生实现目标的经验(通常指学习内容)来选择的。三是经验的组织是按照教育教学的规律，合理有效地实施经验。四是评价目标的达成是看通过上述活动的实施是否有效地实现了课程的目标。目标模式能够有效地保证教学中知识的完整性。但是,在教学实践中也出现了一系列带有消极意义的问题:一是课程目标存在过于注重知识传授的倾向;二是课程内容存在着"繁、难、偏、旧"的状况;三是课程结构单一,学科体系相对封闭,难以反映现代科技与社会发展的新内容;四是脱离社会实际和学生经验;五是对课程自身的评价不科学。这些问题的存在制约了地矿类大学生创新能力的形成,并引起了地矿行业企业及地方高校对地矿类工程人才培养的课程目标及课程设计问题的高度重视。

实际上,课程究竟是应当给大学生某种完整的或某种意义上实用的知识储备,还是通过传授知识来发展学生的各种能力,这是在确立课程目标及进行课程设计时必须回答的问题。同时这也是课程历史上争论非常激烈的问题。从18世纪开始,形式教育派与实质教育派就围绕着知识和能力的关系进行了长期的争论。在争论中,强调课程以传授知识特别是科学知识的实质教育派获得了最后的胜利,其结果是以自然科学为基础和内容的课程占尽先机,获得了大规模地发展。进入20世纪中期以来,随着科学技术的迅猛发展,国外学术界率先掀起了课程的观念与定位争论,许多学者提出,课程不应只关注把知识传授给大学生,而更应该关注如何使大学生通过课程的学习获得能力的良好发展,并且对于只关注知识的完整性、系统性的课程观进行了深刻地反思与批判。

在我国,现代高等教育中关于课程的基本思想主要源于苏联,其影响一直延续至今。该课程理念将能力的发展作为学习知识的自然结果,强调能力对知识的依赖。虽然也认为应该培养学生的能力,但实际上更强调知识结构的完整性,认为只要选择了正确的知识,学生能力的发展便有了保证。这样的课程观念对中国高等教育课程的建立与发展产生了极为深刻的影响,使得长期以来关于课程的研究和改革始终围绕着知识的增减和选择而展开,从来没有真正从培养能力的角度进行有价值的探讨。因此,大学生在能力发展上的不尽如人意,直至今日仍然是相当普遍的。高校各专业普遍存在着各门课程在知识总量上偏多、知识系统过于庞大的现象,以至在课程实践中完成知识教学已经耗费了教师和学生大量的时间和精力,无暇顾及能力发展,在一定程度上制约了大学生创新能力的形成。这种状况在地矿类大学生的培养上也是如此。

要建立适应社会所要求的、对地矿类工程技术创新人才培养所需要的课程体系,就必须构建新型的课程观。而新型课程观的建立,则必须明确两个基本关系:

(1)知识与能力的关系。从理论上说,知识与能力之间存在着内在联系,不能截然分开。没有任何知识能够完全凭借"灌输"而为学生所掌握,知识总是个体通过一定能力的活动所得到的结果。因此,一定的能力是学生获取知识的必要条件。反过来说,也不存在完全不依赖于任何知识的能力,无知必然愚昧,能力的发展更是无从谈起。学生只能根据自己已有的知识去进行各种各样的活动,在这些活动中形成、运用和提高能力。因此,一定的知识是能力形成和提高的基础。无论课程是知识取向还是能力取向的,知识与能力的这种内在联系总是始终存在着的。但是知识与能力又各自具有独立性,两者在存在方式上分属于不同范畴。在发展上,彼此的独立性就更加明显,知识在量上的积累并不必然地导致能力的提高;能力的形成除了与知识相关外,还有自己的规律和特征。为了处理好这一基本关系,使得课程能够将传授知识与发展能力真正统一起来,一个必须解决的问题就是建立起不同的学习方式。能力的提高与发展只能通过活动实现,而目前我国的课程基本上是采取叙述和解释的方式将知识直接呈现给学生。在这样的课程中,学生通常只能是教师讲授知识的对象,所从事的活动比较单调、被动,参与的心理机能以记忆、理解为主。在这种状况下,能力的培养自然是难以实现的。课程应当给予学生各种积极开放的机会,促使他们在各种积极的活动中得到能力的锻炼和提高,特别是实践能力与创新能力。因而,在确立地矿类的课程目标及进行课程设计时,应该坚持理论课程与实践课程的动态平衡、协调配合、相辅相成的观念。

(2) 人文主义课程与科学主义课程的关系。进入20世纪中期后,人们在享受科学技术所带来的种种好处的同时,其消极的一面也充分展现了出来,如现代化武器所带来的毁灭人类的危险、生态环境的灾难性破坏等,使人类笼罩在失去安全感的阴影下。这些几乎都与科学技术有着直接的关系,迫使人们反思科学的负面影响和消极作用,呼唤人文精神的回归。表现在课程观上,教育者对课程中的科学主义进行深刻的反思,认识到科学主义的课程观是将科学知识的价值凌驾于人的价值之上,视受教育者为物性的存在,沦为知识的载体和科学的奴仆。更严重的是对人的存在、人的个性的漠视和否定,课程不再是培养人的手段而成了目的,科学不再是人认识和改造外部世界的工具,而成了高高在上的权威。面对这些现象,呼唤人文精神的回归逐步成为社会潮流,表现在高校课程观上,就是在对于科学主义课程进行批判和否定的基础上,促使人文主义课程传统的复兴。因而,在确立地矿类的课程目标及进行课程设计时,应该坚持科学主义与人文主义并重的观念。

在地方高校中,课程改革一直是近年来的热点。课程目标定位的偏颇和课程内容选择的价值准则的偏离,会直接损害大学生的学习兴趣,形成学习态度的被动和创新意识与能力的缺失。从这个意义上说,构建合乎社会要求的课程观和科学合理的课程设计模式,是地矿类高校教学改革的重心之一。地矿类专业的课程既要提倡科学精神和科学知识,又要提倡尊重学生和重视个性发展的人文精神,这是目前高校课程改革必须完成的使命,也是建立新型课程观的基本要求。具体表现在:

(1) 要改变课程目标过于注重知识传授的倾向,强调形成积极主动的学习态度,使获得基础知识与基本技能的过程,同时成为学会学习和形成正确价值观的过程。新型的地矿类工程技术创新人才观强调全人教育,反映在课程目标方面,就是从知识与技能、过程与方法以及情感、态度与价值观多个维度对地矿类大学生的发展做出规范性要求,尤其是强调情感、态度与价值观方面的目标,以及对大学生创新意识与能力、主动积极的学习态度等的关注。

(2) 改变课程结构过于强调学科本位和科目过多、缺乏整合的现状,调整课程门类和课时比例,并设置综合课程,以适应不同大学生的发展需求,体现课程结构的均衡性、综合性和选择性。

(3) 改变课程内容"难、繁、偏、旧"和过于注重书本知识的现状,加强课程内容与地矿类大学生生活以及现代社会和科技发展的联系,关注大学生的学习兴趣和经验,精选终身学习必备的基础知识和技能。

(4) 改变课程实施过于强调接受学习、死记硬背、机械训练的现状,倡导大学生主动参与,乐于探究,勤于动手,培养搜集和处理信息的能力、获取新知识的能力、分析和解决问题的能力以及交流与合作的能力。

(5) 实施发展性评价,改变课程评价过分强调甄别与选拔功能,发挥教学评价促进地矿类大学生全面发展以及改进教学实践的功能。课程评价的恰当运用,可以使诊断、预测、管理、研究、发展等多方面的功能得到良好的发挥,尤其是对学生发展的巨大促进作用,这是课程评价的根本出发点。然而,在目前的教学实践中,受传统教学思想的影响依然严重,课程评价往往被简单地视为对学生实行甄别与选拔的手段,一切评价标准都被简化为学生的分数。针对这种情况,必须开展发展性评价,以发挥课程评价的正向功能,促进地矿类大学生的全面发展。

(6) 在课程设计中,实现目标模式与过程设计模式的结合运用。目标模式把学生行为预先设计好了,让学生按设计的方案学习。但是实际活动中很多因素是非预期的,比如学生的发展水平,在课程设计中虽然可以预见学生的一般发展水平,但不能预期每个学生的实际发展水平。目标模式忽略了大量的非预期的目标。而过程模式认为,过程的设计并不一定从确立目标开始,相反,具体的行为目标将会使内容或活动中原来蕴含的丰富的价值狭隘且固定化,这样不利于学习者自由和创造地探索。过程模式强调课程设计应将着眼点放在学习活动和学习环境的设计上,这样能够激发学习者的学习兴趣和动机,使学习者主动参与到学习活动中来,从中获得独特的体验。它具有两个特征:一是强调教育的方式而非教育的内容,重视学习者主动学习;二是重心放在教学环境和经验的重组上。在实践中来说,应该把二者结合起来,尤其是要吸收过程模式中的合理思想,完善课程设计工作。

3) 教学观的制约与优化

教学观的核心是关于教学过程的观念,它是教学理论支撑和实践依据。

教学过程是教师和学生以教学内容和教学手段为中介,相互发生作用的共同活动过程。教师、学生、教学内容和教学手段构成了教学过程不可缺少的基本要素,它们之间存在着复杂的相互关系和作用,构成了一个完整的教学系统,如图3-1所示。

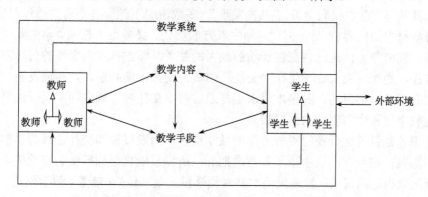

图3-1 教学过程中诸因素相互关系示意图

在教学这个活动系统中,包含了多种矛盾关系,如学生与所学知识的矛盾关系、教师与教材的矛盾关系、教学内容与教学手段的矛盾关系、教师与学生的矛盾关系等。教学内部的各种关系,再加上教学与环境制约因素之间的关系,使得对教学过程的研究变得极为复杂。正因为如此,关于教学过程的本质问题一直以来就是一个争论颇多的问题。

从目前来看,对我国高校起统摄作用的关于教学过程本质的认识理论是特殊认识论。该理论认为教学过程是一种特殊的认识过程。所谓教学就是传授知识与技能,而学生掌握知识与技能的实质就是能动地认识世界。换句话说,教学过程是把人类的认识成果转化为学生个体认识的过程,所以说教学过程也是一种认识过程。但是,教学过程又是一种特殊的认识过程,其特殊性在于它不是直接地认识自然、社会现象,而是通过前人对自然、社会的认识来认识。在这一过程中有专业教师的引导,学生认识的内容是经过精心筛选、加工并按照学生身心发展的一般特点而组织起来的，认识的方法与环境也有一定的特殊性。

由于特殊认识论强调把教学过程当作一种特殊的认识过程，直接导致了目前高校教学中"教材中心"和"教师中心"的盛行，将传递知识作为教学的唯一要义，使教学过程基本成为以教师活动为主的行为过程。

近年来，关于教学过程的本质出现了一些新的观点，主要是发展论和交往论。发展论认为教学过程不仅是一种特殊认识过程，更是一种在此基础上进行的、促进学生身心全面发展的过程。现代教学不仅要适应学生的发展，而且要尽最大可能促进学生的发展。但是，教学与发展毕竟是两个不同的概念，教学只是促进学生发展的一种重要方式，是人的发展的外在条件和因素，它不是发展本身，更代替不了发展。交往论认为教学过程是一种以教材为中介的特殊的交往活动，其本质是"沟通"，是"交流""交往"。没有交往、没有互动，就不存在或未发生教学，那些只有教学的形式表现而无实质性交往发生的"教学"是假教学。这种认识以马克思主义交往实践理论为依据，强调人与人交往实践活动对人生存与发展的决定性影响，并且一再强调"要求教师担当文化调解人，而不仅仅是传授者或干事的角色"，主张教师通过"对话""交流"与学生实现共同活动。这种活动必然有共同的话题或学习对象——教材或其他中介，师生也只能在相互交换信息的基础上使"共同活动"得以持续。"交流""交往""沟通"说，不仅在一定意义上反映了教学的本质特点，也反映了信息传输手段多样化以后学校教学活动的特点。但是，仅仅把教学的本质归结为"交往"或"沟通"，也有某些不尽确切的地方。一方面，教学过程中的师生，除人格平等以外，其他各方面的发展都是不对称的，教师并不是真的与学生"共同学习""共同发现"（多数情况下教师并不需要通过与学生交流、沟通来学习教材中的内容）；另一方面，师生双方的责任、义务也不相同。学生要在交往活动中学到知识、发展能力，是这种交往活动的最大受益者，而教师作为交往的另一方，他们更多的却是责任，是想方设法让学生在"交往"中真正受益，学到东西，实现发展。把教学看作一种交往并不是最终目的，其根本追求则是通过教学交往观，确立师生间一种平等的对话关系，实现教学过程中师生的共同发展。

特殊认识论是目前实际统摄高校教学的教学观念，而发展说和交往说目前仍然主要是学术层面上的影响，在教学实践中由于其较难把握，所以没能真正的落实。在地矿类专业的教学中，受特殊认识论的影响，普遍采用的基本教学模式是"传授-接受"教学模式。这种教学模式主要适用于学科课程的知识教学，适用于加强基础知识和基本技能的训练，适用于课堂教学。它步骤明确、清晰，各步骤间环环紧扣，便于教师传授系统的知识技能。

由于"传授-接受"教学模式是以教师为中心的教学模式，这种模式在地矿类专业的教学中的普遍运用，学生的自主性、积极性很难发挥，导致了当前教学的诸多困境。姜海燕等（2008）认为，预成的教学目标缩小了生成的自由空间；空洞的教学内容失去了生成的生活根基；单调的教学方法压制了生成的创新潜能；控制的教学过程禁锢了生成的交往基础。最终酿成的结果是教学成为一种外置目的性的存在，被赋予了各种外在目的，唯独遮蔽了人的本真存在，教学对人自身漠不关心，丧失了存在的根本意义。以批判的眼光审视当下高校的教学活动，不难发现，教学的"律规性"特点十分突出，师生在教学中的生存状态出现了诸多问题，主要表现在以下4个方面。

（1）教学中知识和理性的"主宰地位"导致了人的"单向度发展"及人的"虚假在场"。当前的高校教学固着于"旨在传递人类普遍的文化经验"上，教学文本（往往呈现为确定性的知识)成为教学活动的中心。同时，理性本来只是人作为人而存在的一种属性，但是，目前理性高居霸权地位，而人的道德、情感、意志等则被当成了普遍理性的附属品。由于人在教学中的主体意义和价值被忽视，师生作为个体人的独特精神和体验受到冷落，教学运行在科学化的轨道中，导致了片面的"知识人"的培养，在当前的教学中看不到具有完整"人性"的人的在场和人的灵动。

(2) 教学中人的"物性"存在造成了人的生命活力的抑制。当前高校教学中人和其他物质性教学因素(书本、教室、仪器等)一样，被视为是高校这架"育人机器"的一部分。师生关系被预置为"主—客"关系，学生被先行预设为理性的生物或符号的动物，是抽象的人、物性的人。教学的根本任务被预置为追求精确的、客观的、完整的书本知识。教学中学生的独特个性、创造性和发展需要受到忽视，不确定的教学事件和教学因素被抽取掉，教学充满了权威性、控制性和不平等性。师生通过对话交流，实现对观念世界的意义建构、实现个体经验的共享及视界的融通、实现生活世界的回归等成为奢望。正是"对象化"的师生活动方式，遮蔽了"交互式"的师生活动方式，使人生命的创造性、自由性、价值超越性等都受到了抑制。

(3) 教学沦为技术性的活动，造成了人的精神家园的毁坏。在效率和功利的驱使下，教学过程越来越趋向于程式化、序列化、技术化，教学成为实现一系列预成的、外置性目标的序列化操作。与教学本应承载的美好理想及教学的真善美的品格日益疏离，教学的价值被"窄化""简化"为单一的知识授受。从根本上说(徐继存，2004)，"教学活动本身就是'求善'的活动。假如我们只以'求用'为度，则我们对教学活动的把握很可能失真，更可能违反了教学活动应有的人性和人道的内在本性，使教学活动失善"。目前的问题正是如此，教学沦为"精确化、简约化、序列化"的技术活动，从根本上失去了化育心灵的文化意蕴。师生失去了精神家园，不得不沦为精神的流浪者。

(4) 教学成为知识的"苦旅"，造成了人与教育幸福的疏离。教育是所有学生和教师共同学习和成长的发现、表达和掌握多层面经验的旅程(吴立保等，2008)。这一旅程本应是让学生感受到人性之美、人伦之美、人道之美，感受到理性之美、科学之美、智慧之美，感受到人类心灵的博大与深邃，感受到人类所创造的文化的灿烂与辉煌的过程(肖川，2002)。然而，技术化、工具化的教学对教学本真的背离，使得教学不再是人与科学世界、生活世界的富有趣味的相遇相融，而"变成了机械的、奴隶性的工作"。教学的"幸福感"被抽取掉了，使教师不想教，而不得不教，带给教师的只能是日渐积聚的职业倦怠；使学生不愿学，而被迫学，带给学生的是痛苦的知识重负。师生双方在对抗性的气氛中，都享受不到教学本应带来的成就感与幸福感。教学变成了一种痛苦的煎熬，其结果导致了师生精神的扭曲和身体的毁坏，最终与教育幸福亦渐行渐远。

地矿类工程技术创新人才的培养是一项十分复杂的系统工程，它涉及诸多因素，而其中至为重要的是课程与教学的变革。因而，需要重塑教学观念，优化教学模式，表现在以下两个方面。

(1) 实现教学思维方式的转变，以生成性思维替代实体思维。以生成性思维观照教学世界，教学世界会显现出不同的图景。生成性教学(罗祖兵，2006)是生成性思维视域下的教学形态，它关注表现性目标，关注具体的教学过程，关注教学事件，关注互动性的教学方法，关注教学过程的附加价值。要超越律规性教学中"人"的困境，生成性教学是必由之路。

要摆脱"律规性教学"的困境，只有从各种矛盾、问题的纠结之处入手，才能实现超越。哲学家维特根斯坦指出(皮埃尔·布迪厄等，1998)，洞见或透识隐藏于深处的棘手问题是艰难的，因为如果只是把握这一棘手问题的表层，它就会维持原状，仍然得不到解决。因此，必须把它"连根拔起"，使它彻底暴露出来；这就要求我们开始以一种新的方式来思考……一旦我们用一种新的形式来表达自己的观点，旧的问题就会连同旧的语言外套一起被抛弃。当前高校教学深受本质主义思维的控制，要超越困境，必须把问题"连根拔起"，要用一种新的思维方式——生成性思维来思考和指导教学。思维方式的转变提供了看待教学世界的不同视角，从而成为超越教学困境的关键。

生成性教学更能趋近教学的本真，更有利于人以本真的样态存在于教学中。

首先，生成性教学中人的存在是以"人"的形式，而不是以"物"的形式存在的。在科学世界观之下进行的本质主义思维是以知性的主客二分作为其框架、在技术理性维度上展开直线式进程，它把人从自然和族群的依赖关系中分离出来后，又把人的独立性置于对自身的物化及其造物的依赖之上。因而，导致人自身的灵性与物性、目的与手段的二元分裂，人的德行、情感乃至整个内心世界被严重轻视甚至"荒漠"化(辛继湘，2003)。人成为单向度的人，失去了身心和谐的本真样态。而生成性思维则从根本上反对本质主义思维的二元对立，是"目中有人"的思维，它强调人不仅是具有理性的人，而且是具有情感的、整体的人；不仅是具有同一性的、抽象的人，而且是具有差异性和独特个性的、具体的人；不仅是发展过程中的人，而且是现实中的、生活中的人。在生成视域中，教学不仅具有科学性，更具有人文性，教学归根结底是属人的。因而，人更有可能以本真的样态存在于教学中，并且在教学中展现人性。

其次，在生成性教学中，教学世界对于师生而言是具体的生存状态，是人融身于其中，与之不分彼此的状态，而不是在生活之外另设的一个独立的、封闭的、抽象的实体世界。本质主义思维在二元论的基础上，从完全客观和理性的视角去理解教学，把教学置于与人无关的客体地位上，把人从生活世界中剥离出来，把教学世界和生活世界割裂开来，没有把教学看作人生活于其中的生活场景，造成了教学与人的存在、与人的生活世界无涉的状况。而在生成视域中，人是一种教学实践的存在，人的知识的掌握、情感的丰富、智慧的生长都是在教学过程中实现的。教学过程具有丰富的价值属性，德行与智慧的生成过程就是教学过程各种确定性与不确定性因素积极互动的过程，是师生"以一种相互交融的方式相聚"的过程。

(2)实现教学评价方式的转变，从"预定式"的教学评价转变为"交互性"的教学评价。交互性的教学评价是实现生成性教学的保障。在生成视域中，教学要凸显"属人"和"动态"的特点，其教学评价应是注重对话的、理解的、过程的、开放式的交互性评价。交互性成为教学评价的核心概念，始于20世纪80年代末，美国学者古巴和林肯提出了第四代评价——建构阶段，他们认为评价活动的本质是"人的心理建构"。而这种"心理建构"是在教学评价过程中的对话、交流、协商中生成的。与前三代教学评价，即测验、描述、判断阶段相比，第四代评价突破了前三代的"静态""预定"的特点，回应、协商、理解成为其特色。交互性的教学评价具有4个特点：①不仅注重评价学生的知识、能力，也关注学生的情感、态度、价值观等的评价；②注重过程评价与结果评价的结合；③评价者与被评价者是平等的关系，对话成为评价的基本方式；④教学评价打破了封闭性，从情境无涉发展到情境关联。

由于教学评价对教学行为具有很强的导向作用，而"预定式"的教学评价是导致高校师生非"人化"存在的重要因素。因此,生成性教学的实现,需要交互性的教学评价作为保障。原因在于,交互性的教学评价要求教学活动的实施者、参与者和评价者进行对话、交流、沟通,对师生的教学行为的表现及意义进行讨论,对价值偏向问题予以澄清。只有让教学评价真正成为一个对话交流的过程,成为一种平等的、理解的和生成性的价值认识与创造活动,而不是一个简单的价值判定过程,人的存在才会被真正确认,才能真正实现通过教学评价改变师生的教学行为、优化教学过程,从而保障师生以"人的存在方式"生存于教学中。

3.3.2 实践教学的制约及其优化

1)加强实践教学是培养地矿类工程技术创新人才的关键

加强实践教学,培养创新人才是 21 世纪高校所面临的共同课题。21 世纪,知识经济成为主要的经济形态,国际竞争日益激烈,科学技术迅猛发展。从世界教育改革趋势来看,培养学生的实践能力已成为西方发达国家教育改革的特色和重点。联合国经济合作组织 1988年提出,一个人走向社会需要有 3 张教育通行证,一张是学术性的,一张是职业性的,一张是证明他有事业心和开拓精神的。在重视加强教学和科学基础的前提下,当前更强调的重点是工程实践能力。因此,提高实践能力和创新能力是新世纪对工程人才提出的新要求。为此,长期以来,加强实践教学已经成为国外大学的普遍做法,国际上高等工程教育发展模式比较有代表性的有 3 种(袁慧,2007)。一是苏联模式:既重视理论基础,又强调工程训练,强调人才培养的针对性。二是美国模式:重视学校期间打好基础,毕业后在工厂进行工程训练。比较注意人才培养的适应性。三是德国模式:强调实践性,大学学习阶段非常重视实践教学环节,在学校内完成工程师的训练。目前,上述几种模式出现了相通、相互靠拢的趋势,即注意适度拓宽专业面,重视必要的理论基础,与此同时更多地强调工程实践,把大学期间的实践性教学环节放在更加重要的位置,重视学生实践能力的培养。因而,实践教学已经成为大学制度化理念的一部分,它适应了发达国家现代化发展对人才素质和能力的要求,代表了大学人才培养模式的改革方向。从地矿类大学生的培养来说,加强基于产学研合作的实践教学是当前培养地矿类工程技术创新人才的关键。

这是因为,加强基于产学研合作的实践教学,能够有力地促进地矿类大学生实践能力的提高。中国工程院一项调查结果表明,目前我国工程技术人员的专业基础知识和基本理论比较扎实,具备一定的实践与创新能力,但受传统观念、学校教育和工作环境的影响,其创新精神和综合素质与时代要求有较大差距。工程技术人员的创新动力、创新目标和创新毅力都十分缺乏。因此,工科科学方面的原创性成果少,工程技术上的模仿性创新不够,拥有知识产权核心技术的产品数量与发达国家相比差距很大。造成企业缺乏国际竞争力、经济效益不高。因此,地矿类工程技术创新人才的培养应该以社会需求为导向,培养出能深入生产第一线去研究开发新技术、新产品、新工艺的工程技术人员,主动适应与满足社会及地矿行业企业的需求。随着时代和社会的发展,现代地矿类工程师的内涵和要求已发生了明显变化。仅从技术角度讲,由于科学技术综合化的发展,工程的设计、制造和管理等环节相互影响的程度越来越明显,因此,现代地矿类工程师要求的是在原来技术分工基础上更全面的综合素质,这是以工程为重要背景的综合素质。如果不加强工程训练,不重视工程实践能力的提高,综合素质是难以养成的,塑造现代地矿类工程师更是无从谈起。

2) 当前地矿类专业实践教学面临的主要问题

实践教学薄弱是我国高等教育的通病，前教育部长周济曾把这种现象描述为：我国本科教育在世界上是先进的，但是也有严重不足，最突出的就是实践能力较差。出现这种状况的原因是，我国实施了多年的应试教育，教师重理论教学，轻实践教学；学生重理论考试，轻实际能力训练；管理者重理论教学效果，忽视实践教学管理，形成了"以教师为中心，以课堂为中心，以教材为中心"的传统教学模式，使学生的思维标准化和知识无活力化的情况十分普遍，严重影响了实践教学效果，制约了学生实践能力的发展和综合素质的提高。因此，加强实践教学，形成实践教学思想，构建实践教学体系，推动理论教育和实践教学的融合，是高校今后的重要任务。

目前，地方高校的地矿类专业实践教学面临的主要问题表现在以下4个方面。

(1) 教师实践经历缺乏，成为制约地矿类专业实践教学发展的瓶颈问题。造成这种状况的原因主要是地方高校的地矿专业教师主要来源于各大高校毕业的博士、硕士，虽然受过系统的专业知识和研究技能的培训，但是大多数教师并没有职业经历，多数是直接从学生转入教师岗位的，工程背景薄弱，实践经验缺乏，影响了教学质量。

(2) 部分地矿类教师对实践教学不够重视，投入教学研究的精力较少。由于受现行职称评定制度、教师考评制度等的影响，相当一部分教师把主要精力投入到科研工作上，对如何提高实践教学质量少有研究，对提高学生工程实践能力的意识十分淡薄。

(3) 实习经费短缺，实习时间不足。实习是强化专业知识、增强地矿类大学生的感性认识和创新能力的重要综合性教学环节。实习教学须由高校与企业共同完成，而目前一些高校缺乏充足的教学实习经费，来妥善安排学生进行实际操作训练。另外，实习时间不足也是制约实践教学质量的重要因素。一些高校在校内的实践已是见缝插针，很难满足后期校外实习的要求。

(4) 产学研合作不到位，缺乏适当的实习场所。部分高校由于产学研合作工作成效不佳，造成地矿类大学生实习基地的容量有限，导致工程人才培养的要求和目标无法达到。

3) 实践教学优化

为了培养地矿类大学生的实践能力和创新精神，优化实践教学模式成为当务之急。目前关于实践教学模式并没有完全达成共识，不过大多数学者倾向于认为实践教学模式应包括以下内容。

(1) 以培养学生实践动手能力、创新能力、项目实践、工作经验、团队合作能力为中心理念。

(2) 注重学生综合素质的发展和实践能力、创新能力的提高。

(3) 一般包括"知识的掌握-基本技能培训-项目研究和实践-学科竞赛锻炼-创新精神的培养"5个阶段，以促使学生达到知识、技能与素质协调发展。

(4) 该教学模式具有自主性、实践性、研究性和创新性的特征。

因而，唯有积极探索实践教学内容与体系的改革，强化实践能力培养，才能实现地矿类工程技术创新人才培养的目标。

(1) 应制定分层次的实践教学目标与要求。对于实践教学目标与要求，在实践教学中，每一层次应该具有不同的学习目标、学习内容和学习要求。在不同层次上，学习目标、学习内容和要求各有侧重。具体而言，可分为如下4个层次。

① 基础实验层。着重培养学生的基本素质、基本能力和处理问题的能力。在实验教学方面，通过基础科学原理课程的实验训练，着重培养学生的动手能力与创新意识，养成科学、规范的研究习惯与方法，如实验的设计、装置的准备、数据的采集和处理、结果的分析和报告等。其次，通过技术基础课程实验训练，使学生了解工程技术创新的方法和过程。

② 校外实践层。着重把课堂学习的理论及课堂实验学习的内容应用到实际中，培养学生的应用能力。重点提高学生理论与实践相结合的能力、理解理想模型与实际物体差异的能力，以及将所学的不同知识综合运用、解决复杂工程问题的能力。

③ 提高设计层。着重培养学生独立分析处理问题的能力以及系统设计能力。根据不同的专业，通过课程设计或创新实践课程，对学生进行更深入的培养和训练。帮助学生由浅入深，逐步掌握矿井系统设计的基本知识和各生产系统设计优化的能力。

④ 科技活动层。组织学生参加项目研究活动，以及组织学生参加高水平的国内外科技竞赛等，着重培养学生的创新能力。有计划地组织学生进行课堂外的科技创新活动，包括开放性实验、科技制作、竞赛和社会实践活动。同时，还要通过努力推动校企合作与培训，给学生地矿类大学生创造更好的实践条件。

(2) 应改进实践教学方法，使学生真正成为学习的主体。认知心理学家奥苏贝尔认为(施良方，1996)，在传统的以教师满堂灌为主的教学方式下，学生只能通过许多过度学习以求通过考试，而其中的意义从一开始便丧失殆尽了。这种教学方式只会造成学生的平庸发展。因而，当前地矿类实践教学方法的改革应该在人本主义及建构主义理论的指导下开展，通过让大学生自主地学习和主动地构建知识来培养大学生的能力，发展大学生的个性。具体而言，应当要改变大学生被动学习的现状，确立学生在课程中的主体地位，建立学生自主、探索、发现、研究以及合作学习的机制，使学生自主地学习、主动地参与、愉悦地探究、勤勉地动手。通过实践，增强探究和创新意识、学习科学研究的方法、培养搜集和处理信息、获取新知的能力、发展综合运用知识分析和解决问题的能力，不仅使他们会学，更要使他们好学、乐学，"知之者不如好之者，好之者不如乐之者(《论语•雍也》)"，从而使学习真正达到"学而时习之，不亦说(悦)乎(《论语•学而》)"的审美体验境界(张传燧，2002)。进行地矿类专业实践教学模式的改革的目的，就是改变学生的自主学习环境，使学生在实践教学环节中充分体验，充分激发学生的主观能动性，使其真正成为学习的主人。

(3) 构建"双师结构"师资队伍。"双师型"教师的不足是当前制约实践教学质量的重要因素。工程人才的培养客观上要求教师不仅要拥有扎实的专业理论与教育理论基础，还必须具有较强的技术应用能力，即具有"双师"素质，才能根据不断变化的社会发展需要培养出全面发展的工程技术人才。师资培养是地矿类专业实践教学的基础性工程，尤其是随着对地矿大学生工程技术能力要求的不断提高，具有较高的专业理论水平与较强的实践操作能力的"双师型"教师队伍，就成了实践教学能否成功的关键性因素。因此，建设一支理论水平高、教学经验丰富的师资队伍，决定着实践教学能否顺利地实施。

当前地矿类专业"双师型"教师队伍的建设可通过如下两个途径加以构建。一方面，加强产学合作，切实提高地矿专业教师的"双师素质"和实践教学能力。加强专业教师实践锻炼，是培养教师实践动手能力的最直接的方式。可提过多种方式实现。其一，安排专业教师带着课题或教学中的难点、重点问题到相关企业去实践锻炼，通过亲身体验，全面了解所授专业相对应行业的应用技术动态，来更新自身的知识体系和能力结构，提高自身科研能力和教学水平。其二，实施省、校两级教研教改项目，与地矿行业企业共同开展应用研究和技术服务，在教科研活动和技术服务中，增加教师阅历和实践知识，积累实践经验，充实和丰富教学内容，改进和提高教学质量。其三，安排具有丰富教学经验和丰富实践经验的教师带领年轻老师到生产第一线，在实践中做好传、帮、带工作，促进年轻教师成长和实践技能的提高。其四，强化激励机制，鼓励教师参加各种形式的实践技能比赛和实践教学评优课比赛，促使教师的职业技能得到锻炼和提高，同时也为学生做好示范和引领作用。另一方面，加强地矿企业兼职教师队伍建设，逐步形成专兼职结合的实践教师队伍。要根据地矿类各专业培养目标和课程安排，逐步形成一支相对稳定的企业兼职教师队伍，并成立由兼职教师参加的地矿类各专业建设指导委员会。在实践教学中，要充分发挥兼职教师的作用，兼职教师在实训教学、实习指导、毕业设计、顶岗实习中对学生全方位进行服务和指导，使学生及时掌握先进的应用技术，加深对实践生产的理解，保证教学工作能紧密结合社会经济发展的实际。通过优化"双师结构"，形成专兼职结合的教师队伍。

(4) 加强地矿类专业实践教学基地建设。一方面，要加强校企合作，努力改善地矿类大学生的实践教学条件。地方高校可利用合作科研、技术培训等方式，与相关地矿类企业形成长期合作关系，通过为企业挂牌使企业可因此获得优惠政策的方式，使企业愿意成为学校的实践基地，为地矿类学生的认识实习和生产实习的进行提供较好的条件。另一方面，构建实习—就业平台。近年来，毕业生就业难成为一大社会问题，如何有效地开拓大学生的就业、创业途径，成为各高校致力解决的问题。学校可以通过各种形式和渠道加强与用人单位的联系，结合未来就业领域有针对性地开展实习，搭建实习—就业平台，实现实习与就业的良好对接，为学生的就业铺路。

(5) 不断探索地矿类专业实践教学的监督管理机制及质量考核评估机制。实践教学的实施需要一系列制度方面的保障，为此高校及学院要进一步完善实践教学的规章制度，从总体上对实践教学进行组织、监督与控制。目前对校外的实习的管理相对比较弱，亟须加强。实习是实践教学的重要一环，为了保证学生实习的有效性，可采用"双督导制"，即为学生的实习配备校内和校外双重督导。校外的督导是企业或机构的领导和工作人员，学校督导都是一些专业实践能力强、经验多的双师型教师。一般一个班级配备2名督导老师，学校督导老师要全程指导学生实习，与学生沟通并分享实习的所得，批改学生的实习机构导向报告以及实习结束后的实习报告和自我评估报告。与常见的实习督导制度不同的是，这种督导是双向的，实习结束，学生还将评估督导老师，从而保障学生实习效果的有效性。校外的督导主要通过现场指导和管理完成。

同时，要完善实践教学的质量考核评估机制，加强内部质量监控。现有的评估方式并不能对学生的实践能力和创新精神做出客观评价。对于实践教学的质量，一些学校缺少科学的评估体系，重结果而轻过程，评估方法死板，同时，学生不能参与评估工作，只是被动接受，不能发挥主体作用，参与评估的积极性不高。而且内部质量保障没有形成体系。尽管许多学校都设置了专门的质量管理部门，但实际工作开展得并不具体。这种不完善的质量保障机制，未能对学校的实践教学质量做出有效的保障。从根本上说，实践教学评价作为一种新型的鉴别学生实践能力优劣的方法体系，要通过科学的评价技术、严密的测评过程和客观的评分标准，对学生实践过程中的具体表现进行评判。实践教学的考核重点应从对结果的关注转移到对过程的关注，从以分数作为唯一考核依据转移到对学习态度等整个学习过程的考核，从考评论文转移到对实现论文的过程的考评,以充分调动学生参与实践教学的积极性和主动性。实践教学质量监控体系注重的是把过程和结果结合起来进行检查,主要是通过平时与学生的交流、向实习机构和学生进行个别了解、电话调查和问卷调查、检查督导教师的日志和实习报告、检查学生的日志等形式,对学生实习情况和督导老师工作情况进行检查,以保障实践教学品质的稳定性。在结果考核方面,可采取口试、答辩、撰写论文和心得、实验操作考核和专业技能操作考核等多种形式,将论文、实习报告、口试、笔试、现场操作纳入考核的指标之中,制定出合适的比例。

3.3.3 产学研合作运行机制的制约及其优化

1) 当前产学研合作运行机制存在不到位的问题

加强产学研合作人才培养是地方高校地矿类专业教学改革的趋势,也是创新人才培养的关键问题。这是因为高等工程教育产生和发展的根本动力来自于行业、企业发展对技术性人才的需求,地矿类专业培养的人才只有更好地满足地矿企业发展的需要,才能够实现可持续发展。而地矿类企业的发展,也必须依靠高校提供相应的技术及技术人才的支持,才能转变生产与经营方式,在激烈的市场竞争中立于不败之地。所以,实现地矿人才培养与地矿企业发展的良性互动,对双方的发展都具有十分重要的现实意义。目前在产学研合作中,运行机制不到位是主要的问题。

众所周知,任何事物的发展及运行都有一个机制问题。机制的好坏是决定事物发展,或运行的质量、效益好坏的重要因素。校企合作教育作为一种人才培养模式,也有其运行机制问题。目前地矿类专业产学研合作教育基本还处在探索过程中,运行机制还很不健全。在事关产学研合作教育的三方即学校(科研院所)、企业和政府中,学校一方因就业难而有足够的需求动力,而其他两方,特别是企业因处于就业的需求方即劳动力的买方市场,缺乏足够的动力。许多高校都感到校企合作是"一头热",合作步履维艰。在合作教育涉及的政府、学校和企业三方中,企业积极性的调动是难度最大的。具体来说,造成地矿类工程技术创新人才的产学研合作教育运行机制不到位、不健全的原因是多方面的,主要包括如下4个方面。

(1)产学研合作教育人才培养体系各主体的定位不准确。从微观层次来看,产学研合作人才培养直接关系到学校和企业;从宏观层次来看,产学研合作人才培养涉及学校、企业、政府3个方面的关系。目前,基于产学研合作的地矿类工程技术创新人才培养模式在运行中,主要只有学校和企业的关联,而且更多的还是学校倾情于企业,或有求于企业,并没有学校、企业、政府三者之间的良性互动,更缺乏完善成熟的市场环境。当前,产学研合作教育各方之间的关系还没有理顺,各主体的定位不准确,运行机制不完善,致使产学研合作教育很难深入开展。

(2)吸引地矿企业参与高等教育的市场利益驱动机制尚未建立。从根本上说,产学研合作教育需要完善和成熟的市场环境。只有在市场环境下,通过市场竞争机制、价格机制来优化资源配置,才能使产学研合作的双方在自由意志的基础上实现合作,合作才会更深入和更有成效。而目前并不具备这样的市场条件,从实践来看,产学研合作教育中企业积极性较低的问题,并不是地矿类人才培养中遇到的问题,而是一个共性问题。造成这个问题的根源在于:一是劳动力市场供过于求。由于高等教育的迅速扩张,导致短时间内大学生就业压力剧增。在劳动力市场上,企业是买方市场。企业即使不参与高等职业教育,也能够获得较为充足的高质量的劳动力。二是当前政府对产学研合作教育的行政干预机制效力下降，而市场利益驱动机制还没有建立起来。在计划经济体制下，特别是在行业办学体制下，上级部门的行政干预，对于促进行业内企业与高校的合作，共同培养人才，发挥了重要的作用。我国以往校企合作教育取得较好的成效，主要是依赖这样的背景。但是，随着体制改革的进行，从企业实行承包制开始，行政干预的效力日益消减。目前，虽然行政干预仍有作用，却已不再像以前那样强烈而有效了。代之而起的是以经济效益为核心的利益驱动机制。但是，市场经济体制所需求的合作教育运行机制的某些要素并不具备，如合作教育的形式、途径、规模必须适应产业的需求，学校的学籍管理制度、学生的就业制度和企业的用工制度等，必须进行相应的变革。这些要素条件的缺乏，使得合作教育难以普遍推行。发达国家产学研合作教育顺利运行的经验表明，只有在市场经济体制下，才能形成了健全的竞争机制、开放的人才市场等要素条件。同时，经济的发展对熟练劳动力的需求量较大，在这种情况下，校企合作才能顺利地进行。而目前这种条件并不完全具备。

(3)保障产学研合作教育顺利运行的法制建设及政策创新工作较为薄弱。从宏观来说，目前在产学研合作教育方面存在着十分明显的法律法规不健全、执行力度弱等问题。一方面，由于就业市场秩序不健全，加上有关部门对就业市场的准入制度执行监督不严，导致企业违规用人的现象司空见惯。另一方面，由于缺乏相应的法律约束，企业对高等教育的责任和义务难以履行。造成这一现象的根本原因是我国在产学研合作教育方面的法律法规建设薄弱，存在着滞后现象，对产学研合作教育的保障力度较小。虽然国家先后颁布了有关高等教育、职业教育和科技创新等一系列法律法规，其中多处涉及产学研合作教育的有关问题，但是，直到目前为止并没有一部完备的、专门的关于产学研合作教育方面的法律或法规。立法的滞后制约了产学研合作教育的开展。同时，当前由于缺乏相关政策的引导，导致行业企业参与合作教育的积极性不高。2008年国务院在《国家知识产权战略纲要》中，已明确提出要在政策层面促进产学研的结合，2010年在《国家中长期教育改革和发展规划纲要》中，又针对提升行业企业参与合作教育积极性的问题，提出"要建立健全政府主导、行业指导、企业参与的办学机制，制定促进校企合作办学法规，促进校企合作制度化，制定优惠政策，鼓励企业接收学生实习实训和教师实践，鼓励企业加大对职业教育的投入"。这是我国首次在正式文件中提出要制定有关政策法规来推动校企合作与产学研合作教育。但是相关的可操作性强的具体细则目前并不健全。由于缺乏具体的细则性规定，通过政策来调动行业企业参与合作教育的力度仍显薄弱。

(4)产学研合作教育人才培养的信息平台建设严重滞后。目前在产学研合作人才培养模式的运行中，尽管高校开始比较注重企业和市场对人才需求，但是由于信息平台建设落后，致使高校不能及时了解和掌握地矿企业和市场对人才需求的变化情况，不能在课程设置及技能培训等方面做出迅速变化，导致所培养的人才在人才市场上竞争力不强。

2)产学研合作运行机制的优化

(1)完善推动企业参与产学研合作教育的动力机制。推动地矿类产学研合作教育的发展，需要高校(科研院所)、企业和政府各方转变思想观念，对各自承担的角色进行明确定位。从根本上说，教育的性质是公益性事业，在产品属性上来说，既不是纯粹的私人产品，也不是纯粹的公共产品，而是二者兼有的准公共产品。在我国目前的发展阶段，只凭市场机制还无法达到教育资源配置的最佳状态，因此，政府的协调和支持在其中起着非常重要的作用。目前在地矿类产学研合作工程技术创新人才培养模式的运作中,企业积极性较低是突出的问题,也是合作教育人才培养模式在实践中成效较低的关键。要改变这种状况,就必须从以下两个方面考虑构建推动企业主动、积极参与合作教育的长效动力机制。

一方面,在观念层面上,政府应该引导企业转变竞争战略观,增强人才意识。首先,政府要积极倡导企业转变竞争战略观,增强参与合作办学的自觉性。当前,产学研合作在很大程度上取决于企业的积极性,而企业参与合作教育的积极性受企业竞争战略观的影响很大。只有企业转变了自身的竞争观念,才能增强参与合作教育的积极性与主动性(马歇尔等,2003)。通常企业的竞争战略可大致分为3种:一是规模生产战略,靠价格取胜;二是客户多样需求战略,凭质量取胜;三是多元化质量生产战略,即"规模+多样化",是对前两种战略的综合。尽管3种战略各有所长,但是第三种战略更多地代表了企业竞争战略的未来发展趋势。正如斯坦·戴维斯在1987年出版的《未来世界》一书中指出的,一般说来,与其竞争对手相比,一个企业越能在大规模基础上提供定制化产品,就越能获得更大的竞争优势。第三种战略通常采用团队合作、柔性化的生产方式,对技术与技术人才的要求相当严格,这样就必然导致企业对技术开发与技术人员培训的重视。目前我国地矿企业多数采取第一种战略,随着国际市场的一体化发展,地矿企业竞争战略必然会向多元化质量战略转变,重视企业内部技术人才的培养和企业的技术研发能力。随着新型工业化的加速,国际国内竞争的日益激烈,员工的职业胜任能力将会成为提高工作绩效、决定企业生存的关键。具备现代经营理念的地矿企业不能只是被动地接收人才,还要尽可能地对人才的形成过程施加影响,参与到人才培养的过程中来。因此,与高校合作培养所需人才是地矿企业的明智选择。其次,政府应该倡导企业增强人才意识。人才是企业发展壮大的最根本的因素,尤其是在我国广泛参与国际竞争的形势下,地矿企业人才的质量决定着企业的未来发展,政府要通过各种媒体手段,营造重视人才、培养人才的观念,增强地矿企业的人才意识。

另一方面,从立法层面上,建立完善的关于产学研合作教育的法律法规。建立完善的关于产学研合作教育的法律法规是推动高校产学研合作教育走向深入的保障。产学研合作教育要得到健康、有效、可持续性的发展,制度建设是关键。产学研合作教育需要有相应的法规约束。法律作为一种强制性的社会规范,对产学研合作教育具有直接的促进、保护作用或限制作用。同时,法律对产学研合作教育的环境条件(经济、政治、科技、思想文化等)也有直接的调整作用,它引导或限制这些环境因素的变化。由于政府是产学研合作教育内在运行之外的影响者,虽然政府不参加具体的产学研合作教育项目,但政府能够通过完善的法律、制定政策、沟通协调等方式对产学研合作教育产生积极影响。要全面开展产学研合作教育工作,使之真正落到实处,政府在立法方面的加强,能够强有力地推动产学研合作教育的开展。这也是产学研合作教育开展较晚成功的国家普遍的经验。如果通过国家立法,产学研合作教育上升为国家意志,将会极大地推动企业参与合作教育的主动性和自觉性。

同时,政府要着力于产学研合作教育的法律法规建设,明确合作教育各方的权利、义务、责任。近年来,各级政府颁布了一系列文件,大力促进高校加强内涵建设,提高教育质量,把"大力推行工学结合"作为高等教育人才培养模式改革的重要切入点。虽然这些法律、法规强调产学研合作的重要性,对推进产学研合作教育提出了明确的要求,然而就产学研合作教育而言,目前并没有专门针对产学研合作教育发展面临的实际需要,而制定的具体实施条例,没有从法律层面建立有效的产学研合作教育保障机制,对产学研合作教育中的学校、企业双方的权利和义务进行明确的规定和约束。由于缺乏具体的政策引导和法律法规的滞后，使产学研合作教育的风险较大，合作的风险性贯穿于合作的全过程，使合作双方顾虑很多，这已成为制约地矿企业积极参与产学研合作教育的瓶颈问题。从提升企业参与产学研合作人才培养的积极性角度来看，急需加强法制建设，明确合作教育各方的权利、义务、责任，推动产学研合作教育的高质量发展。

(2) 构建地矿类产学研合作创新人才培养模式的保障机制。由于地矿类产学研合作创新人才培养模式在实践中的运行要涉及多方面的因素，其中组织、信息和评价等因素的影响是最为直接的。因而，加强产学研合作教育模式在实践运行中所依赖的信息平台的建设与管理，产学研合作教育人才培养质量评价指标体系的构建等，可为地矿类产学研合作教育的高效运行提供支撑。

一方面，要大力推动构建服务于产学研合作教育的信息平台。构建服务于产学研合作教育的信息平台是时代发展的需要。高校和地矿企业在人才培养上实现合作的基础是共同的利益点，目前，双方利益的交叉点在于技术与技术人才。但是，对于地矿企业到底需要何种人才和技术，高校掌握得并不清楚；而地矿企业对高校的专业设置和人才培养也不完全了解。因此，急需建立省域的产学研合作教育信息中心，使双方对人才培养的诉求得以在信息中心实现交汇。

从目前地矿类各专业产学研合作教育的信息平台建设的情况来看，各高校建立的就业信息平台在一定程度上为地矿类专业产学研合作教育的发展起到了一定的作用，如发布一些就业信息、解读就业政策等，对地矿类大学生塑造自身的素质和地矿专业进行专业调整发挥了积极的作用。但是，还存在很多问题。比较突出的问题表现为数据准确性差、资源分散、缺乏社会集成等。正是这些问题的存在，使得地矿企业用人信息不能充分地、迅速地得到反映，致使高校地矿类学科及专业调整存在较大的盲目性，对产学研合作教育的发展未能发挥有力的支持。要改变这种情况，不是某一所高校靠一己之力就能够实现的，迫切需要在各级政府的支持和推动下，建立产学研合作教育的信息平台，使合作教育所需的各种信息通过这一平台得以交换，从而推动高校紧密结合地矿企业所需，进行教育教学活动，使企业能够及时得到所需人才，缩小人才与企业要求的差距。同时，使企业能够有更大的选择合作教育伙伴的可能性，有机会选择更优质的教育资源。

另一方面，要大力推进产学研合作人才培养工作评价体系的完善。长期以来对地矿类人才培养质量评价主要是以学业成绩评价为主，虽然在评估过程中也涉及社会，尤其是企业（用人单位）的评价，如收集学生的实习鉴定、统计毕业生的协议就业、填制毕业生跟踪调查表等，但这些评估大多数属于浅层次的评价，只是简单的数据统计，不能完整、全面地反映产学研合作人才培养的状况与问题。同时，由于存在社会评价组织机构不健全、评价队伍不够专业，以及评价操作不规范等问题，进一步削弱了评价的功能，尤其是对毕业生的工作情况、企业的满意度等信息较少收集和纳入评价，因而造成高等教育培养的人才与地矿行业企业需求存在较大的距离。

地矿类人才培养是属于高等工程教育范畴，而高等工程教育从性质和功能来说是与区域经济的发展关系最为密切的一种高等教育类型。从这个意义上说，面向地区经济和社会发展，适应就业市场的实际需要，为生产、建设、管理、服务第一线培养高素质应用型技能人才，是评价高校人才质量的核心。所以，在评价人才培养工作时，应该更加突出社会因素。斯塔弗尔比姆说过："评价最主要的意图不是为了证明，而是为了改进。"通过产学研合作教育人才培养质量的评价，发挥评价的导向诊断和鉴别功能，使高校真正将高职毕业生与区域市场及企业需求进行"零距离"的链接。为了达到这个目的，当前需要构建相关的社会评估体系来对人才培养工作进行评价。

首先，要明确构建地矿类产学研合作人才培养工作的评估指标体系的原则。要对地矿类产学研合作教育人才培养工作进行科学的评价，需要有科学、完整、客观的评价标准，这就要求建立科学合理的评价指标体系。这种评价指标体系的建立应遵循以下基本原则：①科学性原则。评价指标体系要能够准确反映产学研合作人才培养的规律，指标的解释和定义要实现标准化。②客观性原则。指标设置要从实际出发，以事实为依据，根据地矿企业的实际情况设置相应的指标。③全面性原则。评价指标体系要能全面反映产学研合作教育人才培养工作的情况和特点，并由影响产学研合作教育主要因素构成。④可操作性原则。同级指标相互独立，信息集中，边界清晰。⑤通用性原则。建立的指标体系必须适合不同类型的企业，使其具有一定的可比性，以便进行比较。

其次，要明确地矿类产学研合作人才培养工作评估的基本内容。产学研合作教育的最终成果要看它最终取得的社会和经济效益以及企业和高校的可持续发展，而影响这些效益的取得和可持续发展的主要因素应该从人才质量、资金及财物的补充、市场效益(就业竞争力)和利益双赢4个方面去考察。人才质量是决定产学研合作教育是否成功的关键；资金和设备等物资的投入是产学研合作教育得以成功的保证；市场效应，即地矿类毕业生的就业率是检验产学研合作教育良性发展的标准；利益双赢则是产学研合作是否能够持续发展的关键。为此，我们把"高校人才培养质量、地矿企业对产学研合作教育的贡献、产学研合作教育中各方合作关系的建立、效益分析"作为对地矿类产学研合作人才培养工作评估的主要内容。

最后，应构建地矿类产学研合作人才培养工作评估指标体系。为了科学、客观、全面地对产学研合作教育进行评估，探索提高地矿企业与高校有效合作的途径，制定一套可行、科学，并能从多方位、多角度反映产学研合作教育的人才培养成效的指标体系，具有重要的现实意义。因此，按照产学研合作人才培养评估的主要内容，具体可把各类指标界定如下。

• 高校地矿类工程技术创新人才培养质量。包括毕业生知识与技能素质、毕业生的市场适应性、毕业生的就业竞争力。

• 地矿企业对产学研合作教育创新人才培养的贡献。包括地矿企业在合作中的态度、地矿企业对合作教育的资金和设备的投入、地矿企业在合作中对"双师型"教师的培训。

• 产学研合作教育中各方合作关系的建立。包括产学研合作机构的组织运作、产学研合作教育的教师交流提高机制、产学研合作教育的信息沟通机制。

• 产学研合作教育的效益分析，包括毕业生定岗实习所产生的经济效益、地矿企业对学生满意度、产学研合作教育对地矿企业人才结构改善及地矿企业可持续发展的影响、产学研合作教育对高校的教育科研工作的促进。

具体的评价指标体系如表 3-16 所示。

表 3-16 地矿类产学研合作教育工程技术创新人才培养状况综合评价指标体系

主指标层		地矿类工程技术创新人才培养质量	地矿企业对产学研合作教育创新人才培养的贡献	产学研合作各方合作关系的建立	产学研合作教育的效益分析
分指标层	A	毕业生知识与技能素质	地矿企业在合作中的态度	产学研合作机构的组织运作	毕业生定岗实习所产生的经济效益

续表

主指标层		地矿类工程技术创新人才培养质量	地矿企业对产学研合作教育创新人才培养的贡献	产学研合作各方合作关系的建立	产学研合作教育的效益分析
分指标层	B	毕业生的市场适应性	地矿企业对合作教育的资金和设备的投入	产学研合作教育的教师交流提高机制	地矿企业对毕业生满意度
	C	毕业生的就业竞争力	地矿企业在合作中对"双师型"教师的培训	产学研合作教育的信息沟通机制	产学研合作教育对地矿企业人才结构改善及地矿企业可持续发展的影响
	D				产学研合作教育对高校教育、科研工作的促进

3.4 本章小结

本章主要对地矿类工程技术创新人才培养的制约因素进行了分析和优化。首先通过对地矿企业和毕业生进行问卷调查，分析了地矿企业对毕业生的相关要求和毕业生对企业的要求；其次，深入分析了地矿类工程技术创新人才培养中存在的人才培养质量不高等三方面的问题及其原因；在此基础上，最后对地矿类工程技术创新人才培养中教育理念的制约等三方面因素进行了分析与优化。

第4章 地矿类工程技术创新人才的素质结构

地矿行业是国民经济发展的基础行业。地矿行业的发展对于我国这样一个资源储量非常丰富的发展中国家来说是具有战略意义的。由于地矿工作是经济社会发展的先行性、基础性工作,服务于经济社会的各个方面,随着经济全球化的发展,矿产资源(包括固体与流体资源)的勘探、开采、储备及利用,已成为关系到我国经济建设、社会发展、政治稳定、国家安全的重要因素。加快地矿行业的发展,使资源开发和环境保护协调发展,科学使用矿产资源,缓解资源欠缺带来的瓶颈制约,也已成为促进国民经济持续、健康发展的重要举措,对于保障我国经济的持续高速发展和社会的全面进步与稳定繁荣具有重要的战略意义。正是由于地矿行业所具有战略地位,决定了我国必须要进一步加快地矿业的发展,形成我国自有的核心技术,而实现这一战略目标的关键在于形成一支数量和质量俱佳的地矿人才队伍。原因在于地矿人才队伍不仅深刻地影响着我国整个地矿行业的发展速度、质量和水平,而且也是构成我国创新性人才队伍建设的重要力量。目前,我国地矿行业的专业技术人员明显偏少,具有创新能力的专业技术人员极度匮乏,已经成为制约地矿行业发展及提高我国国际竞争力的主要问题。

高校作为创新人才培养的主要基地,在加快我国地矿类工程技术创新人才队伍建设中具有重要的作用。目前高校与企业行业加快产学合作的人才培养模式已经成为创新人才培养的孵化器。世界产学合作教育协会秘书长彼得·J·弗兰克斯对现存的各种产学研合作教育模式的特点与成效做了概括,他指出,产学研合作的人才培养模式具有以下特点与成效。第一,这是一种应用型学习。第二,这种应用型学习由学校和企业共同指导完成。第三,制定一个合作教育计划,结合工作场所的学习,使之成为一种更为完整的教育。第四,通过合作教育计划,建立起大学与社会更为密切的联系。第五,学生除了课堂学习以外,还掌握了实际的生产技术或工作本领,培养出来的学生在市场上有竞争力。

通过产学合作培养大学生的创新精神和实践能力,是被国际上高等教育实践证明了的成功经验。对于地矿行业而言,基于产学研合作的地矿类工程技术创新人才的培养既是地矿行业发展对人才的必然需求,也是高校教学改革的必然趋势。

4.1 地矿类大学生创新素质的要求

众所周知,人才培养问题的核心之一就是培养目标的确定,即培养何种人才,各类人才应该形成怎样的素质结构。而对人才的素质要求则是随着时代发展和社会要求的变化而不断变化的,不同社会发展时期对人才的需求不尽相同,这就要求不同时期的人才应该具备与时代需求相符的素质结构。对于高校及地矿类大学生来说,应该根据当前及今后一段时期我国社会发展及地矿类行业企业对地矿类大学生素质的要求,自觉构建合乎需求的素质结构,成为能够促进地矿行业发展,保障国家战略目标实现的技术人才。概括而言,当前国家、社会、地矿类行业企业对地矿类大学生的核心素质要求主要表现在能力结构和创新素质两方面。

4.1.1 以创新能力为核心的能力结构

地矿类大学生今后会成为工程技术创新人才。工程技术创新人才从根本上说主要是指具有工程背景知识的技术和产品创新人才、生产经营管理创新人才。这类人才应该具有多方面的能力结构，其中创新能力是其核心。

在高等工程教育中，美国和欧洲国家曾对工程人才的能力结构及创新素质提出了明确要求，对我们具有较强的启发和借鉴意义。例如，美国为了应对21世纪工程教育的新挑战和新要求，在2000年提出了创新工程教育模式，注重加强对工科学生能力结构的培养与完善，把"创新""工程实践""终身学习"等作为重要的能力构成部分纳入能力结构中。这些要求通过美国工程与技术认证委员会(Accreditation Board for Engineering & Technology)制定的ABET 2000体现出来。在这个标准体系中，对专业人才的评估标准有11条。内容如下：

(1)应用数学科学与工程等知识的能力；
(2)进行设计实验分析与解读资料的能力；
(3)具有设计符合需要的系统组件或程序需求的能力；
(4)在跨领域的团队中能有发挥专长的能力；
(5)验证指导及解决工程问题的能力；
(6)对职业道德及社会责任的了解；
(7)有效沟通的能力；
(8)懂得工程问题对全球环境和社会造成的影响；
(9)认识终身学习的需要并且能实现之；
(10)对于时事问题的了解与掌握；
(11)应用各种技术能力及现代工程工具解决工程实际问题的能力。

该标准比较集中地反映出美国对工程人才的能力结构及创新素质的要求，对美国高等工程教育教学的改革产生了深远的影响。

欧洲在对工程人才的标准要求上与美国有类似之处。20世纪90年代末期，"欧洲工程师协会联盟FEANI"所提出的工程师的资质要求，体现了欧洲国家对工科大学生能力结构的要求。该组织提出合格的欧洲工程师应该满足以下16条要求：

(1)懂得工程专业并且了解作为注册工程师对同行雇主和顾客社区和环境应负的责任；
(2)掌握完备的适合其学科的数学物理和信息学为基础的工程原理知识；
(3)掌握在工程领域实践所需要的普通知识，包括材料的性能特性、生产和使用，以及硬件和软件；
(4)掌握自己专业领域中技术应用的知识；
(5)具备运用技术信息和统计资料的能力；
(6)具备开发理论模型并利用模型预测物质世界行为的能力；
(7)具备经过科学的分析和综合独立做出技术决断的能力；
(8)具备处理多学科课题的能力；
(9)掌握工业关系和管理原理，具有考虑技术的财务和人的因素的能力；
(10)具备口头交流和书面交流的技能，包括能够撰写准确明了的报告；
(11)能够应用先进的设计原理考虑成本的前提下有效地处理制造和维修问题；

(12)能够积极了解技术变革的进展和不断增长的需要，不仅满足现有实践要求，而且养成在工程专业生涯中革新与创造的态度；

(13)能够评价长短期的矛盾和诸如成本质量安全性和期限等多变因素的作用，并能找到最好的工程答案；

(14)能够提出环境方面的建议；

(15)具备动员人力资源的能力；

(16)具备熟练使用母语以外至少一门欧洲语言的能力。

欧洲工程师协会联盟对工程师的要求反映了欧洲国家对工程人才的能力结构及创新素质的基本要求。

对欧美诸国对工程人才标准进行解析，不难发现，他们所看重的工程技术创新人才的特质不仅包括通常所说的专业知识、技术能力、人文素质，更重要的是人的创新意识和工程实践能力及创造能力，这才是工程技术创新人才的独有特质。

对于地矿类大学生而言，现代社会要求地矿人才不但具有人文知识、地质学知识、物理学知识、计算机技术、工程技术知识，还要收集处理信息的能力、发现与变革的能力和科学研究能力、组织协调能力等多种能力。正如诺贝尔奖获得者、著名华人物理学家杨振宁曾指出的那样："新世纪需要的是既有扎实的工程理论基础，能够从事工程基础理论的研究和应用，又熟练掌握工程技术知识，能够从事具体的工程工作的复合型创新型人才。"当代地矿类大学生只有成为具有多种复合能力和人文素养的人，才能满足地矿企业和社会发展的需求，才能够成为符合新时代要求的工程技术创新人才，这也是我国高校地矿类专业教学改革要实现的主要目标。

4.1.2 人的全面发展基础之上的创新素质

创新人才的成长应以全面发展为基础，而全面发展应以创造性的发展为最高目标，两者是紧密相关的。西班牙思想家奥特加·加塞特(2001)认为，"人才应该具有三方面的素质：一是文化素质，二是专业素质，三是科学素质。因此人才的培养模式要能够使学生全面掌握普通知识、人文知识和专业知识。"高校培养的地矿类创新人才，不仅要具有较强的创新能力，而且还应具有厚重的人文素养、高尚的职业道德和强烈的社会责任感。只有这样，才能真正成为社会所需要的工程人才。

一方面，地矿类大学生的创新意识、创新精神的形成是以人文素养为基础的，是涵养于人文素养之中的。人文素养的灵魂，不是"能力"，而是"以人为对象、以人为中心的精神"，其核心内容是对人类生存意义和价值的关怀，这就是"人文精神"。这其实是一种为人处世的基本的"德行""价值观""人生哲学"，科学精神、艺术精神和道德精神均包含其中。它追求人生和社会的美好境界，推崇人的感性和情感，看重人的想象性和生活的多样化，是以人为对象、以人为中心的精神——人的内在品质的表现。人类社会的发展已经证明，文明、进步的"发展"，不能与人文精神相违背、相脱离。否则，科学技术的发展、经济总量的累积都有可能会成为压制、残害甚至毁灭人类的野蛮力量。从这个意义上说，缺乏人文素养，失落人文精神，必然会制约个人乃至社会、国家、民族的可持续发展。对于地矿类创新人才的培养来说，如果缺失了人文素养，那么创新意识、创新精神就失去了生长的基础，是不利于创新人才的成长的。

另一方面，地矿类大学生是未来的工程人才，从事工程建设与管理工作是其应该完成的职业任务与责任。作为工程人才，技术能力在工程建设与管理中所发挥作用自然非常重要，然而，工程造福于人类并不只是通过科学含量和技术含量来实现的，还要通过工程人才的正义感、责任心和敬业精神才能真正实现。在"价值"的视野中，科学和技术的价值目标，并非在于其本身的工具价值，而且还包括对人类赖以生存的自然环境生态和社会环境的关照，对人类文明与文化的深刻理解。人类进入21世纪以来，科学技术在人类文明发展中的地位越来越高，新技术的广泛应用对工程活动产生了巨大的推动作用，工程对社会发展和自然环境的改变产生了越来越重要的影响。在人们共享工程活动所带来的成果的同时，相伴而来的却是能源紧缺、环境恶化、生态危机等负面效应日益突出。面对大量工程活动所带来的负面影响，经过痛苦的反思，当前人们对工程的理解已经发生很大的变化，以往那种把工程单纯解释为某种专门技术的运用的观念，已经被人与自然和谐发展的"大工程观"所取代。作为高校在培养当代地矿类工程人才时，必须明确认识到当今社会所需要的不仅是只懂技术的专业人才，还应是具有深厚人文素养的具有"价值追求"的人，能够关注他人、关心国家发展、注重经济利益和生态利益的平衡、关心人类生存与发展的专业技术人才。

4.2 地矿类工程技术创新人才的素质结构分析

高校的主要任务是培养创新人才，而创新人才培养的重点则在于创新素质的养成。具体而言，地矿类工程技术创新人才的创新素质应该包括以下基本内容。

4.2.1 创新意识

意识是人脑的基本机能，指的是人们自觉的心理活动，是人们所特有的对客观现实的自觉反映。它不仅是自然的产物，而且是社会的产物，使人能够用从客观现实中引出来的概念、思想、计划等来指导自己的行动，并使行动具有目的性、方向性和预见性。创新意识是在主观反映客观事物时所产生的一种怀疑的态度和改善的欲望，是创新活动的出发点和内在动力，也是影响创新能力生成和发展的重要的内在因素和主观条件。

创新意识具有3个主要特征：

(1) 新颖性。创新意识是求新意识，或为了满足新的需求，或用新的方式更好地满足原有的需求。

(2) 社会历史性。从根本上说，创新意识是以提高一定社会历史时期人们的物质生活和精神生活水平需要为出发点的，而这种需要在很大程度上受到具体的社会历史条件的制约。也就是说，创新意识会受到一定时期社会在主流思想、世界观、道德观的影响和制约。因而，由人的创新意识而激起的创造活动和产生的创造成果，应当为人类进步和社会发展服务，创新意识必须考虑社会效果及伦理意义。

(3) 个体差异性。不同社会个体的创新意识与他们的社会地位、环境氛围、文化素养、兴趣爱好、情感志趣等有一定的联系，这些因素会对创新意识的产生起很重要的影响作用。而这类因素是因人而异的，因此，不同个体间的创新意识存在明显的差异性。

一般来说，创新意识主要包括创新欲望和创新理想。创新意识能促成人才素质结构的变化，提升人的本质力量。创新实质上确定了一种新的人才标准，它代表着人才素质变化的性质和方向,它输出一种重要的信息:社会需要充满生机和活力的人、有开拓精神的人、有新思想道德素质和现代科学文化素质的人。它客观上引导人们朝这个目标提高自己的素质,使人的本质力量在更高的层次上得以确证。它使人的主体性、能动性、创造性的进一步发挥,从而使人自身的内涵获得极大丰富和扩展。

对于地矿类大学生而言,培养创新意识具有特别重要的意义。一方面,培养创新意识就要激发创新欲望。由于创新意识是人们对创新与创新的价值性、重要性的一种认识水平、认识程度,以及由此所形成的对待创新的态度,并以这种态度来规范和调整自己的活动方向的一种稳定的精神态势。当受到某种外界因素的诱发就会产生的一种强烈的创新需要和创新动机,这是学生求新求变、主动探索、热切求知的心理取向。在地矿类大学生的学习生活中,其创新欲望常常表现为强烈的探索欲、求知欲、好奇心等创新激情。在高校教学中,只有不断激发大学生的创新欲望,才能增强其创新能力,这是高校教学改革必须关注的首要问题。

另一方面,创新意识总是代表着一定时期的社会主体奋斗的明确目标和价值指向,即创新理想。创新理想一旦形成,它成为社会主体产生稳定、持久创新需要、价值追求和思维定势以及理性自觉的推动力量,成为唤醒、激励和发挥人所蕴涵的潜在本质力量的重要精神力量。创新理想是地矿类大学生热爱创新、追求创新、为实现创新目标而奋斗的坚定志向和信念,是创新欲望健康发展的必然结果和创新意识的最高境界。在高校教学中,如果大学生的创新欲望不断得到满足,他们的创新兴趣就会逐渐广泛和浓厚,创新体验就会逐步深化,并终将所形成的创新的兴趣和体验发展为创新的志向与信念。从根本上说,要使大学生形成创新理想,唯有在教学的全过程中,时刻注意维护学生的创新激情,才能使大学生的创新欲望得到顺利发展,并最终形成稳定的创新理想。同时,大学生的创新欲望也只有在产生创新理想之后,才能形成稳定的心理结构,并使之融于创新意识中,成为学生创新学习活动的永不枯竭的动力源。

4.2.2 创新精神

创新精神指的是创新主体具有能够综合运用已有的知识、信息、技能和方法,提出新方法、新观点的思维能力和进行发明创造、改革、革新的意志、信心、勇气和智慧。创新精神的核心是形成一种勇于抛弃旧思想旧事物、创立新思想新事物的精神。即不满足已有认识(掌握的事实、建立的理论、总结的方法),不断追求新知;不满足现有的生活生产方式、方法、工具、材料、物品,根据实际需要或新的情况,不断进行改革和革新;不墨守成规(规则、方法、理论、说法、习惯),敢于打破原有框框,探索新的规律,新的方法;不迷信书本、权威,敢于根据事实和自己的思考,敢于质疑已有知识和权威;不盲目效仿别人,不人云亦云,不唯书不唯上,坚持独立思考。勇于提出独到见解,在思想观念上,追求新颖、独特;在实践活动中,灵活地应用已有知识和能力解决问题,不僵化、不呆板。

对待创新精神要用全面、辩证的观点来看待。创新精神也是科学精神的一个方面。创新精神以敢于摒弃旧事物、旧思想、创立新事物、新思想为特征,然而创新精神必然要以遵循客观规律为前提,只有当创新精神符合客观需要和客观规律时,才能顺利地转化为创新成果,成为促进自然和社会发展的动力;创新精神提倡新颖、独特,然而必然要受到一定的道德观、价值观、审美观的制约;创新精神提倡独立思考、不人云亦云,并不是不倾听别人的意见、孤芳自赏、固执己见、狂妄自大,而是必然要团结合作、相互交流,这才是当代创新活动采取的方式；创新精神提倡勇于探索，不怕失败，并不是鼓励失败，而是把失败视为科学探究过程中不可避免的正常状况，从而正确地认识和评价自己与他人在创新中所遭遇的各种挫折；创新精神提倡不迷信书本、权威，但是并不反对学习前人经验，相反特别注重积累知识，因为任何创新都是在前人成就的基础上才能顺利进行；创新精神提倡大胆质疑，但是质疑并不是虚无主义地怀疑一切，而是有事实和根据的理性的、缜密的思考。

具体而言，地矿类大学生的创新精神所包含的内容主要表现在以下方面。

(1) 对所学习或研究的事物具有强烈的好奇心。好奇心是包含着强烈的求知欲和追根究底的探索精神，地矿类大学生如果要想茫茫学海获取成功，就必须有强烈的好奇心。正像爱因斯坦说的那样：一个成功的人固然需要特别的天赋，但是强烈的好奇心是成功的首要因素。

(2) 对所学习或研究的事物具有质疑的态度。在科学发展史上，许多科学家对旧知识的扬弃、对谬误的否定，无不自质疑开始。质疑是源于内在的创造潜能，它能够激发大学生去钻研和探索。现在的知识不一定没有缺陷和疏漏，因而，对所学习或研究的事物进行理性的有根据的质疑，常常是大学生创新的出发点。

(3) 对所学习或研究的事物具有追求创新欲望。如果没有强烈的追求创新欲望，那么无论怎样谦虚和好学，最终都是模仿或抄袭，只能在前人划定的圈子里打转。要创新，就要坚持不懈地努力，勇敢面对困难，要有克服困难的决心，不要怕失败，相信一点，失败乃成功之母。

(4) 对所学习或研究的事物具有求异的观念。创新首先要打破的心理观念上的桎梏就是"从众"，人云亦云。创新从来都不是简单的模仿，创新精神和创新成果从来都是"求异观念"所引发的成果。"求异"实质上是从另一个不同以往的角度思考或从多种角度思考，并将结果进行比较。因而，求异者往往要比一般人看问题更深刻，更全面，更容易发现问题的核心所在。对于创新活动而言，发现问题正是创新的出发点。

(5) 对所学习或研究的事物具有冒险精神。从本质上说，创新是一种冒险活动，因为否定人们习惯了的思维轨迹或原有知识观念，有可能会遭到公众的嘲笑、孤立、甚至反对。因而，只有具有勇敢的冒险精神的人，才能坦然承受创新所带来的各种压力。

(6) 对学习或研究的事物具有永不自满的态度。故步自封是创新的最大阻碍，大学生在学习和实践中，要成为具有创新精神的人，就需要随时提醒自己不自满、不退缩，才能成为真正的创新型工程人才。

4.2.3 创造性思维

创造性思维，是一种具有开创意义的思维活动，即开拓人类认识新领域、开创人类认识新成果的思维活动。创造性思维是以感知、记忆、思考、联想、理解等能力为基础，具有综合性、探索性和新颖性的高级心理活动。通过创造性思维，不仅可以提示客观事物的本质和规律性，而且能在此基础上产生新颖的、独特的、有社会意义思维成果，开拓人类知识的新领域。

创造性思维具有如下主要特征。

(1) 创造性。在人类认识过程中，思维实现着从现象到本质、从感性到理性的转化，使人达到对客观事物的理性认识，从而构成了人类认识的高级阶段。创造性思维作为认识的一种特殊过程，除了具有一般思维的概括性与间接性的特征外，还具有鲜明的创造性。创造性是指创造性思维的结果必须突破已有的结构类型或认识水平，而且符合认识规律，具有一定的社会意义。按创造性思维结构模式，创造性表现在运用新的观点、采用新的信息编码与加工形式，多方法、多渠道、强能量、高效益、多反馈地进行辩证思考。其实质是通过发现两个或两个以上研究对象之间的联系和相似之点，寻求认识和改造世界的途径。创造性思维的创造性表现在不受传统思想的束缚，敢于突破条条框框的限制。例如，爱因斯坦正是不囿于牛顿的经典物理学的框架，才独具慧眼，发现了震惊世界的狭义相对论和广义相对论原理。

（2）求异性。人们在进行思维活动时，其思维方式是多种多样的。创造性思维的求异性是指其思维方式的求异性。它指的是对司空见惯的现象或者已有的权威性理论始终持一种怀疑的、分析的、批判的态度，而不是盲从与轻信，并用新的方式来对待与思考所遇到的一切问题。创造性思维方式的求异性主要表现为：选题的标新立异，假设的异想天开，方法的另辟蹊径，对异常的敏感性以及思维的独立性。正是因为这样，所以有人把创造性思维称为求异思维。当然，这种求异必须建立在实事求是的科学态度之上，绝非单纯地为求异而求异。

（3）顿悟。人们进行创造性思维不是连续的，而是间断的，或陆陆续续的。其思维进程往往在某一个特定的时间中断，而在某一不确定的时刻所需要的思维结果会突然降临，从而表现为一种突发性。这种非逻辑性的突变一般的表现形式即是我们通常所说的灵感顿悟。这种突发性就是灵感性。这种灵感性的思维成果的出现，并不是偶然的，而是在长期的量的基础上实现质的飞跃。可见，灵感是人在创造性活动中出现的一种特殊的心理现象。它是以经验和知识为基础，在意识高度集中之后产生的一种极为活跃的精神状态。它是创造性思维能力、创造性想象能力和大脑神经系统记忆痕迹的巧妙融合而产生的突发性飞跃与敏锐性的顿悟。

（4）灵活性。创造性思维的灵活性是指其思维结构是灵活多变的，其思路能及时地转换与变通。创造性思维在结构上的灵活性，对于探索未知、创造技术，都是不可或缺的。只有多方探索，反复试验，才能增加成功的概率。这种思维结构的灵活性主要表现在思维的主体性、思路的变通性和方法的多样性（卢明德，2003）。

（5）综合性。任何事物都是作为系统而存在的，都是由相互联系、相互依存、相互制约的多层次、多方面的因素，按照一定结构组成的有机整体。这就要求创新者在思维时，将事物放在系统中进行思考，进行全方位、多层次、多方面的分析与综合，找出与事物相关的、相互作用、相互制约、相互影响的内在联系，而不是孤立地观察事物，也不只是利用某一方法思维，应是多种思维方式的综合运用。不是只凭借一知半解、道听途说，而是详尽地占有大量的事实、材料及相关知识，运用智慧杂交优势，发挥思维统摄作用，深入分析、把握特点、找出规律。这种"由综合而创造"的思维方式，体现了对已有智慧、知识的杂交和升华，而不是简单的相加、拼凑。综合后的整体大于原来部分之和，综合可以变不利因素为有利因素，变平凡为神奇。这是从个别到一般、由局部到全面、由静态到动态的矛盾转化过程，是辩证思维运动过程，是认识、观念得以突破从而形成更具普遍意义的新成果的过程。

创造性思维具有多种形式，主要表现为：

（1）抽象思维，亦称逻辑思维，是认识过程中用反映事物共同属性和本质属性的概念作为基本思维形式，在概念的基础上进行判断、推理，反映现实的一种思维方式。

（2）形象思维，是用直观形象和表象解决问题的思维。其特点是具体形象性。

（3）发散思维，也称辐射思维、放射思维、扩散思维，是指大脑在思维时呈现的一种扩散状态的思维模式，它表现为思维视野广阔，思维呈现出多维发散状。如"一题多解""一事多写""一物多用"等方式，培养发散思维能力。不少心理学家认为，发散思维是创造性思维的最主要的特点，是测定创造力的主要标志之一。

(4) 集中思维，是与发散思维相对而言的，又称为求同思维或聚敛思维，就是从已知的种种信息中产生一个结论，从现成的众多材料中寻找一个答案。集中思维就是鉴别、选择、加工的思维，因而也是创造性思维的一个要素。

(5) 逆向思维，也叫求异思维，它是对司空见惯的似乎已成定论的事物或观点反过来思考的一种思维方式。敢于"反其道而思之"，让思维向对立面的方向发展，从问题的相反面深入地进行探索，树立新思想，创立新形象。

(6) 分合思维，分合思维是一种把思考对象在思想中加以分解或合并，然后获得一种新的思维产物的思维方式。

(7) 联想思维，是一种把已经掌握的知识与某种思维对象联系起来，从其相关性中发现启发点从而获取创造性设想的思维形式。

在多种思维形式中，抽象思维和形象思维是创造性思维的基本形式。

对于地矿类大学生而言，创造性思维是创造成果产生的必要前提和条件，在当今知识经济时代，培养大学生创造性思维的培养训练更显重要。由于创造性思维是在一般思维的基础上发展起来的，因而通过教学和实践活动加以培养与训练，往往能够取得良好的效果。因而，在教学与实践活动中如何培育大学生的想象力，发展创造性思维的各种形式，帮助大学生克服习惯思维对新构思的抗拒性，培养思维的流畅性、灵活性、独创性，已经成为当前高校教学改革亟待解决的问题。

4.2.4 创新能力

创新能力是创新活动得以实现的重要因素，指的是人们在学习和继承前人知识、经验的基础上，提出新概念、新思想、新技术、新方法、新设计等独特的见解并完成创造发明的能力。创新能力是一种综合能力，是以广博的知识为基础的。它并非间接作用于创新实践活动，而是直接影响和制约着创新实践活动的进行，是创新实践活动赖以启动和运转的操作系统。具体来说，创新能力主要包括：获取知识信息及其分析判断能力、探究发现能力、协调合作的能力、创新学习能力、知识整合能力、实践操作能力、创新成果的表达表现能力及物化能力等。

获取知识信息及其分析判断能力是地矿类大学生创新素质的主要特质之一。21世纪人类进入知识与信息时代，信息已经成为科技进步和社会经济发展的关键性的战略资源，对于创新人才来讲，只有具备检索、掌握和处理信息的能力，才能为技术创新打下基础。而对信息的分析判断能力，则反映出个体对事物本质属性以及事物之间的内在联系的深刻揭示能力。地矿类大学生今后会成为地矿行业企业的工程技术创新人才，他们将承担起企业创新活动的判断者和决策者的角色。因而，判断能力是工程技术创新人才的必备能力之一。地矿类工程技术创新人才的判断能力集中体现在对问题的分析判断上，即在对地矿行业企业的内外部影响因素进行周密细致的调查，并做出准确而有预见性的分析的基础上，确定创新活动的目标及其实施步骤。因而，具有交流处理和运用信息的能力是地矿类工程技术创新人才的重要特质。

探究发现能力是地矿类大学生创新能力结构的另一主要部分，包括发现与变革的技能和科学研究的能力。发现与变革的技能主要包括发现问题、分析问题、创造性解决问题的能力及推陈出新的能力等。科学研究能力主要包括科学判断的能力、选择目标及课题的能力、分析思维能力、独立研究能力、成果应用与转化的能力、自主进行技术更新和产品创新设计试验的能力等。探究发现能力较强的大学生更容易将头脑中的知识信息进行思维加工，形成新的思想与新的观点。从这个意义上说，探究发现能力是工程技术创新人才能力结构的重要部分。

协调合作的能力是在"大工程观"理念下，地矿类大学生必须具备的重要能力，也是工程技术创新人才能力结构的重要组成部分。协调合作能力是指根据工作任务，对资源进行分配，同时控制、激励和协调群体活动过程，使之相互融合，从而实现组织目标的能力。协调合作能力通常包括：组织能力、授权能力、冲突处理能力、激励能力等。由于创新活动本身就是一个复杂的系统，涉及多方面的人、财、物、信息等因素，尤其是在知识经济时代，创新是以知识的融通与融合为基础的，开展工程方面的创新活动更是如此，需要来自诸多领域的人们共同参与，如果一个人不能很好地团结他人，在研究上不能与人共事，在为人上不坦荡正直，在心胸上不健康向上，他就不可能与他人密切配合，取得创新上的成功。因而，高校应当适应时代发展的要求，不但要培养学生的"团队精神"，更要培养他们的沟通交流、组织协调的能力。地矿类大学生只有具备了良好的组织协调能力，才能在从事工程创新工作时，自觉营造良好的人际关系，掌握解决创新活动中出现的各种问题与矛盾的技能技巧，才能真正取得创新活动的成功。

创新学习能力是指地矿类大学生在学习已有知识的过程中，不拘泥于书本，不迷信于权威，以已有知识为基础并结合当前实践，独立思考、大胆探索，积极提出自己的新思想、新观点、新方法的学习能力。创新学习能力是创新活动者个性品质、能力素质的总和，良好的创新学习能力应该具有创造性个性品质、善于捕捉新信息、主动更新知识和标新立异等。创新学习能力是创新活动的内在动力和前提，离开了这个动力基础，人的创新活动就无法开展，创新能力也就无法形成，它是评价创新能力的前提条件指标。

知识整合能力是创新能力结构的组成部分之一。创新离不开知识积累，知识积累是创新的基础，离开了它，创新能力的形成和发展便成了无源之水，无本之木。因为创新并不是从无到有全新的东西，而是在对前人的经验成果进行综合分析利用的基础上提出的新观点、新理论和新方法，从而取得新的突破，产生新的成果。因而，知识的广度和深度在很大程度上制约着创新能力的发展和创新思维的空间与灵活性。对于工程技术创新人才来说，创新意识、创新思维也是建立在丰富的知识基础之上的。所以，地矿类大学生创新能力培养的基石在于是否形成合理的知识结构。大学生占有的知识量越大，积累的知识经验越丰富，思路就越开阔，就越能激发其创新思维，释放创新潜能。这就对高校的教学提出了较高的要求，要求高校必须注重塑造地矿类大学生知识结构的完善性、科学性与合理性，要求高校在教学改革中必须打破传统的专业壁垒，突破原有知识结构的局限，使学科专业知识、广泛的专业基础知识以及创新基础知识在深度和广度上达到一定程度，并互相补充，互为所用。

实践操作能力是创新能力结构的重要组成部分。对于地矿类大学生而言，实践操作能力指的是能运用现代地质理论和先进科技手段，从事固体、液体、气体矿产勘查评价、开发与管理，具有工程勘察及基础工程的设计、施工、管理的基本能力和新技术、新方法研究和开发的基本能力，具有较强的计算机与外语应用能力以及实践能力与野外工作能力，成为能够从事各类评价、管理、设计、施工与监理等方面工作的高级工程技术人才。实践操作能力对于创新活动具有特别的意义，因为大多数的工程方面的技术创新都是抽象思维、形象思维与动作思维结合的成果，实践操作能力薄弱将会直接制约创新活动的开展。

创新成果的表达表现能力及物化能力也是创新能力结构必不可少的组成部分。它指的是能够采用适当有效的方式方法把创新成果外显出来，使其得以利用或得到传播。地矿类大学生只有形成了良好的创新成果的表达表现能力及物化能力，才能促进新思想、新观点、新技术的尽快传播或者转化，使创新的成果取得社会效益与经济效益。

4.2.5 创新的知识基础

知识就是一切人类总结归纳，并认为正确真实，可以指导解决实践问题的观点、经验、程序等信息。知识作为一种特殊的信息，其特征如表4-1所示。

表4-1 知识的特征

序号	知识特征	说明
1	隐性特征	知识具备较强的隐蔽性，需要进行归纳、总结、提炼
2	行动导向特征	知识能够直接推动人的决策和行为，加速行动过程
3	动态特征	知识不断更新和修正
4	主观特征	每个人对知识的理解，都会加入自己的主观意愿
5	可复制/转移	知识可以被复制和转移，可重复利用
6	延展生长特征	知识在应用、交流的过程中，被不断丰富和拓展
7	资本特征	知识就是金钱
8	倍增特征	知识经过传播不会减少，而会产生倍增效应。一个知识两人分享，就至少有两条
9	熟练特征	知识运用越熟练，有效性越高
10	情境特征	知识必须在规定的情景下起作用，人类选择知识一般都会进行情境对比
11	心智接受特征	知识必须经过人的心智内化，真正理解，才能被准确运用
12	结果导向特征	知识不但加速过程，也导向一个可预期的结果
13	权力特征	掌握知识的人，即便不在职务高位，也拥有一定的隐性权力
14	生命特征	知识是有产生和实效的过程，有生命长短，不是永久有效的

人类社会的知识虽然是客观存在的，但是从个体来说，个体头脑中的知识并不是客观现实本身，而是个体的一种主观表征，即人脑中的知识结构，它既包括感觉、知觉、表象等，又包括概念、命题、图式，它们分别标志着个体对客观事物反应的不同广度和深度，这是通过个体的认知活动而形成的。一般来说，个体的知识以从具体到抽象的层次网络结构(认知结构)的形式存储于大脑之中。正因为如此，当个体进行创新活动时，个体所具有的知识成为他们进行创新活动的基本依据。一个人的创新意识是否明确，创新想象力是否丰富，创造思维是否深刻、灵活，都与其知识和经验密不可分。具体来说，知识在4个方面对创新活动的成功发挥着基础性的作用。

1)知识数量

心理学研究认为：一个人过去的知识越多，他越有可能对新问题有创建性；一个人过去的知识越少，他的创建性就越小。在知识与创新的关系上，目前存在着两种观点：一种是基础观。认为知识是创造力的基础，知识越丰富，创造力就越高。个体只有积累了足够的知识才能够有所创造。另一种是张力观。认为知识与创造力之间应该有适度的张力，即知识是创造力的基础，同时，也可能成为创造活动的阻碍。这是因为，知识总是包含了最基本的解决问题的方法，丰富的知识经验可能会影响人们的解决问题的思维方式，造成定式，从而阻碍创新活动的进行。如果在进行创新活动时，注重消除思维定式的影响，保持强烈的好奇心，积极的探索精神，就能够使知识经验对创新活动起到积极的基础性作用。

2)知识类型

按现代认知心理学的理解，知识有广义与狭义之分。广义的知识可以分为两类，一种是陈述性知识。它是描述客观事物的特点及关系的知识，也称为描述性知识。陈述性知识主要包括3种不同水平：符号表征、概念、命题。符号表征是最简单的陈述性知识。所谓符号表征就指代表一定事物的符号。例如学生所学习的英语单词的词形、数学中的数字、物理公式中的符号、化学元素的符号等，都是符号表征。概念是对一类事物本质特征的反映，是较为复杂的陈述性知识。命题是对事物之间关系的陈述，是最复杂的陈述性知识。命题可以分为两类：一类是非概括性命题，只表示两个以上的特殊事物之间的关系。另一类命题表示若干事物或性质之间的关系，这类命题叫概括。陈述性知识基本上是关于事实的知识，或者是"是什么"的知识，表现为"显性知识"，可以言表，可以通过大脑记忆来获得，处于个体意识监控的范围内。另一种是程序性知识。它是一套关于办事的操作步骤和过程的知识，也称操作性知识。这类知识主要用来解决"做什么"和"如何做"的问题，可用来进行操作和实践。策略性知识是一种较为特殊的程序性知识。它是关于认识活动的方法和技巧的知识。例如，"如何有效记忆？""如何明确解决问题的思维方向？"程序性知识不在个体的意识范围内，因而，它可以通过不断的强化训练来内化。

创新个体必须具备陈述性的知识，但只有在掌握程序性知识后，才具备了创新能力。创新能力的进一步发展和提高，还需要经过大量的练习，使陈述性知识转变为程序性知识并达到自动转化的程度，即实现知识转化的自动化，或实现陈述性知识的内化。因为，人的认知资源(即大脑)总是有限的，陈述性知识占据脑资源一般较多，而内化后的程序性知识则不需要占据很多认知资源，使得人们可以用有限的认知资源加工更多的信息，这一过程就是程序化知识自动化的过程，这可以通过大量的反复练习来实现。程序化的知识更容易被激活和提取，以便于解决当前的问题。由此，发展和提高其创新能力。

3)知识构成

地矿行业企业的工程创新活动具有系统性、创造性、实用性、风险性、艰巨性、动态性、协同性和社会性等特点。因此，要求创新人才必须具有较高的素质，才能完成创新任务。从知识构成来说，地矿类大学生如果要成为具有较高创新能力的人才，应该加强三方面的知识修养。

(1)精深的专业知识。精深的专业知识是实施创新活动必备的基础。一个合格的创新人才，对所学专业学科应有比较精深、坚实的专业知识，不仅能透彻理解、全面掌握所学学科的基本概念、理论、结构和学科体系，而且能了解它的历史、现状、发展前沿和未来趋势，以及与邻近学科的关系。只有这样，才可能准确地把握知识的重点、难点和关键，才可能从整体上深入地把握学科的知识结构及其发展趋势，使知识的学习掌握达到"深""透""活"的程度，才能对创新活动起到真正的支撑作用。

(2) 广博的文化基础知识。没有广博的多学科交叉知识作为铺垫，工程技术创新人才进行创新活动将会困难重重，力不从心。当今科技迅猛发展，知识更新不断加快，只有奠定了坚实的理论基础，才能从容地向新领域进军，才能具有可靠的应变能力和强大后劲，才能尽快地汲取新知识，掌握新技能，不断完善自己的知识结构。对于创新人才个体而言，只有以坚实、宽广的理论知识为后盾，即在头脑中存储了大量的原理、事例和经验等，才能谈得上用它们来进行思考和研究；对于创新活动的群体而言，则需要个体的知识结构之间良好的互补性和个体间的团结合作精神。因而，对于地矿类大学生来说，必须注重获取多方面的知识，如果知识单一、狭窄就无法满足创新需求。

(3) 关于创新技法的知识。创新技法是创新活动的实践品质，创新技能和方法的掌握是创新的基本功，它决定着创新能否达到最佳境界，取得最理想的效果。各种创造技能和方法主要包括如联想法、仿生法、列举法、组合法等，创新人才要掌握其中一种或几种技法，并能通过这些方法的运用发现问题、提出假设、设计方案、检验结论、开拓思路、解决问题。

4) 知识结构的构成状态

知识结构是指一个人经过专门学习培训后所拥有的知识体系的构成情况与结合方式，是一个人所具有的各种知识的构成和搭配状态，包括知识的多少、各种知识的构成、相互关系及其融会贯通并由此形成的整体功能。合理的知识结构是担任现代社会职业岗位的必要条件，是人才成长的基础，也是创新人才最重要的基础和最先决的条件。

知识结构的构成状态可分为以下几类。

(1) "一字形"知识结构。拥有"一字形"知识结构的人，知识面宽，对很多领域都有所了解，但不精深，由于没有相应的良好的基础，对问题缺乏专业的、独到的见解，难有深度，没有创新的根基。

(2) "I字形"知识结构。拥有"I字形"知识结构的人，只强调很深的专业知识，忽略了知识面的宽度，在解决问题时，往往会遇到知识结构的欠缺所带来的阻碍。

(3) 宝塔形知识结构。这种知识结构形如宝塔，包括基本理论基础知识、专业基础知识、专业知识、学科知识、学科前沿知识。基本理论、基本知识为宝塔型底部，学科前沿知识为高峰塔顶。这种知识结构的特点是，强调基本理论、基础知识的宽厚扎实，专业知识的精深，容易把所具备的知识集中于主攻目标上，有利于迅速接通学科前沿。虽然专业知识精深，但知识面偏窄。

(4) 网状知识结构。这种知识结构是以所学的专业知识为中心，与其他专业相近的、有较大相互作用的知识作为网状连接，形如蛛网。这种知识结构是以自己的专业知识作为一个"中心点"，与其他相近的、作用较大的知识作为网络的"纽结"相互联结，形成一个适应性较大的、能够在较大范围内左右驰骋的知识网。这种蛛网型知识结构的特点是：知识广度与深度的统一，这种人才知识结构呈复合型状态。

知识结构的不同构成状态，对于创新活动的开展会产生不同的影响。拥有"一字形"与"I字形"的知识结构的人容易受到知识边界壁垒的影响，在进行创新活动时，容易出现"心有余而力不足"的情况，使创新受阻。拥有宝塔形知识结构的人，虽然有坚实的专业领域的知识基础，但是知识面狭窄，相关学科或其他学科领域的知识较缺乏，很难在交叉学科领域中取得创新成果。而目前知识创新点和增长点往往出现在学科边缘与学科交叉领域。我国传统的工科高等教育注重学生专业教育，形成的就是这种知识结构，与专业相距比较远的知识教育和方法训练较少，综合性解决问题的能力较差，这是急需改变的。

从创新的需求来看，网状知识结构对于创新活动的开展比较有利。这种知识结构代表拥有宽厚而扎实的基础，不仅熟悉本学科领域的基础，而且了解相邻学科的基础，具有良好的科学素养，具备创新的基础力量。这种广博而精深的知识结构非常有利于思维空间的延展，不仅可以使创新者从其他专业领域的知识中获得灵感来解决本专业领域的问题，而且使他们容易找到专业交叉领域未开垦的"处女地"，容易产生创新成果。

在目前高校地矿类教学改革中，塑造地矿类大学生良好的知识结构，对于培养他们的创新能力而言是一个极为重要的问题。通常知识结构并没有绝对的统一模式，但具有共同的特性。首先，知识结构具有整体性。知识结构与其他事物一样，是一个有机的整体，组成整体的各部分之间，都相互依赖、相互联系、相互作用、相互制约。如果知识结构只有数量的优势，而没有相互协调、配合融通，就很难产生知识结构的整体优势和知识结构的异动性。知识结构本身是发展变化的，它是动态的，而不是静止的。尤其是随着社会的进步，科学技术的日新月异，对知识结构应经常进行调整、充实、提高，如不更新知识，就难以适应创新的要求。其次，知识结构具有有序性。从一般知识结构的组成来看，是从低到高、从核心到外围的层次。由低到高是指从基础知识到专业技术知识，直至前沿科技知识，要求知识由浅入深的积累，并逐步提高。从核心到外围是指在核心知识确立的情况下，将那些与核心知识有关的知识紧密地联系在一起，构成一个合理的知识结构，突出核心知识的中心作用。否则知识结构杂乱无章，主次不分，发挥不了知识结构的整体作用。

因而，高校在塑造地矿类大学生的知识结构时，必须要根据知识结构的特性进行教学和实践活动。不仅如此，由于大学生知识结构的建立是一个复杂长期的过程，必须注意如下基本原则。

(1) 整体性原则。专博相济，一专多通。

(2) 层次性原则。合理知识结构的建立，必须从低到高，在纵向联系中，划分基础层次、中间层次和最高层次，没有基础层次，较高层次就会成为空中楼阁；没有高层次，则显示不出水平。各层次知识之间要配合协调。

(3) 动态性原则。为了适应科技发展、知识更新、研究探索的课题和领域的变动等因素的需要，地矿类大学生知识结构的塑造不应处于僵化状态，而必须成为能够不断进行自我调节的动态结构。唯有如此，才能逐步形成支撑创新活动的知识结构。

4.3 本章小结

本章主要分析了地矿类工程技术创新人才的素质结构。首先分析了地矿类专业大学生创新素质的要求，包括以创新能力为核心的能力结构和人的全面发展基础之上的创新素质两方面；然后分析了地矿类工程技术创新人才的素质结构，主要包括创新意识、创新精神、创造性思维、创新能力和创新的知识基础。

第5章 地矿类工程技术创新人才培养的目标体系

目的性是系统的根本属性之一。人才培养目标体系的定位合理与否事关工程技术创新人才培养的质量高低,是工程技术创新人才培养的重要环节之一。

5.1 工程技术创新人才培养的目标体系分析

5.1.1 工程技术创新人才的培养目标体系构成

根据系统论的观点,世界上的一切事物都以系统的形式存在着,任何事物都可以看成一个系统。所谓系统,是指由相互作用和相互依赖的若干组成部分(要素)结合而成的具有特定功能的有机整体(王新宏,2008)。从这个意义上说,工程技术创新人才培养的目标是一个由许多要素构成的系统。研究工程技术创新人才培养的目标,明晰其结构体系是核心,只有使其结构趋于合理,才能最大限度地发挥其功能。

目前在工程技术创新人才培养的目标体系的价值取向上,存在着两种不同的看法。一是技能提升型价值取向。认为工程技术创新人才培养应以提高大学生工程素质与能力为目标。而要实现这一要求,就需要加强工程能力的培养,通过训练使大学生熟练掌握这些技能,并能在今后的工作中自如运用,从而提高其工程能力。这种价值取向的提出具有很强的现实性与针对性。当下大学生工程能力不高、工程素质较差是普遍现象,这是此价值取向得到较多认可的根本原因。二是综合素质培养型价值取向。这种价值取向认为,要成为一名合格的工程人才,必须具备多方面的综合素质,而这些素质的形成绝不是一朝一夕的事,需要对大学生进行长期的、经常的训练,促使其专业素质、人文素质、创新精神等不断成长。只有这样,才能促进学生的全面发展,使其成为和谐发展的人。这种价值取向的提出是基于马克思主义关于人的全面发展的理论,反映了我国教育目的的一般要求。

工程技术创新人才培养目标体系的确立,需要考虑多种因素的综合影响。其一,社会发展的需要。随着社会的飞速发展,技术进步日新月异,对高素质工程人才的要求越来越高,这就向高等教育提出了新的、更高的要求,要求高校培养出满足社会发展需要的创新型工程人才。其二,学生自我发展的需要。个体的自我发展需要,是推动大学生成为创新型工程人才的内因。马斯洛的需要层次理论提出,自我实现需要是人类的最高层次的需要,它是推动着一个人为实现自己的理想而不断奋斗的内部动因。对大学生来说,他们普遍具有强烈的自我实现愿望和需要。如果他们的自我实现需要与高校的人才培养目标发生联系,产生共鸣,必将极大地调动他们的学习积极性,促使他们积极主动地提高自身的综合素质,促使人才培养目标的实现。因此,构建工程技术创新人才培养模式的目标体系时,要把大学生的需要作为重要依据之一,使人才培养目标与他们的自我发展需要尽可能地协调,使培养目标最大限度地包含大学生发展的需要。

综上所述,结合工程技术创新人才培养目标体系的价值取向及确立依据,我们认为地矿类工程技术创新人才培养目标体系的可分为以下两个层次。第一层次是工程技术创新人才培养的总体目标，即促进学生全面、自由、和谐地发展。第二层次是由总目标衍生出的两个分层次目标。一是促进学生达成人生幸福的目标。对大学生的人生发展而言，高等教育具有指导、帮助学生拥有幸福的人生，促使大学生形成健康文明的生活方式，使他们以积极、自信、充满阳光的心态投入到今后的生活、工作的功能。二是专业发展目标，指的是不同专业的大学生所形成的与本专业领域密切相关的必需的学术性素养及相应的工程创新素质。这是因为高等教育负有促进职业学生发展的要求与功能。

5.1.2 工程技术创新人才培养目标体系构建的原则

工程技术创新人才培养目标体系的构建一般需要遵循以下几个原则。

1）科学性原则

一个合适的人才培养目标必然是来源于社会并服务于社会的。地矿类工程技术创新人才培养目标，是否从社会发展、技术发展的现状及未来要求出发，是否根据大学生的实际状况进行制定，就成了判断其培养目标体系优劣的一项重要标准。如果培养目标不合理，就不能有效地激发学生的学习积极性和自我发展的愿望。所以，制定科学合理的地矿类工程技术创新人才培养目标，是建构地矿类工程技术创新人才培养目标体系的首要原则。

2）教育目的一致性原则

我国的教育目的中对人才的社会价值做出了"培养社会主义建设者和劳动者"的规定，在人才的素质结构中提出了"培养全面发展的、具有独立个性的人才"。地矿类工程技术创新人才培养目标体系的建构必须与此一致，要在教育目的的指导下进行构建。

3）可行性原则

科学合理的人才培养目标体系应是总目标与分目标的有机结合，既有总目标，为地矿类大学生发展提供明确的方向，又有分目标，对教师日常培养提供具体的指导。人才培养目标体系应能分解为具体的、可操作的指标。在地矿类工程技术创新人才培养目标体系的建构中，总目标应能够逐层进行分解，最终具体化为可操作的指标。只有这样，建立一套指标体系，才能确保教育培养工作顺利、高效地进行。

4）发展性原则

本科教育对于大学生而言，是其今后专业发展的基础性阶段。21世纪是终身学习的时代，以终身教育理念为依据，地矿类学生今后的专业成长乃是一个贯穿于职前培养与职后培训全过程的动态而连续的过程。为了地矿类工程人才专业成长的连续性，必然要求本科教育要具有发展性的目标定位，可为地矿类大学生今后的专业发展提供支撑。

5.1.3 工程技术创新人才培养的目标类型与层次

根据我国对本科层次工程人才培养的新的理念与举措，其目标可分为本科卓越工程师培养和本科工程人才培养两个类型与层次。

5.1.3.1 本科卓越工程师培养目标

"卓越工程师教育培养计划"是贯彻落实《国家中长期教育改革和发展规划纲要（2010-2020年）》和《国家中长期人才发展规划纲要（2010-2020年）》的重大改革项目，也是促进我国由工程教育大国迈向工程教育强国的重大举措,旨在培养造就一大批创新能力强、适应经济社会发展需要的高质量各类型工程技术人才,为国家走新型工业化发展道路、建设创新型国家和人才强国战略服务,对促进高等教育面向社会需求培养人才,全面提高工程教育人才培养质量具有十分重要的示范和引导作用。

卓越工程师培养的主要目标定位于:面向工业界、面向世界、面向未来,培养造就一大批创新能力强、适应经济社会发展需要的高质量各类型工程技术人才,为建设创新型国家、实现工业化和现代化奠定坚实的人力资源优势,增强我国的核心竞争力和综合国力。以实施卓越计划为突破口,促进工程教育改革和创新,全面提高我国工程教育人才培养质量,努力建设具有世界先进水平、中国特色的社会主义现代高等工程教育体系,促进我国从工程教育大国走向工程教育强国。

在我国"卓越工程师培养计划"通用标准(教高函[2013]15号)中指出:

(1)本通用标准规定卓越计划各类工程型人才培养应达到的基本要求,是制定行业标准和学校标准的宏观指导性标准。

(2)本通用标准分为本科、硕士和博士3个层次,培养现场工程师、设计开发工程师和研究型工程师等多种类型的工程师后备人才。本科层次主要是在现场从事产品的生产、营销和服务或工程项目的施工、运行和维护。硕士层次主要从事产品或工程项目的设计与开发,或生产过程的设计、运行和维护,具备设计开发出拥有自主知识产权的新产品或新工程项目的能力。博士层次主要从事复杂产品或大型工程项目的研究、开发,以及工程科学的研究,具备创造出具有国际竞争力的专利技术、专有技术、尖端产品或高技术含量的工程项目的能力。

本科层次工程师应达到如下知识、能力与素质的要求。

(1)具有良好的工程职业道德,追求卓越的态度,爱国敬业和艰苦奋斗精神,较强的社会责任感和较好的人文素养。

(2)具有从事工程工作所需的相关数学、自然科学知识,以及一定的经济管理等人文社会科学知识。

(3)具有良好的质量、安全、效益、环境、职业健康和服务意识。

(4)掌握扎实的工程基础知识和本专业的基本理论知识,了解生产工艺、设备与制造系统,了解本专业的发展现状和趋势。

(5)具有分析、提出方案并解决工程实际问题的能力,能够参与生产及运作系统的设计,并具有运行和维护能力。

(6)具有较强的创新意识和进行产品开发和设计、技术改造与创新的初步能力。

(7)具有信息获取和职业发展学习能力。

(8)了解本专业领域技术标准,相关行业的政策、法律和法规。

(9)具有较好的组织管理能力、较强的交流沟通、环境适应和团队合作的能力。

(10)应对危机与突发事件的初步能力。

(11)具有一定的国际视野和跨文化环境下的交流、竞争与合作的初步能力。

5.1.3.2 本科工程人才培养目标

从与卓越工程师教育培养计划对应的视角,这里所指的工程人才培养目标是除卓越工程师以外的本科人才培养计划中所包括的各类工程人才培养目标。因不同专业培养目标有不同的专业特点和要求，所以在此不一一赘述。

5.2 地矿类卓越工程师培养目标体系的构建

5.2.1 地矿类卓越工程师培养目标体系的制定依据

地矿类卓越工程师培养目标体系的建构要根据我国"卓越工程师培养计划"通用标准和行业标准的要求来制定。

目前卓越工程师培养分为如表 5-1 所示的 3 个层次。

表 5-1　卓越工程师培养的学历层次

学历层次	工程学士	工程硕士	工程博士
工程师类型	应用型	设计型	研究型

卓越工程师培养要依据通用标准和行业标准来制定，通用标准的"通用"是指适用于所有行业各专业；行业标准的"行业"是指由行业(协会)牵头制定的。通用标准和行业标准的关系：通用标准是由教育部和工程院发布，是宏观指导性标准；行业标准包含本行业内若干专业的专业标准，它不仅是对通用标准的具体化，还应体现专业特点和行业要求，因此行业标准要高于通用标准，如表 5-2 所示。

表 5-2　卓越工程师培养标准

	通用标准	行业标准
博士工程型人才培养标准	√	√
硕士工程型人才培养标准	√	√
本科工程型人才培养标准	√	√

学校要在通用标准的指导下，以行业标准为基础，结合本校特色与人才培养定位制定出满足社会需要、体现办学特色的校内各个工程专业的人才培养规格要求。

5.2.2 地矿类专业本科卓越工程师培养目标体系

目前我国"卓越计划"的培养一般具有 3 个特点：一是行业企业深度参与培养过程；二是学校按通用标准和行业标准培养工程人才；三是强化培养学生的工程能力和创新能力。

我国"卓越计划"实施的基本原则是"行业指导、校企合作、分类实施、形式多样"。联合有关部门和单位制定相关的配套支持政策，提出行业领域人才培养需求，指导高校和企业在本行业领域实施卓越计划。支持不同类型的高校参与卓越计划，高校在工程型人才培养类型上各有侧重。参与卓越计划的高校和企业通过校企合作途径联合培养人才，要充分考虑行业的多样性和对工程型人才需求的多样性，采取多种方式培养工程师后备人才。

为此，教育部提出了如下措施推进该计划的实施。

(1)创立高校与行业企业联合培养人才的新机制，企业由单纯的用人单位变为联合培养单位，高校和企业共同设计培养目标，制定培养方案，共同实施培养过程。

(2) 以强化工程能力与创新能力为重点，改革人才培养模式。在企业设立一批国家级"工程实践教育中心"，学生在企业学习一年，"真刀真枪"做毕业设计。

(3) 改革完善工程教师职务聘任、考核制度。高校对工程类学科专业教师的职务聘任与考核要以评价工程项目设计、专利、产学合作和技术服务为主，优先聘任有在企业工作经历的教师，教师晋升时要有一定年限的企业工作经历。

(4) 扩大工程教育的对外开放。国家留学基金优先支持师生开展国际交流和海外企业实习。

(5) 教育界与工业界联合制定人才培养标准。教育部与中国工程院联合制定通用标准，与行业部门联合制定行业专业标准，高校按标准培养人才。参照国际通行标准，评价"卓越计划"的人才培养质量。

根据国家关于本科卓越工程师培养的要求，结合河南理工大学的实际情况，建构了如下5个专业的本科卓越工程师培养目标体系。

5.2.2.1 采矿工程专业本科卓越工程师培养目标体系

1. 采矿工程专业本科卓越工程师培养目标

本专业培养社会主义现代化建设和科技发展需要，德、智、体、美全面发展，基础扎实，思维活跃，适应能力强，具有国际视野和跨文化交流能力，掌握煤矿开采的基本理论和方法，具备采矿工程师的基本能力，能在采矿工程领域从事矿区开发规划、矿井设计、开采技术、矿井通风、矿井安全技术、矿山安全监察、生产技术管理和科学研究等方面工作的人才。培养具有较强工程实践和工程管理能力，能够满足采矿工程领域技术创新需要的高素质、创新型工程技术复合应用型人才。

2. 采矿工程专业本科卓越工程师教育培养标准实现矩阵

采矿工程专业本科卓越工程师教育培养标准实现矩阵如表5-3所示。

3. 采矿工程专业本科卓越工程师企业学习阶段培养方案

在企业学习阶段是"卓越工程师教育培养计划"的重要组成部分。学校与企业共同研究制定学生在企业学习期间的培养目标、培养标准和相应的培养体系，使学生在学习企业的先进技术、先进设备和先进企业文化的过程中，得到采矿工程师素养的培养和训练。

学校与实习企业(煤矿)共同组建教学指导委员会，成员为学校专业教师、实习企业高级和经验丰富的工程技术人员。指导委员会的职能是研讨并提出毕业生能力要求，审核企业培养方案对专业培养目标的符合度，并适时提出改进意见和建议。

1) 培养目标

企业学习阶段的实习(工作)是在学校学习阶段的基础上，对知识、能力、素养培养的进一步夯实和深化，培养方案由学校与企业联合研讨确定，并共同实施。在本科四年的时间内，通过在企业一年的实习，完成生产实习、单项工程设计、企业主要技术岗位实习到毕业设计等重要的实践性教学环节，使学生了解煤矿生产的全过程，培养学生的创新意识以及灵活运用本专业的基础理论知识解决工程实际问题的能力，培养本专业的职业技能、培养团队协作精神、沟通交流能力和职业道德。进一步掌握煤矿开采的基本理论和方法，能在采矿工程领域从事矿区开发规划、矿井设计、矿井通风、矿井安全技术、矿山安全监察、生产技术管

表5-3 采矿工程专业本科卓越工程师教育培养标准实现矩阵

	知识与能力要求		实现途径（课程、实习等）
1 具有强烈的爱国敬业精神和社会责任感，良好的工程职业道德，坚定的追求卓越的态度和丰富的人文科学素养（对应通用标准1、3、11）	1.1 具有积极向上的煤炭事业追求	1.1.1 具有较强的社会责任感和强烈的爱国精神，有献身煤炭事业的信心和决心 1.1.2 继承不怕苦、乐于奉献的优良传统，具有"采矿"品质、马克思主义基本原理、大学生职业生涯与发展规划、创新创业精神	形势政策、采矿工程专业导论、当代世界经济与政治、毛泽东思想和中国特色社会主义体系概论、思想道德修养与法律
	1.2 具有良好的工程职业道德	1.2.1 铸就大爱精神为导向的学校核心价值理念，拥有正确的世界观、价值观和人生观 1.2.2 具有严以律己、宽以待人的高尚品格 1.2.3 具有爱岗敬业、追求卓越的职业态度 1.2.4 具有求真务实的科学态度	大学生心理健康教育、大学生职业生涯规划、马克思主义基本原理、思想道德修养与法律
	1.3 重视工程质量，具有良好的安全意识和服务意识	1.3.1 能够正确理解煤炭企业以人为本、安全第一的管理理念 1.3.2 重视矿井工程质量，工作环境与职业健康 1.3.3 尊重和理解煤矿职工，养成良好的服务意识	矿井安全专题教育、职业道德教育、环境与保护法规宣传、矿井工程监理概论、企业实习
	1.4 具有采矿工程领域的国际视野和丰富的人文科学素养	1.4.1 具备较丰富的工程经济、管理、社会学知识 1.4.2 掌握一门外语，能够进行采矿工程相关的一般沟通和交流 1.4.3 具有一定的国际视野，了解采矿专业的前沿发展状况和趋势	大学美育、专业外语、矿业经济学、大学英语、专业外语、学术讲座、煤矿发展新技术专题讲座、信息检索与利用
	1.5 具有良好的身体素质，能够适应矿井工作环境		军事技能训练（军训）、体育与健康
2 具备从事采矿工程工作所需的相关数学、物理、计算机应用等自然科学知识（对应通用标准2、4、5）	2.1 掌握从事采矿工程所需的工程数学、物理、管理等工程基础知识	2.1.1 具备从事工程设计所需的数学知识 2.1.2 具备从事工程设计所需的物理知识 2.1.3 掌握常用的计算机辅助设计方法和技术，具备一定的计算机软件编程技能 2.1.4 熟悉工程制图标准，掌握基础工程制图方法 2.1.5 具有一定的工程经济基础和采矿井生产管理知识	高等数学、线性代数、概率论与数理统计、大学物理、大学物理实验、大学计算机基础、采矿CAD、语言程序设计、画法几何与工程制图、毕业设计、现代企业管理、矿业经济学、企业实习
	2.2 掌握一般的工程试验与测试技能	2.2.1 掌握常用工程测试工具的使用方法 2.2.2 掌握一般工程试验的原理和方法 2.2.3 了解误差理论与数据处理方法	常规加工训练、物理实验、岩石力学课程实验、矿山压力测试技术等

续表

		知识与能力要求	实现途径（课程、实习等）
3 掌握采矿工程专业基础理论和基础通用知识（对应通用标准4、5）	3.1 掌握矿井地质、工程测量、电工及电子技术等相关专业基础知识	3.1.1 了解地质年代与地层的概念，掌握固体矿产的成因、赋存地质条件，以及采矿工程中的地质工作方法 3.1.2 掌握煤矿工程中平面和高程控制测量的基本原理、基本方法和内业数据处理方法 3.1.3 掌握矿井供电的基本原理和方法	地质实习、矿山地质学、测量实习、矿山电子技术、矿山测量、电工与电子技术以及课程设计
	3.2 掌握采矿工程所需的基础理论和专业基础知识	3.2.1 掌握采矿工程领域常用的基本力学理论和力学知识 3.2.2 掌握采矿系统优化、一般原理 3.2.3 掌握采煤机、运输机、液压支架、掘进机等矿山机械的基本原理与使用技术 3.2.4 掌握矿山压力测试仪表和仪器的使用性能和特征 3.2.5 掌握矿用型钢材料的一般性能和特征 3.2.6 掌握矿井工程经济和矿井企业管理的基本知识	大学物理、理论力学、材料力学、流体力学、采矿系统工程、矿山机械（含采掘机械）及其课程设计、企业实习、矿山电工学、矿井生产实习、矿山实习、矿山经济学、现代企业管理、矿井电工
4 掌握井能够综合运用采矿工程专业基本理论和知识，参与矿井设计，从事矿井生产和技术工作，具有解决实际工程问题的初步能力（对应通用标准4、5、6、7、8）	4.1 具有扎实的采矿工程专业基本理论和知识	4.1.1 掌握岩体力学的基本理论和实验方法 4.1.2 掌握井巷工程基本施工方法 4.1.3 掌握井巷工艺和开拓准备、巷道布置系统 4.1.4 掌握采场矿压和岩层移动的基本规律 4.1.5 掌握矿井通风阻力、风量分配的计算方法 4.1.6 掌握矿井排水能力计算与设备选型设计方法 4.1.7 掌握矿井常用自救器的性能使用方法，了解井下避灾线路	材料力学、岩体力学工程、井巷工程、采矿学、矿井压力与岩层控制、矿井通风、矿井安全技术、专业课程设计、毕业设计、企业实习
	4.2 能够参与矿井设计的工程设计工作	4.2.1 能够参与矿井开采初步设计工作 4.2.2 能够参与矿井安全专篇设计工作 4.2.3 能够参与矿井单项施工图设计工作 4.2.4 了解井田开拓、采（盘）区准备和采煤方法等矿井基本设计方法和技术	采矿学及课程设计、毕业设计、企业实习
	4.3 具有解决矿井工程实际问题的初步能力	4.3.1 能够编制和修改煤矿采煤、掘进工作面作业规程 4.3.2 能够编制和修改矿井防治瓦斯、防治顶板、防治水、防火、防尘等单项安全技术措施，以解决实际矿井工程问题 4.3.3 掌握矿井运输、提升、通风、排水、供电、压气、紧急避险等系统的基本原理和方法 4.3.4 针对矿井日常生产管理工作，具有提出问题、分析问题和解决实际问题的初步能力	瓦斯地质和瓦斯治理、矿井安全技术、采矿学、矿山机械（含采掘机械）、毕业设计、企业实习、矿井电工
	4.4 掌握矿井采动损害与保护的基本方法，了解采矿工程专业的现状和发展趋势	4.4.1 掌握煤矿采动损害与环境保护的基本概念和基本理论 4.4.2 掌握矿井绿色开采、科学采矿和安全高效开采技术 4.4.3 了解采矿工程专业的内涵和发展方向	采矿学、开采损害与保护（双语）、煤矿发展新技术专题讲座、学术讲座

续表

	知识与能力要求		实现途径(课程、实习等)
5 具有从事工程建设和工程管理的基本能力(对应通用标准 8、9、10、11)	5.1 具备从事矿井工程建设的基本能力	5.1.1 能够从事矿产资源开发的技术管理工作 5.1.2 能够从事矿井工程施工方的技术及管理工作	采矿学、矿井通风学、矿井安全技术、毕业设计、企业实习、矿井工程监理概论
	5.2 具有从事矿井工程建设管理的基本能力	5.2.1 了解矿井工程招、投标的基本程序和方法 5.2.2 了解矿井工程建设方、设计方和施工方的技术与投资管理 5.2.3 具有矿井工程建设过程中的进度、质量与投资管理所需的基本知识	矿井工程监理概论、企业实习
	5.3 具备从事矿井建设工程文件编纂的基本能力	5.3.1 能够参与矿井资源开发的可行性研究报告、项目建议书、投标书等的编写工作、并能进行适当说明、简释 5.3.2 能够适应复杂组织、协调、信息收集与使用能力 5.3.3 能够参与矿井建设管理过程中本专业文件草拟或规范规定制度的制定	矿井工程项目管理、企业实习
6 具有较强的创新意识、具备矿井技术改造与创新的初步能力(对应通用标准 6)	6.1 具有较强的创新意识和基本的创新能力	6.1.1 具有采矿工程的创造动机、创造兴趣、创造情感及创造意志，具备一定的创造性思维能力 6.1.2 具有将采矿工程理论和知识应用于创造性工程实践的能力 6.1.3 了解新理论、新技术、新工艺、新设备在采矿工程中的应用	创新学、企业实习、学术报告、煤矿发展新技术专题讲座
	6.2 具有在工作中不断获取信息和职业发展能力	6.2.1 具有使用互联网、数据库查询信息的能力 6.2.2 具有对收集或反馈资料信息分类、整理、吸收利用的能力 6.2.3 具有对矿井建设和生产过程中管理、控制与安全信息的收集能力 6.2.4 具有合理规划职业发展的能力	企业实习、信息检索与利用、大学生就业(创业)指导、大学生心理健康教育
	6.3 具有不断汲取矿井领域的新知识，提高自身专业水平的能力	6.3.1 具有乐于接受新知识和掌握应用煤矿生产中出现的新材料、新设备、新工艺 6.3.2 能够较快地适应学习最新的采矿技术和技术 6.3.3 对于最新的矿井生产规程、法律、法规等具有自学和掌握的能力	信息检索与利用、学术讲座、煤矿安全监察与案例分析、矿山法律法规概论、企业实习

· 97 ·

续表

	知识与能力要求	实现途径（课程、实习等）
7 具有良好的沟通、交流、环境适应与团队合作能力的发展现状和趋势（对应通用标准9、11）	7.1 具有较强的沟通交流能力	7.1.1 能够准确运用采矿工程专业术语、图表等，清晰表述相关工程技术问题 7.1.2 具有跨文化背景下的沟通和表达能力 7.1.3 生活和工作过程中，能够自我认知，尊重理解他人的需求和意愿	采矿学及其课程设计、毕业设计、大学英语、学术讲座、专业英语、体育与健康、大学生心理健康教育、大学美育
	7.2 具有良好的环境适应能力	7.2.1 具备较强的综合素质，能够适应新的和不断变化的人际环境和工作环境 7.2.2 具有良好的心理素质，能经受挫折和艰苦环境的考验	大学生心理健康教育、生产实习、企业实习、体育与健康
	7.3 具有良好的团队合作能力	7.3.1 顾全大局，责任心强，具有强烈集体主义精神 7.3.2 诚实守信，宽以待人，尊重包容他人的性格品质，与他人友好相处，合作共事 7.3.3 具备一定的协调、管理、竞争与合作能力	社团活动、各类竞赛、各类实习、社会实践活动
8 能够参与矿井生产与安全管理工作，了解本专业的发展现状和趋势（对应通用标准4、8）	8.1 了解煤炭行业主要法律、熟悉本专业领域技术标准和规程	8.1.1 了解煤炭行业法律法规 8.1.2 熟悉煤矿安全规程、矿井设计规范行业规定 8.1.3 熟悉煤矿防治瓦斯、防治水、防治顶板、防火、防尘等相关规程和规定	专业主干课程、毕业设计、企业实习、矿山法律法规案例分析、煤矿安全监察与案例分析、煤矿安全规程概论
	8.2 具有较强的组织管理能力	8.2.1 具有组织煤矿"采掘工作及安全生产的初步能力 8.2.2 具有煤矿"一通三防"管理工作的初步能力 8.2.3 具备应对矿井生产过程中突发性事件的初步能力	毕业设计、企业实习、矿山安全监察与案例分析、矿井通风学、矿井安全技术、煤矿安全规程概论、矿山法律法规概论

理等方面的工作。培养具有较强工程实践和工程管理能力，能够满足采矿工程领域技术创新需要的高素质、创新型工程技术复合型人才。

2）培养标准

通过企业学习，培养的学生在知识、能力和素质方面达到以下5个方面要求。

（1）实践认知能力

通过企业实践和学习，能够将校内所学到的基础理论、专业基础知识和基本理论融会贯通，深刻理解科学技术与工程技术的关系。具有综合运用所学的专业知识和基础理论，初步进行分析问题、解决问题。能够将工程技术中存在的部分问题上升到科学理论，反过来指导工程实践。熟悉和适应实习煤炭企业的社会环境和经济环境，养成自主学习获取新知识的能力。

（2）工程实践能力

经过采矿工程集中实践性环节的实习、实验、课程设计和毕业设计，以及在现场进行的掘进工作面和采煤工作面作业规程编制、矿井通风阻力测定、巷道交叉点设计、巷道支护设计等单项工程的设计和编制等，能够用于指导矿井生产。

参与编制矿井生产计划和进度，参与计划实施和项目管理，受到生产管理和技术管理的全面训练，基本具备独立工作能力。

（3）信息获取和自主学习能力

通过获取矿井生产计划、报告、报表、进度等生产技术文件和资料，以及现场交流等途径，获取生产技术信息和资料，并能够进行分类、提炼、整理和总结，为矿井提供有参考价值的结论、意见和整改措施。

在企业培养阶段中发现自身知识、能力的不足，并能够自主学习。

（4）沟通交流能力

在实习矿井现有体制下，实习期间自觉遵守企业的各项规章制度，尊重领导，团结同事，通过与企业有关领导、工程技术人员、工人的书面和口头交流，养成正确处理人际关系能力和团队协作精神。

能够用口头或书面恰当的方式阐述自己的意见和观点。参与矿井项目招、投标书、可行性分析报告、专题报告等文件的编写工作，具有工程技术文件的编纂能力。

（5）职业道德、事业心和责任感

养成遵守法律、法规和企业规章制度的习惯，形成照章办事的良好作风，恪守职业道德。正确理解矿井开发与经济、社会、环境和可持续发展之间的关系，具有强烈的社会责任感和事业心。

3）培养计划

采矿工程专业卓越工程师教育培养计划按照"3+1"培养模式进行，在企业学习和实践时间为1年，共计38周。培训的内容主要有：矿井生产实习4周、矿井主要业务科室实习12周、矿井单项工程设计（施工）4周、工程项目管理实习3周、毕业设计（论文）13周等。在煤矿实习期间每位（组）同学配备企业指导教师和学校指导教师，实行导师负责制。原则上企业实习期间由企业导师负责，由煤矿企业指导教师主讲《瓦斯地质和瓦斯治理》《矿井工程监理概论》《煤矿安全监察与案例分析》《矿山法律法规概论》等实践性强的专业课程。

矿井生产实习是在学生学完专业理论课程以后，在企业指导教师的指导下进行的。通过对实习矿井的全面了解，跟班参加矿井生产劳动，巩固所学专业理论知识，充实井田开拓、采区(盘区)巷道布置、采煤方法等方面的实际知识；了解和初步掌握采煤工作面的生产组织和管理知识，关注煤矿现状和未来。养成理论联系实际、尊重实践的科学态度。培养自己独立分析问题、提出建议与解决问题的能力。学习煤矿工人优秀品质，树立建设社会主义市场经济的事业心、责任感，逐渐形成热爱和献身煤炭事业的职业道德观念。

学生在煤矿实习的时间为1年，分两个学期进行，每个学期的学习内容、实习地点、时间和要求详见企业学习教学计划表5-4和表5-5。

表5-4　企业学习阶段教学计划(第七学期)

序号	学习形式	学习内容	学习要求(形式)	地点	时间/周	完成形式
1	矿井生产实习	矿井概况、井田开拓、采煤方法、巷道掘进和矿井通风等	听报告、井上井下参观、查阅资料、跟班劳动等	实习煤矿	1～4	实习报告
2	矿井主要业务科室实习	矿井生产管理	查阅矿井地质报告、矿井开拓方式平/剖面图、采区(盘区)巷道布置平/剖面图、工作面作业规程和生产技术措施等	生产技术科	5～6	实习报告
		矿井通风	熟悉矿井通风系统，参与矿井通风管理，学习矿井"一通三防"技术和有关措施	通风科	7～8	
		采煤方法	熟悉生产矿井的采煤方法，编制新的采煤工作面作业规程	采煤队	9～10	
		巷道掘进技术	熟悉巷道掘进施工工艺，编制新的掘进工作面作业规程	掘进队	11～12	
		矿井安全监察	熟悉矿井安全监察的主要内容和监察程序，参与编制矿井安全技术措施	安监科	13～14	
		矿井生产计划	参与编制矿井生产接替计划	计划科	15～16	
3	矿井单项工程设计/施工	如巷道支护设计、巷道围岩加固施工等	参与单项工程设计/施工		17～20	设计/图纸

表5-5　企业学习阶段教学计划(第八学期)

序号	学习形式	学习内容	学习要求	地点	时间/周	完成形式
1	工程项目管理实习	投标书、项目建议书、可行性分析报告(任选一项)	熟悉与研究资料，编写工程报告	实习煤矿	1～3	文件
2	毕业设计(论文)	实习矿井采矿专项设计(论文)	完成毕业设计(论文)大纲的要求	实习煤矿	4～16	设计(论文)
3	实习总结	答辩、全面总结	准备设计(论文)材料和按时参加答辩	学校	17～18	设计(论文)

4)实施企业

(1)河南能源化工集团有限责任公司(河南理工大学实践教学基地)

河南能源化工集团有限公司(简称"河南能源化工集团")是经河南省委、省政府批准，于2013年9月12日由原河南煤化集团、义煤集团两家省管大型煤炭企业战略重组成立的一家集煤炭、化工、有色金属、装备制造、物流贸易、建筑矿建、现代服务业等产业相关多元发展的国有特大型能源化工集团。位列2015年世界企业500强第364位、中国企业500强企业第74位、中国煤炭企业100强第6位。煤炭产业是煤化集团稳定发展的支柱产业，是企业持续发展的主要利润来源。作为河南最大的煤炭企业，目前拥有煤炭资源储量达560亿吨，实力雄厚，发展前景光明。

河南能源化工集团发展后劲充足，煤炭资源储备560多亿吨，遍布河南省内16个地市，及贵州、新疆、内蒙古、安徽等省(区)，拥有钼金属储量150万吨，是全国拥有钼资源量最大的企业，拥有国内外铝土矿资源16亿吨。煤炭产业是河南能源化工集团稳定发展的支柱产业，是企业持续发展的主要利润来源。作为河南最大的煤炭企业，目前集团拥有已建和在建的年产1500万吨的矿井1座、1000万吨的矿井2座、500万吨矿井2座。集团紧紧抓住国家建设大型煤炭基地的良好机遇，按照"立足省内、走向全国、拓展海外"的资源整合战略，迅速做大做强，确保控制和拥有的资源总量超过500亿吨，进入国家规划的亿吨级煤炭企业行列。

河南能源化工集团始终坚持科学发展观，不断调整优化产业产品结构，加快发展方式转变，追求全面、协调、可持续发展。依托煤炭及其他矿产资源优势，加快体制机制创新和自主创新，重点发展煤炭、化工、有色金属、装备制造产业，加快发展现代服务业，实现金融、贸易、实业"三位一体"协同发展，努力把河南能源化工集团打造成为一个股权结构优化、产业结构合理、管理模式科学、企业文化先进、核心竞争力突出的行业一流、国际知名的特大型能源化工企业集团。

(2) 中平能化集团(河南理工大学实践教学基地)

中国平煤神马能源化工集团有限责任公司(简称中平能化集团)创立于2008年12月，由原平煤集团和神马集团两家中国500强企业联合重组而成，平煤集团是新中国自行勘探设计开发建设的第一个特大型煤炭基地，神马集团是改革开放后首批国家工业化重点项目。目前，企业已经发展成为以煤炭、化工、纺织、新能源新材料为主营业务，跨区域、跨行业、跨国经营的国有特大型能源化工集团，营业收入、资产总额均突破千亿元。旗下拥有平煤股份、神马股份、易成新能三家上市公司，5家新三板挂牌企业，1家财务公司，2个国家级技术中心和1个国家重点实验室。

企业现有职工20万人，经营范围覆盖河南省内平顶山、许昌、开封、新乡、驻马店等9个地市，辐射湖北、江苏、陕西、新疆、上海等11个省、自治区、直辖市，在美国、日本设有两家子公司。产品远销30多个国家和地区，与40多家世界500强企业及跨国集团建立了战略合作关系。主要产品煤炭产能5000万吨、焦炭1600万吨、工业丝14万吨、帘子布6.4万吨、糖精钠2万吨，产能世界第一；尼龙66盐30万吨、工程塑料13.4万吨，产能亚洲第一。

近年来，中国平煤神马集团坚持"以煤为本、相关多元"发展战略，利用平顶山地区丰富的煤炭、水、岩盐等资源，大力发展煤焦、尼龙化工、新能源新材料等核心产业，打通了全球最完整的煤基化工产业链，形成多业并举、多元支撑的产业发展新格局。当前，中国平煤神马集团正在积极适应经济发展新常态，加快实施"三个转变"战略构想，推动企业实现由规模增长向质量效益提升转变，由传统产业向传统产业提升与战略新兴产业发展并重转变，由实业经营向实业与资本双轮驱动转变。

5) 工程实践条件

目前实施企业(河南煤化集团和中平能化集团)已经与河南理工大学签订了《关于人才培

养和科技合作协议书》，实习企业是国内煤炭龙头企业之一，公司生产基地建设完善、品种齐全、管理水平一流、资金实力雄厚，满足落实企业培养方案的各种硬软件条件。并约定：①成立由企校双方组成的企业培养阶段的领导机构和办事机构，共同制定学生在企业学习阶段的培养方案。②实行学生培养的企业、学校双导师制度。③学生在企业学习期间，按照企业员工进行考核与管理。

采用专职和兼职相结合的方式组建了一支适合于"卓越工程师教育培养计划"教学任务的师资队伍，具体要求如下。

(1)对于校内专职教师队伍，以提高其实践能力为核心进行培养。培养的重点是缺乏工程实践和科研经验的35岁以下青年教师，培养方式结合"河南理工大学青年教师实践提高管理办法"的实施，规定青年教师每年至少3个月时间在企业实践锻炼，并同时协助企业完成学生在企业学习阶段的指导、管理工作。

(2)对于外聘兼职教师，重点提高其实践与理论的结合能力。

(3)外聘教师主要来自河南煤业化工集团有限责任公司、中平能化集团和郑州煤业集团有限责任公司等集团公司所属的大型矿井，长期从事煤炭生产和技术管理工作的，具有大学本科以上学历的高级工程师，以及省内外专家和教授等。

(4)外聘教师主要承担学生在企业学习阶段的培养和实践性强的课程内容的讲授。

(5)外聘教师原则上是河南理工大学兼职教授。外聘教师的待遇按照其实际工作量发放补贴，由学院、学校人事处和企业劳资部门联合考核。

(6)实践性强的专业课程由工程经验丰富的教师担任。

6)学生成绩考评

企业实践环节考核由学院和企业共同完成，但主要由企业导师根据学生参加企业实习综合情况给出评定。考核方法可采取现场操作、提问答辩、实习报告等多种考核方式。每个实习环节单独进行考核，由企业指导导师按照企业实习大纲基本要求对学生进行现场考核，结合学生的实际表现给出企业实习学习阶段的总成绩。

4. 采矿工程专业本科卓越工程师培养质量的培养要求

采矿工程专业毕业生应达到如下知识、能力和素质等方面的基本要求。

(1)具有人文社会科学素养、社会责任感和工程职业道德。

(2)具有从事工程工作所需的相关数学、自然科学、经济及管理知识。

(3)掌握煤与非煤固体矿床开采的基本理论和基本知识，掌握必要的工程基础知识。了解采矿学科研究现状和发展趋势。

(4)掌握矿山地质学、矿山机电、矿井通风、安全管理、采矿学等基本理论和专业技能，具备设计和实施工程实验的能力，并能够对实验结果进行分析。

(5)掌握基本的创新方法，具有追求创新的态度和意识，具有综合运用理论和技术手段设计系统和过程的能力，设计过程中能够综合考虑经济、环境、法律、安全、健康、伦理等制约因素。

(6)掌握文献检索、资料查询及运用现代信息技术获取相关信息的基本方法。

(7)了解国家有关采矿工程专业设计、生产、安全、研究与开发、环境保护等方面的方针、政策和法规，能正确认识工程对于客观世界和社会的影响。

(8)具有一定的组织管理能力、表达能力、人际交往能力，以及在团队中发挥作用的能力。

表 5-6 矿物加工工程专业本科卓越工程师教育培养标准实现矩阵

	知识与能力要求		实现途径
1 具备良好的职业道德、体现对职业、社会、环境的责任(对应通用标准1、3、7)	1.1 具有遵守法律道德规范和所属职业体系的职业行为准则的意识	1.1.1 具有科学的世界观和正确的人生观，愿为国家富强、民族振兴服务 1.1.2 熟悉相关法律法规与政策，遵守职业道德规范和行为准则 1.1.3 具有高尚的道德品质、情趣、品位、人格方面的较高修养	马克思主义基本原理、中国近代史、毛泽东思想和中国特色社会主义理论、思想政治理论社会实践、思想道德修养与法律基础、职业生涯规划、就业指导、毕业教育、形势与政策、美学教育以及社会科学、人文科学与艺术类公共选修课
	1.2 具有良好的质量、安全、服务和环保意识，并积极承担有关健康、安全、福利等事务的责任	1.2.1 具有健全的心理和健康的体魄 1.2.2 熟悉职业健康安全、环境保护的相关法律法规和标准 1.2.3 注重环境保护、生态平衡和可持续发展	军事理论和军事技能训练、心理咨询与辅导、体育与健康教育、各类运动会、班级文体活动、职业道德教育、安全知识教育、环保教育、公共选修课、第二课堂
	1.3 为保持和增强其职业素养，具有良好的求实务实的科学态度，积累新知识提高技能的意识和能力	1.3.1 具有良好的心理素质，能应对危机和挑战 1.3.2 具有求实务实的科学态度 1.3.3 具有面向未来、开拓进取的开创精神 1.3.4 具有拓展知识领域，跟踪学科发展方向，了解学科前沿成果的能力	诚信教育、科学实验、学术讲座、学术报告、创新学分、创新实验和科研训练、挑战杯、科技竞赛、社会实践、项目调研、各类实习与设计
2 具备从事矿物加工工程工作所需的科学基础知识(对应通用标准2、5)	2.1 掌握数学和相关自然科学知识：一般应包括工科的数学、物理等相关学科的知识	2.1.1 具备从事工程开发和设计所需的数学知识 2.1.2 具备从事工程开发和设计所需的物理知识	高等数学、线性代数、概率论与数理统计、计算方法、大学物理及物理实验
	2.2 掌握并能应用工程技术基础知识：包括电工电子、力学、工程制图、计算机技术、机械设计等相关学科的知识，侧重于应用工程技术知识解决实际工程问题	2.2.1 掌握电磁场、电子电路设计、分析和实验的技能 2.2.2 了解力学在工程中的作用、初步具备运用工程力学的理论和方法分析解决问题的能力 2.2.3 掌握矿物加工工程中各种构筑物和管路计算的基本原理，运用实验数据以及数值模拟或经验公式解决实际问题的能力 2.2.4 具备形象空间思维和绘图，阅读矿物加工工程图样知识 2.2.5 熟悉计算机相关知识，具备一定的计算机软件操作编程能力 2.2.6 能分析、选用机械零件及其化其重要性质及反应实验动手能力	电工电子技术、工程力学、流体力学、画法几何与工程制图、CAD制图、大学计算机基础、机械设计基础、高级语言程序设计、公共选修课
3 具备从事矿物加工工程工作所需的专业基础知识(对应通用标准4、5、6)	3.1 具备从事工程开发和设计所需的基础化学知识	3.1.1 掌握无机化学的基础理论、常见元素及其化合物的组成、结构、性质、相互转化、合成以及与此相关的知识 3.1.2 掌握有机化合物的组成、结构、性质、相互转化、合成以及与此相关的知识 3.1.3 掌握化学分析和仪器分析的基本技能 3.1.4 掌握热力学和动力学的基本理论知识	无机化学、有机化学、分析化学、物理化学

续表

	知识与能力要求		实现途径
3 具备从事矿物加工工程工作所需要的专业基础知识（对应通用标准4、5、6）	3.2 掌握矿物加工单元操作的基本原理，并具备一定的"过程与设备"的选择能力	3.2.1 掌握矿物加工单元操作的基本技能 3.2.2 具备运用基础理论分析和解决矿物加工过程中各种实际问题的初步能力 3.2.3 具备过程方向控制和设备改进的能力	化工原理
	3.3 掌握矿物岩石学和岩石学的基本原理和基础知识，具备常见岩石和矿物的初步鉴别能力	3.3.1 掌握常见矿物的基本特征和分类方法 3.3.2 具备常见矿物岩石的鉴别能力	矿物岩石学
	3.4 具备煤品质分析及其转化应用的能力	3.4.1 具备煤质分析、煤种辨别以及煤质评价的能力 3.4.2 具备煤炭转化应用的能力	煤化学与实验、碳素材料、洁净煤技术
4 掌握矿物加工工程技术知识，具备解决工程问题的基本技能（对应通用标准4、5、6）	4.1 掌握国内外先进的矿物加工方法、矿物加工原理及相应的设备以及典型的选矿工艺流程及应用，具备专业理论知识应用的能力	4.1.1 掌握矿物粉碎工程方法及原理以及相关的设备工作原理方面的知识 4.1.2 掌握矿物物理分选方法及原理以及相关的设备工作原理方面的知识 4.1.3 掌握浮选的原理和设备工作原理方面的知识 4.1.4 掌握细粒、细颗粒的固液分离方法和工艺流程及相关设备工作原理方面的知识	选矿学、矿物加工工艺设计、矿物加工机械、矿物加工机、前沿讲座、学术交流、专题讲座、工程实习
	4.2 掌握选煤（矿）厂设计的基本过程和方法，具备原始资料的整理，分选方法的确定，工艺流程的设计、设备选型和计算等方面的能力	4.2.1 熟悉矿物加工工艺设计路线 4.2.2 掌握矿物加工工艺设计的基本知识与技能 4.2.3 掌握选煤（矿）厂初步设计图纸的绘制和解释方面的知识	矿物加工工艺设计、矿物加工机械、矿物加工CAD、画法几何与工程制图
	4.3 具备矿物加工试验研究的基本方法与技能，具备从事试验研究的能力	4.3.1 掌握矿物加工常用的实验设备使用方法和原理方面的知识 4.3.2 掌握矿物加工实验的操作规程和实验规范方面的知识 4.3.3 具备利用计算机对实验数据进行处理，并对数据做出正确的分析与判断的能力 4.3.4 掌握矿物材料的常用分析测试技术和手段，具备对矿物材料性能和性质进行表征的能力	矿物加工实验、实验研究方法、现代分析测试技术、各种专业设计、工程实习、企业实习
5 具备解决矿物加工工程实际问题的能力（对应通用标准5、6）	5.1 熟悉市场、用户需求以及技术发展的调研方法，具备编制支持产品形成过程的策划改进方案的能力	5.1.1 市场和用户需求以及 5.1.2 产品形成过程的策划和改进方案的适应能力	企业实践与工程实习、企业技术人员讲座、毕业实习及毕业设计、技术经济分析
	5.2 具有实际工程项目的实施能力	5.2.1 具有从事工程项目的环境适应能力 5.2.2 具有工程项目组织实施的能力	选矿学实验、认识实习、生产实习、专业实习、课程设计、毕业设计
	5.3 具备矿物加工工程项目实施过程应对突发事件的能力	5.3.1 初步具有对突发事件预案的能力 5.3.2 初步具有对突发事件、危机事件预案的处理能力	公共安全、实习现场指导

续表

能力	知识与能力要求	实现途径
6 具备有效沟通与交流的能力（对应通用标准9、11）	6.1 能够使用技术语言，在跨文化环境下进行沟通与表达	6.1.1 熟悉矿物加工工程领域最新技术进展 6.1.2 具有实用写作能力 6.1.3 具有口头表达与交流能力 6.1.4 熟练掌握一门外语，了解矿物加工工程专业的国内外发展趋势	文献检索与查阅、课堂讨论、课程论文、毕业设计、外文翻译、开题报告、毕业论文
	6.2 具备较强的人际交往能力，能够控制自我并了解他人，理解人际需求与意愿，灵活地处理和不断变化的人际环境	6.2.1 具备自察、自省与自控能力 6.2.2 具有理解他人目的、需求与意愿的能力 6.2.3 具有灵活运用沟通技巧的能力 6.2.4 具有协调人际关系的能力 6.2.5 具有快速适应工作环境的能力	道德法规教育、企业安全教育、环境保护教育、选煤行业通用标准学习、选矿（煤）厂设计、企业管理、技术经济学
	6.3 具备收集、分析、判断、归纳和选择国内外相关技术信息的能力	6.3.1 具有文献检索和网络运用的能力 6.3.2 具有信息辨别和获取的能力	文献检索、计算机网络基础、课堂讨论
	6.4 具备团队合作精神，并具备一定的协调、管理、竞争与合作的初步能力	6.4.1 具有团队合作意识和团队合作精神 6.4.2 具有高效团队的组建与培养能力 6.4.3 具有团队运行的协作性与良性竞争能力	大学生科研训练计划、科研课题参与、各类竞赛活动、第二课堂
7 具有较强的创新意识和创新能力（对应通用标准5、6、7）	7.1 具有创新性思想	7.1.1 具有创新意识 7.1.2 掌握创新思维的方法	前沿讲座、工程实践、企业实习、实验、毕业设计、学术报告
	7.2 具备矿物加工的实验技术、新设备的实验开发能力	7.2.1 具有矿物加工行业技术的改造与革新能力 7.2.2 具有矿物加工行业新设备的实验开发能力 7.2.3 具有矿物加工行业新技术的开发与研究能力	创新学、文献检索、实验室研究活动、外文翻译、毕业设计、开题报告
8 具备矿物加工工程项目及工程管理的能力（对应通用标准1、8、9、10）	8.1 初步具备使用合适的管理方法、管理计划和预算、组织任务、人力和资源，以及应对危机与突发事件的初步能力，能够发现质量标准、程序和预算的变化，并采取恰当措施推进建议的能力	8.1.1 能够使用科学方法和领域相关的技术标准、政策、法律和法规开展工作 8.1.2 能够有效整合现有资源，评估和完成工程任务所需的开发方法和技术条件，确定解决方案 8.1.3 掌握突发事件的应对方法，能进行危险应对方案设计	企业管理、课程设计、毕业设计、企业实习
	8.2 初步具备参与项目评估、参与制定项目质量、协调工作、团队、确保工作进度以及参与评估项目、提出改进建议的能力	8.2.1 掌握本专业领域相关的质量标准，能按确定的质量标准，制定合适的管理体系 8.2.2 能够使用项目的规划和预算，合理组织人力、资源和任务，有效协调项目相关各方的工作，提升项目工程质量 8.2.3 能够进行相关可行性工作报告、项目任务书、投标书等工程文件的编纂、说明和阐释，并能进行相关工程项目的评估，提出改进建议 8.2.4 能够对矿物加工项目进行经济效益和社会效益分析，并预测工程项目的综合效益	相关法规法律教育、课程设计、工艺设计、毕业设计、技术经济分析

(9) 对终身学习有正确认识，具有不断学习和适应发展的能力。
(10) 具有国际视野和跨文化的交流、竞争与合作能力。

5.2.2.2 矿物加工工程专业本科卓越工程师培养目标体系

1. 矿物加工工程专业本科卓越工程师培养目标

矿物加工工程专业本科卓越工程师培养目标是本专业培养具备矿物加工基础知识、专业知识与应用能力，能在工业生产第一线从事矿物加工工程领域内的工艺设计、科技开发、应用研究、运行管理和经营销售等方面工作的，具有较高的综合素质、创新能力、团队精神和专业技术能力的应用型工程师。

2. 矿物加工工程专业本科卓越工程师教育培养标准实现矩阵

矿物加工工程专业本科卓越工程师教育培养标准实现矩阵如表5-6所示。

3. 矿物加工工程专业本科卓越工程师企业学习阶段培养方案

1) 学习内容和课程安排

矿物加工工程专业是国家级"特色专业"，在煤炭加工方面具有明显特色。目前，已与河南煤化集团、晋城煤业集团、潞安环能集团、西山煤电集团、神华煤业集团、兖州矿业集团、淮南矿业集团等大型煤炭企业建立了校企合作关系，建立了工程实践教学基地。本专业将在完善现有工程实践教学基地的基础上，逐步建立"卓越工程师"企业培养体系，即通过学校教师、企业相关技术人员授课、学生现场学习并参与企业的工程项目、产品开发及科研实践等工作，使学生完成企业阶段的学习内容。"矿物加工工程"专业企业学习内容及课程安排如表5-7所示。

表5-7 矿物加工工程专业企业学习内容及课程安排

序号	课程性质	课程名称	学习内容	学时(周)	学期	实践基地	备注
1	基础知识与基本技能	煤质检测技术	常规检测、在线检测	4	7	河南煤化集团、潞安环能集团等	选矿厂现场教学
2		工程安全与环保	工程安全意识、环保意识的树立、培养及强化	4	7	河南煤化集团、潞安环能集团等	理论学习与现场教学相结合
3	专业知识与专业技能训练	选矿生产实践案例分析	重选、浮选、干法选矿案例	4	7	河南煤化集团淮南矿业集团、神华集团、晋煤集团等	理论学习与实际操作相结合
4		专业实习	基本生产实际知识；熟悉矿物加工的各个生产环节，从原矿准备到加工、运输与管理的全过程；了解先进的加工技术与装备	8	7	河南煤化集团淮南矿业集团、神华集团、晋煤集团等	以典型选矿工艺为主线，全面了解矿物加工的全过程
5	基础知识与专业知识综合训练	毕业实习	熟悉选矿厂生产所涉及的工艺流程、各作业的工艺指标及工作效果、厂房和设备布置情况、生产过程的技术和经营管理	4	8	河南煤化集团淮南矿业集团、神华集团、晋煤集团等	以工艺流程为主线，掌握选矿厂设计思路、生产运作方法、经营管理理念
6		毕业设计/论文	掌握利用文献资料、查阅图表、手册等方法，掌握选煤厂工艺设计的基本原理、方法、步骤和编制选煤厂设计文件及技术经济分析基本技能	16	8	淮南矿业集团、神华集团、晋煤集团等	选矿厂工艺设计
		合计		40			

2) 课程说明

企业学习环节为40周，为必修课程，共计40学分。企业学习内容分为技能实训和综合实训两个阶段。其中，技能实训阶段包括煤质检测技术、工程安全与环保、选矿生产实践案例分析和专业实习4个环节，主要进行基本技能训练；综合实训阶段包括毕业实习和毕业设计(论文)两个环节，进行综合技能训练。

基础知识与基本技能包括：第一，煤质检测技术。教学目的是通过学习使学生了解煤样质量的评价指标，掌握煤样中水分、挥发份、硫份、发热量、物质成分、熔融指数、黏结指数等的测试方法，熟悉各种分析测试仪器。具体要求：针对不同的指标，选用合适的检测仪器和设备，掌握其测试和分析步骤，熟练使用煤质的常规检测、在线检测设备，评价煤样质量。第二，工程安全与环保。教学目的是通过学习树立和培养学生的工程安全意识、环保意识。强化学生在企业生产过程中遵守安全生产各项规章制度、遵守各项操作规程、遵守劳动纪律的自我控制能力。认识生产过程中安全隐患的薄弱环节，掌握相应的应对措施和方法。树立节能减排的环保意识，实现企业和社会的可持续发展。具体要求：积极学习安全生产知识，不断提高安全意识和自我保护能力；树立节能减排的环保意识。

专业知识与专业技能训练包括：第一，选矿生产实践案例分析。教学目的是通过该课程的学习，使学生能够对选矿主要生产环节产生更为实际的感性认识，能对选矿生产过程有一个完整的了解，能借鉴选矿工艺应用的成功经验，为毕业设计和今后的专业工作打下基础。具体要求：熟练掌握重选、浮选、干法选矿等工艺的操作流程，了解常用和现代选矿设备的性能和用途。第二，专业实习。教学目的是通过实习使学生获得对矿物加工工厂生产的感性认识，加深理解所学的理论知识，扩大知识面，培养学生的动手能力、独立分析问题、解决问题的能力，以及理论联系实际、尊重实践的科学态度。充实实践知识，学习厂领导指挥生产的实际经验，培养组织管理的能力，学习工人师傅的优秀品质及生产技艺，增强劳动观念，培养团队精神。熟悉矿物加工的各个生产环节，从原矿准备到加工、运输与管理的全过程。了解先进的加工技术与装备。为今后的学习、工作及科研打下一定的实践基础。同时还应为课程设计收集资料，做到思想与业务实习双丰收。具体要求：必须严格遵守实习纪律，按时参加实习期间的一切教学实践活动，不得无故旷课、迟到、早退；遵守国家法令和实习工厂的各项规章制度，保证整个实习期间的安全；实习期间按照实习日程安排，保证跟班劳动时间，虚心向工人师傅学习，并做好实习笔记，及时消化实习内容；实习期间充分发挥学生的工作能力和独立分析问题解决问题能力，并完成实习报告的编写；注意安全防护和个人卫生，发扬团结互助精神，具有良好的道德修养，树立大学生良好的形象，爱护学校和集体的名誉。

基础知识与专业知识综合训练包括：第一，毕业实习。教学目的是通过实习，深入选煤厂或选矿厂对选矿生产和管理进行全面而系统的调查研究，了解它的设计、生产和管理情况，分析所存在的问题，进一步提高学生分析问题和解决问题的能力。收集毕业设计和专题论文所需的基础资料；在深入实际进行调查研究的基础上，对选煤厂的主要问题，例如：工艺流程、各作业的工艺指标及工作效果、厂房和设备布置情况、生产过程的技术和经营管理等进行分析和总结；按毕业设计任务书的要求整理好设计所需的原始资料，初步定出所设计的选煤厂工艺流程；同时收集专题所需资料，确定专题提纲。在实习期间，要求按大纲要求独立进行工作，最后完成理论联系实际的实习报告。具体要求是学生在实习结束前，根据实习大纲的要求认真编写实习报告并进行考试。报告内容重点是对入选原煤的性质(物理性质、化学性质)及可选性,对选煤厂的工艺流程、选煤方法、产品结构合理性进行深入分析;对主要设备性能和指标进行评述;对分选等主要环节进行工作效果的评价;对选煤厂的经营管理水平进行评述;对选煤厂总平面布置和主厂房设备布置进行分析。此外对收集的毕业设计及专题论文的原始资料进行整理,根据自己的设计任务,初步制定出选煤原则、工艺流程图和专题论文提纲。

毕业设计/论文。毕业设计目的在于训练学生运用所学基础理论和工艺知识独立地解决有关选矿厂设计中的工程技术问题。通过设计学习有关工艺流程的选择与计算,主体工艺设备的、选择与计算,并获得绘制设备配置图的初步技能。通过方案比较和设计选厂的投资概算,使学生建立和加强工程技术的经济观点。此外还应使学生对工业设计的程序有一总体概念,熟悉有关厂址选择、原材料及水、电供应与生产建设的关系,辅助设备的配套使用及技术经济指标的内容等。并提出选矿工艺对总平面布置土建、供水、供电、采暖通风及辅助车间的设计等要求。具体要求:通过毕业设计把所学的理论知识和实际技能有机地结合起来,并应用于工程设计。进一步提高分析问题和解决问题的能力及运算和绘图能力。同时,要学会利用文献资料、查阅图表、手册等方法,初步掌握选煤厂工艺设计的基本原理、方法、步骤和编制选煤厂设计文件的基本技能。

3)"双师型"师资队伍建设

一方面注重加强教师的企业经验。学院制定教师培养计划,并给予培训补贴、减免全年工作量等相应的政策支持,计划每年选派5名教师到企业实践基地进行为期半年脱产工程实践培训,包括:在车间顶岗实习1个月,在车间的技术部门参与设计任务3个月,在企业的设计部门参与技术开发2个月。在培训期间,每个阶段均为每名教师配备企业导师,在培训结束时,学校和企业联合给出考核结果,并根据考核结果给予相应的奖惩。另一方面,聘请企业兼职教师。设立"企业教授"岗位,聘请企业高级专家参与教学科研;学院单独设立"卓越工程师试点班"教学岗位,聘任具有丰富工程实践经验的教师承担试点班的教学任务。学院选派指导教师,企业等用人单位选派工程技术或管理骨干,共同组成指导小组,对学生的专业教学、技能训练、实习和毕业设计(论文环节)进行指导,并纳入学生的专业教学计划;学院聘请企业或用人单位的工程技术和管理骨干到学校开设课程。

4)考核方式

校内理论课程考核:由出勤、作业、实验、考试等几部分组成,根据课程的不同性质,还可适当加入测验及项目设计等形式。

企业实践环节考核:由学院和企业共同完成,但主要由企业导师根据学生参加工程训练情况给出评定。考核方法:每个培训环节单独进行考核,由实训导师按照实习单位的标准对学生进行现场考核,可采取现场操作、提问答辩等考核方式,根据学生的实际表现给出此企业学习阶段的成绩。

5)实践教学经费来源

试点班学生在企业的实践教学经费由学校和企业承担。经费大部分从学校预算中支出,同时学生参与企业生产活动,企业承担部分经费。

4. 矿物加工工程专业本科卓越工程师培养质量的评价标准

矿物加工工程专业本科卓越工程师应达到如下要求。

(1)良好的思想政治素质;

(2)应用数学、科学与工程等知识的能力;

(3)进行工艺设计、实验分析与数据处理的能力;

(4)根据需要去设计一个部件、一个系统或一个过程的能力;

(5)多种训练的综合能力;

(6)验证、指导及解决工程问题的能力;

(7)了解职业道德及社会责任;

(8)有效的表达与交流的能力;

(9)懂得工程问题对全球环境和社会的影响;

(10)终生学习的能力;

(11)应用各种技术和现代工程工具解决实际问题的能力。

5.2.2.3 安全工程专业本科卓越工程师培养目标体系

1. 安全工程专业本科卓越工程师培养目标

安全工程专业培养能适应社会主义现代化建设和社会经济发展需要,德、智、体、美、能全面发展,工程实践能力强,综合素质高,外语及计算机应用能力突出,掌握安全科学、安全工程及技术的基础理论、基本知识、基本技能,获得安全工程师基本训练,能在矿山企业及相关领域从事安全技术及工程方面的设计、生产、管理、教学、研究等工作,具有较强的创新精神和一定研究能力的复合应用型人才。

2. 安全工程专业本科卓越工程师教育培养标准实现矩阵

安全工程专业本科卓越工程师教育培养标准实现矩阵如表 5-8 所示。

3. 安全工程专业本科卓越工程师企业学习阶段培养方案

与企业共同建立教学指导委员会(成员为本专业教师和各企业工程技术人员)。指导委员会的职能是研讨并提出毕业生能力要求;审核人才培养方案(培养计划)对专业培养目标的符合度并适时提出改进建议;教学指导委员会(企业成员)单位应提供一定数量的企业专家作为兼职教师积极参与专业的教学活动,提供实践条件开展实习、实训,为学生提供参与工程实践的机会,在人才培养过程中发挥作用。

1)培养目标

了解企业运行与管理模式,了解并掌握煤矿矿山生产、安全管理、安全技术及工程、矿山抢险与救灾决策运行的完整过程。培养本专业的职业技能、参与矿山安全工程项目研发、管理和工程实施的能力,培养团队协作精神、沟通交流能力和职业道德。

2)培养标准

(1)实践认知能力。通过企业实践和学习,能够将校内所学到的基础理论、专业基础知识和基本理论融会贯通,深刻理解科学技术与工程技术的关系。掌握综合运用所学的专业知识和基础理论,初步进行分析问题、解决问题。能够将工程技术中存在的部分问题上升到科学理论,反过来指导工程实践。熟悉和适应实习煤炭企业的社会环境和经济环境,养成自主学习获取新知识的能力。

(2)工程实践能力。经过安全工程集中实践性环节的实习、实验、课程设计和毕业设计,以及在现场进行掘进工作面、采煤工作面作业规程、矿井通风阻力测定、巷道交叉点设计、巷道支护设计等单向工程的编制和设计等,能够用于指导矿井生产。

表 5-8 安全工程专业本科卓越工程师教育培养标准实现矩阵

	知识与能力要求		实现途径（课程、实习等）
1 具有强烈的爱国敬业精神和社会责任感、良好的工程职业道德，坚定的追求卓越的态度和丰富的人文科学素养（对应通用标准 1、3、11）	1.1 具有积极向上的煤炭事业追求	1.1.1 具有较强的社会责任感和强烈的爱国精神，有献身煤炭安全事业的信心和决心 1.1.2 继承不怕苦、乐于奉献的优良传统	就业指导，大学生职业生涯发展规划，形势与政策，军事理论，思想政治理论课实践教学，各类实习，社会实践，军事技能训练（军训）
	1.2 具有良好的工程职业道德	1.2.1 铸就就大爱精神为导向的学校核心价值观、价值观和人生观 1.2.2 具有严以律己，宽以待人的高尚品格 1.2.3 具有爱岗敬业，追求卓越的职业态度 1.2.4 具有求真务实的科学态度	马克思主义基本原理，毛泽东思想和中国特色社会主义理论体系概论，中国近现代史纲要，思想道德修养与法律基础，形势与政策，大学生职业生涯发展规划，大学生就业（创业）指导，诚信教育，科学实验，学术报告
	1.3 重视工程质量，具有良好的安全和服务意识	1.3.1 能够正确理解安全事业以人为本、安全第一的管理理念 1.3.2 重视矿山安全工程质量 1.3.3 尊重和理解煤装煤工，养成良好的服务意识	专业教育，毕业实习，认识实习，生产实习，思想政治理论课实践教学
	1.4 具有安全工程领域的国际视野和丰富的人文科学素养	1.4.1 掌握一门外语，具有一定的国际视野，了解安全专业的前沿发展状况和趋势 1.4.2 具有高尚的道德品质、情趣、品味、人格方面的较高修养	大学英语，大学语文，大学生心理健康教育，大学美育，思想政治理论课实践教学，艺术欣赏
	1.5 具有良好的身体素质，能够适应矿山安全工作环境		体育与健康，大学生心理健康教育
2 具备从事安全工程工作所需的相关数学、物理、化学等自然科学知识及工程基础知识（对应通用标准 2、4、5）	2.1 掌握并能应用工程数学、物理学、化学等相关自然科学的知识	2.1.1 具备从事煤矿安全工程设计和管理所需的数学知识 2.1.2 具备从事煤矿安全工程设计和管理所需的物理、化学知识	高等数学，线性代数，概率论与数理统计，计算方法，大学物理，物理实验，大学化学
	2.2 掌握并能应用力学、热学、计算机、经济管理等相关工程科学基础知识	2.2.1 具备从事煤矿安全工程设计和管理所需的力学、热学知识 2.2.2 熟悉计算机应用相关知识、掌握计算机模拟（管理）的方法与工具 2.2.3 具备绘制工程图纸的能力 2.2.4 具备一定的工程经济管理知识	工程力学，材料力学，工程热力学与传热学，流体力学与流体机械，工程燃烧学，矿山压力与顶板控制，大学计算机基础，高级语言程序设计，计算机辅助制图，画法几何与工程制图，经济管理学，安全管理学

续表

	知识与能力要求	实现途径（课程、实习等）
3 掌握安全工程专业基本理论和基础知识，了解本专业的发展现状和趋势（对应通用标准4、6、8）	3.1 具备安全学科基础知识，拥有安全工程技术问题初步理论分析的能力	3.1.1 掌握事故致因原理的基本知识，具备能够针对工程事故进行分析和进行应急处理的能力 3.1.2 掌握安全人机基础知识，能够根据工程实际应用其进行系统安全性评价的能力	安全管理学、安全系统工程、安全人机工程
	3.2 掌握与矿山安全相关的矿山地质、瓦斯地质、矿井开采、矿井通风等基础知识	3.2.1 了解地质年代与基本的地质结构，瓦斯地质学的基础理论、工作方法，以及煤与瓦斯突出预测和防治方法研究的能力 3.2.2 具备初步的矿井通风及矿井开采设计的能力	煤矿地质、瓦斯地质学、煤矿开采、矿井通风、矿山压力与顶板控制
	3.3 熟悉安全规范和安全法规	3.3.1 熟悉国家相关安全法律法规，熟悉矿山安全领域部门规章与专用标准 3.3.2 了解本学科前沿和趋势	安全法规、矿井通风、煤矿开采、矿山安全检测技术
4 掌握并能够综合运用安全工程专业理论知识，参与安全设计、解决实际工程问题的初步能力（对应通用标准3、5、6）	4.1 熟悉历史和文化环境，了解安全工程师的责任和义务，明确对社会对安全工程师的要求，培养对安全环境适应能力	4.1.1 对社会环境适应能力培养 4.1.2 明确工作环境的艰苦性和复杂性，加强对企业环境适应能力培养	形势与政策、安全法规、中国近现代史纲要、大学生职业生涯与发展规划、大学生心理健康教育、体育、军训等课程和社会实践活动、认识实习、生产实习、毕业实习
	4.2 掌握一般的工程试验与测试技能	4.2.1 掌握矿山各种测试仪器仪表、监测监控设备、抢险救灾设备等实际的使用方法 4.2.2 掌握一般工程试验的原理和方法 4.2.3 了解误差理论与数据处理方法	矿井开采、矿井通风、瓦斯灾害防治、矿井粉尘防治、矿山抢险与救灾、矿井安全检测技术等实验、设计性实验、开放性实验、毕业实习
	4.3 掌握矿山安全管理与灾害防治技术等专业知识，具有行业安全工程设计、监察与管理的知识和初步能力	4.3.1 了解初步瓦斯防治能力 4.3.2 了解矿山水灾、火灾和粉尘等灾害的危害、形成、特点，掌握发生原因及防治技术、火灾和粉尘的治理能力 4.3.3 了解矿山救护工作和救护基本知识，使学生初步具备重大灾害事故抢险救灾的指挥调度与决策能力	瓦斯地质、瓦斯灾害防治、矿井火灾水灾防治、矿井粉尘防治、矿山抢险救灾课程设计、矿山安全检测技术

续表

	知识与能力要求	实现途径（课程、实习等）
5 具备一定综合工程实践经验	5.1 具备矿山类企业的综合安全工程实践经验	5.1.1 掌握矿山安全工程设计从前期规划、方案设计到施工图设计及工程实施等各阶段的工作内容、要求及其相互关系 5.1.2 掌握联系实际、调查研究、群众参与的工作方法，灾变事故在耦合安全生产要求素共存、有能力在耦合调查研究与收集资料的基础上，拟定设计目标和理论，进行防灾减灾方案设计 5.1.3 有能力应用矿山安全工程灾害防治技术等专业知识和理论，对设计方案进行比较、调整和组合 5.1.4 能对具体的安全工程问题的探索和实验，参与安全工程项目现场实施中的各种环节，对运行中的设计能够优化改进 5.1.5 了解防治设计和实施过程中企业内各部门协作的工作方法，并具有综合和协调的能力	矿井开采、矿井通风、瓦斯防治、矿井火灾防治、矿山粉尘防治、矿山抢险救灾、矿井通风阻力测定、矿井通风机性能测定等课程实验包括矿井通风阻力测定、矿井通风机性能测定的试验综合性和设计性实验各类实验，如阻力测定路线的选择、风机风量测定方法的选择等；矿井通风课程设计、矿井采煤课程设计、瓦斯灾害防治课程设计等环节；认识实习、生产实习、毕业实习等
	5.2 具备一定其他企业的安全工程实践经验	5.2.1 针对其他行业产和存在的安全问题，能综合运用安全工程专业所学科学理论，系统地对问题进行分析和处理的能力 5.2.2 能对具体的安全工程问题进行建模和系统设计。具有对设计方案或实施措施在设计和实施过程中能够进行评价的能力	安全基础课程如安全管理学、安全系统工程、安全评价及工业安全技术课程，数学基础知识如高等数学、概率数理统计、计算方法等
6 具备较强的创新意识与思辨能力，具备矿山安全技术及安全管理创新的初步能力（对应通用标准6）	6.1 具有较强的创新基本的创新能力	6.1.1 具有创造性思维能力、创造兴趣、创造情感及创造意志 6.1.2 具有将安全专业知识应用于创造性改造工程实践的能力 6.1.3 了解新技术、新工艺、新设备在安全工程中的应用	大学生科技训练计划（SRTP）、创新学、素质拓展计划、参与老师的教研、科研项目、本科实验室开放课题计划、参与老师讲座、专家报告、文献检索与查新、学术报告
	6.2 具有在工作中不断获取信息和思辨能力	6.2.1 具有在煤矿安全管理过程中管理、控制与使用互联网、数据库查询资料的综合信息的收集能力 6.2.2 具有文献检索或收集反馈信息分类、整理、辨别、吸收利用的能力 6.2.3 具有对新知识反馈识别的能力 6.2.4 具有合理规划职业发展的能力	生产实习、安全管理学、毕业实习、大学计算机基础、文献检索与查新、生产实习、毕业实习、大学生职业生涯与发展规划、大学生就业（创业）指导
	6.3 具有不断汲取新知识、安全领域新知识，提高自身专业水平的能力	6.3.1 具有乐于接受新知识的积极态度，能够不断学习新煤矿的采煤技术和工艺 6.3.2 对于安全技术中的新材料、新设备、新技术能够较快掌握并适应 6.3.3 对于新的煤矿的煤矿相关的规范、法律、制度等具有自学并掌握的能力	学术报告、社会实践、项目调研、生产实习、工程实践、参与老师、文献检索与查新、法律法规、学术讲座、参与科普课外活动

续表

知识与能力要求		实现途径（课程、实习等）
7 具有良好的沟通、环境适应与团队合作能力（对应通用标准9、11）	7.1 具有较强的沟通交流能力	生产（毕业）实习、毕业答辩、学术讲座、研讨交流、大学习交流、大学英语、专业外语、企业参观交流、第二课堂、素质拓展
	7.1.1 能够准确运用安全工程专业术语、图表、清晰表达相关工程技术问题	
	7.1.2 熟练掌握一门外语，具有跨文化背景下的沟通和表达能力	
	7.1.3 生活和工作过程中尊重理解他人的需求和意愿	
	7.2 具有良好的环境适应能力	大学生心理健康教育、大学生心理（实践）、各类实习、社团活动、第二课堂、素质拓展
	7.2.1 具备较强的综合素质，能够适应新的和不断变化的人际环境和工作环境	
	7.2.2 具有良好的心理素质，能经受挫折和跟活否环境的考验	
	7.3 具备团队合作精神，并具备一定的协调、管理、竞争与合作的初步能力	社团活动、各类竞赛、项目管理、各类实习、社会实践活动、社团活动、公选课程各类竞赛竞争机制与管理、第二课堂、素质拓展
	7.3.1 具有责任心强，顾全大局，宽以待人，尊重包容他人的性格品质，具有高效团队的组建与培养能力	
	7.3.2 诚实守信，具有团队合作意识和团队合作精神	
	7.3.3 具备一定的协调、管理、竞争与合作能力	
8 掌握项目及工程管理的基本知识并具备参与能力（对应通用标准1、8、9、10）	8.1 具备项目组织和管理能力	经济管理学、安全管理学、安全系统工程、安全人机工程、安全类基础课程及专业课程
	8.1.1 能使用合适的管理体系，制定项目规划和预算，合理有效地安排任务，分配人力和资源	
	8.1.2 能够有效整合现有资源，能够发现、评估并完成工程任务所需的开发方法和技术条件，确定解决方案	
	8.1.3 能在国家有关安全政策、法律、法规所规定的范围内，按所定的方案、程序开展矿山安全技术或工程的开发工作	
	8.2 具备应对安全工程实施及应用过程中突发事件的能力	研讨、安全系统工程、安全管理学、安全人机工程、安全法规等安全类基础课程及专业课程
	8.2.1 能够及时发现安全工程所对目标、安全操作流程和安全法规的变化，针对现有系统进行重新分析评估	
	8.2.2 根据变化后的实际情况采取恰当的措施，确保项目或工程的顺利进行	

参与编制矿井生产计划和进度，参与计划实施和项目管理，受到生产管理和技术管理的全面训练，基本具备独立工作能力。

(3)信息获取和自主学习能力。通过矿井生产计划、报告、报表、进度等生产技术文件和资料，以及现场交流等途径，获取生产技术信息和资料，并能够进行分类、提炼、整理和总结，为矿井提供有参考价值的结论、意见和整改措施。在企业培养阶段中发现自身知识、能力的不足，并能够自主学习。

(4)沟通交流能力。在实习矿井现有体制下，实习期间自觉遵守企业的各项规章制度，尊重领导，团结同事，通过与企业有关领导、工程技术人员、工人的书面和口头交流，养成正确处理人际关系能力和团队协作精神。能够用口头或书面恰当的方式阐述自己的意见和观点。参与矿井项目招、投标书，可行性分析报告，专题报告等文件的编写工作，具有工程技术文件的编纂能力。

(5)职业道德、事业心和责任感。熟悉本行业适用的主要职业健康安全、环保的法律法规、标准知识。熟悉企业员工应遵守的职业道德规范和相关法律知识，遵守所属职业体系的职业行为准则，并在法律和制度的框架下工作，养成遵守法律、法规和企业规章制度的习惯，形成照章办事的良好作风，恪守职业道德。正确理解矿井开发与经济、社会、环境和可持续发展之间的关系，具有良好的质量、安全、服务和环保意识，并承担有关健康、安全、福利等事务的责任。具有强烈的社会责任感和事业心。

3)培养计划

河南理工大学"卓越工程师教育培养计划"应用型安全工程师按"3+1"培养模式，学生在煤矿企业实习时间为1年，分两个学期进行，每个学期的学习内容和要求如表5-9和表5-10所示。

4)实施企业

初步选定的联合培养企业为：河南能源化工集团、中平能化集团。

5)工程实践条件

(1)河南能源化工集团有限责任公司(河南理工大学实践教学基地)。

参见采矿工程专业工程实践条件部分。

表5-9　企业学习阶段教学计划(第七学期)

序号	学习单元	学习内容	学习形式	地点	时间(周)	完成形式
1	矿井开拓生产实习	矿井概况、井田开拓、采煤方法、巷道掘进及井巷工程等	听报告、井上井下参观、查阅资料、跟班劳动等	实习矿井	1~4	实习报告
2	矿井通风生产实习	矿井通风系统设计、主要通风机工作方式及安全检测、通风阻力测定、通风系统优化、通风管理等	听报告、井上井下参观、查阅资料、跟班劳动等	实习矿井通风区(队)	5~10	实习报告
3	瓦斯防治生产实习	矿井瓦斯含量、压力等参数测定、瓦斯涌出量预测、瓦斯等级鉴定、瓦斯抽放设计、防突设计及措施管理等	查阅资料、跟班劳动、井下实测、地面设计等	实习矿井防突(队)	11~16	实习报告
4	水、火、矿尘防治生产实习	矿井水、火、矿尘等灾害防治设计及技术管理	查阅资料、跟班劳动、井下实测、地面设计等	实习矿井通风(队)、安全科	17~20	实习报告

表 5-10　企业学习阶段教学计划(第八学期)

序号	学习单元	学习内容	学习形式及要求	地点	时间(周)	完成形式
1	毕业综合实习	全面系统的掌握矿井开拓开采、通风设计、安全技术及管理等方面知识并能应用	听报告、井上井下参观、查阅资料、跟班劳动、井下实测、地面设计等	实习煤矿	1~4	实习报告专题汇报
2	毕业设计(论文)	收集、查阅资料，完成实习矿井通风与安全设计(论文)	在校内外教师的联合指导下，完成毕业设计(论文)大纲的要求	实习煤矿	5~17	设计(论文)
3	总结	答辩、全面总结	准备设计(论文)材料和按时参加答辩	学校	18~19	设计(论文)

(2)中平能化集团(河南理工大学实践教学基地)。

参见采矿工程专业工程实践条件部分。

6)师资配备

目前学校已经与实习基点签订合作关系，采用专职和兼职相结合的方式组建了一支适合于"卓越工程师培养计划"教学任务的师资队伍。

(1)对于校内专职教师队伍，以提高其实践能力为核心进行培养。培养的重点是缺乏工程实践和科研经验的35岁以下青年教师，培养方式结合"河南理工大学青年教师实践提高管理办法"的实施，规定青年教师至少有半年的时间在企业实践锻炼，并同时协助企业完成学生在企业学习阶段的指导、管理工作。

(2)对于外聘兼职教师，重点提高其实践与理论的结合能力。外聘教师主要来自河南煤业化工集团有限责任公司和中平能化集团等公司所属的大型矿井，长期从事煤炭生产和技术管理工作的、具有大学本科以上学历的高级工程师，以及省内外专家和教授等。

(3)外聘教师主要承担学生在企业学习阶段的培养和实践性强的课程内容的讲授。外聘教师原则上是河南理工大学兼职教授，外聘教师的待遇按其实际工作量发放补贴，由学院、学校人事处和企业劳资部门联合考核。

(4)实践性强的专业课程由工程经验丰富的教师担任。

(5)外聘企业教师12人。

4.安全工程专业本科卓越工程师培养质量的培养要求

安全工程专业本科卓越工程师应达到如下要求：

(1)具有强烈的爱国敬业精神和社会责任感，良好的工程职业道德，坚定的追求卓越的态度和丰富的人文科学素养。

(2)具备从事安全工程工作所需的相关数学、物理、计算机应用等自然科学知识。

(3)掌握安全工程专业基础理论和专业基础知识。

(4)掌握并能够综合运用安全工程专业的基本理论和知识，参与矿山安全工程设计，从事矿山安全生产和技术工作，具有解决实际工程问题的初步能力。

(5)具有从事工程建设和工程管理的基本能力。

(6)具有较强的创新意识，具备矿井技术改造与创新的初步能力。

(7)具有良好的沟通、交流、环境适应与团队合作能力。

(8)能够参与矿井生产与安全管理工作,了解本专业的发展现状和趋势。

5.2.2.4 地质工程专业本科卓越工程师培养目标体系

1. 地质工程专业本科卓越工程师培养目标

本专业培养知识、能力、素质各方面全面发展,系统掌握工程地质、水文地质、岩土工程等方面的基本技能,接受相关的工程训练,能在城镇建设、土木水利、能源交通、资源开发、国土防灾等各领域的勘察、设计、施工、管理单位从事工程地质勘察、地质灾害防治与环境保护、地质工程设计与施工、资源勘探与采掘、岩土钻掘与工程监理等工作的应用型、复合型工程技术人才。

2. 地质工程专业本科卓越工程师教育培养标准实现矩阵

地质工程专业本科卓越工程师教育培养标准实现矩阵如表 5-11 所示。

3. 地质工程专业本科卓越工程师企业学习阶段培养方案

1)培养目标

企业生产实践是本专业本科生培养方案中不可缺少的一个重要教学环节,是理论与实际相结合的极好学习方法。本次实践的主要目标是:使学生在生产实践中了解地质专业、熟悉地质专业、热爱地质专业,在提高和巩固理论知识的同时,学习生产技术、实验技术、企业管理知识,训练观察和分析问题的能力,培养劳动观点,培养与企业的深厚感情;使学生为以后的工程硕士阶段学习打下基础或为学生本科毕业后直接进入企业工作打下基础;完成本科毕业设计或论文。培养一批创新能力强,具有国际视野和跨文化交流能力,适应经济、社会发展需要的高端性和引领性地质工程专业卓越工程师,为我国矿业发展和建设创新型国家提供坚实的人才支撑和智力保证。

2)培养标准

(1)实践认知能力

通过企业实践和学习,能够将校内所学到的基础理论、专业基础知识和基本理论融会贯通,深刻理解科学技术与工程技术的关系。具有综合运用所学的专业知识和基础理论,初步进行分析问题、解决问题。能够将工程技术中存在的部分问题上升到科学理论,反过来指导工程实践。熟悉和适应实习煤田地质与勘探工作的社会环境和经济环境,养成自主学习获取新知识的能力。

(2)工程实践能力

经过本专业集中实践性教学环节的实习、实验、课程设计和毕业设计,以及在企业现场的生产实习,培养学生具备矿井地质勘探、编录、矿井储量及矿井地质报告编写的能力;具备解决煤矿生产过程中的地质问题,包括煤炭储量勘查、核算、解决矿井瓦斯突出、矿井突水的能力,以保证矿井正常生产;参与实习企业的生产管理,参与企业计划实施和项目管理,受到生产管理和技术管理的全面训练,基本具备独立工作能力。

(3)信息获取和自主学习能力

使学生通过参与企业矿井地质勘探、编录、矿井储量及矿井地质报告编写等技术工作,以及现场交流等途径,获取生产技术信息和资料,并能够进行分类、提炼、整理和总结,为煤矿正常生产提供有参考价值的地质技术支撑和管理意见。

在企业实习过程中培养学生发现自身知识、能力的不足,并能够自主学习的能力。

表 5-11 地质工程专业本科卓越工程师教育培养标准实现矩阵

知识与能力要求			实现途径
1 具备良好的职业道德、体现对职业、社会、环境的责任（对应通用标准 1、3、7）	1.1 具有遵守法律、职业道德规范和所属职业体系职业行为准则的意识	1.1.1 具有科学的世界观和正确的人生观，愿为国家富强、民族振兴服务	马克思主义基本原理 毛泽东思想和中国特色社会主义理论体系概论 思想政治理论和实践教学
		1.1.2 熟悉相关法律法规与政策，遵守职业道德规范、行为准则	思想道德修养与法律基础
		1.1.3 具有高尚的道德品质，能体现哲理、情趣、品味、人格方面的较高修养	艺术欣赏 形势与政策 大学美育 军事理论 公共艺术类选修课 名家讲堂
	1.2 具有良好的安全、服务和环保意识，并积极承担有关健康、安全、福利等事务的责任	1.2.1 具有健全的心理和健康的体魄	大学生心理健康教育 军事技能训练 体育与健康 各类运动会
		1.2.2 熟悉职业健康安全、环境的相关法律法规和标准	大学生职业生涯发展规划 社会实践 矿产勘查与评价 环境保护概论
		1.2.3 注重环境保护，生态平衡和可持续发展	环境保护概论 社会实践 课外竞赛
	1.3 为保持和增强其职业素养，具备不断反省、学习，积累知识和提高技能的意识和能力	1.3.1 具有良好的心理素质应对危机和挑战的能力	大学生心理健康教育 形式与政策 第二课堂
		1.3.2 具有求真务实的科学态度	室内试验 野外实习 企业生产实习 学术报告

续表

知识与能力要求			实现途径
1 具备良好的职业道德和增强其职业素养，具备不断反省、学习、积累知识和提高技能的意识和能力（对应通用标准1、3、7）	1.3 为保持和增强其职业素养，具备不断反省、学习、积累知识和提高技能的意识和能力	1.3.3 具有面向未来、开拓进取的能力	大学生就业（创业）指导 创新学 第二课堂活动
		1.3.4 具有拓展知识领域，跟踪学科发展方向，了解学科前沿成果的能力	学术报告 社会实践 毕业设计
2 具备从事煤田地质工作所需的科学基础通用知识（对应通用标准2、4、5）	2.1 掌握并能应用工程科学知识：包括数学、物理学、工程经济管理等相关学科的知识	2.1.1 具有应用数学知识从事煤田地质勘查、煤岩分析、煤矿开采设计的能力	高等数学 线性代数 概率论与数理统计
		2.1.2 具有应用物理和化学知识从事煤田地质勘查、煤矿开采设计的能力	大学物理 大学物理实验 大学化学
		2.1.3 具有通信信息及网络技术管应用能力	计算机基础 高级语言程序设计
		2.1.4 具有计算机应用相关知识，计算机辅助设计的方法和工具、计算机软件编程能力	计算机绘图 高级语言程序设计 Mapgis 地质绘图
		2.1.5 具有绘制工程图纸的能力	计算机绘图
		2.1.6 具有一定的工程经济管理和矿产资源管理的能力	野外认识实习 矿产勘查与评价 企业管理 技术经济分析 当代世界政治与经济
	2.2 掌握一般的测量与测试分析技能	2.2.1 具有使用常用工程测量工具的能力	测量学
		2.2.2 具有应用一般测试技术分析方法和原理的能力	测试技术
		2.2.3 具有误差分析理论与数据处理的能力	概率论与数理统计

续表

知识与能力要求			实现途径
3 具备从事煤田地质工作所需的专业基础理论和应用基础知识(对应通用标准4、5)	3.1 掌握地质学、地理信息系统、矿井地质等相关专业基础知识	3.1.1 了解地质年代与地质作用,具有利用矿产的成因、赋存地质条件和资源勘查工作方法进行地质工作的能力	普通地质学 矿床学 石油与天然气地质 采矿概论
		3.1.2 具有应用地理信息系统进行数据结构及空间分析、矿产资源调查的能力	地理信息系统
		3.1.3 掌握地质环境组成要素的特征和变化规律,具有进行地质环境保护的能力	环境地质学 环境保护概论
	3.2 掌握从事煤田地质所需的基础理论和基础知识	3.2.1 具有鉴别三大类岩石的能力	岩浆岩与变质岩 沉积岩石学 结晶学与矿物学 晶体光学 填图实习 矿产勘查与评价课程实习 室内实验
		3.2.2 具有分析地球构造演化及地质构造的能力	构造地质学 野外实习 毕业设计
		3.2.3 具有鉴定地层中常见生物化石、地层划分与对比的能力	古生物地层学 野外实习
		3.2.4 具有使用常用煤田地质勘查设备的能力	钻探工程学 矿产勘查与评价 测试技术 野外实习 企业实习
		3.2.5 具有工程经济和矿山企业管理的能力	矿产勘查与评价 企业实习

· 119 ·

续表

	知识与能力要求		实现途径
4 掌握煤田地质专业理论和知识,具备解决工程技术问题的基本技能(对应通用标准4、6、7、8)	4.1 掌握煤田地质专业知识,熟悉煤田地质勘查工作的程序、方法;熟悉煤田地质专业的发展现状和趋势	4.1.1 具有利用矿井地质的基本理论和方法,处理煤矿瓦斯、矿井水的能力	矿井地质学 瓦斯地质学 水文地质与工程地质 课程设计 毕业设计
		4.1.2 具有进行煤的化学组成、煤质评价指标、成煤原始物质、成煤过程及聚煤规律分析的能力	煤地质学 地球化学 测试技术 室内试验
		4.1.3 具有从事煤田地质勘查工作的能力	矿产勘查与评价 应用地球物理 钻探工程学 课程设计 企业实习
		4.1.4 具有了解煤田地质专业的发展趋势的能力	学术讲座 学术会议 测试技术 煤田地质学术讲座
	4.2 掌握从事煤田地质专业所需的工作方法和专业技能	4.2.1 具有对矿物岩石、煤岩鉴定分析的能力	矿物岩石学 晶体光学 煤地质学 室内试验
		4.2.2 具有煤田地质野外工作、实际动手操作的能力	地质认识实习 地质填图实习 企业生产实践 毕业实习
		4.2.3 具有应用现代技术进行勘查设计、分析的能力	矿产勘查与评价 Mapgis 地质绘图

续表

	知识与能力要求		实现途径
4 掌握煤田地质专业理论和知识，具备解决工程技术问题的基本技能（对应通用标准4、6、7、8）	4.3 掌握煤田地质勘查工作的原理，熟悉勘查、设计等设备设施的性能，能进行工程项目的设计、分析、调试、管理和维护	掌握常见勘查设备仪器的工作原理，具有应用设备进行设计、分析及维护设备的能力	测试技术 野外实习 企业生产实践 应用地球物理课程实验
	4.4 熟悉煤田地质工作技术标准、设计规范和安全法规	4.4.1 具有应用专业规程与规范的能力	矿产勘查与评价 毕业实习 企业实习
		4.4.2 具有应用行业通用与专用标准的能力	
		4.4.3 具有应用相关工程标准的能力	
5 具备解决煤田地质工作实际问题的能力（对应通用标准3、5、6、7、8）	5.1 具有解决煤田地质工作问题的基本技能和方法	5.1.1 具有地形地质图判读、罗盘使用的能力，掌握野外地质纪录的基本要求及初步学会地质现象的素描的能力	地质认识实习
		5.1.2 具有岩性、地质构造描述、测绘地质剖面的能力	地质填图实习
		5.1.3 具有矿井地质勘探、编录、矿井储量及矿井地质报告编写的能力	矿井地质课程设计
		5.1.4 具有工程实施、管理及监管的能力	野外实习 企业实习 学科竞赛 毕业设计
	5.2 具有解决煤矿生产过程中的地质问题，具有煤炭储量勘查、核算，保证矿井正常生产能力	5.2.1 具有矿井地质编录、地质编图的能力	矿井地质学 矿产勘查与评价
		5.2.2 具有解决矿井瓦斯突出、矿井突水的能力	瓦斯地质学 工程地质与水文地质
		5.2.3 具有煤炭资源储量管理的能力	矿产勘查与评价
	5.3 熟悉煤炭行业市场及技术发展的调研方法，具备利用新手段、新设备、新理论指导开展工作的能力	5.3.1 具有调查分析的能力	野外实习 企业实习 学科竞赛 毕业设计
		5.3.2 具有快速接受并利用新技术、新理论、新设备的能力	课程设计 第二课堂活动

续表

知识与能力要求			实现途径
6 具有较强的创新意识与创新能力（对应通用标准6）	6.1 具有较强的创新能力	6.1.1 具有创新动机、创造兴趣、创造情感及创造意志，具备一定的创造性思维能力	创新学 学术报告 第二课堂
		6.1.2 具有将煤田地质专业理论和知识应用于创造性工程实践的能力	课程设计 毕业设计 企业实习
		6.1.3 具有将新技术、新工艺、新设备应用于煤田地质中的能力	测试技术 学术报告
	6.2 具有在工作中不断获取信息和职业发展学习能力	6.2.1 具有煤田地质勘查及矿山生产管理过程中管理、控制与安全信息的收集能力	毕业设计 课程设计 企业实习 学术报告
		6.2.2 具有使用互联网、数据库查询资料和信息的综合能力	
		6.2.3 具有对收集或反馈信息分类、整理、吸收与利用的能力	
		6.2.4 具有合理规划职业发展的能力	
7 具备有效沟通与交流的能力（对应通用标准9、11）	7.1 能够使用技术语言，在跨文化环境下进行沟通与表达	7.1.1 具有跟踪煤田地质领域最新研究方向的能力	学术报告 课程设计 毕业设计
		7.1.2 具有实用写作能力	大学语文 课程设计 各类实习 毕业设计
		7.1.3 具有口头表达与交流能力	学术会议 专题讲座 第二课堂 毕业设计
		7.1.4 具有及时了解煤田地质专业国内外发展现状的能力	大学英语 EARTH SCIENCE（双语） 毕业设计 学术讲座

续表

	知识与能力要求		实现途径
7 具备有效沟通与交流的能力（对应通用标准 9、11）	7.2 具备较强的人际交往能力，能够控制自省自查能力，理解他人需求与意愿，灵活地处理新的和不断变化的人际环境和工作环境	7.2.1 具有自省、自查与自控能力 7.2.2 具有理解他人目的、需求与意愿的能力 7.2.3 具有灵活运用沟通技巧的能力 7.2.4 具有协调人际关系的能力 7.2.5 具有快速适应工作环境的能力	大学生心理健康教育 形式与政策 第二课堂
	7.3 具备收集、分析、判断、归纳和选择国内外相关技术信息的能力	7.3.1 具有文献检索和网络运用能力 7.3.2 具有信息辨别和获取的能力	大学计算机基础 毕业设计
	7.4 具备团队合作精神，并具备一定的协调、管理、竞争与合作的初步能力	7.4.1 具有团队合作意识和团队培养能力 7.4.2 具有高效团队的组建与良性竞争能力 7.4.3 具有团队运行的协作与竞争能力 7.4.4 具有协调团队知识与能力互补的能力	毕业设计 企业实习 各类实习 毕业设计 企业生产实践 第二课堂
8 掌握项目及工程管理的基本知识并具备参与能力（对应通用标准 1、8、9、10）	8.1 具备使用合适的管理计划和预算、组织任务、人力和资源，以及应对危机与突发事件的初步能力，能够发现质量标准、程序和预算的变化，并采取恰当措施的能力	8.1.1 具有利用科学方法和观点，使用现有的技术、工具等解决煤田地质领域的工程实际问题的能力 8.1.2 具有效整合现有资源，发现、评价和完成工程预案的能力 8.1.3 具有应对突发事件、设计处理危险方案的能力	各类实习 毕业设计 第二课堂
	8.2 具备参与管理、协调工作、团队，确保工作进度，以及参与评估项目，提出改进措施的能力	8.2.1 掌握煤田地质相关领域的质量标准、法律和法规，程序开展工作的能力 8.2.2 具有使用合适的管理体系、制定项目的规划和预算、合理组织人力资源和任务，有效协调项目相关各方，提升项目工作效率的能力 8.2.3 具有进行可行性分析报告、项目任务书、投标书等工程文件的编审，具有在法律法规允许的范围内，相关工程的评估，提出改进建议的能力	各类实习 企业生产实践 第二课堂 拓展训练

· 123 ·

(4)沟通交流能力

在实习企业现有体制下,实习期间自觉遵守企业的各项规章制度,尊重领导,团结同事,通过与企业有关领导、工程技术人员、工人的书面和口头交流,养成正确处理人际关系能力和团队协作精神。

能够用口头或书面恰当的方式阐述自己的意见和观点。参与煤矿企业项目招、投标书、可行性分析报告、专题报告等文件的编写工作,使学生具有工程技术文件的编纂能力。

(5)职业道德、事业心和责任感

培养学生遵守法律、法规和企业规章制度的习惯,形成照章办事的良好作风,恪守职业道德。正确理解地质资源开发与经济、社会、环境和可持续发展之间的关系,具有强烈的社会责任感和事业心。

3)培养计划

(1)学习内容

地质工程专业是国家级"特色专业",在煤田地质勘探方面具有明显特色。目前,已与河南能源化工集团、晋城煤业集团、中平能化集团等大型煤炭企业建立了校企合作关系,建立了工程实践教学基地。本专业将在完善现有工程实践教学基地的基础上,逐步建立"卓越工程师"企业培养体系,即通过学校教师、企业相关技术人员授课、学生现场学习并参与企业的工程项目、产品开发及科研实践等工作,使学生完成企业阶段的学习内容。地质工程专业企业学习内容及课程安排如表5-12所示。

表5-12 企业学习阶段教学计划

序号	学习形式	学习内容	学习要求(形式)	地点	时间(周)	完成形式
1	专业知识训练	矿产勘查与评价实习	煤田地质工作技术标准、设计规范和安全法规	晋煤蓝焰公司	2	实习报告
2	专业知识训练	水文地质与工程实习	具有水文地质、工程地质勘探、地质报告编写的能力	河南煤化集团、晋煤蓝焰公司	2	实习报告
3	专业知识	企业生产实习	熟悉企业工作程序	晋煤蓝焰公司	16	实习报告
4	综合训练	毕业实习	熟悉煤田地质相关专业知识,利用专业知识解决实际问题	河南煤化集团、晋煤蓝焰公司	3	实习报告
5	综合训练	毕业设计	掌握利用文献资料、查阅图表、手册等方法,掌握煤矿地质工作方法、步骤和地质编图及技术经济分析基本技能	河南煤化集团、晋煤蓝焰公司	14	毕业设计/论文

(2)课程说明

企业学习环节为37周,为必修课程,共计37学分。企业学习内容分为专业知识实训和综合技能实训两个阶段。其中,专业知识实训包括矿产勘查与评价实习、水文地质工程地质实习、企业生产实习两个环节,主要进行专业基本技能训练;综合实训阶段包括毕业实习和毕业设计(论文)两个环节,进行综合技能训练。

4)实施企业

(1)合作企业简介

① 晋煤蓝焰煤层气有限责任公司(河南理工大学实践教学基地)。

晋煤蓝焰煤层气有限责任公司是晋城煤业集团下属的专门从事煤层气地面开发和煤田地质勘探的专业化子公司。近年来，公司在煤层气地面预抽领域进行了大胆的探索和技术创新，打破了国际公认的无烟煤地面抽采的"禁区"，开发出一套适宜本地区的具有自主知识产权的煤层气地面抽采技术，创建了"采煤采气一体化"的矿井瓦斯治理新模式，为我国煤炭矿区瓦斯综合治理及矿井安全生产探索出了一条新的有效途径。公司牵头组织、实施的《煤矿区煤层气采前地面预抽》项目荣获国家煤炭工业科学技术一等奖，《煤层气规模开发与安全高效采煤一体化研究》项目获国家科学技术进步二等奖。由公司编制完成煤层气地方标准(DB14/T167—2007)、车用压缩煤层气地方标准(DB14/T168—2007)已于2007年12月12日由山西省颁布实施。公司承担了《民用煤层气》和《车用压缩煤层气》国家标准的制定，并参与了国家安监总局牵头组织的相关煤层气安全标准制定。

为进一步提高企业的自主创新能力，2006年4月10日，公司与河南理工大学合作建成了煤层气开发工程产学研基地。2009年8月，公司出资组建了山西蓝焰煤层气工程研究有限责任公司，通过产学研联合优势，取得煤层气地面开发技术咨询资质、工程设计资质和工程监理资质，从事煤层气开发利用技术的科研、咨询服务等业务，有效促进科研成果向生产力的转化。

公司拥有先进的煤田、煤层气钻探设备，具有固体矿井勘查乙级、气体矿产勘查乙级资质，建成了国内最大的地面煤层气抽采井网和煤层气压缩站，煤层气产量逐年递增。煤层气广泛用于发电、民用燃气与采暖、汽车燃料、工业燃料等领域，取得了良好的安全效益、环境效益、经济效益和社会效益。

② 河南能源化工集团有限责任公司(河南理工大学实践教学基地)。

参见采矿工程专业工程实践条件部分。

③ 中平能化集团(河南理工大学实践教学基地)。

参见采矿工程专业工程实践条件部分。

(2)实施措施

① 成立由企校双方组成的企业培养阶段的领导机构和办事机构，共同制定学生在企业学习阶段的培养方案。

② 实行学生培养的企业、学校双导师制度。

③ 学生在企业学习期间，按照企业员工进行考核与管理。

5)工程实践条件

(1)经费保障

"卓越工程师"试点班学生在企业的实践教学经费由学校和企业承担。经费大部分从学校预算中支出，同时学生参与企业生产活动，企业承担部分经费。

(2)教学设施条件

学生在企业实习期间，由企业负责安排理论课学习教室、实验仪器和设备，企业负责提供相应岗位的技术资料。晋煤蓝焰煤层气公司、河南煤化集团均拥有先进的煤田、煤层气钻探设备，学校已经与晋煤蓝焰煤层气公司、河南煤化集团签订了相关协议。

(3)企业指导教师条件

学生在企业实习期间，企业负责安排相应岗位具有高级职称的技术人员担任学生在企业实习期间的指导教师。晋煤蓝焰煤层气公司、河南煤化集团均有自己的科研机构和技术力量，学校已经与晋煤蓝焰煤层气公司、河南煤化集团签订了相关协议。

(4) 生活设施条件

学生在企业实习期间，由企业为学生提供食宿条件。学校已经与晋煤蓝焰煤层气公司、河南能源化工集团等签订了相关协议。

6) 师资配备

卓越工程师培养需要一支高水平、工程实践经验丰富的新型师资队伍，主要通过培养和外聘两个渠道进行师资队伍建设。目前学校已经与实习基地签订了合作关系，采用专职和兼职相结合的方式组建了一支适合于"卓越工程师培养计划"教学任务的师资队伍。

(1) 对于校内专职教师队伍，以提高其实践能力为核心进行培养。培养的重点是缺乏工程实践和科研经验的 35 岁以下青年教师，培养方式结合"河南理工大学青年教师实践提高管理办法"的实施，规定青年教师至少有半年的时间在企业实践锻炼，并同时协助企业完成学生在企业学习阶段的指导、管理工作。

(2) 对于外聘兼职教师，重点提高其实践与理论的结合能力。

(3) 外聘教师主要来自河南煤业化工集团有限责任公司、晋煤蓝焰煤层气有限责任公司长期从事煤炭生产和技术管理、地质勘探等工作的、具有大学本科以上学历的高级工程师，以及省内外专家和教授等。

(4) 外聘教师主要承担学生在企业学习阶段的培养和实践性强的课程内容的讲授。

(5) 外聘教师原则上是河南理工大学兼职教授。外聘教师的待遇按照其实际工作量发放补贴，由学院、学校人事处和企业劳资部门联合考核。

(6) 实践性强的专业课程由工程经验丰富的教师担任。

7) 考核方式

理论课程考核由出勤、作业、实验、考试等几部分组成，根据课程的不同性质，还可适当加入测验及项目设计等形式。

企业实践环节考核：由学院和企业共同完成，但主要由企业导师根据学生参加工程训练情况给出评定。考核方法：每个培训环节单独进行考核，由实训导师按照实习单位的标准对学生进行现场考核，可采取现场操作、提问答辩等考核方式，根据学生的实际表现给出此企业学习阶段的成绩。

4. 地质工程专业本科卓越工程师培养质量的培养要求

本专业毕业生要求在牢固掌握数学、物理、化学、外语、计算机等基础知识的基础上，系统学习地质学、工程力学、工程地质学、水文地质、岩土钻掘工程等专业课的基本理论和基础知识，接受工程师的基本训练，具备从事工程勘察、地质灾害防治、地质工程设计与施工、工程管理、资源勘探与采掘、岩土钻掘工艺与设备开发的能力。

毕业生应获得以下几方面的知识和能力：

(1) 良好的工程职业道德、较强的创新意识、强烈的爱国敬业精神、社会责任感和丰富的人文科学素养；

(2) 从事地质工程所需的数学及其他相关的自然科学知识以及一定的经济管理知识性；

(3) 掌握扎实的地质工程专业的基本专业的基本理论知识，了解地质工程专业的发展现状和趋势；

(4)综合运用地质工程专业的知识解决工程实际问题的能力；

(5)了解地质工程专业领域技术标准、相关行业的政策、法律和法规；

(6)在地质工程领域获取信息和职业发展的学习能力；

(7)较好的组织管理能力、较强的交流沟通、环境适应和团队合作的能力；

(8)良好质量、环境、职业健康、安全和服务意识；

(9)一定的国际视野和跨文化环境的交流、竞争和合作的能力。

5.2.2.5 测绘工程专业本科卓越工程师培养目标体系

1. 测绘工程专业本科卓越工程师培养目标

注重培养适应 21 世纪经济和社会发展需要的，德、智、体全面发展的，宽口径、厚基础、高素质、强能力的测绘专业应用人才。通过各种教育教学活动，培养正确的人世界观、人生观和价值观，具备人文社科基础知识和人文素养，受到科学思维和专业技能训练，掌握宽厚的自然科学基础和扎实的测绘工程专业基础理论和技术，具有测绘领域自我更新完善的知识获取能力、创新能力、良好沟通与组织管理能力和国际化视野，具有较强的实际工程能力和一定创新能力的复合应用型人才。

应用型测绘工程师可在矿山资源开发、各类工程建设、城市规划和建设、国土资源规划与管理、环境保护和灾害预防等部门，从事测绘工程基础理论研究、测绘工程项目设计施测，参与测绘产品研发、企业管理、技术管理及企业市场经营等工作。

2. 测绘工程专业本科卓越工程师教育培养标准实现矩阵

测绘工程专业本科卓越工程师教育培养标准实现矩阵如表 5-13 所示。

3. 测绘工程专业本科卓越工程师企业学习阶段培养方案

1)培养目标

测绘工程专业应用型"卓越工程师培养计划"的主要培养目标是培养创新能力强、适应我国经济社会发展需要的应用型工程技术人才。

卓越工程师企业培养计划是针对"卓越工程师"培养方案的企业部分所专门制定的，包括本科一年在企业学习培养的内容安排与要求。其目的是通过学生在企业的实践与学习，结合测绘工程建设项目实际问题(如控制测量、工程测量、工程项目设计、施工放样、工程质量检测、监理、运营、管理等)，获得测绘工程师的基本训练，使学生达到见习测量工程师技术能力要求，培养能够灵活运用本专业的基础理论知识，用科学思维方法解决工程实际问题的能力、沟通能力及团队合作能力，具有较强的创新意识的卓越工程技术人才。

2)培养标准

(1)实践认知能力

通过企业实践和学习，能够将校内所学到的基础理论、专业基础知识、专业基本理论和现场实践融会贯通，深刻理解科学技术与工程技术的关系。具有综合运用所学的专业知识和基础理论，初步进行分析问题、解决问题。能够将工程技术中存在的部分问题上升到科学理论加以阐述，从而再指导工程实践。熟悉和适应实习企业的社会环境、经济环境和人文关系环境，养成自主学习获取新知识的能力。

(2)工程实践能力

经过测绘工程集中实践性环节的实习、实训、课程设计和毕业设计，以及在现场测绘基

表 5-13 测绘工程专业本科卓越工程师教育培养标准实现矩阵

	知识与能力要求		实现途径（课程、实习等）
1 具有良好的思想道德、职业道德和人文素养，对社会、环境、职业的责任	1.1 具有高尚的道德品质，遵守职业道德规范和国家法律法规，能不断提高自身综合素质和修养	1.1.1 具有高尚的道德品质，能体现出在哲理、情趣、品味、人格等方面有较高修养 1.1.2 具有强烈的爱国、爱岗敬业精神 1.1.3 严格遵守职业道德规范和相关行为准则，并通过实践不断提高自身综合素质和修养	思想道德修养与法律基础、形势与政策、军事理论、测绘法规与管理、组织管理与领导艺术、测绘学术与科技活动、测绘基础技能企业学习与实践、工程测量生产实习与实践、测绘工程企业综合技能实践、测绘工程项目管理企业实践
	1.2 具有丰富的人文社科知识，具备不断提升人文社科素养的能力	1.2.1 掌握丰富的人文社科知识 1.2.2 具备在实践中不断提升自身人文社会素养的能力	马克思主义基本原理、毛泽东思想和中国特色社会主义理论体系概论、大学美育、大学语文、外国文学、大学生职业生涯规划、思想政治理论课实践教学
	1.3 具有良好的质量、安全、服务和环保意识，身心健康，学习、勇于承担责任	1.3.1 良好的质量、安全、服务和环保意识 1.3.2 身心健康，敢于担当责任	环境保护概论、大学生心理健康教育
	1.4 为保持增强人文和职业素养，具有不断反省、学习、积累知识和提高技能的意识和能力	1.4.1 具备良好心理素质，能沉着应对各种突发危机和各类挑战 1.4.2 具有严谨、追求卓越的科学态度 1.4.3 具有面向未来、开拓进取的创新精神	大学生心理健康教育、领导科学与艺术、大学生职业生涯发展规划、体育与健康、军事理论、军事技能训练（军训）创新思维方法、创新学、思想道德修养与法律基础
2 掌握宽厚的基础科学知识、基本具备专业运用的能力	2.1 掌握测绘工程所需要的自然科学知识，并能具体应用	2.1.1 具备从事测绘工程运算、开发和设计所需的数学知识 2.1.2 具备从事测绘工程开发和设计所需的物理知识 2.1.3 掌握工程制图的基本知识 2.1.4 具备运用自然科学基础科学知识分析解决问题的能力	高等数学（1、2）概率论与数理统计、线性代数、计算方法大学物理（1、2）、物理实验（1、2）、画法几何与工程制图画法几何与工程制图课程设计、相关公选课程
	2.2 掌握测绘工程应用技术相关知识，并具体应用	2.2.1 掌握测绘设计原理与方法、信息技术和网络技术等计算机辅助设计、计算机操作的能力，并能熟练使用进行专业数据库设计、开发和设计所需要的程序开发与设计，信息技术和网络技术进行专业计算机操作的能力 2.2.2 具备熟练使用计算机进行初步设计	大学计算机基础、数据结构与数据库、高级语言程序设计

· 128 ·

续表

	知识与能力要求		实现途径（课程、实习等）
3 掌握测绘工程专业知识，具备运用分析测绘工程技术问题的基本技能	3.1 掌握与测绘学科密切相关的学科知识	3.1.1 运用测绘知识到建筑物变形监测的能力 3.1.2 把测绘知识应用到矿山环境监测 3.1.3 应用测绘知识到岩层移动规律和自然灾害预测的能力 3.1.4 通过电磁波信号，掌握其传播规律与影响因素的判断能力	土木工程概论及相关实习、城市规划原理、采煤概论及相关实习、地质学基础及相关实习、大学物理（1、2）
	3.2 掌握大地测量的基本理论与方法	3.2.1 具备基本测量控制网的设计的能力 3.2.2 具备工程测量控制网选点、布网、观测、施测管理能力 3.2.3 具备工程测量控制网的数据计算、分析、评估等能力，并能运用计算机工具进行处理	大地测量学基础、控制测量学、测绘生产企业学习、控制测量生产实习与实践、误差理论与测量平差基础
	3.3 掌握工程和工业测量技术与方法	3.3.1 熟练运用测绘仪器的能力 3.3.2 具备测绘在工程建设中各方面应用的能力 3.3.3 具备测绘在工业设备安装各方面应用的能力	数字测图原理与方法、工程测量学、工程测量项目方案设计企业学习、工程测量企业实践、精密工程测量
	3.4 掌握摄影测量与遥感技术和方法	3.4.1 具备航空摄影测量、航天摄影测量的基本理论与技能 3.4.2 具备遥感基本原理及其在相关行业中应用的能力 3.4.3 掌握 DTM、DEM 的建立方法及其应用，近景摄影测量产品的制作技术能力	摄影测量、测绘生产企业实践（摄影测量、地信、制图）、遥感原理与应用
	3.5 掌握地图制图学与方法	3.5.1 熟练常用地理信息系统软件的基本能力 3.5.2 熟练实际运用相关主流地理信息系统软件进行空间信息处理、解决实际问题的能力 3.5.3 初步具备从事 GIS 软件或数据库有关的设计、开发、技术研究的应用的能力，从事 GIS 有关的应用研究、生产管理和技术培训的能力	地理信息系统、地图制图学、测绘生产企业实践、高级语言程序设计、测绘生产技能拓展企业实践（摄影测量、地信、制图）
	3.6 掌握卫星导航定位原理与方法	3.6.1 具备运用卫星导航定位原理与方法进行外业数据采集与处理能力 3.6.2 能够使用卫星导航仪器进行线路勘测、数字成图、道路测设等工作，具备相应的数据采集与处理的能力	数字测图实习、卫星导航、卫星导航定位、控制测量项目方案设计企业学习、测绘基础技能、控制测量生产实习与实践、测绘生产技能拓展企业实践（摄影测量、地信、制图）
	3.7 掌握测绘数据计算、处理的知识	3.7.1 具备所采集外业数据的计算方法，并具备对其进行精度评定的能力 3.7.2 具备图件、影像等数据的编绘、分析、管理的能力	数字测绘原理与方法、测绘生产认识实习、控制测量生产实习与实践、误差理论与测量平差基础、工程测量学、测绘基础原理、地理信息系统原理、地信、制图

· 129 ·

续表

	知识与能力要求		实现途径（课程、实习等）
4 具有应用测绘工程专业理论和方法解决实际工程问题的专业能力	4.1 具有运用大地测量和卫星导航定位技术与方法建立工程控制网的能力	4.1.1 具有工程控制网的设计能力 4.1.2 具有工程控制网外业实施测量的能力 4.1.3 具有处理工程控制网观测数据的能力 4.1.4 初步具有控制测量数据处理软件的编制能力	大地测量学基础、测绘基础技能企业学习与实践、控制测量学基础、卫星导航定位、误差理论与测量平差基础、高级语言程序设计、数据结构与数据库、计算方法、测量程序设计、控制测量项目方案设计企业学习与实践、测绘工程生产实践、测绘工程生产企业综合技能企业学习与实践
	4.2 具有测绘地形图的能力	4.2.1 地形图测绘项目方案设计能力 4.2.2 具有地形信息数据采集能力 4.2.3 具有地形图编绘能力 4.2.4 初步具有地图综合能力	数字测图原理与方法、控制测量学、摄影测量基础、遥感原理与应用、数字图像处理、地图制图基础、AutoCAD、摄影测量学、数字高程模型、测绘基础技能企业学习与实践、控制测量项目方案设计企业学习与实践、测绘工程生产综合技能企业实践（摄影测量、地信、制图）
	4.3 具有运用相关测量技术与方法进行工程测量的能力	4.3.1 具有工程测量设的能力 4.3.2 具有对构（建）筑物进行变形监测能力 4.3.3 具有项目验收和质量评定能力 4.3.4 初步具有精密工程测量的能力	工程测量学、精密工程测量、工程测量实践、工程测量项目方案设计企业学习与实践、测绘工程生产综合技能企业实践
	4.4 掌握常用地理信息系统软件的使用，具备应用GIS工具分析解决实际问题的基本能力	4.4.1 具有空间分析能力 4.4.2 初步具备从事GIS软件或数据库有关的设计、开发能力	地理信息系统、高级语言程序设计、数据结构与数据库、测绘生产企业实践、测绘基础技能企业学习与实践、测绘工程生产综合技能企业实践拓展（摄影测量、地信、制图）
	4.5 具有矿山测量能力	4.5.1 具有矿山井上下控制测量能力 4.5.2 具有矿山施工专用图生产能力 4.5.3 具有矿山测量和贯通误差预计能力 4.5.4 具有矿山变形监测能力	数字测图原理与方法、AutoCAD、矿山测量学、控制测量学、开采沉陷、矿山测量生产企业学习与实践、工程测量实践、工程测量项目方案设计企业学习与实践、测绘工程生产综合技能企业学习与实践、测绘工程生产综合技能企业实践
	4.6 具有综合运用测绘基础和专业知识、解决实际问题的能力	4.6.1 具有根据测绘工程项目情况选用相应方法的能力 4.6.2 初步具备综合案例分析问题解决问题系统知识的能力	控制测量学、测绘法规与管理、控制测量项目方案设计企业实践、测绘基础技能企业学习、开采沉陷、测绘基础技能企业学习、测绘工程生产综合技能企业学习与实践、工程测量实践、工程测量项目方案设计企业学习与实践、测绘工程生产实践及毕业设计、企业生产实践案例分析、企业学习总结及答辩

续表

知识与能力要求			实现途径(课程、实习等)
5 具有参与实施测绘工程特别是矿山测量项目实施的实践能力	5.1 具有实际项目实施的适应能力	5.1.1 具有良好的职业道德和法律意识 5.1.2 具有根据现场环境和项目特点执行作业流程的能力 5.1.3 具有根据现场情况、作业环节、采用相应措施施工方法的能力 5.1.4 具有测绘工程项目实施管理能力	土木工程概论、采煤概论、工程测量学、测绘法规与管理、思想道德修养和法律基础、思想政治理论实践、数字测图原理与方法、控制测量学、企业实践、测绘工程项目管理企业实践、企业生产实践及毕业设计(论文)企业学习、工程测量项目方案设计企业实践、测绘工程生产技能综合实践、企业学习与实践、测绘工程项目案例分析及答辩、建设工程监理学、管理科学概论、建设工程招投标
	5.2 具有测绘工程施工过程应对突发危险的能力	5.2.1 初步具有建立突发事件预案的能力 5.2.2 初步具有对突发事件、危机等处理的能力	土木工程概论、采煤概论、地球科学概论、地质学基础、测绘法规与管理、管理科学概论、测绘工程企业实践、企业管理项目案例分析、企业实践及毕业答辩(论文)
6 具有专业创新能力	6.1 具有创新意识和创新思维能力	6.1.1 具有创新意识和创新思维能力 6.1.2 具有创新能力和创新敏锐的洞察力	创新学、素质教育创新、"挑战杯"创业计划竞赛、大学生课外学术科技作品竞赛、步步高攀登计划、"大学生创业计划竞赛"、大学生创业计划竞赛、工程测量项目方案设计企业实践、企业生产实习与协调、组织与协调、测绘生产技能拓展企业实践及毕业设计(论文)、工程测量项目方案设计、地信、制图
	6.2 整体设计、实施和改进测绘工程项目施测、项目管理的能力	6.2.1 具有综合考虑多种因素设计、施测测绘工程项目的能力 6.2.2 基本具有在实施中对比分析评估测绘工程项目基础上优化设计方案、改进项目施测质量、提升项目管理的能力	测绘基础技能企业学习、控制测量工程实践、工程测量项目方案设计企业学习、工程测量生产实践、管理科学概论(项目人力和物资源的分配)、组织与协调、测绘生产技能综合企业实践、测绘技能拓展企业实践(摄影测量、地信、制图)、企业工程项目案例分析
	6.3 初步具备利用相关学科发展的新理论、新技术、新方法探索测绘工程项目设计、实施的新技术与新方法的能力	6.3.1 具有文献检索、网络运用、信息辨别及获取的能力 6.3.2 具备知识更新和制定个人职业生涯发展规划的能力 6.3.3 具备利用学科发展新成果优化项目的能力	大学计算机基础、数据结构与数据库、工程测量项目方案设计、科技文献检索、控制测量企业学习、企业生产实践及毕业设计、大学生职业生涯与发展规划、大地测量学基础、误差理论与测量平差基础、摄影测量学、专业理论与测量平差基础、学术报告、专家讲座、大学物理实验(1、2)大师与学生座谈(1、2)、大学化学地球科学概论、网络与通信技术、电工电子、企业工程项目案例分析

·131·

续表

知识与能力要求			实现途径（课程、实习等）
7 具有有效的沟通与交流能力	7.1 具备在跨文化环境下进行专业沟通与交流能力	7.1.1 具备较强语言表达与交际能力 7.1.2 具备较强的对外交流沟通能力	大学语文、演讲与口才、跨文化交际概论、大学生职业生涯与发展规划、大学英语、演讲与口才
	7.2 具备较强的人际交往和人际环境适应能力	7.2.1 具备较强的人际沟通交往能力 7.2.2 具备较强的人际环境适应能力	领导科学与艺术大学生职业生涯与发展规划、军事理论、军事技能训练（军训）、测绘学术与科技活动、控制测量学习与实践、测绘工程生产企业综合学习实践、测绘工程项目管理企业实践
	7.3 具有团队合作意识和能力	7.3.1 具有团队合作意识和能力 7.3.2 具有较强的团队合作精神	大学生职业生涯与发展规划、军事理论、军事技能训练（军训）、体育学习与实践、测绘学术与科技活动、测绘基础技能企业学习与实践、控制测量学习与实践、测绘工程生产企业综合学习实践、测绘工程项目管理企业实践
8 组织管理与协调能力	8.1 具有建立测绘工程项目组织管理体系与管理的能力	8.1.1 具有建立和使用合适的管理体系的能力 8.1.2 具有善于分配工程任务、组织协调人员、资源和团队工作，确保工作进度和质量的能力 8.1.3 初步具有测绘工程项目施工全过程跟踪与质量控制、能够发现质量标准、程序和预算的变化，并采取适当措施，确保工作顺利进行的能力 8.1.4 基本具备危险应对的预案设计、危机应对的处理方法和建立突发事件处理的预案与机制的初步能力	大学生职业生涯与发展规划、组织管理与领导艺术、工程项目管理、组织行为学、管理学、测绘学术与科技活动、控制测量学习与实践、测绘基础技能实践、工程测量生产企业学习与综合实践、工程测量学习与实践、测绘工程生产企业实践、测绘工程项目管理企业实践、企业工程项目设计
	8.2 初步具有团队、测绘项目管理及协调的能力	8.2.1 具有团队合作意识与协作精神。在团队中能发挥骨干作用，具有良好的协调人际关系能力 8.2.2 初步具有高效团队的组建培养能力以及团队运行的协作与良性竞争能力 8.2.3 初步具有协调团队知识与能力互补的能力	军事技能训练、测绘学术与科技活动、测绘基础技能企业学习与实践、控制测量学习与实践、测绘基础技能生产企业实践、工程测量生产企业实践、测绘工程生产企业实践及毕业设计、企业研训练计划、步步高攀登计划、"挑战杯"大学生创业计划竞赛、"挑战杯"大学生课外学术科技作品竞赛、大学生创业基础技能实训等

础技能实践、控制测量生产实践、工程测量生产实践、综合测绘技能实践和生产项目设计等训练,具备一定的工程项目实测操作能力。

参与工程项目的招投标,参与工程项目实施和项目管理,受到生产管理和技术管理的全面训练,基本具备独立工作能力。

(3)信息获取和自主学习能力

通过阅读企业生产计划、报告、报表、进度等生产技术文件和资料,以及参与企业工程项目案例分析、现场交流等途径,获取生产技术信息和资料,并能够进行分类、提炼、整理和总结,为企业提供有参考价值的结论、意见和整改措施。

在企业培养阶段中能够发现自身知识、能力的不足,明确努力方向,并自主学习。

(4)沟通交流能力

在实习生产企业现有体制下,学习期间应自觉遵守企业的各项规章制度,尊重领导,团结同事,通过与企业有关领导、工程技术人员、工人的书面和口头交流,养成正确处理人际关系能力和团队协作精神。

能够以口头或书面恰当的方式阐述自己的意见、观点和建议。参与企业生产项目招、投标书、可行性分析报告、专题报告等文件的编写工作,基本具有工程技术文件的编纂能力。

(5)职业道德、事业心和责任感

养成遵守法律、法规和企业规章制度的习惯,形成照章办事的良好作风,恪守职业道德。正确理解生产企业与当今社会、经济、环境和可持续发展等之间的关系,具有强烈的社会责任感和事业心。

3)培养计划

学生在生产企业实习的时间为 1 年,分 13 个企业学习项目,每个项目的学习内容和要求如表 5-14 所示。

表 5-14　企业学习阶段教学计划

序号	企业学习项目名称	学习内容与要求	地点	时间(周)	完成形式
1	测绘工程企业认识实习	听企业指导教师做报告、熟悉测绘企业各项规章制度,参观企业测绘工作、查阅资料、跟班参加测绘劳动、体验生活等	中纬公司	2	实习报告
2	测绘基础技能企业学习与实践	全站仪和水准仪的使用与校正,水准测量、三角高程测量、导线测量和全站仪野外采集数据外业工作与内业计算,大比例尺地形图的测绘与清绘、整饰工作等	煤田地质物测队	4	实习报告
3	控制测量项目方案设计企业学习	听取企业指导教师讲述控制测量设计理念、方法、程序与要求,完成某一控制测量项目的设计内容(测量方案和方法的选择、各项测量限差制定、测量经费预算等)	煤田地质物测队	1	控制测量设计书
4	控制测量生产企业学习与实践	熟悉高精度测量仪器的使用与检校方法,针对某一控制测量任务完成平面和高程测量外业与内业计算工作,提交外业观测与内业计算成果	煤田地质物测队	4	实习报告
5	工程测量项目方案设计企业学习	听取企业指导教师讲述工程测量项目设计理念、方法、程序与要求,完成某一工程测量项目的设计内容(测量方案和方法的选择、各项测量限差制定、测量经费预算等)	中纬公司	1	工程测量设计书

续表

序号	企业学习项目名称	学习内容与要求	地点	时间(周)	完成形式
6	工程测量生产企业学习与实践	熟悉工程测量的程序、方法与要求，针对具体(或模拟)的工程项目完成建筑物、构筑物、桥梁、道路、地下工程等施工放样工作，并提交相关的外业观测与内业计算成果	中纬公司	4	实习报告
7	测绘工程生产综合技能企业实践	参加测绘工程企业的具体测量工作，全面熟悉各种测量工作之间联系与区别，体验团结协作精神的内涵，全面提高测绘工作技能	河南煤化公司	4	实习报告
8	测绘生产技能拓展企业实践(摄影测量、地信、制图)	听取相关企业生产报告，查阅资料文献，参观了解相关企业生产程序、方法、要求，以及与测绘工程之间相互关系	煤田地质物测队	3	实习报告
9	测绘工程项目招投标企业学习与实践	听取企业指导教师报告，了解测绘工程项目招投标的规范、程序、方法、工程预算等内容，针对(或模拟)某一测绘工程项目撰写投标文书，参与或模拟投标的工程	中纬公司	2	投标文书 实习报告
10	测绘工程项目管理企业实践	听取企业指导教师报告、参观了解企业测绘工程项目管理的相关规章制度、方法、程序、质量控制等内容，并参与测绘工程项目管理工作	煤田地质物测队	3	实习报告
11	企业工程项目案例分析	听取企业指导教师报告，了解工程项目的情况，参与企业工程项目工作，针对某一工程项目做具体的分析，提出研究报告	煤田地质物测队	2	研究报告
12	企业生产实践及毕业设计(论文)	参加企业生产，发现企业生产中存在的不足，恰当提出自己建议，按大学本科要求撰写毕业设计(论文)	中平能化集团、中纬公司、煤田地质物测队、河南煤化公司	8	研究报告 毕业设计(论文)
13	企业学习总结及答辩	通过前期在企业学习和训练，对测绘工程专业技术工作归纳总结，按大学本科要求提交毕业设计(论文)，并组织相关专家进行毕业设计(论文)答辩	学校	2	企业学习总结、答辩
	合计			40	

4)实施企业及措施

学校、学院在加强现有工程实践教学基地建设的基础上，依据行业对专业人才培养的要求，充分利用学校、学院行业优势和资源，同各煤业集团、测绘工程单位、施工单位等优秀企业建立校企联合培养体，采用双导师团队制度，对于每个企业学习项目学校和企业分别配备富有工程实践经验的导师、辅助教师和现场技术指导。

目前已签约的企业有：河南煤业化工集团有限责任公司、中平能化集团、河南省煤田地质局物探测量队、河南省中纬测绘规划信息工程有限公司。

(1)实施企业简介

① 河南能源化工集团有限责任公司(河南理工大学实践教学基地)。

参见采矿工程专业工程实践条件部分。

② 中平能化集团(河南理工大学实践教学基地)。

参见采矿工程专业工程实践条件部分。

③ 河南省煤田地质局物探测量队(河南理工大学测绘学院实践教学基地)。

河南省煤田地质局物探测量队(河南省地质物探测绘技术有限公司)始建于 1956 年。建队半个多世纪以来,为我国煤田地质事业做出了突出贡献。20 世纪 90 年代初开始实施"科技兴队"战略,坚持以人为本,求实创新,迅速走上又好又快发展的轨道。形成以地球物理勘探(地震、电磁法)及测绘专业为龙头,工程地质勘察、工程物探勘察、矿井物探勘察、岩土工程勘察、城建基础处理、桩基检测、地质灾害治理等多业并举的发展格局。

河南省煤田地质局物探测量队具有国土资源部颁发的"地球物理勘查甲级"资质及"地质灾害防治乙级"资质,1996 年首批获得国家测绘局颁发的"甲级测绘"资质、河南省建设厅颁发的"建设工程桩基检测贰级"资质;1997 年在全国 132 家煤田地质勘探单位综合实力评比中名列第二;2000 年获国家煤炭工业局煤炭工业科技进步一等奖;2001 年获河南省煤炭工业局煤炭科技进步一等奖;2004 年通过 ISO9001—2000 质量认证;2004 年获"全国煤炭工业地质勘察功勋单位"。

拥有最先进的法国产 428UL 数字地震仪 1 台套(2000 道)、408UL 数字地震仪 2 台套(1800 道),美国 I/O 公司 IMAGE 地震仪 1 台套(800 道),法国德国 DMT 公司的 SUMMIT 数字地震仪 2 台套(1200 道),加拿大产 PROTEM 47、57、67 瞬变电磁仪 2 台套,美国天宝 5700RTK GPS 卫星定位仪 8 台套,全站仪 50 余台套等多种先进仪器设备;建有地震资料处理解释工作站(SUN80、BLADE2000)。技术装备水平居全国煤田地质系统前列。可开展数字测绘、工程测量、控制测量、地震勘探、电法勘探、工程物探、矿井物探、岩土工程、地质勘察等工程项目的研究和实施,以及开展实践教学工作。

④ 河南省中纬测绘规划信息工程有限公司(河南理工大学测绘学院实践教学基地)。

河南省中纬测绘规划信息工程有限公司为国家甲级测绘资质单位,国家甲级土地规划资质单位,河南省国土资源厅认定的土地勘测定界、城镇地籍调查、城镇地籍建库、第二次土地外业调查、数据建库、工程监理、土地整理开发设计技术服务单位。

该公司技术力量雄厚,现有职工 130 多人,各类专业技术人员 110 人,其中高级工程师 9 人,工程师 18 人,助工、技术员 70 多人,硕士、本科、大专以上学历 70 多人,形成了一支高、中、初级梯次结构的工程技术人员队伍。

该公司技术装备先进,软硬件设施配套,从全球卫星定位系统(GPS)、电子全站仪、精密水准仪到地下管线探测仪,从计算机工作站、服务器、扫描仪、计算机到喷墨绘图仪,配置了各种大型仪器设备 110 多台(套)。配置了 ARCGIS、MapGIS、CASS、MapINFO、MICROSTATION 等,各种大型软件 80 多套。

在 2003 年全国测绘产品质量抽查中,获得国家测绘局的表彰;2004 年顺利通过了 ISO9001:2000 质量体系认证,档案管理跻身省(部)级档案管理先进单位。近几年来,该公司曾多次受到国家测绘局、国家建设部、河南省国土地资源厅、河南省测绘局、河南省建设厅等上级部门的表扬和奖励 30 多项,先后完成南水北调、西气东输等国家级大型工程与科研课题 20 多项,获省、部级、市、厅级科技进步奖、优质工程奖 30 多项。先后完成一大批城市基础数字地形测图、数据建库、土地详查、地籍测量、土地勘测、地下管线普查、土地规划、土地开发整理设计、地图编制等大中型工程 2000 多项,是河南省测绘产品质量优秀单位。

(2)实施措施

① 成立由企校双方组成的企业培养阶段的领导机构和办事机构,共同制定学生在企业学习阶段的培养方案。

② 实行学生培养的企业、学校双导师制度。
③ 学生在企业学习期间，按照企业员工进行考核与管理。

5) 工程实践条件

上述实施企业属下有许多的具体生产单位、科研机构，现场实践场所充裕，拥有强大的工程技术人员队伍和先进的技术设备，以及每年承担的科研项目、工程项目、生产任务等可以满足培养测绘工程专业学生各类实践教学的需求。

6) 师资队伍建设

目前学校已经与实习基点签订合作关系，采用专职和兼职相结合的方式组建了一支适合于"卓越工程师培养计划"教学任务的师资队伍。

(1) 对于校内专职教师队伍，以提高其实践能力为核心进行培养。培养的重点是缺乏工程实践和科研经验的35岁以下青年教师，培养方式结合"河南理工大学青年教师实践提高管理办法"的实施，规定青年教师至少有半年的时间在企业实践锻炼，并同时协助企业完成学生在企业学习阶段的指导、管理工作。

(2) 聘请的企业指导教师应为具有丰富的工程实践经验并具有较强学术水平和表达能力，具有工程师、高级工程师及以上技术职称人员。主要承担学生在企业学习阶段的企业学习指导、实习指导、毕业设计（论文）指导工作。

(3) 企业指导教师主要来自河南煤业化工集团有限责任公司、中平能化集团所属的大型矿井和河南省煤田地质局物探测量队和河南省中纬测绘规划信息工程有限公司，长期从事测绘科学技术、煤炭生产和技术管理工作的、具有大学本科以上学历的高级工程师，以及省内外专家和教授等。

(4) 企业指导教师主要承担学生在企业学习阶段的培养和实践性强的课程内容的讲授。

(5) 企业指导教师原则上是河南理工大学兼职教授。外聘教师的待遇按照其实际工作量发放补贴，由学院、学校人事处和企业劳资部门联合考核。

(6) 外聘教师20人。

7) 考核方式

(1) 校内理论课程考核：由出勤、作业、实验、考试等几部分组成，根据课程的不同性质，还可适当加入测验及项目设计等形式。

(2) 企业实践环节考核：由学院和企业共同完成，但主要由企业导师根据学生参加工程训练情况给出评定。考核方法：每个培训环节单独进行考核，由实训导师按照实习单位的标准对学生进行现场考核，可采取现场操作、提问答辩等考核方式，根据学生的实际表现给出此企业学习阶段的成绩。

4. 测绘工程专业本科卓越工程师培养质量的评价标准

要求掌握测绘科学与技术学科如地面测量、空间测量、摄影测量与遥感以及地图编制与地理信息系统建立等方面的基本理论和基本知识，以及对相关学科如采矿工程、土木工程、地质工程等学科基础知识的学习，并通过相关的课堂实习、集中教学实习和企业实训等完成现代测绘工程师的基本训练和科学研究的初步训练，为我国建设创新型国家提供坚实的人才支撑和智力保证。

毕业生应获得以下几个方面的基本知识和能力。

(1) 较好的人文科学素养、较强的社会责任感、良好的工程职业道德和良好的质量、环境、安全和服务意识。

(2) 较扎实的自然科学基础，基本具备专业运用的能力，运用所掌握的自然科学知识正确分析和解决测绘工程问题。

(3) 掌握测绘工程专业知识，具备运用分析测绘工程技术问题的基本技能。了解与测绘学科密切相关的学科知识(如地质、采矿、土木等学科)，了解国内外测绘科学与技术领域(如现代大地测量、现代工业测量、空间测量、地球动力学等)的理论前沿、应用前景及发展动态。

(4) 应用测绘工程专业理论和方法解决实际工程问题的专业能力，如建立工程控制网、测绘地形图、工程施工测量、矿山测量等解决实际工程问题的专业能力。

(5) 参与实施测绘工程特别是矿山测量项目实施的实践能力，初步具备应对危机与突发事件的能力。

(6) 一定独立获取知识、信息处理、终生学习和创新的基本能力，如具有创新意识和创新思维、探索测绘工程项目设计、实施的新技术与新方法等创新能力。

(7) 有效的沟通与交流能力，包括跨文化环境下专业沟通与交流、人际交往与人际环境适应能力和竞争与合作的能力。

(8) 较强的调查研究与决策、个人与团队、组织管理与协调的能力。

5.3 地矿类本科人才培养目标体系的构建

5.3.1 地矿类本科人才培养目标体系的制定依据

地矿类本科人才培养目标的制定依据主要是以下 3 方面。

1) 我国的教育目的和有关规定

具体内容见相关章节。

2) 我国国家工程教育专业认证标准

我国国家工程教育专业认证标准《工程教育认证标准(2015 版)》如下。

(1) 工程知识：能够将数学、自然科学、工程基础和专业知识用于解决复杂工程问题。

(2) 问题分析：能够应用数学、自然科学和工程科学的基本原理，识别、表达，并通过文献研究分析复杂工程问题，以获得有效结论。

(3) 设计/开发解决方案：能够设计针对复杂工程问题的解决方案，设计满足特定需求的系统、单元(部件)或工艺流程，并能够在设计环节中体现创新意识，考虑社会、健康、安全、法律、文化以及环境等因素。

(4) 研究：能够基于科学原理并采用科学方法对复杂工程问题进行研究，包括设计实验、分析与解释数据、并通过信息综合得到合理有效的结论。

(5) 使用现代工具：能够针对复杂工程问题，开发、选择与使用恰当的技术、资源、现代工程工具和信息技术工具，包括对复杂工程问题的预测与模拟，并能够理解其局限性。

(6) 工程与社会：能够基于工程相关背景知识进行合理分析，评价专业工程实践和复杂工程问题解决方案对社会、健康、安全、法律以及文化的影响，并理解应承担的责任。

(7) 环境和可持续发展：能够理解和评价针对复杂工程问题的专业工程实践对环境、社会可持续发展的影响。

(8) 职业规范：具有人文社会科学素养、社会责任感，能够在工程实践中理解并遵守工程职业道德和规范，履行责任。

(9) 个人和团队：能够在多学科背景下的团队中承担个体、团队成员以及负责人的角色。

(10) 沟通：能够就复杂工程问题与业界同行及社会公众进行有效沟通和交流，包括撰写报告和设计文稿、陈述发言、清晰表达或回应指令。并具备一定的国际视野，能够在跨文化背景下进行沟通和交流。

(11) 项目管理：理解并掌握工程管理原理与经济决策方法，并能在多学科环境中应用。

(12) 终身学习：具有自主学习和终身学习的意识，有不断学习和适应发展的能力。

3) 参考美国、英国、欧洲其他主要国家工程教育专业认证标准

美国工程技术认证委员会(Accreditation Board for Engineering and Technology，ABET)标准"工程标准2000"(Engineering Criteria 2000，EC2000)如下。

(1) 运用数学、科学与工程知识的能力。

(2) 设计并实施实验方案、分析与解释数据的能力。

(3) 在现实的经济、环境、社会、政治、伦理、健康与安全、制造能力和可持续性等条件的约束下，根据需要设计系统、部件或过程的能力。

(4) 在多学科团队中工作的能力。

(5) 识别工程问题、建立方程和解答的能力。

(6) 对职业和伦理责任的理解力。

(7) 有效交流的能力。

(8) 具有必要宽泛的教育背景，以理解工程解决方案在经济、环境、社会及全球情境下可能产生的影响。

(9) 认识终身学习的必要性，形成终身学习能力。

(10) 掌握当前时代问题的知识。

(11) 运用必要的技术、技能和现代工程工具解决工程实际问题的能力。

欧洲工程协会联合会(The European Federation of National Engineering Associations，EFNEA)标准如下。

(1) 理解工程的职业并承担服务社会、专业和环境的义务，通过承诺合适的专业行为准则担当应尽的责任。

(2) 掌握基于与其学科相应的数学和自然科学学科的工程原理知识。

(3) 掌握其所在工程领域的一般工程实践知识、材料性能，以及材料、元部件、软件的制作与应用。

(4) 能够运用恰当的理论和实践方法去分析并解决工程问题。

(5) 了解与所在专业领域相关的现有技术和新兴技术。

(6) 具备工程经济学、质量保证和维护的基本知识技能，并具有使用技术信息和统计数据的能力。

(7) 能够在多学科项目中与他人合作共事。

(8) 能够在管理、技术、财务和人事事务中体现领导力。

(9) 具有交流沟通技能，并有义务借助继续职业发展维持专业能力。

(10) 了解所在专业领域的相关标准和规章制度。

(11) 具有不断进行技术革新的意识，培养在工程专业领域追求创新的态度。

(12)掌握几种欧洲语言,以便在欧洲各国工作时能进行有效沟通。

英国工程理事会(ECUK)制定的技术工程师(Incorporated Engineers,IEng)标准如下。

通过教育、培训和实践,企业(应用)工程师在其整个职业生涯中必须确保在如下方面是称职的。

(1)综合运用一般和专门的工程技术知识,使用现有的技术和新兴技术。

① 保持并扩展正确的理论研究探讨,并在工程实践中应用相关技术,包括如下能力。

a. 找出个人知识和技能的局限性;

b. 努力扩展自身的技术能力;

c. 通过研究与实验,拓宽、深化自身的知识基础。

② 通过以事实为依据的方法来解决问题,并不断加以改进,包括如下能力。

a. 确立用户对改进的要求;

b. 利用市场知识和对技术发展的了解,提升并改善工程产品、系统、服务的效能;

c. 参与持续改进体系的评估和开发。

(2)在设计、开发、生产、建设、代理工作,操作或维修产品、设备、工艺、系统或服务领域,应用适宜的理论和实践方法。

① 找出、审查、选择为完成工程任务所需的工艺、步骤和方法,包括如下能力。

a. 选择一个审查方法;

b. 利用从实践中获取的可靠依据,对提升工程产品、加工手段、体系和服务的潜力开展审查;

c. 就实施审查结果制定行动计划。

② 参与工程解决方案的设计、开发,包括如下能力。

a. 参与对工程产品、加工手段、体系、服务的设计和开发要求的认定和说明;

b. 发现问题,评估可行的工程解决方案,以满足客户的要求;

c. 参与工程解决方案的设计。

③ 实施设计解决方案,参与相关评价,包括如下能力。

a. 确保上述实施所需的资源;

b. 实施设计解决方案,同时注意所需成本、质量、安全、可靠性、外观和适宜度对目的与环境要求的影响;

c. 在实施过程中发现问题,并正确应对;

d. 参与改进建议的提出,并主动学习、研究反馈结果。

(3)提供技术和商务管理。

① 筹划有效的项目实施,包括如下能力。

a. 发现影响项目实施的因素;

b. 实施计划和程序的准备和确认;

c. 确保必要的资源,确认在项目团队中的角色;

d. 实施落实与其他投资人(顾客、承包商、供货商等)约定的合同安排。

② 管理计划、预算和任务、人力和资源的组织,包括如下能力。

a. 使用合适的管理体系;

b. 按确定的质量标准、程序和预算开展工作;

c. 具备管理工作团队协调项目活动的能力；
d. 发现质量标准、程序和预算的变化，并采取正确的行动；
e. 评估工作业绩并提出改进建议。
③ 管理团队、鼓励职工适应变化着的技术和管理需求，包括如下能力。
a. 同团队和相关个人商定目标与工作计划；
b. 发现团队和个人需求，为其发展制定计划；
c. 管理并支持团队和个人的发展；
d. 评估团队和个人工作表现，并提供反馈意见。
④ 组织管理持续质量改善，包括如下能力。
a. 确保团队成员和同事采用了相关质量管理原则；
b. 组织正常运作，以保持质量水准；
c. 评估项目，提出改进建议。
(4) 展示有效的人际交流技巧。
① 用英语同各种水平的人进行交流，包括如下能力。
a. 主持、记录会议和讨论内容；
b. 准备起草信函、文件、报告；
c. 同具有技术背景和非技术背景的同事交换信息、提供建议。
② 提交、讨论建议书，包括如下能力。
a. 准备和提交合适的报告；
b. 引导听众进行讨论；
c. 整理反馈意见，改进建议书。
③ 展示个人社交的技巧，包括如下能力。
a. 了解并控制自己的情绪、优点、弱点；
b. 注意了解他人的需要和关注；
c. 自信、灵活地处理新的和不断变化的人际环境；
d. 确定、认可并努力实现集体目标；
e. 解决冲突，创造、维护和增强建设性的工作关系。
(5) 展示对职业标准的一种个人承诺，认识到自己对社会、职业和环境的责任。
① 遵守相应的行为规范，包括如下能力。
a. 遵守所属职业体系的职业行为准则；
b. 在包括社会和雇佣法则在内的全部法律和制度的框架内建设性地工作。
② 在工作中管理和应用相应的安全制度，包括如下能力。
a. 确定并承担有关健康、安全、福利等事务的责任；
b. 确保相关制度满足健康、安全、福利的要求；
c. 完善并实施适当的危险鉴别、风险管理系统；
d. 管理、评价、改善上述系统。
③ 以确保可持续发展的方式从事工程活动，包括如下能力。
a. 在同时考虑环境、社会和经济后果的情况下，负责任地工作、行为；
b. 发挥想象力、创造性、革新能力，以提供能够维护和提高环境和群体质量的产品与服务，实现财务目标；

  c. 理解和鼓励投资人的参与。

 ④ 为保持和增强其工作领域的称职能力，实施继续职业发展计划，包括如下能力。

  a. 检查其自身的发展需求；

  b. 制定行动计划，以实现个人和组织的目标；

  c. 落实计划中的(和计划外的)继续职业发展活动；

  d. 保持能力开发的证据(保持认证注册)；

  e. 对照行动计划，评价继续职业发展实施结果；

  f. 协助他人实施。

5.3.2 地矿类本科工程技术创新人才培养的目标体系

5.3.2.1 采矿工程专业创新人才培养的目标体系

1) 培养目标

本专业培养社会主义现代化建设和科技发展需要，德、智、体、美全面发展，基础扎实、思维活跃、适应能力强、具有国际视野和跨文化交流能力，掌握煤矿开采的基本理论和方法，具备采矿工程师的基本能力，能在采矿工程领域从事矿区开发规划、矿井设计、开采技术、矿井通风、矿井安全技术、矿山安全监察、生产技术管理和科学研究等方面工作。培养具有较强工程实践和工程管理能力，能够满足采矿工程领域技术创新需要的高素质、创新型工程技术复合应用型人才。

2) 基于产学研合作的采矿工程专业实践教学培养方案

采矿工程专业实践教学环节安排如表 5-15 所示。

表 5-15　采矿工程专业集中实践教学环节安排表

建议修读时间	课程编号	课程名称	课程性质	学分	周数或学时	备注
第一学期	520000011	军事技能训练(军训) Military Training	必修	2	2 周	
	040000011	画法几何与工程制图课程设计 Course Design on Descriptive Geometry and Mechanical Graphing	必修	1	1 周	
第二学期	130000431	物理实验 b-2 General Physics Experimentation b-II	必修	1	24 学时	
第三学期	130000431	物理实验 b-2 General Physics Experimentation b-II	必修	1	24 学时	
	530000151	工程基础实训与实践 b Basic Training and Practice of Engineering b	必修	3	3 周	
	050000921	测量实习 Surveying Practice	必修	2	2 周	
第四学期	030000941	地质实习 Geological Practice	必修	2	2 周	
	120000011	思想政治理论课实践教学 Practice of Ideology Political Theory Course	必修	2	2 周	暑期
	020010011	矿井认识实习 Acquaintanceship Practice	必修	1	1 周	

续表

建议修读时间	课程编号	课程名称	课程性质	学分	周数或学时	备注
第五学期	040000941	矿山机械课程设计 Course Design on Mine Machine	必修	1	1周	
	080000971	矿山电工课程设计 Course Design on Mine Electrotechnics	必修	1	1周	
第六学期	020010121	井巷工程课程设计 Course Design on Sinking and Driving Engineering	必修	1	1周	
	020010041	采矿学1课程设计 Design for the Course of Mining Engineering	必修	2	2周	
	010000901	矿井通风课程设计 Course Design on Mine Ventilation	必修	1	1周	
第七学期	020010081	采矿生产实习 Practice on Mine Production	必修	2	2周	
第八学期	020010051	采矿毕业实习 Graduating Practice	必修	3	3周	
	020010031	采矿学2设计及论文 Graduation Design or Thesis	必修	11	11周	
合计				37		

3) 采矿工程专业创新人才培养质量的评价标准

本专业毕业生应达到如下知识、能力和素质等方面的基本要求。

(1) 具有人文社会科学素养、社会责任感和工程职业道德。

(2) 具有从事工程工作所需的相关数学、自然科学、经济及管理知识。

(3) 掌握煤与非煤固体矿床开采的基本理论和基本知识，掌握必要的工程基础知识，了解采矿学科研究现状和发展趋势。

(4) 掌握矿山地质学、矿山机电、矿井通风、安全管理、采矿学等基本理论和专业技能，具备设计和实施工程实验的能力，并能够对实验结果进行分析。

(5) 掌握基本的创新方法，具有追求创新的态度和意识；具有综合运用理论和技术手段设计系统和过程的能力，设计过程中能够综合考虑经济、环境、法律、安全、健康、伦理等制约因素。

(6) 掌握文献检索、资料查询及运用现代信息技术获取相关信息的基本方法。

(7) 了解国家有关采矿工程专业设计、生产、安全、研究与开发、环境保护等方面的方针、政策和法规；能正确认识工程对于客观世界和社会的影响。

(8) 具有一定的组织管理能力、表达能力和人际交往能力以及在团队中发挥作用的能力。

(9) 对终身学习有正确认识，具有不断学习和适应发展的能力。

(10) 具有国际视野和跨文化的交流、竞争与合作能力。

5.3.2.2 矿物加工工程专业创新人才培养的目标体系

1) 培养目标

本专业培养具有高度社会责任感和良好职业道德，适应社会发展需要、德智体美能全面发展，具有扎实矿物加工学科理论基础和良好科学素养，获得矿业工程师基本训练，善于沟通合作，可在复杂矿物加工系统设计、开发及运营中承担任务，具有创新精神和实践能力，知识面宽、终身学习和适应发展能力强的高素质复合型人才。

2)基于产学研合作的矿物加工工程专业实践教学培养方案

矿物加工工程专业实践教学环节安排如表 5-16 所示。

表 5-16 矿物加工工程专业集中实践教学环节安排表

建议修读时间	课程编号	课程名称	课程性质	学分	周数	课程类别	备注
第一学期	520000011	军事技能训练(军训) Military Training	必修	2	2	实践教学	
第二学期	040000011	画法几何与机械制图课程设计 Descriptive Geometry and Engineering Drawing Course Devise	必修	1	1	实践教学	
第三学期	530000141	工程基础实训与实践-a Basic Training and Practice of Engineering-a	必修	2	2	实践教学	
第四学期	120000011	思想政治理论课实践教学 Ideological and Political Theory Practic	必修	2	2	实践教学	暑期
第五学期	060020500	认识实习 Acquaintanceship Practice	必修	2	2	实践教学	
第五学期	040000291	机械设计基础课程设计 b Basic Mechanical Course Design b	必修	2	2	实践教学	
第六学期	530000191	电工电子工艺训练 b Electrical and Electronic Technology Training b	必修	2	2	实践教学	
第七学期	060020511	生产实习 Manufacturing Practice	必修	4	4	实践教学	
第七学期	060020541	矿物加工工艺课程设计 Mineral processing Course Design	必修	4	4	实践教学	
第八学期	060020521	毕业实习 Undergraduate Practice	必修	4	4	实践教学	
第八学期	060020531	毕业设计 Undergraduate Design	必修	13	13	实践教学	
合计				38	38		

3)矿物加工工程专业创新人才培养质量的评价标准

本专业毕业生应达到如下知识、能力和素质等方面的基本要求。

(1)能够将数学、物理、化学、力学等自然科学基础理论知识用于分析和解决矿产资源开发过程中的复杂工程问题。

(2)能够将矿产资源加工相关的基础理论知识用于矿物的分析、检测和鉴定,并能对矿产资源特性进行技术经济评价。

(3)能够应用矿物加工的基本原理和方法设计、开发矿产资源的合理加工利用方案,并能分析和评价设计方案对社会、健康、安全、法律及文化的影响。

(4)能够基于科学原理和方法,利用现代技术手段进行实验研究,预测、模拟及优化选矿工艺和技术,解决选矿实践中的复杂工程问题。

(5)能够将工程管理的原理和经济决策的方法用于选矿(煤)厂设计、运营及管理,并能评价其对环境、社会可持续发展的影响。

(6) 具有人文社会科学素养、社会责任感，能够在工程实践中理解并遵守工程职业道德和规范，履行责任。

(7) 能够在多学科背景下的团队中承担个体、团队成员以及负责人的角色，能够与业界同行及社会公众进行有效沟通和交流，并具备一定的国际视野，能够在跨文化背景下进行沟通和交流。

(8) 具有自主学习和终身学习的意识，有不断学习和适应发展的能力，能及时了解矿物加工最新理论、技术及国际前沿动态。

5.3.2.3 安全工程专业创新人才培养的目标体系

1）培养目标

本专业培养能适应社会主义现代化建设和社会经济发展需要，德、智、体、美、能全面发展，工程实践能力强，综合素质高，外语及计算机应用能力突出，掌握安全科学、安全工程及技术的基础理论、基本知识、基本技能，获得安全工程师的基本训练，具备从事安全系统设计、施工与检测、安全技术咨询与评估、安全教育与培训、安全监察与管理等方面的工作能力，能胜任在矿山、化工、城市市政、隧道及地下工程等领域的安全科学研究、技术研发、工程设计与施工、事故预防与评价和安全管理、安全监察以及教育培训等工作，基础理论扎实、实践能力强、综合素质高，具有较强的创新精神和一定研究能力的复合应用型人才。

2）基于产学研合作的安全工程专业实践教学培养方案

安全工程专业实践教学环节安排如表 5-17 所示。

表 5-17 安全工程专业主要实践教学环节安排表

建议修读时间	课程编号	课程名称	课程性质	学分	周数或学时	备注
第一学期	040000011	画法几何与工程制图课程设计 Course Design of Descriptive Geometry and Engineering Drawing	必修	1	1 周	
第一学期	520000011	军事技能训练（军训） Military Skill Training	必修	2	2 周	
第二学期	130000421	物理实验 b-1 General Physics Experimentation b- I	必修	1	24 学时	独立设置实验课程
第三学期	130000431	物理实验 b-2 General Physics Experimentation b- II	必修	1	24 学时	独立设置实验课程
第三学期	530000141	工程基础实训与实践 a Basic Training and Practice of Engineering a	必修	2	2 周	
第四学期	120000011	思想政治理论课实践教学 Practice Teaching of Ideology Political Theory	必修	2	2 周	暑假
第五学期	010016141	认识实习 Cognition Practice	必修	2	2 周	
第四学期	050050021	测量实习 Underground Engineering Survey Practice	必修	1	1 周	地下方向
第四学期	010016041	工程地质与水文地质实习 Engineering Geology and Hydrology Practice	必修	1	1 周	

续表

建议修读时间	课程编号	课程名称	课程性质	学分	周数或学时	备注
第五学期	010016161	地下工程通风与除尘课程设计 Course Design of Ventilation and Dust Removal in Underground Engineering	必修	1	1周	
第五学期	010016241	工业通风与除尘课程设计 Industrial Ventilation and Dust Removal Course Design	必修	1	1周	化工方向
第六学期	010016491	化工安全设计课程设计 Chemical Safety Curriculum Design	必修	2	2周	
第四学期	010016081	地质学基础实习 Practice of Basic Geology	必修	1	1周	
第五学期	010016291	瓦斯地质课程设计 Course Design of Mining Gas-geology	必修	1	1周	
第五学期	010016311	矿井通风与除尘课程设计 Course Design of Mine Ventilation and Dust Removal	必修	1	1周	瓦斯方向
第六学期	010016551	矿井瓦斯防治技术课程设计 Course Design of Mine Gas Control Technology	必修	1	1周	
第七学期	010016631	生产实习 Production Practice	必修	4	4周	
第八学期	010016771	毕业实习 Graduation Practice	必修	2	4周	
第八学期	010016781	毕业设计(论文)I(上机1周) Graduation Design	必修	10	11周	
合计				30	地下方向	不含课内实验和素质拓展实践，独立设置的实验课程、专业(实践)创新模块请在备注栏注明
				30	化工方向	
				31	瓦斯方向	

3)安全工程专业创新人才培养质量的评价标准

本专业毕业生应达到如下知识、能力和素质等方面的基本要求。

(1)工程知识方面：掌握从事安全工程工作所需的相关数学、物理、化学等自然科学知识、工程基础知识、专业基本理论和知识，了解本专业的发展现状和趋势。

(2)问题分析方面：能够综合运用安全工程专业理论和知识，识别并表达矿山、化工、隧道及地下工程等领域的复杂安全工程问题，并通过文献研究分析得到有效结论。

(3)设计/开发解决方案方面：能够利用所学的自然科学及安全科学与工程相关的基础理论和专业知识，针对矿山、化工、隧道及地下工程等领域复杂安全工程问题，综合考虑社会、健康、安全、法律、文化以及环境等因素，设计满足特定需求的系统、单元(部件)或工艺流程，提出问题解决方案，并在设计环节中能够体现创新意识。

(4)研究方面：能够基于安全科学原理，采用科学的方法，开展设计实验、分析与解释数据，对安全工程领域复杂问题进行研究并通过信息综合得到合理有效的结论。

(5) 使用现代工具方面：能够针对矿山、化工、隧道及地下工程等工程领域的复杂工程问题，开发、选择与使用恰当的技术、资源、现代工程工具和信息技术工具，能够对复杂安全工程问题进行预测与模拟，并能够理解其局限性。

(6) 工程与社会方面：能够基于安全工程相关背景知识进行合理分析，评价安全工程实践和复杂安全工程问题解决方案对社会、健康、安全、法律以及文化的影响，并理解应承担的责任。

(7) 环境和可持续发展方面：能够理解和评价针对复杂安全工程问题的工程实践对环境、社会可持续发展的影响。

(8) 职业规范方面：熟悉安全法律、法规，具有人文社会科学素养、社会责任感，能够在安全工程实践中理解并遵守工程职业道德和规范，履行责任。

(9) 个人和团队方面：具备团队合作精神，并具备一定的协调、管理、竞争与合作的初步能力。

(10) 沟通方面：能够就矿山、化工、隧道及地下工程等工程领域的复杂安全工程问题与业界同行及社会公众进行有效沟通和交流，包括撰写报告和设计文稿、陈述发言、清晰表达或解答，并具备一定的国际视野，能够在跨文化背景下进行沟通和交流。

(11) 项目管理方面：理解并掌握安全工程管理原理与经济决策方法，并能在多学科环境中应用。

(12) 终身学习方面：具有自主学习和终身学习的意识，有不断学习和适应发展的能力。

(13) 身心健康方面：具有健康的身体和良好的心理素质，了解体育运动的基本知识，掌握必要的体育锻炼技能。

5.3.2.4 地质工程专业创新人才培养的目标体系

1) 培养目标

本专业培养适应 21 世纪社会主义经济建设需要，德、智、体、美全面发展，基础扎实、专业面宽，具备系统的基础地质、水文地质和工程地质、环境地质等方面的基本理论知识，扎实的数理化、计算机、外语基础、现代企业管理知识和人文素养，在工程勘察、地质灾害防治、地质工程设计与施工、工程管理、资源勘探与采掘等方面，具有较强创新精神和研究能力的复合应用型人才。

2) 基于产学研合作的地质工程专业实践教学培养方案

地质工程专业实践教学环节安排如表 5-18 所示。

表 5-18 地质工程专业集中实践教学环节安排表

建议修读时间	课程编号	课程名称	课程性质	学分	周数	课程类别	备注
第一学期	520000011	军事技能训练(军训) Military Training	必修	2	2	实践教学	
第二学期	030010351	地质认识实习 Cognition Internship of Geology	必修	3	3	实践教学	
第四学期	120000011	思想政治理论课实践教学 Practice of Ideology Political Theory Course	必修	2	2	实践教学	暑期
第五学期	030011091	地质填图实习 Geological Mapping Internship	必修	5	5	实践教学	暑假 2 周

续表

建议修读时间	课程编号	课程名称	课程性质	学分	周数	课程类别	备注
第七学期	030011251	水文地质与工程地质实习 Hydrogeology and Engineering Geology internship	选修	2	2	实践教学	
第七学期	030011241	矿产勘查与评价实习 Mineral exploration and Evaluation of Training	选修	2	2	实践教学	
第八学期	030070121	毕业实习 Engineering Internship	必修	3	3	实践教学	
第八学期	030070131	毕业论文(设计) Undergraduate Thesis	必修	14	14	实践教学	
		合计		31	31		

3)地质工程专业创新人才培养质量的评价标准

要求学生在牢固掌握数学、物理学、化学、外语、计算机等基础知识的基础上,系统地学习地质学、工程力学、工程地质学、岩土钻掘工程等专业课程的基本理论和基础知识,接受工程师的基本训练。掌握运用现代地质学理论和先进科技手段,从事地质研究工作,具备解决水文地质和工程地质或与各类工程建设有关的地质工程问题的基本能力,并具有合理利用能源与保护自然地质环境的初步能力。本专业可以在水文地质、工程地质、勘察技术与工程等方面有所侧重。

5.3.2.5 测绘工程专业创新人才培养的目标体系

1)培养目标

本专业注重培养适应 21 世纪经济和社会发展需要,德、智、体全面发展的"厚基础、宽口径、创新性、复合型"高素质测绘专业人才。通过各种教育教学活动,培养学生树立正确的世界观、人生观和价值观,具备人文社科基础知识和人文修养,具有国际化视野,受到科学思维训练,掌握测绘基础理论、基础知识和基本技能,受到专业技能训练,具有创新精神和实践能力的高素质、创新性复合型人才。

2)基于产学研合作的测绘工程专业实践教学培养方案

测绘工程专业实践教学环节安排如表 5-19 所示。

表 5-19 测绘工程专业集中实践教学环节安排表

建议修读时间	课程编号	课程名称	课程性质	学分	时间/(周)	课程类别	备注
第一学期	520000011	军事技能训练(军训) Military Training	必修	2	2	实践教学	
第二学期	040000011	画法几何与工程制图课程设计 Course Designing of Descriptive Geometry and Engineering Drawing	必修	1	1	实践教学	
第四学期	120000011	思想政治理论课实践教学 Ideological and Political Theory Practice	必修	2	2	实践教学	暑期
第五学期	050010521	数字地形测量学实习 Digital Topographic Survey Practice	必修	4	4	实践教学	
第六学期	050010521	控制测量学课程设计 Control Survey Course Design	必修	1	1	实践教学	

续表

建议修读时间	课程编号	课程名称	课程性质	学分	时间/（周）	课程类别	备注
第六学期	050010531	控制测量学实习 Control Survey Practice	必修	3	3	实践教学	
第七学期	050010551	工程测量学课程设计 Engineering Survey Course Design	必修	1	1	实践教学	
第七学期	050010561	工程测量学实习 Engineering Survey Practice	必修	3	3	实践教学	
第七学期	050010571	数字摄影测量实习 Digital Photogrammetry Practice	必修	2	2	实践教学	
第八学期	050010581	毕业实习 Graduation Practice	必修	5	5	实践教学	
第八学期	050010591	毕业设计（论文） Graduation Design（Dissertation）	必修	12	12	实践教学	
		合计		36	36		

3) 测绘工程专业创新人才培养质量的评价标准

本专业学生主要学习大地测量、控制测量、工程测量、摄影测量与遥感，以及地图编制与地理信息系统等方面的基础理论，学习工程建设、城镇规划、地籍测量与土地管理等工程的测绘基础知识，完成现代测绘工程师的基本训练和科学研究的初步训练。

毕业生应获得以下几个方面的基础知识和能力。

(1) 掌握测量学的基础理论及其数据处理的基本技能。

(2) 掌握摄影测量与遥感图像、图形信息处理的理论技术，掌握地面或摄影数字化测绘地形图、地籍图等专题图的理论和技术方法。

(3) 掌握各类工程建设的勘察设计、施工、竣工验收测量工程和精密安装测量工程的理论和技术方法，具有工程建筑物变形、地表沉陷观测及数据处理和信息管理的能力。

(4) 具有应用计算机技术在测绘信息采集、处理、地理信息系统建立等方面的基本能力和软件研制的初步能力。

(5) 了解现代大地测量、现代工业测量、空间测量、地球动力学等领域的理论前沿及发展动态。

(6) 熟悉各种测绘方针、政策和法规。

(7) 具有从事测绘相关专业工作的基本素质和能力。

(8) 掌握文献检索、资料查询的基本方法，具有初步科学研究和实际工作的能力。

5.4 本章小结

本章主要对地矿类工程技术创新人才培养的目标体系进行了分析与构建。首先分析了工程技术创新人才培养目标体系的构成和构建原则，以及目标类型与层次；其次分析了地矿类卓越工程师培养目标体系的制定依据，并以河南理工大学为例，分析了几个地矿类专业卓越工程师教育培养计划的目标体系；最后分析了地矿类本科人才培养目标体系制定的依据，并以河南理工大学为例，分析构建了两个地矿类专业本科创新人才培养的目标体系。

第6章 地矿类工程技术创新人才培养的课程体系

传统的地矿类专业包括地质和矿业两大类，它涵盖采矿工程、安全工程、矿物加工工程、石油工程、地质学、地球化学、勘查技术与工程和资源勘查工程等专业。众所周知，地矿业类专业是一个艰苦行业，常年野外作业，地理位置偏僻，工作环境恶劣。随着我国社会主义市场经济对人才的需求产生结构性的变化和人们价值观念的多元化，新兴专业和学科交叉产生的边缘学科专业被看好，而传统专业尤其是地矿业类专业遭受严重冷遇。过去单一的专业型人才培养模式已经不适应社会经济对复合型、创新型、宽口径、高素质的综合型人才的需求，只有综合素质高、知识面宽、业务能力强的人才具有较强的市场竞争能力（余本胜等，2009）。

地矿类人才培养关系着我国能源经济发展的未来，更关系着国家现代化目标的实现，因此，充分重视此矿类人才培养，为地矿类能源经济提供强有力的人才和科技支撑是地矿类高校和地矿类专业义不容辞的责任和义务。面对我国地矿能源经济对高层次创新人才的需求，面对我国地矿类产学研合作教育的新形势，我们必须下决心推动地矿类专业改革，为我国地矿专业的人才培养和科技创新奠定基础。21世纪的来临，知识经济的出现，科学技术的高速发展和经济全球化、一体化的趋势，使"综合国力的竞争越来越表现为经济实力、国防实力和民族凝聚力的竞争。无论就其哪一个方面实力的增强来说，教育都具有基础性的地位"。综合国力的竞争离不开教育，知识经济所需要的人才和知识的竞争也以教育为基础。"发展科学技术，不抓教育不行。靠空讲不能实现现代化，必须有知识，有人才"（蒋笃运，2000）。创新人才的培养模式的改革关键在于课程体系的设置和创新，这是推动创新人才培养的重要载体，我们必须对现有传统的人才培养模式、课程设置体系进行改革，才能满足社会、经济对地矿类专业人才培养的需求。

6.1 我国高校地矿类专业课程体系存在的问题

6.1.1 高校课程目标定位不合理

培养目标是各级各类学校和各种专业教育对受教育者的规格要求和质量标准，是开展各项学校教育工作的前提，也是制定课程和课程标准的首要环节（廖哲勋等，2003）。培养目标是人才培养的规格要求，也是高校制定各项教学计划的基本前提，培养目标制约着师资队伍、课程计划、硬件设施等一切内容，是高等学校办学的重要内容。培养目标一旦确定了就成为人才培养各种计划的前提，它决定了人才培养的质的规定性，也决定了课程改革的基本方向和基本要求，因此，高校的各项改革都必须从人才培养的目标出发，才能制定出正确的、准确的教学计划。

由于我国高校的办学是从计划经济体制中走出来的，因此，在培养目标上，我国大部分高理工科高校的培养目标都基本相同。无论是一流大学，或者省属重点大学或者省属一般大学，甚至一般的职业院校和专科学校也都把培养高素质的创新人才作为自身的办学和人才培养目标，充分显示了我国高校在人才培养目标上的趋同性，这与国外大学的人才培养目标形成了鲜明的对比。我国大多数学校培养层次趋同,从肩负着建设国内一流大学、地矿专业重任的北京科技大学、中国矿业大学,到省属高校中的武汉科技大学,均以培养"高级""高素质"人才为最终培养目标。与之相对应,美国的不同层次的大学则是根据社会需要及自身的学术水平,确立不同的发展定位和人才培养目标。如美国科罗拉多矿业大学采矿工程专业的人才培养目标为:具备基础科学和基本工程原理方面的知识,解决地质采矿方面复杂问题的能力,团队合作与决策能力,认识矿产资源在世界发展中的重要作用,渴望继续教育、学术和专业发展,自信、善于思考、有创造力并有伦理道德,为毕业生将来成为行业内的领导者打下基础。阿拉斯加大学矿山地质专业的培养目标为:培养毕业后准备在采矿和能源行业从业的胜任工程师,及准备攻读博、硕士的学生,通过教学与指导促进知识传授、解决与阿拉斯加相关的问题并进行创新研究,参与公益活动。而美国犹他大学采矿工程专业的培养目标为:具备分析问题、设计实验、评估信息及沟通交流能力,同时具有工作安全、工业卫生和环境保护责任意识的应用型人才。这些体现出了不同定位的大学在培养目标上应有的层次性。同时还可以发现:美国大学注重培养学生热爱专业、学习兴趣及终身学习的意识,且把伦理素质教育作为人才培养的重要目标之一。值得指出的是,我国本科教育这种培养"高级""高素质"人才的基本定位,在20世纪90年代之前是比较准确的,当时作为高等教育绝对主体的本科教育为了满足现实社会经济发展对高级专门人才的迫切需求,无可选择地承担了本该由研究生教育层次培养的高级专门人才的重任。而目前,全国已进入高等教育大众化的中期阶段,未来几年,全国硕士生、博士生年毕业人数将突破50万人,比20世纪80年代初每年本专科毕业生的总和还要多一半以上,他们将成为我国高级人才的主要后备力量。而本科毕业生的培养目标应该调整为中级人才,以培养应用型人才为主(张秋月等,2010)。

6.1.2 高校课程体系不合理

1) 高校课程体系设置的内部结构不够规范与合理

高校教育的课程体系结构模式主要有:楼层式结构、平台式结构以及模块式结构。楼层式结构将课程分为基础课、专业基础课以及专业课三类。各高校根据人才培养目标,在课程设置时,强调加强实践性教学环节,突出学生能力的培养和综合素质教育,但总的来说没有突破以学科教育为基础的课程框架。平台式结构将课程分为公共基础课、专业大类基础课、专业或专业方向课,特色课程等分层构建"三级平台"或"四级平台",在这个平台上,既有必修课,也有选修课,增强了适应性,拓宽了专业领域,有利于学生应变能力的培养。但是在教学实施中,弱化了理论课程与实践环节之间的内在联系,在强调传授知识的同时,没有将实践课提到日程上来,所以结构不够合理与规范。模块式结构中,学科体系与专业能力体系是两个彼此既有联系又相对独立的部分,分别构建学科知识模块与专业能力模块,有利于职业岗位的变化及调整。在高校课程体系设计上应分具体情况来进行设计,取长补短,灵活运用(孟芳等,2012)。总之,由于对现有课程采用简单化的处理方式,直接导致了现有课程体系结构的不合理。

2) 课程体系过于学科化,忽视了对学生能力的培养

由于我国地矿能源经济在国民经济中占据重要的比重,因此,随着我国经济的快速发展和能源消耗的增大,对地矿类人才的需求越来越大,对人才的层次要求越来越高。但是,由于我国长期借鉴苏联的人才培养模式,过分注重专门人才的培养,而忽视了人才的宽厚基础,

因此，培养出来的人才在某一领域非常精通，但是知识面狭窄，通用性不强，并且过分重视理论课程教育，忽视了动手能力和实践能力的培养，培养出的人才动手能力不强，创新意识和创新素质缺乏。过分重视系统理论的传授，致力于学生系统知识的传授，对学生的创新能力、创新素质、知识事业等方面的教育不够，这些都极大地制约了现代大学的人才培养，尤其是地矿类人才的培养。从国外和我国未来的课程改革趋势来看，加强课程的综合化、强调宽厚基础、强化实践环节教育和重视跨学科课程的建设都是未来课程改革的重要趋势，因此，为适应未来课程体系改革的需要，地矿类课程也应该加强这方面的建设，尤其是地矿类课程与实践联系更为紧密，更应该重视实践环节的教育，着力培养地矿类专业学生的动手能力和创新能力。

3) 课程体系国际化程度不够

随着全球化的日益加剧，各国的经济和社会逐步融合，为适应这一发展趋势的要求，大学在培养人才上也十分强调人才国际化的发展。尤其是我国加入世贸组织后，我国对外交往越来越多，能源经济又关系到国家经济命脉，更是我国对外交往的重要内容。因此，对地矿能源人才的国际意识、国际视野、国际商贸相关法规的知识等要求越来越高。但是，从目前的情况来看，国内地矿类专业课程体系的国际化程度还不能普遍适应这种需要。

从地矿类专业培养目标来看，国内相关大学的培养目标都大同小异(张秋月等，2010)，如表 6-1 所示。综观中国矿业大学、中国地质大学、河南理工大学和武汉理工大学等对地矿类专业学生的基本规格和素质要求，其专业人才培养目标基本趋于一致，都是培养在地矿行业就业的高级人才。从这里可以看出，无论是一流大学或者是省属大学，都把人才培养定位在培养高层次人才上，其培养目标基本趋向一致。同时，在国际化的问题上，几乎没有一所高校探讨国际化的问题，这也显示出在人才培养目标的设定上，几乎所有的高校都不太重视学生的国际化视野。这不仅是地矿类高校的普遍问题，也是我国大部分高校存在的突出问题。

表 6-1 国内几所高校地矿类专业培养目标

学校	地矿类专业培养目标
中国矿业大学	培养具备固体矿床开采、设计与施工的基本理论和方法，具备采矿工程师的基本能力，能从事矿区开发规划，能在矿山等领域从事生产、设计、施工、科研及管理的高级工程技术人才
中国地质大学	培养热爱地质科学，能运用现代地质理论和先进科技手段，从事固体、液体、气体矿产勘查评价、开发与管理，并获得工程基本训练的德、智、体全面发展的高级工程技术人员
河南理工大学①	培养符合社会主义现代化建设和科技发展需要，德、智、体、美全面发展，基础宽、能力强、素质高，具有创新意识和初步创新能力，掌握固体(煤、金属及非金属)矿床开采的基本理论和方法，扎实的数理化、计算机、外语基础、现代企业管理知识和人文素质，能从事开放、涉及、管理和科学研究等方面工作，具有较强实际工程能力和一定研究能力的复合应用型人才
武汉科技大学	培养能在矿山、铁道、水利、城市地下工程等部门从事相关生产、设计、科研、教学管理工作，以及从事资源开发与管理、信息系统的设计和开发等方面的高级专门人才
辽宁工程技术大学	培养学生具有广博的自然科学基础理论和人文、法律等社会科学知识、扎实的计算机和外语基础。具有本专业完善的知识、智能结构，适应国民经济发展需要，在矿物加工工程领域内，具有高素质、高创新能力、复合型、德智体全面发展的高级工程技术人才和科研教育人才
北京科技大学	培养能在规划设计、生产经营、投资、管理、教育和科技等部门从事矿产资源开发、加工利用及相关设施建设等方面的宽口径高素质工程科技和研究型人才

注：①根据河南理工大学相关人才培养方案总结整理。

从课程体系的内容来看，过分强调专业教育，而对于人文素质课程重视不够，不仅人文素质课程开课数量不足，而且教师的水平也参差不齐。学生大多把人文素质课程作为学分课程看待，而不是素质拓展课程，这也在一定程度上反映出高校对人文素质课程的重视不够，这些都直接影响了地矿类课程的宽度和深度，也造成了培养的人才普遍人文素质不强的现实。

从课程的实施情况来看，传统的教学模式和教学方法仍然占据着重要的地位，新技术和新方法的采用普遍不多，教师仍然延用传统讲授式授课，普遍存在着教师主动、学生被动的局面。在授课内容上，不注意新思想新观点的采用，一本教材用多年的现象屡见不鲜，最新的科技成果并没有完全反映到教材中和课程上，学生接受的知识理论普遍存在落后于现实和现代科技发展的趋势。尤其在实践环节，许多新技术普遍在企业采用，而在课堂上，老师仍然沿用过去的技术设备和技术参数，这些都反映出课程内容的改革仍然面临阻力。

4) 课程体系缺乏特色

由于我国从计划经济转型到社会主义的市场经济体制，高校的办学仍然由教育主管部门统管，这样的结果就是各个高校办学特色普遍雷同，这种雷同不仅反映在办学目标上，也反映在课程体系上和课程目标上。尤其是地矿类高校，办学目标也存在雷同现象。由于强调培养学生宽厚的知识基础和知识的通用性，许多高校往往走向了极端，直接的结果就是办学的目标和课程的目标存在着雷同。我们所讲的厚基础，是指学生的专业和人文基础要扎牢，而不是强调所有的课程和知识基础都一样；是要求各个高校要结合自己面对的行业领域和技术特色，不断凝练自己的课程体系和办学目标，做到在通识基础上的特色化，做到面对行业领域的特色化和专业化，而不是要求各个高校都做到课程体系一样，这实际上又回到了计划经济时代，反映出各个高校在课程改革上缺乏主动性。因此，要紧密联系本省、本区域经济发展，对本地地矿类专业人才需求情况进行深入调查研究，结合学校实际制定既有广适性又具针对性的学校特色课程目标尤其具有深刻的现实意义。同时，从课程体系结构看，各校也基本上采用公共基础课、专业基础课、专业课的三段式结构，各阶段的课程设置也基本相同。针对本地和学校人才需求情况的校本课程的研究和开发尚未得到应有的地位和重视。在课程体系的评价中，也未将"课程体系是否具有本地、学校特色"列入评价指标。

6.2 国外地矿类专业课程体系改革的经验及启示

6.2.1 国外地矿类专业课程体系改革的发展方向和趋势

他山之石，可以攻玉。对发达国家地矿类专业课程改革的发展方向和趋势的了解，可以找出我们的差距，有助于我们引进、吸取国外实用且先进经验，为我国地矿类专业课程体系改革提供有益的借鉴，做到洋为中用。

在国外，不像在国内这样存在一所纯粹的矿业或地质大学，发达国家其从事地矿行业的教学与研究的机构分散于各个大学，以系、室或中心的形式存在。本科地矿类课程的设置不因学生的偏爱或未来进一步攻读硕士、博士学位而有所倾斜（专业被淡化了），基础科学教育被加强了。大学1~2年级主要上数学、理化、计算机、生物学及地理学等基础课，3~4年级才涉及专业基础课，其门类设置齐全，要求高年级学生除了选学岩石学（三大类）、地层学（包括地震地层学及层序地层学）、构造地质学（包括板块构造理论）、地球物理、地球化学等课程外，还有石油、煤、天然气地质学、地球资源勘探方法、古气候学、环境地质学、自然灾害学、图书馆资料及其他信息查询方法等课程供选修。同时要求学生了解地矿工作的方法与途径，了解新技术、新方法在地矿专业中的应用和存在的问题，并尽量加入一些地矿领域的重大发现和认识，使学生们的知识结构靠近当今地矿领域前沿。这些现代化的教学内容与课程设置为今后继续学习与科研奠定了良好的知识基础(赖旭龙等，2002)。

在发达国家，教师工作于不同的实验室，联合培养地质专业学生，便利的跨大学、跨国界受聘(长期或短期)的讲学活动(教员国际化)，能使学生从多方补充与吸收新知识，培养思维的多面性，避免国内常出现的"近亲繁殖"现象，而学分制的普遍实施与严格执行，不但较早地增强了学生的竞争意识，而且允许学生在有限的时间里(甚至是缩短本科阶段的学习时间)，有侧重地选择一些新课程，以适应社会需求的变化，这实际上又是自觉地进行着学科的交叉及综合(赖旭龙等，2002)。

发达国家的地矿专业教学一般采取立足国内，背靠教书育人，面向生产，依靠公司、企业，紧密联系社会各方面，遵循长期合作、相互促进的原则，同时伴随着教师在国外的进修、考察、讲学及参加国际学术会议等活动，加强跨国界的科研活动。而与导师的科研活动关系尤为密切的学生毕业论文的资料收集与整理分析，论文的编写与修改的过程，正是他们密切联系公司、企业，寻找自身在经济社会中的地位，验证与体现自身价值，寻找社会承认的过程。由于这种科研活动与社会经济发展密切相关，使学生们十分重视和注意社会对人才需求的变化趋势，促使他们跟踪社会需求，保持教学、科研与实际生产环节的紧密关系，有效地避免了学与用之间脱节的现象。从而使学生实际走向社会，寻找工作的过程就隐性地变长了，研究工作实用了，并于论文编写过程中已逐渐适应了在公司、企业等单位的工作，且能独当一面，提高了就业本领，增加了就业机会，为毕业后步入社会奠定了坚实的技能基础(赖旭龙等，2002)。

在教学与实践方面，发达国家的地矿专业课程除了应用一般的现代化教学手段(如CAI、CAD及外语视听等)外，还有专业化的实验室，用以体现高技术、高技能的培养之需要。地矿专业的特点、工作的性质与要求(目标)决定了其实践环节、技能训练的重要性，没有现代化的设备条件是不能培养出技能型、现代型的地矿专业的合格人才的。在培养学生技能的同时，更重要的是动手能力的培养，因为科技的日新月异，工作岗位或对象的变换，都将在工作中随时接触到许多新的仪器、设备，这些仪器在校时不可能都已接触过，故要求学生们既要有接纳新知识的心理素质，又要有从熟悉到掌握使用新技术手段的能力，这样，就会在工作中不断充实自己，提高自己，紧跟时代步伐(赖旭龙等，2002)。

总体来说，由于国情的不同，各国地矿类专业教育体系有所差异，各有特色，但在近年来的课程体系改革方面也表现出了较为相似的发展方向和趋势。

1)加强基础教育，注重文理学科渗透

基础科学所有全部人类知识的基础，是从事其他知识学习的关键。随着科学技术的发展，人们越来越认识到，学生基础科学学习的好坏将直接影响未来他所从事研究和学习的深度和广度。同时，随着现代社会的飞速发展，科学技术日新月异，一个人要想跟上时代科学技术的步伐，就必须掌握现代科学技术的基础科学的知识，这样才能立于不败之地。同时，随着社会工作的变化，人们在社会上所从的职业也不是一成不变的，而是始终处于变动的过程中，在这样的背景下，高校不可能教给学生现成的技巧，只能把学生未来所需要的基础知识教给他们，这样基础科学在学生的未来发展中的地位就显得越来越重要和关键。因此，加强基础教育，已经成为各国高等教育改革方向之一。同时，在基础教育中，也要求文理渗透、文理并重，要求地矿类专业学生必须修读一定的人文社会学科类课程。景欣(2011)认为，在高等工程教育课程改革的过程中，美国的大学特别注重学生基础知识的学习。基础知识决定着学生的创造能力和未来发展的潜力，具有较熟练的实践能力和掌握扎实的基础理论知识两者缺一不可。麻省理工学院规定了学生必须学习的基础知识，这些课程主要是关于工程技术、实验、自然科学、社会科学等方面的基础知识，具有以知识性基础和工具性基础为内涵的基础化倾向，注重知识的交叉和融合。麻省理工学院规定，学生必须学习自然科学、信息交流、工程技术和社会科学等方面的课程。同时，按现代高等工程教育特点和时代趋势，采用集成观念确定工程学生的素质要求，改革课程体系和教学内容，开设了很多新型整合课程，将不同学科的知识汇集在一起形成一门集成课。

2) 淡化学科间界限，增加跨学科课程比重

随着当代科学技术的日益综合化，培养具有综合学科背景的复合型人才就成为当今高校人才培养的重要趋势。各国高校课程改革总的趋势是综合化，加强基础，扩大知识面，开设跨学科课程、综合课程，增强人才的适应能力和创新精神。如日本筑波大学打破原有的专业设置和传统的基础课程和专业课程两个阶段的模式，建立了新的"学群"。学群的课程是跨学科的，既有社会科学课程，又有自然科学课程，从低年级开始就实施"学群"计划教学。在日本的许多大学里，对理工科大学生都要求修一定学分的人文、社会科学知识，以扩大知识面。英国近年来也出现了把两种以上的课程结合为一个课程的做法，打破了学科的界限，有利于进行跨学科的研究，培养综合能力。英国著名的剑桥大学设置了一些综合性的系，如建筑和艺术史系、考古和人类学系、科学史和科学哲学系等，以利于培养跨学科人才。美国许多大学开设了综合性课程，如"科学、技术和社会"课程是涉及政治学、经济学和社会学的综合性课程，通过学习，使学生了解社会、历史和科学发展情况，增强适应社会和科学发展的能力。美国麻省理工学院还开设了"技术与政策"课及许多跨学科的课程，如工程学、生物物理学、化学物理学等。苏联从20世纪70年代起，进一步拓宽知识面，实行综合化改革，在新的课程计划中，规定"人文科学数学化，自然科学人文科学化"，增强文理渗透。理工科学生还要学习管理、情报、目录、环保、生产统计等科目。同时还增设了许多新的专业，如遗传工程、微生物学、应用经济社会学、自动信息库集体组织等专业。就地矿学科来说，如果从事地质领域工作的技术人员对他们新发现的矿产资源的开发利用一无所知，我们很难想象他们能准确评价这一发现的价值，当然也就很难开展创新性的工作；另一方面，如果从事矿产资源开发利用工作的技术人员对资源的理化性质和工艺矿物学特点一无所知，或缺乏岩石学、矿物学、结晶学等方面的知识，他们也就无法准确地认识面对的研究对象，对其进行高效、合理的开发利用更是无从谈起(魏德洲，2011)。

3) 突出学生素质的培养

西方国家普遍重视学生的素质和能力培养，以造就适应国际化需要和本国需要的战略性人才。在澳大利亚、美国、法国等，推行"全面教育"，教育的目标是"培养和谐发展的人""协调发展的人"，注重学生自身的潜力，促进不同学生个体的全面发展。法国教育的目标是培养"责任公民"。法国教育部规定教育有三大使命：教育的第一个使命是培养自由社会公民。通过教育，使学生逐步形成摆脱教师约束的独立精神，使以后能完全自由地做出自己的选择，他们认为只有这样，才是民主的、符合国情的。教育的第二个使命是给每个青年人以个性和

职业的双重教育，认为只有这样的教育，才能保证青年人具有真正的独立性，使他们具有理解能力、判断能力和可能改变周围环境的能力，使他们既能看自身的价值在不断提高，又能使他们以后积极参与国家经济生活。教育的第三个使命是所有人在学校和生活面前机会均等。主张受教育平等，符合公正的要求，也是社会和谐的因素；强调培养学生的个性、独立性和社会性，使之能尽快适应现代社会生活(马勤，2011)。

4) 强调学生实践能力的培养

地矿类专业是实践性、应用性极强的专业，学生实践能力的培养，是地矿类专业教育人才培养目标的重要内容，在各国地矿类专业教育中都受到了高度关注。一方面，在培养创新人才的系统工程教育中，实践教学能使学生加深对理论知识的认识和理解，激发学生独立思考和创新意识，培养学生独立观察问题、分析问题和解决问题的能力，培养学生创新精神和科研素质以及尊重科学、实事求是的品质和严谨的工作作风；另一方面，教育应具有远见性，切实联系实际，在科学技术日新月异、学科间相互融合的今天，高等教育更应注重对学生实践能力、职业能力和创新能力的训练，应该把工程训练作为人才培养的重要途径，加大力度，让学生在大工程背景下进行工程训练，使学生提前接触社会，运用理论知识解决现场问题，同时通过现场实践检验理论知识的可靠性。这样带着问题去做，更能激发学生的创新思维和创新能力(魏德洲，2011)。英国的地矿专业教育无一例外地重视野外教学实践，把野外工作作为地矿专业课程的一个整体部分，认为野外工作是课程中的一个关键部分。对每一个学生来说，必须在他们3年的学习过程中花费大量的时间在野外(伯明翰大学大概为100天)。除了实习课和野外教学活动占有较大比重之外，每一所学校无一例外地会给学生留出时间，要求学生在指导教师的指导下开展一些研究课题、展板制作、学术交流和阅读科学文章。所有这一些课外活动的成绩在评定学生的学术表现时占有较大的比重(赖旭龙等，2002)。

5) 突出课程国际化，拓展学生的国际视野

随着国际化成为高等教育发展的全球性趋势，各国高等教育都加强了课程国际化的研究。比如美国在1966年就制定了《国际教育法》；日本于1987年提出了培养国际化人才的目标。1989年，由来自美国、英国、加拿大、爱尔兰、澳大利亚、新西兰6个国家的民间工程专业团体发起和签署了《华盛顿协议》，针对国际上本科工程学历(一般为4年)资格互认，确认由签约成员认证的工程学历基本相同，并建议毕业于任一签约成员认证的课程的人员均应被其他签约国(地区)视为已获得从事初级工程工作的学术资格。为此，中国于2005年开始进行工程教育专业认证的试点工作，力求使我们培养的人才与世界接轨，我们的工程学历被世界认可。基于目前面临的形势，要求我们所培养的地矿类人才，应具有宽广的国际化视野，熟悉掌握地矿类的国际化知识和国际惯例，具有较强的跨文化沟通能力和运用、处理信息的能力，有较高的政治思想素质和健康的心理素质，既具有创新意识，又具备国际竞争力(魏德洲，2011)。我国于2016年正式成为《华盛顿协议》的成员国。

6.2.2 发达国家地矿类专业课程体系改革对我国的启示

与发达国家相比，我国地矿类专业课程体系仍然存在着诸多问题需要解决，其中最关键的就是我国的地矿类教育课程体系对实践性教育环节和国际化课程体系的重视程度不够，专业教育还存在较多的薄弱环节。国外发达国家地矿类专业课程体系改革的经验可以为我国的地矿类专业课程体系改革提供借鉴。

(1) 要转变观念，强化实践教育和实验教育。面对我国地矿专业不断变化的新形势，面对创新型国家和创新性人才培养的新要求，要彻底改变我国传统存在的重视理论教学、忽视轻视实践教学的理念，强化地矿类专业教育中的实践教学、实验教学，着力提高地矿类专业学生的实践能力和创新能力，以更好地适应地矿类专业对复合型创新性人才的需求。

(2) 要大力推动交叉学科的教育。现代科学技术的发展呈现出高度综合和高度分化的趋势，要适应科学技术发展的需要，强化交叉学科在课程体系中融合，推动交叉学科中心的建设和交叉学科的科学研究，使专业教育和基础教育、科学教育和人文教育、地矿教育和非地矿教育交叉渗透，以大工程教育的理念切实推动地矿工程教育的发展，走以工程专业教育为特色、多科性和综合化发展的道路。

(3) 要强化地矿类课程体系中的人文课程建设。现代社会的发展越来越重视人文教育和人文素质培养，各国都把加强学生的人文教育放在十分重要的位置来看待，尤其是理工科学生更应该重视人文教育和人的素质的培养。人文知识的获取和人文精神的培养不仅可以帮助学生顺利适应社会生活和工作，还可以为学生提供强大的精神动力和支持。长期以来的"专才"教育思想和实践，使学生人文素质教育成为我国高等地矿类专业教育的一个软肋。在课程体系改革中，要加强对人文素质教育课程的研究和建设，促进学生人文素质的全面提升。

(4) 要强化对学生实践能力和创新能力的培养。创新人才的培养，其中实践和实验环节是非常重要的，要通过第二课程、实践环节强化对学生实践能力和创新能力的培养，这就需要在课程体系建设中突出实践性教育环节和实验教学，要进一步深化课程体系改革，推动实践环节和实验教学对立成为单独的课程体系，制定单独的课程教育计划和教学计划；二要突出强化实践性教育环节，突出对学生实践能力和解决实际问题能力的培养，通过多渠道、多层次教学实践活动和素质教育课程，促进学生综合能力的提高。让学生在广阔的社会实践中培养动手意识、能力和团队合作精神，加强对素质课程的研究和建设，增加素质课程的比重，充分发挥素质教育课程对学生实践能力培养的作用。

(5) 要进一步加强地矿类课程的国际化。国际化教育是高等教育的重要发展趋势，要加强对地矿类课程国际化的教育和实践，这也是地矿类专业国际化发展的需要，尤其是在我国对外交往不断扩大、能源经济的对外依存度不断升高的背景下，培养出更多的外向型、开放型、走向世界的有用地矿工程专业人才，更具有战略意义和价值。

6.3 地矿类工程技术创新人才培养模式的课程体系

6.3.1 进一步明确和坚持培养目标

人才培养目标是高校教育活动的出发点和基础，它制约着高等教育活动的一切内容，是教育活动的出发点和归宿。培养目标是指根据一定的教育目的和约束条件，对教育活动的预期结果，即学生的预期发展状态所做的规定。它是教育理论研究和实践活动过程中的一个核心概念。它的对象是具有主体性的人，是把人塑造成什么样的人的一种预期和规定。它具有三大功能：定向功能、调控功能和评价功能。定向功能指对教育的发展方向和人的发展方向所起的一种制约作用。调控功能则是指对教育活动起着支配、调节和控制作用。评价功能指将培养目标作为最基本的价值标准去评估、检验教育质量，并对人们关于本科教育的思想观念、实践活动进行价值判断。培养目标受一定的教育价值观影响，有什么样的教育价值观也就有什么样的教育目标或培养目标。而当教育价值观发生变化时，教育目标或培养目标也随之发生变化，或废除或调整改革。培养目标可以理解为一种教育理念。因为这个目标体现着一系列思想观念，它规定着教育活动的性质和方向，且贯穿于整个教育活动过程始终，是教育活动的出发点和归宿(杨志坚，2005)。随着我国地矿能源经济的复苏和发展，地矿行业对地矿人才的需求又急剧上升，尤其是随着我国能源行业技术革新的进步和技术装备水平的不断提升，对地矿专业创新人才和高素质应用人才的需求特别强烈，作为为地矿行业培养高素质人才的地矿类高校和地矿类专业，应紧密联系这一发展变化，加大人才培养的改革力度，使地矿类专业的课程体系紧跟地矿行业的发展变化，不断推动地矿类专业的课程体系改革，更好地为我国的地矿行业培养更多的高素质人才。

基于以上综合分析，我们认为，当前我国对地矿类专业本科人才培养目标的基本定位应该是"厚基础、宽口径、强技能、复合型"的创新人才。这就要求我们在制定具体的培养方案时更要强调其时代性、科学性和定位的准确性，既要看眼前，又要顾长远，从而使地矿类专业的毕业生能以"人无我有，人有我精，立足国内，服务国际"的本领与技能，适合到国内外地从事地矿勘查、资源开发与管理等工作，同时也具备未来高级研究人员的潜质，可继续攻读相关学科的研究生，因而能够满足准研究生层次人才选拔的需要。为了达到这一培养目标，需要我们的课程体系体现出厚基础、宽口径(多方向)、重技能、加强外语基础等的课程及知识结构(赖旭龙等，2002)。

6.3.2 课程体系构建的基本原则

1)注重基础知识、突出能力培养的原则

知识是能力的基础，没有强大的知识基础作为根基，就不可能有能力的提升和发展。因此，必须充分重视地矿类专业人才培养的基础知识传授，使地矿类专业的学生在具备宽厚的地矿知识的基础上，充分提升地矿专业的人才培养的能力发展，这是为学生进行更高层次和更深奥工程技能发展的根本。同时要强化地矿类专业学生的能力提升和发展，在强化知识基础的前提下，要强化地矿类专业学生的实践能力、创新能力、人文素质、实验能力等。地矿类专业具有很强的应用型和实践性，在构建地矿类专业课程体系的基础上，要充分了解地矿行业对人才的要求和需要，根据地矿行业技术发展的特点和行业对人才的需要，制定切实可行的地矿专业课程体系，既要体现地矿行业技术发展的未来需要，又要充分考虑当前地矿行业对人才的急切需要；既要考虑学生面向地矿行业的发展，又要充分考虑学生就业的适应性。要做到统筹兼顾，在强调基础知识的过程中，也要打破专业壁垒，传授给学生多种不同专业的基础知识，保证他们宽厚的知识储备，使他们在越来越激烈的人才竞争中立于不败之地，在以后的工作和生活中更具竞争力。

2)学科综合化的原则

学科综合化原则就是设置跨专业跨学科的课程体系，把学科或专业相近的课程整合成一个综合性的课程，为学生提供以某一学科为主的课程群体系，这是适应现代科学技术发展的重要趋势，也为学生更为广阔的发展前景提供知识基础。尤其是现代工程领域，特别需要大工程的背景和学科知识，单一的学科知识难以解决跨学科的、综合性的工程问题，尤其是随着现代社会的发展，人们不但关心经济和福利的增长，更为重要的是也关心环境、健康、绿色的发展，这就需要现代培养的科技人才必须精通本学科之外的知识，特别是人文社会学科的知识、管理学科的知识，如经济管理、市场营销、生物学等。同时，从地矿学科本身的发展来看，新世纪的矿业开采在追求高效率的同时，将逐步向绿色开采和科学开采的方向发展，要充分考虑采矿影响土地水体变化、环境污染、环境保护和生态重建等一系列问题。因此，矿业人才在具备科技素质和实践能力的同时，还必须了解社会学、法律、环境保护知识。

因此，我国地矿专业工程课程体系必须走综合化的发展道路，必须打破专业口径狭窄、学科封闭的课程体系，根据培养高素质、强技能的复合型地矿工程专业人才的要求，全面设置德智体各类的课程，以促使学生通过该课程的学习，最终在思想品德、智力、知识和技能等方面都能全面发展。同时，在各门课程自身口径和内容选择上，也必须充分考虑现代科学相互渗透、交叉、综合发展的特点和趋势，冲破"小学科"思想束缚，努力建立专业"大学科"（赖旭龙等，2002），使学生广泛接触各科类的知识，构筑宽厚的学科基础。

3) 本土化和国际化相结合的原则

随着全球化的不断发展和我国参与国际竞争的不断深入，我国正在把经济合作作为国际化的重要内容，尤其是能源经济更是我国对外合作和交往的重点。正是在这种背景下，培养适应国际分工和国际合作的地矿专业高素质人才正成为地矿类高校和地矿类专业人才培养的重要任务，而推动地矿专业课程的国际化则是培养国际化人才的重要载体。高玉蓉（2010）认为，所谓课程国际化是指在经济全球化和高等教育国际化的背景下，从未来的战略高度出发，以所培养的人才能解决不同文化群体之间在交流、合作和发展过程中遭遇到的障碍、隔阂和差异为宗旨，通过比较、分析、鉴别和筛选，将其他国家相关文化、社会、科技和管理方法等知识和经验融入本国高校专业设置和课程教学的过程。它以民族精粹和国际背景知识的兼收并蓄为主要特征，强调民族文化与世界文化的有机融合，旨在培养既热爱祖国又具有世界眼光和国际意识的"全球通"人才。课程的国际化不仅是教材内容和教材的国际化，也是人才培养目标和培养目的的国际化；不仅是学科知识的国际化，也是教学理念、教学观念、教学过程和人的意识、思想的国际化，不仅包括教师的国际化，也包括学生的国际化和管理者的国际化等。这些都是保证课程国际化的重要内容和保障。在推动课程国际化的同时，也要尊重和维护课程的本土化特色，不能因为国际化就忽视甚至抹杀课程的本土化特色。实际上，真正的国际化不仅仅是从国外输入先进的课程、教学方法、教学过程，也是推动本土化课程走向世界的过程，这也是国际化的重要内容和要求。因此，在推动地矿类专业课程体系国际化和本土化的过程中，既要广泛吸收国际的先进经验和先进做法，也要及时推广和突出我国地矿课程的重要特色，做到洋为中用，更好地为我国的地矿专业课程改革提供基础。

4) 产学研合作一体化的原则

产学研合作也是推动地矿专业课程体系改革的重要内容，实践证明，产学研合作培养地矿类专业人才是一条正确的道路。长期以来，由于我国传统教育思想观念的束缚，重视理论教育，忽视实践教育，直接的结果就是培养的人才难以适应地矿行业的需要。而通过产学研合作，能够使课程体系从课堂延伸到生产一线，从理论延伸到实践，从学生延伸到工人，能够密切课程和实践操作的关系，因而受到了地矿类企业和地矿类高校的普遍重视。通过产学研合作，高校可以从企业那里得到对人才的需求信息，从而能够及时调整课程体系和人才培养目标和要求，企业也可以通过与高校的合作，深度参与高校的课程体系改革，从而使培养的人才能够适应行业企业的需要,缩短了从学生到高素质一线工程师的转变过程,有利于企业更好地提高生产效益。

6.3.3 课程体系的基本框架

根据教育部1998年新颁布的本科专业目录,地矿类专业主要包括采矿工程、安全工程、石油工程、矿物加工工程、勘查技术与工程和资源勘查工程等专业。在2012年新颁布的本科专业目录中,地矿类分为地质类和矿业类,地质类包括地质工程、勘查技术与工程、资源勘查工程,矿业类包括采矿工程、石油工程、矿物加工工程、油气储运工程。同时还设了特设专业,地质类包括地下水科学与工程,矿业类包括矿物资源工程、海洋油气工程。根据调整整合后的地矿类专业的特点,针对地矿类专业工程科学发展趋势和国家对地矿类工程技术创新人才培养的需求,在教育教学改革实践过程中,按照"专业培养与素质教育相结合、知识传授与能力培养相结合、教学与科研相结合"的教育思路,在加强基础、拓宽知识面的同时,又充分体现地矿类专业的行业特点,对现行的课程体系和教学内容进行改革和重组,将本科人才培养中课程分为基础课程、专业课程、素质课程以及相应的实习、设计及论文等。

6.3.3.1 基础课程体系

基础课程包括公共基础课与专业基础课(或学科基础课)。公共基础课是各专业学生都必须修的课程,它一般包括国家规定的相关课程和高校自身所规定的相关课程。这类课程虽然与学生所学的专业没有直接的联系,但在德、智、体全面发展的专门人才培养方面,在构成人才合理知识结构方面,具有重要的作用和价值。基础课程为学生掌握专业知识和学习新的科学技术、发展学生智能打下宽厚的理论与技术基础,是为学生进一步学习提供方法论不可缺少的课程。专业基础课(或学科基础课)是指同学科专业基础理论、专业知识、专业技能直接联系的基础课程,它包括学科(专业)理论基础课与学科(专业)技术基础课,是学习专业课的先修课程。它的作用主要表现为:第一,作为普通教育与专业教育的过渡,循序渐进地把学生领入专业领域;第二,拓宽知识面,增强适应性。宽厚的基础课有利于学生在校学习专业,有助于学生毕业后适应社会发展需要和科学技术发展的需要。因此从长远意义上说,基础课甚至比专业课更为重要(肖芬,2007)。

1)公共基础课

公共基础课总体上分为三大模块,即人文社科类公共基础课、自然科学类公共基础课和工程技术类课程及实践环节类公共基础课。人文社科类公共基础课包括:马克思主义基本原理、毛泽东思想概论、大学语文、外国文学、英语、法律基础、思想道德修养等。自然科学基础课包括:计算机文化基础、高等数学、化学、物理学等。工程技术类及实践环节公共基础课包括:与工程相关的公共课程及实验课程等。各个学校一般都会要求各专业学生选择试验、实践项目,例如河南理工大学的公共基础课程就包括思想道德修养与法律基础、中国近现代史纲要、马克思主义基本原理、毛泽东思想和中国特色社会主义理论体系概论等,如表6-2所示。

表 6-2　河南理工大学公共基础课程设置方案(2016)

建议开课学期	课程名称	学分	学时	学时分配 授课	学时分配 实验	性质	备注
11 或 12	思想道德修养与法律基础	3	48	48	0	必修	01,03,04,05,06,07,11 建议 11 学期开设,其余院(系)12 学期开设
21 或 22	中国近现代史纲要	2	32	32	0	必修	01,03,04,05,06,07,11 建议 21 学期开设,其余院(系)22 学期开设
21 或 22	马克思主义基本原理	3	48	48	0	必修	02,08,09,10,12,13,14,15,16,17,18,19 建议 21 学期开设,其余院(系)22 学期开设
31 或 32	毛泽东思想和中国特色社会主义理论体系概论	4	64	64	0	必修	01,03,04,05,06,07,11 建议 31 学期开设,其余院(系)32 学期开设 专升本不开设此门课程,对应开设"马克思主义基本原理"和"中国近现代史纲要"
12	形势与政策 1	1	16	16	0	必修	全校各专业
41	形势与政策 2	1	16	16	0	必修	全校各专业
其他学期	形势与政策	0	16×5	16×5	0	必修	专题讲座,不计学分,不计入总学时
大二暑假	思想政治理论课实践教学	2				必修	实践教学,2 周
11~22	体育与健康 1-4	6	136	136	0	必修	34×4,《国家学生体质健康标准》实施与测试工作由体育学院按照国家相关规定组织落实
11~21	大学英语 a	11	190	190	0	必修	54+68×2
11~22	大学英语 b	15	258	258	0	必修	54+68×3
11~22	大学英语 c	15	258	258	0	必修	艺体类专业,54+68×3
11~22	大学英语 d	19	342	342	0	必修	建议单招生开设,72+90×3
11	军事理论	2	32	20	0	必修	课外 12 学时,全校各专业
11	军事技能训练(军训)	2				必修	2 周,全校各专业
32	大学生就业(创业)指导	1	16	16	0	必修	全校各专业
11	大学计算机基础 a	4	64	44	20	必修	
11	大学计算机基础 b	3.5	56	40	16	必修	
12	数据库程序设计	4	64	40	24	必修	建议文科类专业开设
12	高级语言程序设计	4.5	72	50	22	必修	理工类专业开设,根据需要可选择 C/C++、Visual Basic、Fortran、Delphi、Java 等高级程序语言中的一种
12 和 21	大学物理 a	4×2	72×2	72×2		必修	建议理科各专业开设
12 和 21	大学物理 b	3.5×2	60×2	60×2		必修	建议工科各专业选择开设

续表

建议开课学期	课程名称	学分	学时	学时分配		性质	备注
				授课	实验		
12和21	大学物理c	3×2	54×2	54×2		必修	
12和21	大学物理d	4×2	72×2	72×2		必修	建议单招生开设
12和21	物理实验a	1.5×2	32×2		32×2	必修	建议理科各专业开设
12和21	物理实验b	1×2	27×2		27×2	必修	建议工科各专业选择开设
12和21	物理实验c	1×2	24×2		24×2	必修	
12和21	物理实验d	2×2	36×2		36×2	必修	建议单招生开设
11或12	大学化学	2	32	16	16	必修	
11~12	高等数学a	12	108×2	108×2	0	必修	
11~12	高等数学b	10	90×2	90×2	0	必修	
11~12	高等数学c	9	78×2	78×2	0	必修	
11~12	高等数学d	8	72×2	72×2	0	必修	
11	高等数学e	4.5	78	78	0	必修	
11~12	高等数学f	13	120×2	120×2	0	必修	建议单招生开设,单招生也可以选择开设高等数学a
12	线性代数a	3	48	48	0	必修	
12	线性代数b	2.5	40	40	0	必修	
21或22	概率论与数理统计a	4	72	72	0	必修	先修课程为"高等数学"
21或22	概率论与数理统计b	3	54	54	0	必修	
21或22	计算方法	2.5	40	32	8	必修	先修课程为"高等数学""线性代数""C语言程序设计"
21或22	复变函数与积分变换	3.5	56	56	0	必修	先修课程为"高等数学"
11或12	画法几何与工程制图a	4	66	54	12	必修	另需在11或12学期进行课程设计1周
11或12	画法几何与工程制图b	3	54	44	10	必修	
11~12	画法几何与机械制图a	7	120	92	28	必修	48(10)+72(18),另需在12学期进行课程设计1周
11~12	画法几何与机械制图b	6	96	76	20	必修	48(10)+48(10),另需在12学期进行课程设计1周
11~12	画法几何与土木工程制图	6	108	88	20	必修	54(10)+54(10),另需在12学期进行课程设计1周
22	电工与电子技术a	6	96	80	16	必修	
22	电工与电子技术b	5	80	66	14	必修	
22	电工与电子技术c	4	64	52	12	必修	
31	机械设计基础a	5.5	90	84	6	必修	另需课程设计3周
31	机械设计基础b	3.5	54	50	4	必修	另需课程设计2周
32	流体力学a	4	64	58	6	必修	先修课程为"理论力学""材料力学"或"工程力学",需开设专业选择开设
32	流体力学b	3	54	50	4	必修	
32	流体力学c	2	36	32	4	必修	
31	工程热力学a	4	64	58	6	必修	

续表

建议开课学期	课程名称	学分	学时	学时分配 授课	学时分配 实验	性质	备注
31	工程热力学 b	2	36	32	4	必修	
32	流体力学与流体机械 a	4	72	64	8	必修	先修课程为"理论力学""材料力学"或"工程力学""机械制图""机械设计"
32	流体力学与流体机械 b	3	54	48	6	必修	
21	理论力学 a	4	72	72	0	必修	
21	理论力学 b	3	54	54	0	必修	
22	材料力学 a	4	72	62	10	必修	实验学时中有4学时为上机
22	材料力学 b	3	54	46	8	必修	
21	工程力学 a	4	72	64	8	必修	实验学时中有4学时为上机
21	工程力学 b	3	54	48	6	必修	实验学时中有2学时为上机
21 或 22	大学语文 a	3	48	48		必修或选修	
21 或 22	大学语文 b	2	32	32		必修或选修	
21	数学建模	2	32	24	8	必修或选修	

注：课程名称中带 a、b、c、d 或 e 等表示课程的学分、学时设置有区别，即教学要求有所不同，各专业根据专业实际要求自行选择。

2) 专业基础课

专业基础课是学生学习专业课的先修课程。比较宽厚的专业基础有利于学生的专业学习和毕业后适应社会发展与科学技术发展的需要。专业基础课分为专业基础必修课和专业基础选修课。例如河南理工大学的采矿工程专业专业基础课就分为必修和选修两部分，包括矿山测量学、岩体力学与工程、矿山地质学、采矿 CAD、运筹学等，如表 6-3 所示。

表 6-3 河南理工大学采矿专业指导性教学进程表（第五学期部分）

建议修读学期	课程编号	课程名称	课程性质	学分	学时	学时分配 授课	学时分配 实验	学时分配 线上	课程类别	备注
第五学期	120000141	形势与政策-4 Situation and Policy-IV	必修	0	16	4	0	12	公共基础	
	120000260	毛泽东思想和中国特色社会主义体系概论 Introduction to Mao Zedong's Thoughts and Theoretical System of the Chinese Characteristics Socialism		4	64	56	0	8	公共基础	
	020010010	岩体力学与工程 Rock Mechanics and Engineering		3	48	42	6	0	专业基础	
	040000290	机械设计基础 b Basis of Mechanical Designing b		3.5	56	52	4	0	公共基础	
	080000960	矿山电工 Mine Electrotechnics		2	32	28	4	0	专业基础	

续表

建议修读学期	课程编号	课程名称	课程性质	学分	学时	学时分配			课程类别	备注
						授课	实验	线上		
第五学期	080000971	矿山电工课程设计 Course Design on Mine Electrotechnics	必修	1	0	0	0	0	实践教学	1周
	040000940	矿山机械(含采掘机械) Mine Machinery		2	32	28	4	0	专业基础	
	040000941	矿山机械课程设计 Course Design on Mine Machine		1	0	0	0	0	实践教学	1周
	040000320	流体力学 c Fluid Mechanics c		2	32	28	4	0	专业基础	
	020011040	采矿学1 Mining Science		2.5	40	36	4	0	专业课程	
	020011020	井巷工程 Sinking and Driving Engineering		2.5	40	36	4	0	专业课程	
	60101529Z	互联网金融 Internet Finance	选修	1.5	28	0	0	28	公共基础	至少选5学分，其中通识课不少于1.5学分
	021010120	采矿CAD CAD for Mining Engineering		2	32	20	12	0	专业基础	
	021040020	煤层气工程概论 Introduction to Coalbed Methane Engineering		1	16	16	0	0	专业课程	
	021040050	运筹学 Operations Research		2	32				专业基础	
		合计		28.5	440	390	30	20		

3) 工程技术类及实践环节公共基础课

实践环节公共基础课主要包括军训、课程设计、综合实验、认识实习、生产实习、金工实习、电子工艺实习、毕业实习及毕业设计(论文)(一般为17周)、社会科技实践、工程技术训练等。集中实践性教学环节对培养学生的创新精神和实践能力作用重大，各专业要根据人才培养实际需要，合理地设计集中实践性教学环节，大力加强实践教学。其中军训安排2周，计2学分，由学校武装部负责组织实施；综合性工程训练由学校工程训练中心负责组织实施，具体安排如表6-4所示。

表6-4 河南理工大学综合性工程训练教学安排

课程类别	课程性质	课程名称	学分	周数	开课学期	备注
综合性工程训练类	必修	工程认识	1	1	12	建议经管类、理科类、文法类等专业开设
	必修	常规加工技术训练	2~3	2~3	21或22	建议机械、材料类专业3周，设在21学期；其他专业2周，设在22学期
	必修	先进制造技术训练	1	1	31或32	建议机械、材料、电气类等专业开设
	必修	电工电子技术训练	1~2	1~2	31或32	建议电气类专业1周，设在31学期；机械类、材料类、应用物理、通信等专业2周，设在32学期
	说明	各有关专业要积极加强综合性工程训练，其他有关情况可咨询工程训练中心					

4) 基础课程体系的内涵和实施

基础知识是对学生进行通识教育和专业教育的基础部分,要遵循先易后难、循序渐进的原则,按照知识本身的逻辑顺序,合理和科学地设置基础课程体系,科学规划专业理论基础知识和公共基础知识交叉和融合,使学生能够全面地掌握所学的基础知识。既能达到培养学生的目的,又能达到为学生将来的发展和专业教育以及联系生产一线提供基础和发展平台。

基础课程体系如图6-1所示。

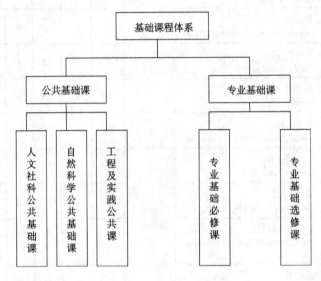

图 6-1 基础课程体系

6.3.3.2 专业课程体系

专业课是某一专业学生围绕定向培养目标所修习的专业知识与专门技能的课程。全部专业课程构成专业理论与技术的体系是专业教育计划的中心组成部分,它是根据国家对某种专门人才的业务要求设置的。专业课的任务是使学生掌握必要的专业知识和技能,了解本专业范围内最新的社会科学与自然科学技术的成就和发展趋势,它着重于专业理论、基本规律的教学和实验技能的培养(肖芬,2007)。根据地矿类专业"厚基础,宽口径,强技能,复合型"的创新人才的要求,在专业课的设置上又分为了专业课和专业方向课。

1)专业课

专业课是围绕定向培养目标所修习的专业知识与专门技能,是一个专业最重要、最相关、最核心的课程,分为专业必修课和专业选修课。例如,河南理工大学的安全工程专业的安全工程学、安全人机工程、安全法规等为专业必修课。

2)专业方向课

专业方向课是专业课程的进一步延伸,是更为细化和专业的研究方向,一般由具有专业特色的理论课程和实践课程构成。理论课程包括专业方向必修课和专业方向选修课,实践课程包括专业实习课、实验课、毕业设计课、科研训练课等。如河南理工大学的安全工程专业就分为化工方向、瓦斯方向和地下方向,其专业课和专业方向课如表6-5所示。

表 6-5　河南理工大学安全工程专业指导性教学计划(第五学期部分)

建议修读时间	课程编号	课程名称	课程性质	学分	学时	授课	实验	线上	课程类别	备注
第五学期	120000141	形势与政策-4 Situation and Policy-IV	必修	0	16	4	0	12	通识课程	
	010016100	电气安全工程 Electricity Safety Engineering		1	16	12	4	0	专业课程	
	010016110	防火防爆 Fire and Explosion Prevention		2	32	28	4	0	专业课程	
	010016120	安全法规 Safety Law		1	16	16	0	0	专业课程	
	010016130	安全人机工程 Safety Ergonomics		2	32	28	4	0	专业课程	
	010016141	认识实习 Cognition Practice		2	0	0	0	0	实践教学	2周
	031000021	地球科学概论 Introduction to Earth Science	选修	1.5	27	27	0	0	通识课程	限选2学分
	181000071	教育与人的成功 Education and People's Success		1	16	16	0	0	通识课程	
	181000061	心理学与生活 Psychology and life		1	16	16	0	0	通识课程	
	191000021	灾难逃生自救技能 Self-relief Skills in Disaster		1	16	16	0	0	通识课程	
	070030090	土力学与地基基础 Soil Mechanics and Foundation	必修	2.5	40	32	8	0	专业课程	地下方向必修课程模块,9学分
	010016150	地下工程通风与除尘 Ventilation and Dust Removal in Underground Engineering		3	48	42	6	0	专业课程	
	010016161	地下工程通风与除尘课程设计 Course Design of Ventilation and Dust Removal in Underground Engineering		1	0	0	0	0	实践教学	
	071110200	地下工程与结构 Underground Engineering and Structure		2.5	40	40	0	0	专业课程	
	070010090	土木工程材料 Civil Engineering Materials	选修	2	32	24	8	0	专业课程	地下方向选修课程模块,限选6学分
	070020200	混凝土结构设计原理 Design Principle for Concrete Structure		2	32	32	0	0	专业课程	
	070040300	城市地下空间规划 Urban Underground Space Planning		2.5	40	40	0	0	专业课程	
	011016170	岩石力学与工程 Rock mechanics and Engineering		2	32	26	6	0	专业课程	
	011016180	系统安全评价与预测 System Safety Evaluation and Prediction		2	32	32	0	0	专业课程	
	011016190	地下管网工程 Pipe Network of Underground		2	32	32	0	0	专业课程	

续表

建议修读时间	课程编号	课程名称	课程性质	学分	学时	学时分配			课程类别	备注
						授课	实验	线上		
第五学期	010016200	化工工艺 Chemical Technology	必修	3	48	48	0	0	专业课程	化工方向必修课程模块，13学分
	010016210	化工原理 Principles of Chemical Engineering		4	64	48	16	0	专业课程	
	010016220	安全检测与监控技术 Security Detection and Monitoring Technology		2	32	28	4	0	专业课程	
	010016230	工业通风与除尘 Industrial Ventilation and Dust Removal		3	48	42	6	0	专业课程	
	010016241	工业通风与除尘课程设计 Industrial Ventilation and Dust Removal Course Design		1	0	0	0	0	实践教学	
	011016250	化工机械与仪表 Chemical machinery and instrument	选修	2	32	28	4	0	专业课程	化工方向指定选修2学分
	010016260	煤田与矿井地质 Coal Field and Mine Geology	必修	3	48	42	6	0	专业课程	瓦斯方向必修课程模块，12学分
	010016270	矿井开采 Coal Mining Engineering		2	32	30	2	0	专业课程	
	010016280	瓦斯地质 Mining Gas-geology		2	32	28	4	0	专业课程	
	010016291	瓦斯地质课程设计 Course Design of Mining Gas-geology		1	0	0	0	0	实践教学	
	010016300	矿井通风与除尘 Mine Ventilation and Dust Removal		3	48	40	8	0	专业课程	
	010016311	矿井通风与除尘课程设计 Course Design of Mine Ventilation and Dust Removal		1	0	0	0	0	实践教学	
	011016320	渗流力学基础 Foundation of Seepage Mechanics	选修	2	32	30	2	0	专业课程	瓦斯方向选修课程模块，限选4学分
	011016330	矿井水文地质 Mine Hydrogeology		2	32	30	2	0	专业课程	
	011016340	岩石力学基础 Rock Mechanics Foundation		2	32	32	0	0	专业课程	
	011016350	矿物岩石学 Mineralogy and Petrology		2	32	30	2	0	专业课程	
		合计		25	352	312	40	0		地下方向
				25	352	310	42	0		化工方向
				26	352	316	36	0		瓦斯方向

3) 专业课程体系的实施

专业课程体系的构建要遵循相同或者相近的原则，把属于同一专业都开设的专业课程设置成为专业必修和专业选修课程。在此基础上，根据各专业方向的不同特色与要求，开设成为专业方向必修课程和专业方向选修课程，体现该专业方向的特色。

专业课程体系如图 6-2 所示。

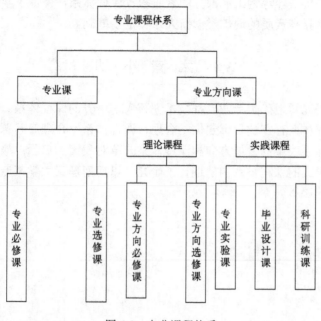

图 6-2　专业课程体系

6.3.3.3　素质课程体系

素质教育是高等学校人才培养的重要组成部分，也是培养创新人才的基础。张丽英（2008）认为，文化素质教育的核心与根本是通过文化知识的传授和氛围的熏陶，对学生进行价值观导引、精神提升和人格塑造，从综合的角度解决学生如何做人、如何做事、如何思考等问题。从我国的理工科高校开设的素质教育课程来看，大部分仍然是作为专业教育的重要补充，还没有从理论高度上升到与专业教育同等重要的位置来看待，这些都需要我们在实践中不断转变观念，不断提升素质教育课程的地位和重要性。从教育发达国家通识教育课程设置的成功经验得到的启示是，文化素质课程的内容不能仅局限于某种或几种学科，而应该扩展到所有领域；其课程内容不仅包括文史哲等人文社科方面的知识，同时还应把体验性或养成性课程活动的过程和方法等作为课程内容，体现出课程设计文理渗透的跨学科综合的特性（张丽英，2008）。这应该成为我国今后一个时期高等院校文化素质课程建设努力的方向。尤其是理工科高校和地矿类专业在开展素质教育的时候，一方面要广泛开设素质教育课程，形成素质教育的课程体系，要涵盖所有的知识领域，广泛开设专业之外的课程，让学生在素质教育的课程体系中能够选择适合自己的素质教育课程；另一方面也要把素质教育和专业教育结合起来，融素质教育于专业之中，在专业教育中进行素质教育，在素质教育中体现专业教育。

河南理工大学在设置素质教育课程的时候，就把通识教育作为办学的重要指导思想，在加强专业教育的同时，不断提升素质教育的广度和深度。目前，河南理工大学素质教育坚持 4 个不断线："思想政治教育不断线""大学英语教学不断线""计算机基础教学不断线""体育训练与心理健康教育不断线"。同时积极开设语文类课程、数学类课程、理化类课程、工程技术类课程，初步形成了以"5门课"，即英语、计算机、思想政治教育、大学语文、体育为核心，以人文社科类课程、自然科学类课程、工程技术类课程、工程实践类课程、大学生第二课堂教育和创新素质培养等为组成部分的素质教育课程体系，保证了学生创新素质和创新能力的培养，也为培养高素质的地矿类创新人才奠定了基础。

6.4 本章小结

本章主要分析研究了地矿类专业工程技术创新人才培养的课程体系。首先，分析了我国高校地矿类专业课程体系存在的目标定位不合理、课程体系不合理等问题；其次，分析了国外地矿类专业课程体系改革的发展方向和课程体系改革对我国的启示；最后，对地矿类工程技术创新人才培养模式的课程体系构建进行了研究，以河南理工大学某专业为例，构建了基础课、专业基础课等课程体系。

第 7 章　地矿类工程技术人才实践创新能力的培养模式

实践创新能力是创新人才培养的重要组成部分之一，是衡量工程技术人才解决工程实际问题的重要指标之一，极大地影响着工程技术创新人才培养的质量与水平。

7.1　地矿类专业培养目标概述

采矿工程主要针对矿山工程，如矿区规划、矿山开采设计、岩层控制技术、矿山安全技术及工程设计等；石油工程主要针对油气田的工程建设，如油气钻井工程、采油工程、油藏工程、储层评价等。

矿物加工工程是用物理或化学方法将矿物原料中的有用矿物和无用矿物或有害矿物分开，或将多种有用矿物分离的工艺过程，因此也叫选矿。本专业培养德智体美全面发展，基础宽厚扎实、工程实践能力强、适应面广、素质高，有创新意识和创新能力，在矿物分选及矿物加工领域内从事生产、管理、工程设计、科学研究等方面工作的工程技术人才。

安全工程专业培养掌握安全科学、安全技术、安全管理和职业健康基本理论、基础知识和基本技能，具备专门从事安全工程设计、研究、检测、评价、监察和管理等工作能力的高素质复合型工程技术专门人才。该专业主要学习安全科学与工程基础理论、安全工程技术及安全管理相关课程，接受校内外实践环节、专业相关课程的课程设计和毕业论文与毕业设计的基本训练，具备注册安全工程师基础知识、专业能力和素质，具备服务于建筑、化工、冶金、矿业、机电、能源、交通运输、保险、职业健康等各行业的安全健康业务，并具有在安全健康行政管理、安全中介等机构中工作的能力。

地质工程专业培养掌握数学、物理、化学、外语、计算机等基础知识，系统学习地质学、工程力学、工程地质学、水文地质、岩土钻掘工程等专业课的基本理论和基础知识，接受工程师的基本训练，具备从事工程勘察、地质灾害防治、地质工程设计与施工、工程管理、资源勘探与采掘、岩土钻掘工艺与设备开发能力的高素质复合型工程技术专门人才。

资源勘查工程专业培养掌握数学、物理、化学、外语、计算机等基础知识，系统学习地质学与矿产资源勘查的基础理论知识，掌握矿产资源勘查和综合评价的基本技能和方法，接受工程师的基本训练，具有从事矿产地质调查、矿产资源勘查评价、开发利用和管理的能力的专门人才。本专业的学生在煤与非常规天然气或固体矿产资源勘查评价、开发与管理方面有所侧重。

河南理工大学地矿类专业主要包括采矿工程(含采矿工程方向和煤及煤层气工程方向)、安全工程(含矿山安全方向、工业安全方向和瓦斯地质与瓦斯治理方向)、矿物加工工程、地质工程、资源勘查工程 5 个专业 8 个方向。根据《普通高等学校本科专业目录和专业介绍》(2012 年)要求，地矿类专业培养目标如下。

1) 采矿工程专业采矿工程方向人才培养目标

培养德、智、体、美全面发展，具有创新意识和初步创新能力，掌握煤及非煤固体矿床开采基本理论和方法，具备采矿工程师基本能力，能在采矿工程领域从事煤矿设计、生产、管理、监察和科研工作，具有社会责任感和工程职业道德，具有一定工程实践和较强研究能力的应用型人才。主要学习矿山地质、岩体力学、采矿原理与开采设计、矿山安全工程的基本理论和基本技术，接受采矿工程师的基本训练，掌握矿山规划与开采设计、岩层控制技术、矿山安全技术方面的基本能力。

2) 采矿工程专业煤及煤层气工程方向人才培养目标

培养社会主义现代化建设和科技发展需要，德、智、体、美全面发展，基础宽、能力强、素质高，具有创新意识和初步创新能力，掌握煤层气勘探、开发和利用的基础科学理论、基本知识、基本技能和相关学科基础知识，掌握井下煤矿瓦斯抽采、通风、瓦斯突出与防治等方面的基础理论和方法，具备煤层气开发和瓦斯治理的基本能力，能在煤层气开发和瓦斯治理方面从事煤层气开发规划、煤层气钻井、完井、固井、压裂、排采、矿井通风、矿山安全技术、生产技术管理和科学研究等方面的复合型应用型人才。

3) 矿物加工专业人才培养目标

培养具有高度社会责任感和良好职业道德，适应社会发展需要、德智体美能全面发展，具有扎实矿物加工学科理论基础和良好科学素养，获得矿业工程师基本训练，善于沟通合作，可在复杂矿物加工系统设计、开发及运营中承担任务，具有创新精神和实践能力，知识面宽、终身学习和适应发展能力强的高素质复合型人才。主要学习数学、物理、化学等基础知识和矿物加工专业基本理论知识，接受与矿物加工工程专业相关的实验技能、工程实践、计算机应用、科学研究与工程设计方法的基本训练，掌握综合运用所学理论知识，分析解决矿物加工实际问题的基本能力，具备进行技术革新和新技术、新工艺研究的初步能力，具备一定的生产组织、技术经济管理能力。

4) 安全工程专业矿山安全方向人才培养目标

培养能适应社会主义现代化建设和社会经济发展需要，德、智、体、美、能全面发展，工程实践能力强，综合素质高，外语及计算机应用能力突出，掌握安全科学、安全工程及技术基础理论、基本知识、基本技能，获得安全工程师基本训练，能在矿山企业及相关领域从事安全技术及工程方面的设计、生产、管理、教学、研究等工作，具有较强的创新精神和一定研究能力的复合应用型人才。

5) 安全工程专业工业安全方向人才培养目标

培养能适应社会主义现代化建设需要，德、智、体、美全面发展，工程实践能力强，综合素质高，具有安全科学、安全技术、安全管理和职业健康基本理论、基础知识、基本技能，获得安全工程师基本训练，具备专门从事安全工程设计、研究、检测、评价、监察和管理等工作能力，具有较强创新精神和一定研究能力的高素质复合型工程技术专门人才。

6) 安全工程专业瓦斯地质与瓦斯治理方向人才培养目标

培养能适应社会主义现代化建设需要，德、智、体、美、能全面发展，工程实践能力强，综合素质高，具有较扎实的专业基础理论、专业基本知识和较强的专业技术能力，能够运用所学知识和掌握的技能从事煤矿瓦斯地质、瓦斯治理、煤层气资源勘探开发等方面的技术、科研和管理工作，具有较强创新精神和研究能力的复合型高级人才。

7) 地质工程专业人才培养目标

培养知识、能力、素质各方面全面发展，系统掌握工程地质、水文地质、岩土钻掘工程等方面的基本技能，接受相关的工程训练，能在城镇建设、土木水利、能源交通、资源开发、国土防灾等各领域的勘察、设计、施工、管理单位从事工程地质勘察、地质灾害防治与环境保护、地质工程设计与施工、资源勘探与采掘、岩土钻掘与工程监理等工作的应用型、复合型工程技术人才。

8) 资源勘查工程专业人才培养目标

培养具有社会责任感，知识、能力与素质各方面全面发展，系统掌握煤与非常规天然气资源和固体矿产资源勘查方面的基础理论、基本方法和技能，获得相关工程训练，能适应21世纪国内外资源勘查工作需要，在企业、科研院所等部门中从事煤与非常规天然气、固体矿产资源勘查评价、开发、科学研究及经营管理等方面工作的应用型、复合型工程技术和研究人才。

为实现上述人才培养目标和要求，加强地矿类专业学生实践创新能力培养，本课题研究从教学内容、教学平台、教学方法与手段、教学质量监控体系、教学模式运行等方面进行了一系列有益探索，并应用于地矿类专业学生实践创新能力的培养实践，取得了较好效果。

7.2 专业教学内容体系的重构

课程设置是培养方案的核心内容，是实现人才培养目标和培养规格的中心环节。围绕地矿类专业学生实践创新能力培养，加强顶层设计，调整课程设置和课程学分，形成了由5个平台、17个模块组成的层次化、模块化、系统化的课程体系（如图7-1所示），拓宽专业知识面，既满足了通识教育基础上的宽口径专业培养要求，又满足了人才培养的个性化要求，实现了以学生为本，突出了因材施教和自主研学。同时，优化教学内容，突出专业发展方向，向综合化、现代化、超前化、科学化发展，进一步提升了专业授课信息量，夯实了学生专业理论基础。其具体培养方案和教学内容如下：

(1) 通识教育平台课程，包括思想政治课、大学英语、计算机基础、大学体育、高等数学、线性代数、计算方法、大学物理、军事理论、大学语文、画法几何与工程制图、大学化学、理论力学、材料力学、机械设计基础、流体力学与流体机械、信息检索与利用、创新学、艺术导论等课程。

(2) 专业基础平台课程，包括采矿工程专业基础模块课程(包括矿山测量学、矿山地质学、地质学基础、矿物岩石学、构造地质学、煤油气地质学、煤层气地质学、电工与电子技术、矿山电工、矿山机械、运筹学、煤层气概论、现代企业管理、矿山经济学等课程)、矿物加工工程专业基础模块课程(包括无机化学、有机化学、物理化学、分析化学、流体力学、矿物岩石学、固液分离技术等课程)、安全工程专业基础模块课程(包括煤矿地质学、地质学基础、计算机绘图、工程热力学与传热学、安全工程学、安全系统工程、安全学原理与管理学、构造地质学、矿物岩石学、岩石力学、表面物理化学等课程)、地质工程专业基础模块课程(包括普通地质学、矿物岩石学、工程力学、测量学、构造地质学、第四纪地质与地貌学、计算机地质绘图、工程建筑概论、古生物地层学、混凝土结构原理、水文地球化学、工程地质学、岩土测试技术、数值模拟及应用、工程招投标与概预算、数学地质学、地理信息系统等课程)和资源勘查工程专业基础模块课程(结晶学与矿物学、晶体光学与光性矿物学、岩浆岩与变质岩、沉积岩石学、古生物地层学、构造地质学、地球化学、地理信息系统、数学地质、测试技术、勘查地球化学(固体矿产)、计算机辅助地质制图、地学数据采集与处理、测量学等课程)。

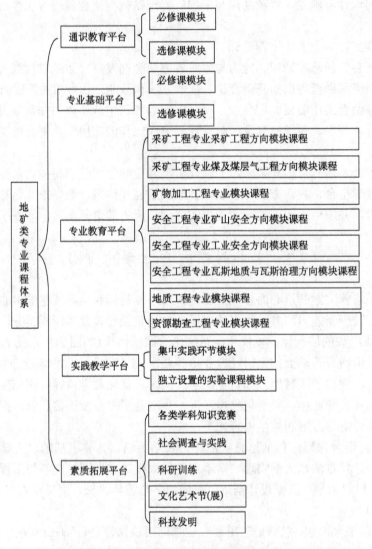

图 7-1 课程体系结构框架图

(3)专业教育平台课程由采矿工程专业采矿工程方向模块课程、采矿工程专业煤及煤层气工程方向模块课程、矿物加工工程专业模块课程、安全工程专业矿山安全方向模块课程、安全工程专业工业安全方向模块课程和安全工程专业瓦斯地质与瓦斯治理方向模块课程组成。其中：

采矿工程专业采矿工程方向模块课程包括专业导论、岩体力学与工程、井巷工程、系统工程、采矿 CAD、矿山压力与岩层控制、采矿学、矿井通风与安全、非煤矿床开采、矿山安全技术、开采损害与保护、专业英语、煤矿法规与案例分析等。

煤层气方向模块课程包括瓦斯地质与瓦斯治理、表面物理化学、煤及煤层气资源勘查、煤层气工程软件及应用、钻井工程、矿井地质学、煤化学、井下瓦斯抽采、完井工程、地球物理基础、煤层气试井与测试技术、采气工程、煤层气勘探开发规划与设计、煤层气储配工艺煤层气抽采监测监控技术、地理信息系统、水文地质与工程地质、资源环境保护等。

矿物加工工程专业模块课程包括煤化学、破碎筛分理论、重选、磁电选矿技术、现代分析测试技术、碳素材料、金属矿加工概论、矿产资源综合利用、浮游选矿、矿物加工机械、矿物加工工艺设计、实验研究方法、专业CAD、专业英语、非金属矿加工、煤质检测技术、工程安全与环保等。

安全工程专业矿山安全方向模块课程包括矿井开采、煤地质学、矿井地质、工程地质与水文地质、矿井测量、瓦斯地质、矿井通风、瓦斯灾害防治、矿井火灾防治、矿井粉尘防治、矿井水灾防治、井巷工程、矿山压力与顶板控制、人工环境学、系统安全评价与预测、安全法规、通风网络理论与算法、矿井热灾害防治、矿井安全监察、爆破安全、矿山安全监察。

工业安全方向模块课程包括有机化学、物理化学、化工原理、化工安全、安全监测与监控技术、工业安全技术、防火防爆、工业通风与除尘、专业外语、抢险与救灾、可靠性工程、矿井瓦斯抽采技术、安全人机工程、电气安全、机械安全、压力容器安全、建筑安全、空气调节与净化、工业防毒技术、安全心理学、职业安全健康、人工环境学、系统安全评价与预测、安全法规。

瓦斯地质与瓦斯治理方向模块课程包括地质学基础、构造地质学、煤田与矿井地质、瓦斯地质、矿井开采、矿井通风与除尘、矿井瓦斯预测技术、煤层气勘探与开发、中国区域构造地质等。

地质工程专业模块课程包括水文地质学基础、工程岩土学、工程物探、地下水动力学、煤及煤层气地质学、矿井水害防治、地质灾害防治、专门水文地质学、钻掘工程学、土力学与地基基础、矿产勘查与评价、基础工程施工、岩体力学、岩土工程与工程地质专业讲座、岩土工程勘察、岩土工程监测、遥感地质学、地基处理技术等。

资源勘查工程专业模块课程包括地球科学、矿床学、应用地球物理(重、磁、电、震)、煤与煤层气地质学(煤油气)、石油与天然气地质学(煤油气)、采矿概论(煤油气)、矿相学(固体矿产)、矿床地球化学(固体矿产)、矿田构造学(固体矿产)、岩相古地理、矿产勘查与评价、遥感地质学、地球物理测井、钻掘工程学、水文地质学、矿井地质学(含实习)(煤油气)、区域地质与大地构造、专门水文地质学(煤油气)、岩矿鉴定(固体矿产)、第四纪地质与地貌学、瓦斯地质学(煤油气)、宝玉石地质学、资源加工与利用、遗迹学理论与应用、环境地质学、盆地分析等。

(4)实践教学平台包括军训、实习、社会实践、课程设计、工程基础实训与实践、电工电子工艺训练、毕业设计(论文)等课程,以及综合性、系统性的独立设置的实验课程。

(5)素质拓展平台以各类学科知识竞赛、社会调查与实践、科研训练、文体艺术节(展)、科技发明等多种形式的第二课堂和创新实践为主,培养学生团队协作精神和实践创新能力。绝大部分高校要求地矿类专业学生在校期间至少获得5个素质拓展学分。

上述地矿类专业学生人才培养方案和相关课程设计,体现了课程结构模块化、教学内容阶梯化、课程教材特色化、实验内容系统化、实习时间集中化的特点,实现了"加强基础与拓宽口径相结合""人才培养与科学研究相结合""教学手段、方法改革与课程体系改革相结合""统一规格培养与促进个性发展相结合""课内与课外、校内与校外相结合"。具体体现在以下4个方面:

（1）依据培养目标，围绕"为什么教""教什么""怎么教"等问题，选择课程，精简内容，明确教学要求与考核方式，建设精品资源共享课和精品视频公开课；强化实习、课程设计、毕业设计、课外创新、社会实践等实践教学环节（如图7-2所示），其中实践教学学分占总学分的比例达30%以上，其中校内实验占60%以上，为培养地矿类专业学生实践创新能力提供了强有力的理论知识与实践课程保障。

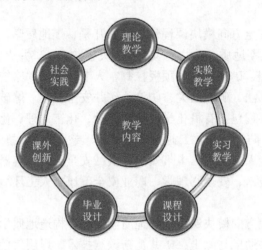

图7-2　教学内容体系

（2）结合工程实际，围绕"为什么做""做什么""怎么做"等问题，科学设计了由基础性实验与提高性实验、基本技能实验与综合技术实验、课内训练与课外科技创新活动、校内实践与校外实践活动以及体现综合应用能力训练的毕业设计等组成的实践教学体系框架，探索构建了基础实验、工程认识、综合设计、专题实验、虚拟仿真、工程实训、创新实验、工程综合、学科竞赛、科研训练十大模块的实践教学内容体系（如图7-3所示），为培养地矿类专业学生动手与实践创新能力奠定了良好基础。

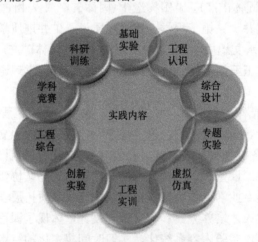

图7-3　实践教学内容体系

（3）结合校内科研训练项目，围绕地矿类专业学生创新思维训练、创新能力培养，增加综合设计性实验项目比重，演示验证性项目、综合设计性项目、研究创新性实验项目比例达到 3∶5∶2。同时，增设虚拟仿真实验训练项目以训练学生创新思维和学生实践创新能力，其比重占科研训练项目总数的 25% 以上，取得了较好效果。

如在"采矿学"等课程中，利用虚拟现实技术创建出逼真的三维矿山工程环境，更加直观地再现实际矿山工作环境，取得很好的教学效果，能够使学生理论和实践相结合，如图 7-4 所示为综采工作面设备布置情况。

图 7-4　综采工作面布置图

(4) 强化校外实践环节，变传统分散的生产实习、毕业实习为集中的企业定岗学习，并让地矿类专业学生参与具体工程设计与施工工作，进一步提高了地矿类专业学生实践动手能力和工程设计能力。

7.3　校内外教学平台体系的构建

根据地矿类专业人才培养目标，整合校内外教学资源，打破学院之间、专业之间、课程之间的界限，构建由校内基地、专业基础课、专业实验室和校外实践教学基地组成的，集教学、科研、研发等功能为一体的横向结合、纵向发展的国家、省、校三级教学平台体系。该平台体系依托学校自身的工程训练、力学等 6 个公共基础实验中心(室)，电工电子、机械基础等 4 个专业基础实验中心(室)，安全工程、采矿工程、煤层气、矿物加工、地质工程、资源勘查工程等 6 个专业实验中心(室)以及河南煤业化工集团有限责任公司、中国平煤神马集团和晋煤集团沁水蓝焰煤层气有限公司等 5 个校外实践教育基地进行地矿类专业学生实践创新能力培养训练。其中，安全工程、煤田地质与勘探、工程训练、电工电子 4 个中心为国家级实验教学示范中心，煤矿开采虚拟仿真实验教学中心为国家级，力学、采矿工程 2 个中心为省级实验教学示范中心，煤层气、机械基础、基础地质等 7 个实验中心(室)为校级实验教学示范中心，河南煤业化工集团有限责任公司、中国平煤神马集团、晋煤集团沁水蓝焰煤层气有限公司和大同煤矿集团有限责任公司 4 个工程实践教育中心为国家级大学生校外实践教育基地。学校各实验中心(室)、工程实践教育中心交叉融合，相互支撑，较好地满足了地矿类专业教学实践的需要，为地矿类专业学生创新能力的提高提供了强有力的硬件支撑。校内外教学平台体系如图 7-5 所示。

校内外教学平台体系具体如下：

（1）依托中央财政支持地方高校发展专项资金，购置瓦斯抽放性能分析系统、风洞测试系统等一批先进的教学仪器设备，建设了安全工程国家级实验教学示范中心、采矿工程省级实验教学示范中心和矿物加工校级实验教学示范中心，为学生创新能力的培养提供了硬件支持。

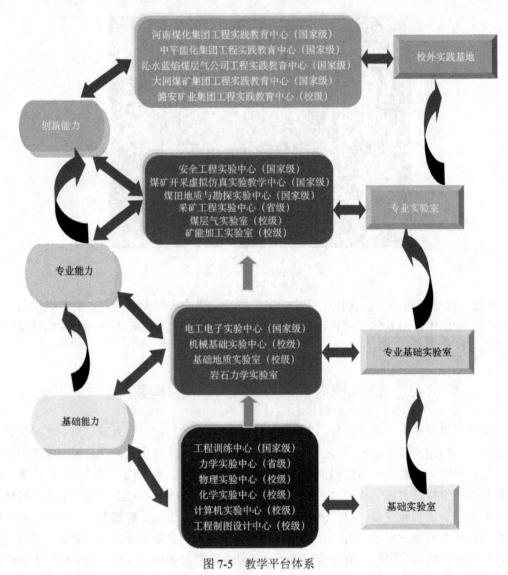

图 7-5　教学平台体系

采矿工程实验中心始建于 20 世纪 80 年代，2013 年成为省级实验教学示范中心。中心下设岩石力学、采矿模型、矿山压力、井巷工程、虚拟仿真、相似模拟、数值模拟和瓦斯抽采等 20 个实验室（如图 7-6 所示），用房面积近 4000 平方米。面向全校 9 个学院 21 个专业和省内部分高校相关专业，开设采矿模型、矿井通风、矿山压力、岩石力学、井巷工程、虚拟仿真、相似模拟、数值模拟、采矿 CAD 等模块实验课程实验项目 100 余个，年接待学生 3500 余人。

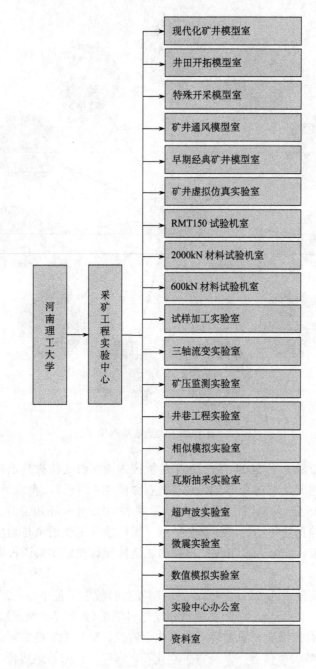

图 7-6 采矿工程实验中心基本构成

矿物加工实验室下设破碎筛分、重选、浮选、煤泥水处理、磁电选、矿物深加工、选矿厂工艺模型和控制、高温和称量等实验室(如图 7-7 所示),用房面积 880 平方米,仪器设备 320 余台套,承担选矿学、实验研究方法、矿物加工机械、矿物岩石学、非金属矿、矿物加工工艺设计等课程的实验教学及开放实验。

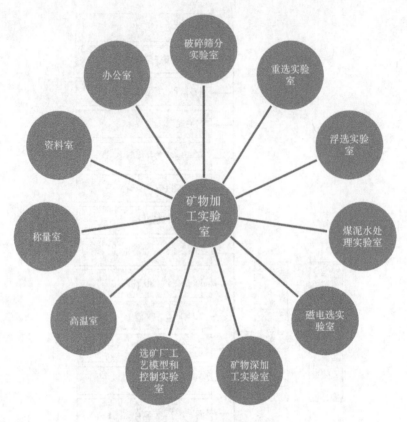

图 7-7 矿物加工实验室基本构成

安全工程实验中心成立于 2004 年，2009 年被评为国家级实验教学示范中心。中心下设风洞测试系统、矿井通风系统仿真等 21 个实验室(如图 7-8 所示)，实验用房面积为 4900 多平方米，设备数量 1186 台(件)。面向全校 11 个学院 17 个专业和省内部分高校相关专业，开设矿井通风技术、矿井瓦斯防治、矿井安全技术、煤化学、工业通风与除尘、火灾学与建筑消防、传热与空气调节、安全人机工程、材料的燃烧性能等模块实验课程实验项目 120 个，年接待学生 2800 余人。

煤田地质与勘探实验中心 2011 年被评为河南省实验教学示范中心，2014 年被评为国家级实验教学示范中心。中心下设 17 个实验室和地球科学馆(如图 7-9 所示)，实验用房面积达 3584 平方米，中心拥有扫描电子显微镜、X 射线衍射仪、MAT253 稳定同位素质谱仪、等离子体质谱仪(ICP-MS)等大型仪器，以及古生物化石、岩矿、矿床等地质标本 600 余种，仪器设备数量达 1300 余台件，总价值 3800 余万元。开设 336 个实验项目，其中，综合性、设计性、创新性实验项目占 65.7%以上。

(2)组建高水平教学团队，改善师资队伍年龄结构、学历结构、技术梯队构成，在静态物理仿真模型的基础上，综合运用虚拟现实、多媒体、人机交互、数据库和网络通信等技术，自主开发矿井系统认识、采掘工艺、大型设备模拟操作、矿井灾害及灾害防治等虚拟仿真实验系统，营造虚实结合的矿井生产场景，极大地调动了学生实验积极性和主动性。

(3)积极推进网络实验教学系统建设，建立了网络化的实验教学管理平台，集信息、管理、服务、交流和网上意见反馈等功能于一体，为全校师生创造了一个多方位学习与交流的平台，提供了教学课件、视频录像等丰富的网上教学资源和相关实验教学管理信息，为地矿类专业师生教与学提供了便利条件。

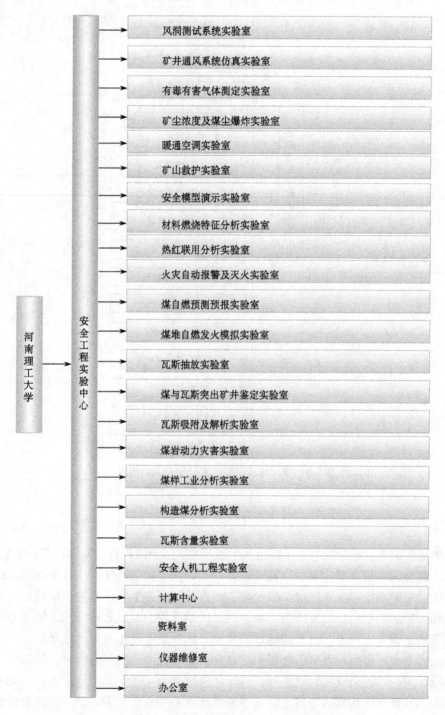

图 7-8 安全工程实验中心基本构成

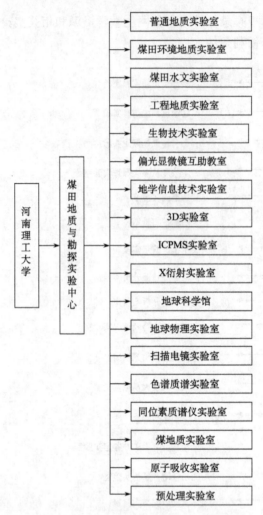

图 7-9 煤田地质与勘探实验中心基本构成

7.4 多元化教学方法与手段

为保障地矿类专业教学质量，在理论教学过程中，结合课程内容实际，增加了案例教学、课堂讨论、翻转课堂等环节，采用启发式、讨论式、探究式等教学方法，辅以 Sakai 教学平台等网络辅助教学系统，深入浅出，举一反三，有效调动了学生学习的积极性，对培养学生创新思维和创新能力起到了重要作用。如针对采矿学课程的难点之一"技术经济方案比较"的内容，开展了课堂大讨论，讨论的题目是"某一矿井最优开拓方案的选择"。讨论前将题目下发，人人要做；而后由各班干部带头，做好小班讨论，选出发言代表；最后进行大班讨论，老师做评委，讨论会气氛活跃热烈，讨论认真而激烈，同学们十分投入，主动发言，提出各种问题，发言代表认真回答问题。从中择优选取 6 种设计方案，这 6 种方案设计思想和风格各不相同，并且较传统的设计思想进行了较大程度的改进。会后学生反映，从相互讨论中得到了启发，开阔了眼界，加深了对基本概念的理解，掌握了设计技巧和方法，培养了独立地进行探索和解决问题的能力，增加了学习兴趣，收获很大。

在实验教学过程中，采用理论讲授、网上演示、现场示范与实际操作相结合，多媒体教学和网络辅导相结合，课堂实验与课外应用创新相结合、科学研究与实验开发相结合等多元化实验教学方法，以及笔试、口试、操作、作品、报告、论文等多元化考核方式，全方位、全过程培养学生的创新意识与创新能力，效果显著。通过设立创新创业训练计划项目，组建各类兴趣小组，增加选做实验，开展学科竞赛，倡导主动实验等措施，实施个性化培养，进一步提高了学生的创新精神和实践能力，如图7-10所示。上述多种教学方法和教学手段的综合运用，激发了地矿类专业学生的学习兴趣，提高了地矿类专业学生参与教学的积极性，地矿类专业学生的工程意识和实践能力明显提升。

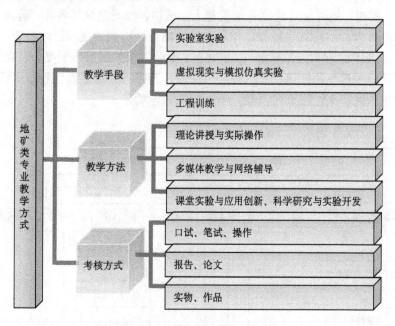

图7-10 教学方式

在具体教学过程中，全面引入LBD(Learning-by-doing)教学模式，并提出"通过授课——得到答案——学会一个解，通过实验讨论——得到方法——学会一个方法，通过实验操作——学会学习——学会找到方法——得出实验结论，通过总结——学会融会贯通——学会团队合作"的教学思路，取得了比较好的教学效果。如河南理工大学在"煤的放散初速度ΔP测定"的实验教学中，老师让学生通过学习、实验，严格掌握"量"的概念，准确完成称量的任务，再引导学生对电子天平、光电天平的称量准确度及应用(如零点的调节、称量方法、数据读取等)，使学生在实验中巩固理论知识，熟练掌握称量操作技能。

7.5 全方位闭环式教学质量监控体系

教学质量是高校的生命线。积极构建由教学指挥决策系统、信息收集反馈系统、检查评价评估系统、质量支持保障系统4个子系统构成的高校教学质量监控体系，实现了教学质量的自我监控，提高了高校教学质量，如图7-11所示。在教学质量监控体系4个子系统中，指挥决策系统是整个教学质量监控体系的中心系统，它对教学质量进行全程管理和监控，并及时对教学目标和教学过程进行合理调控,同时将调控信息送达信息收集反馈系统、检查评价评估系统和质量支持保障系统。信息收集反馈系统、检查评价评估系统和质量支持保障系统在了解和掌握教学指挥决策系统发出的新调控内容后,依据自身功能、职责进行相关监控工作,并对教学效果做出比较、判断和分析,同时又将反馈信息传回指挥决策系统,由指挥决策系统根据实际情况做出更正偏差、调整计划等相关决策,从而形成一个闭环监控回路,以达到监控、提高教学质量的目的。

在具体实施过程中,学校可通过制定相关规章制度、激励机制和宣传发动等方法,让教师和学生都参与到教学质量监控工作中来,利用教务管理系统对教师授课状况进行不定期、经常性的评价。同时,还可通过建立青年教师上课试讲、教研室集体备课、听课、教案检查、教师培训、示范教学、中期教学检查、作业和试卷抽查、毕业论文(设计)检查、课程建设和教学抽查、学生信息员、师生座谈会、教学例会、毕业生跟踪调查等制度,设立教学意见箱,及时收集教学过程中存在的问题。此外,还可采取传帮带、督导组及同行专家诊断性听课等方式,对教学工作进行全过程即时监控,不断提高教学质量。

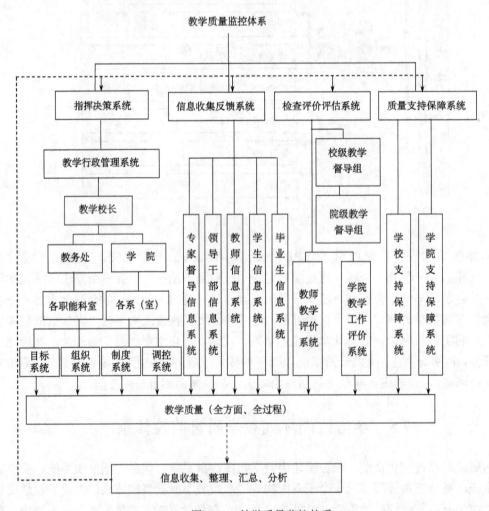

图 7-11 教学质量监控体系

7.6 "五机制相结合"的教学运行机制

良好的教学运行机制,是教学工作稳定、高效运转的重要保证。建立目标机制、管理机制、条件保障机制、质量监控机制和激励机制等五机制相结合的教学运行机制(如图7-12所示),是保证地矿类专业人才培养质量的重要法宝。目标机制、管理机制、条件保障机制、质量监控机制和激励机制是一个完整的教学运行机制,该机制充分发挥各自的个力与合力,实现单要素效力最大化、整体功能最优化的工作方式,使地矿类专业教学工作有序、高效地进行,为地矿类工程技术人才实践创新能力的培养提供了强有力的机制保障。

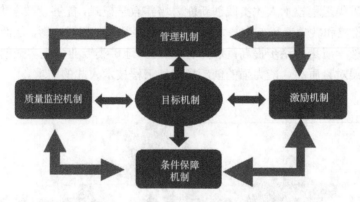

图7-12 教学模式运行机制

(1)目标机制。坚持以学生为中心,以巩固知识和掌握技能为基础,以培养实践能力和创新能力为目标,根据地矿类专业人才培养要求,从整体优化的角度正确处理课堂教学和实验教学与各实践环节的关系,统筹考虑、系统设计,建立科学合理的教学体系,及时更新教学内容,优化课程体系,改革教学方法、手段,深化考试、考核方式改革,进一步激发了学生学习热情,为培养地矿类专业学生创新思维与创新能力指明了方向。

(2)管理机制。健全完善规章制度,履行督促监控职能,全面深化教学改革,不断完善培养方案和教学计划,强化实践教学(实验、实习、课程设计、毕业设计、实验室开放、课外科技活动、社会实践活动)的过程管理,进一步规范教学管理,提高教学管理效率。

(3)条件保障机制。进一步加大对地矿类专业建设投入力度,健全完善地矿类专业多媒体教室、实验室、校外实习基地和师资队伍等软硬件建设,为地矿类专业学生开展各种教学活动提供条件。

(4)质量监控机制。通过实施学生信息员、教学检查、教学督导、教学评价和教学经验交流会等制度,从教学信息资源、教学过程、教学条件、教学对象、师资队伍等方面加强地矿类专业教学质量的实时监控,不断提高地矿类专业学生实践创新能力,全面提升地矿类专业学生人才培养质量。

(5)激励机制。通过实施开发内在潜能、实现自我价值成就和公平合理、奖勤罚懒等考核分配激励机制,建立体现平等感情交流、尊重教师人力资本价值地位的情感激励制度和正面奖励与负面惩罚相结合的奖惩机制,充分调动教师特别是教授参与教学的积极性和学生参与创新活动的主动性,形成教与学双边动力效应和激励机制,稳步提高地矿类专业学生实践创新能力和人才培养质量。

　　针对上述影响地矿类专业教学质量的教学内容、教学平台、教学方式、质量监控、教学运行5个基本要素，探索构建了以教学内容设计为支撑力、以教学平台建设为牵引力、以教学方式变革为内动力、以教学质量监控为控制力、以教学运行为保障力的多元驱动地矿类工程技术人才实践创新能力培养教学模式，如图7-13所示。该多元驱动教学模式按照"建支撑、强牵引、改内核、稳控制、重保障"的构建思路，在对每个基本要素进行特征分析研究并提出相应解决方案的基础上，充分利用各要素间彼此独立又相互关联、相互作用的机理特性，做到了3个把握：系统研究基本要素，把握综合性与有机性的统一；提出多元驱动模式，把握规范性与操作性的结合；实现教学方式的多重融合，把握主导性与主体性的兼容。因此，上述多元驱动地矿类工程技术人才实践创新能力培养教学模式，能够使教学内容、教学平台、教学方式、质量监控和教学运行5个基本要素功能相互补充、相得益彰，从而形成整体合力，推动地矿类专业教学质量的稳步提高，以达到全面提升地矿类专业学生实践创新能力的目的，满足经济社会发展对素质高、能力强的创新型地矿工程技术人才的需求。

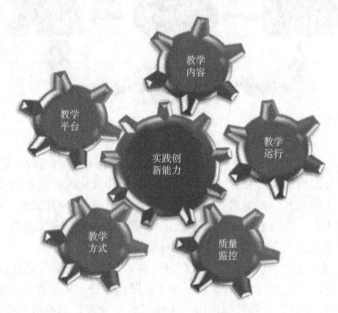

图 7-13　地矿类多元驱动教学模式

7.7　本章小结

　　本章主要以河南理工大学为例，分析研究了地矿类工程技术创新人才实践创新能力的培养模式。首先分析了地矿类6个专业的培养目标；其次，对各专业教学内容体系进行了分析，构建了由5个平台、17个模块组成的层次化、模块化、系统化的课程体系；构建了由校内基地、专业基础课、专业实验室和校外实践教学基地组成的，集教学、科研、研发等功能为一体的横向结合、纵向发展的国家、省、校三级教学平台体系；通过增加案例教学、课堂讨论、翻转课堂等环节，采用启发式、讨论式、探究式等教学方法，辅以Sakai教学平台等网络辅助教学系统，构建多元化的教学方法与手段；构建了由教学指挥决策系统、信息收集反馈系统、检查评估评价系统、质量支持保障系统4个子系统构成的高校教学质量监控体系，实现了教学质量的自我监控；建立了目标机制、管理机制、条件保障机制、质量监控机制和激励机制等五机制相结合的教学运行机制。最后，针对影响地矿类专业教学质量的教学内容、教学平台、教学方式、质量监控、教学运行5个基本要素，探索构建了以教学内容设计为支撑力、以教学平台建设为牵引力、以教学方式变革为内动力、以教学质量监控为控制力、以教学运行为保障力的多元驱动地矿类工程技术人才实践创新能力培养的教学模式。

第8章 地矿类工程技术创新人才培养的教学方法

正所谓"教学有法,教无定法,贵在得法"。广大教师在教学实践中,研究、创造了许多行之有效的教学方法,摸索出了一些规律性的东西。但教学方法各有其特点,在教学中如何选择合适的教学方法,使其更好地发挥其作用,以提升创新人才培养的质量,是一个值得研究的永恒的课题。

8.1 地矿类工程技术创新人才培养的研究型教学方法

欧美高校从20世纪80年代就开始了对研究型教学模式的探索,采取了多种多样、各具特色的措施。例如,通过开设"独立研究"模块课程、进行"基于问题"的学习、开展"本科生科研计划"和推广"项目教学法"等方式,培养学生独立分析问题、解决问题的能力,锻炼学生的实践动手能力和创造性思维。近年来,在我国部分高校也开始探索研究型教学方法,如清华大学等一流研究型大学结合学校自身定位,开展了开设"新生研讨课"、试行"本科生导师制"、实施"大学生研究训练计划"等研究型教学模式的研究与尝试。基于以上介绍不难看出,研究性、实践性已经成为现代高等教育本科教学的重要特点。我国高校地矿类工程技术创新人才培养模式,应该结合自身特色,积极研究和探讨适合地矿类高级应用型创新人才培养的研究型教学方法。

8.1.1 研究型教学方法的理性认识

在传统高校地矿类人才培养模式中,教师的教学与科研常常被视为一对矛盾,对教师评价偏重于科研,强调课题经费和论文发表;另一方面,对教师教学评价缺乏硬性指标,在教学上投入难以立即显示出来。由此使得地矿类专业教师更愿意把精力放到地矿能源相关领域的科研上,尤其当教学与科研在时间上产生冲突时,往往出现地矿类教授不愿意承担本科教学而专注于研究项目的现象。教学与科研的矛盾主要体现在时间上:科研需要精力、需要时间,教学也需要精力、需要时间。但是,一个学者的精力是有限的,特别是当科研压力很大、任务很紧的时候(如有的教授承担了国家重大科研项目且必须在两三年内完成),矛盾就会很突出。此外,由于教育的发展和规模的扩大,教授的教学任务也很多很杂,既要承担本科教学,也要承担大量的硕士生和博士生的教学和培养任务,往往是顾了这边顾不了那边。正如有一位教授所言:就感觉时间不够用,像我们带博士、硕士、MBA,带的太多,有点顾不过来(赵洪,2006)。

从内容和本质上讲,高校教学与科研二者是互相促进、相辅相成的。首先,科研是高质量教学的重要保证。如果一个教师从来不做科研,那他的教学是绝对做不好的。优质教学必须要有科研为依托。这是因为,科研为教学内容提供最新知识源泉。教师要教好学生,必须有雄厚的知识基础,科研的积累能提供这种新知识基础;科研还能让教师了解知识发展与创新的动态。所以,有良好科研背景的老师,才能更好地把握学科前沿,使自己的教学内容得以不断更新。可以说，科研是教学持续发展的一个动力机制。其次，科研能够使教师更深刻地理解教学内容。具有一定科研基础的教师能够对自己的学科理解得特别深刻，懂得科研过程和思维的方法，科学把握知识结构，因而能深入浅出地控制教学过程。如赵洪教授的亲身体会(2006)："我自身是基础课老师，没有搞科研之前，我确实是书本上写什么就讲什么。但是自从搞了科研，十几、二十年下来，自己都感觉上课要生动得多了，有开拓的地方，你就有发挥的资本。我觉得这两个不应该对立。"

反过来，教学也能更好地推动科学研究。首先，教学提供科研的宽厚基础。教师承担本科教学后，从某种意义上说是自己给自己设了一个门槛，设了一个动力，必须逼着自己去不断学习，不断充实自己的知识结构和认知结构。对新知识的学习和掌握能够使教师对这种基础概念的理解不断地加深，会让自己对基础知识的理解更系统，能够到一个更高的高度去理解这些问题，因而为自己的科研提供了宽厚的知识基础，不断开拓自己的视野。其次，教学能够引发科研的灵感。教师在教学过程中，尤其是在与学生的互动过程中，往往会产生一些科研的灵感，这些灵感有的来自于学生的提问，有的则来自于教师在教学过程中的感悟。正如一位教师所言(赵洪，2006)："可能学生提的是一些比较粗的问题，但是你仔细去想一想的话，真的可能是很好的科研问题。"

因此，教师的教学和科研是能够互相促进的，但这并不意味着任何教学都能有这种效果，只有研究型教学才是促进这两者相长的最佳教学方法。研究型教学近年来日益受到关注，在1998年美国博耶报告《重建本科教育——美国研究型大学的蓝图》中，明确提出把研究型教学作为本科教学的要求；我国随着对创新人才的需求，也在积极推进研究型教学。那么，何谓研究型教学？第一，要把科研的思路带进课堂；第二，把最新的科研成果带进课堂；第三，在教学方法上，常常采用讨论的方法，注重同学之间、师生之间的交流，还鼓励学生把自己讨论、研究的东西整理成论文发表；第四，关键的是要能激发学生的学习和研究兴趣。由于地矿类学科专业自身具有深厚的探究性和实践创新性，因此，在当前地矿类工程技术创新人才培养模式创新过程中，加强地矿类研究型教学方法改革对地矿类工程技术创新人才培养具有重要意义。

8.1.2 研究型教学方法的内涵

研究型教学方法是相对于以单向性知识传授为主的教学型教学方法提出的，是指融合学习与研究为一体的教学方式。研究型教学模式应含有两个基本的内容：其一是以研究为本的学习模式为基础的教学过程；其二是学习过程与研究实践相结合的课程体系。研究型教学模式是研究型大学本科教学的基本教学模式。在地矿类工程技术创新人才培养模式中运用研究型教学，除了能达到创新人才培养过程中"教"和"研"的相长效果以外，教授们认为，教学与科研的相互促进还能达到：研究型教学利于科研。研究型教学无论从内容还是方法来说，都更接近于教师的科研，例如很多研究的灵感、火花都可能来自于教师与学生的互动，以及学生之间的讨论交流中，"学生提的问题促使我们思考，或者我们自己没办法解决的问题，那我们告诉自己的学生去思考。"有些教师还在授课过程中找到了研究课题，并利用教学来促进科研。研究型教学最根本的目的还是为了更好地教学。首先，研究型教学可以训练学生的科研意识与能力。教授们把自己的科研课题带进课堂，讲述自己的科研思路与体会，或介绍一些科研上的前沿信息，可以激发学生的研究兴趣和研究意识；而以研究问题形式组成的学习小组，通过查阅资料、讨论、调研等过程的学习，则可以很好地训练科研能力。其次，研究型教学由于教学内容的前沿性和教学方法的互动性，会引起学生更多兴趣和更高的参与率。

总之，研究型教学是教师为了使学生进行研究型学习而开展的一种课堂教学，它的目的在于使学生以类似科学探究的形式来学习。一方面教师要创设良好的研究环境，营造合适的研究氛围，给学生提供必要的指导与帮助；另一方面学生应积极配合教学，主动地探究。地矿类本科研究型教学不应是一种课堂教学策略或教学模式，而应是一种教学理念，在这种教学理念下，可以依据条件的不同设计出不同的模式。在教育理念方面，研究型教学认为，学生是具有主体性的人，学生具有对教育影响的选择性、学习的独立性、学习的自觉性、学习的创造性；学生是具有潜能的人，学生的潜能存在具有丰富性、隐藏性、个别差异性和可开发性的特点；学生是整体性的人。在知识传授方面，研究型教学在知识传授方面把整体素质发展与个性发展作为它的重要价值取向。其传授的知识除了向学生传授"确定性知识"之外，还教给学生掌握"非确定知识"的方法；并认为"确定性知识"有利于学生对基础知识、基本技能的掌握，"非确定知识"的获取与运用则是创造型人才的重要表征，对它的获取与运用靠的是学生自己的非依附性认知水平，即自己独立的选择信息、运用信息的能力。确定性知识的特点在于它的基本性、基础性，非确定知识的特点在于它的广阔性、生活性，二者的结合可以在教学内容上使学生的发展得到有效保证。在创造的过程中，主要是利用"非确定性知识"，而不能获取、利用"非确定性知识"的人，其创造性是值得怀疑的。因此，为了使学生"学会创造"，必须让其掌握"非确定性知识"。

8.1.3 国内外高校研究型教学方法的探索

20世纪80年代，美国研究型大学本科生教育人才培养目标出现了历史性的转型，由原来的培养全面发展的人转向培养创新型人才，探究性学习受到重视，基于问题的学习模式（Problem-Based Learning，PBL）在美国研究型大学得到前所未有的发展。认为本科生教学不仅要直接着眼于学科知识，而且要着眼于学生的分析能力、解决问题能力、交流能力和综合能力，呼吁大学改进教学方法，研究不同的教学方式，增强教学的探究性和创造性，激励学生对学科知识进行探讨、发现，发展学生的智力和创造性。1998年，博耶研究型大学本科生教育委员会发表了题为《重建本科生教育：美国研究型大学的蓝图》的报告（简称"蓝图报告"），该报告从美国研究型大学的特点和面临的问题出发，探讨了美国本科教育问题，并提出了本科教育改革的十大对策。其中第一条对策便是"使以探究为基础的学习成为标准"。所谓以探究学习为基础，就是"在教师指导下以探究为基础，而不是以传递信息为基础的学习"，要使学生从知识和文化的接受者变成探索者。从新生就应该开始以探究为基础的学习，并贯穿于大学教育的全过程。建议在一年级的课程中应当引导学生学习如何提出好的问题，养成批判性思考的习惯，掌握基本的文献研究技能以及常用的研究工具的使用。中高年级以探究为基础的学习应当与研究和实习结合起来。毕业阶段要把重点放在对所学各种研究和交流技能的使用上（王俊波等，2008）。"蓝图报告"指出，为了培养下一个世纪科学、技术、学术、政治和富于创造性的领袖，研究型大学生必须"植根于一种深刻的、永久性的理念，即无论是在接受资助的研究课题、本科生教学还是研究生培养中，大学的核心是：探索、调查和发现。大学里每一个人都应该是发现者、学习者"。在这些报告的推动下，各式各样的探究性学习模式在研究型大学蓬勃兴起，PBL 学习模式就是其中一项重要的措施。现在全美几乎所有的研究型大学都在实施 PBL 学习模式，PBL 不仅运用在大学的医学学科，而且运用于教育学、工程学、建筑学、工商、法学、经济学、管理学、数学、自然科学、农学、社会学等学科领域(刘宝存，2004)。

国外一些研究型大学都在努力为学生创造各种发展的机会，从而把合作性、问题性、实践性有机地统合起来，促进学生积极地投入到学习活动中去。其中包括：①通过探索进行学习的机会；②言语表达技能的训练；③提供欣赏艺术、人文、科学和社会科学的机会；④为学生毕业后的发展(无论是继续攻读还是就业)做出认真的、全面的准备；⑤有机会与著名教授一起工作，得到他们的指点；⑥有机会使用一流的科研设施；⑦多个可供选择的学习和研究领域；⑧有机会与处于不同探索水平的人士进行交流。通过这种"综合教育"，期望造就出一种特殊的人才，"他们富有探索精神并渴望解决问题，拥有代表其清晰思维和熟练掌握语言的交流技巧，拥有丰富的、多样化的经验。这样的人将是下一个世纪科学、技术、学术、政治和富于创造性的领袖"(李延成，2000)。

我国高校研究型教学的实施情况并不容乐观。自 20 世纪 70 年代开始，国外一些大学在积极探讨实施研究型教学；国内在基础教育阶段已将研究性学习列为中学生的必修课，以培养创新精神和实践能力为重点的素质教育在基础教育课程中得到全面的落实，然而在高等教育阶段，国内并不像基础教育那么重视研究性教学，即使有所强调，也是侧重于"第二课堂"活动，在教学中的实施较少。因此与中小学相比，不论是理论研究还是实践研究，大学在这一问题上都起步较晚。相应地，通过课程来开展研究型教学并不普遍，大部分本科生被排除在发现、探索、研究之外，接受着传统的以知识传授为主的教学，探究能力和创新能力在本科教育阶段几乎很难得到提高。就学生自身发展需要来看，个体在本科教育阶段更需要研究型教学的实施。本科生正处于学习知识、研究问题的黄金时代，生理和心理皆趋成熟，精力旺盛，思维的独立性、批判性和创造性有突出的发展。但光凭个体有研究的欲望是得不到发展的，只有在研究的实践中，才能从"做中学"中成长、发展。由此可见，大学本科教学应该顺应大学生身心发展的这一规律，为学生综合能力和创新能力的培养以及终身发展提供适宜的土壤。近年来，我国的研究型大学如清华大学、北京大学、浙江大学、复旦大学等均在积极探索和推行研究型大学的本科生教育改革之路。在教育理念方面，强调以探索和研究为基础的教学，注重在探索和研究的教学过程中激发学生的求知欲、好奇心和学习兴趣；在教学内容方面，强调与经济社会发展及学科发展保持紧密联系，以此作为增强教学活力的重要源泉；在教学方式方面，强调师生互动，突出教学与训练方法的科学研究特色，培养学生的批判性思维与探索精神；在师资方面，强调建设一支与研究型大学要求相适应的、教学与科研结合、学术水平与教学水平兼备的教师队伍。通过这一系列的措施，力求使研究型本科教育水平与国际接轨(汪劲松等，2005)。

8.1.4 地矿类工程技术创新人才培养研究型教学方法的探索

研究型教学在我国高等学校、尤其研究型大学中逐步得到推广，就现有文献和资料显示，一些高校开展的教学形式，虽然没有以研究型教学来命名，但是其形式与实质已经符合研究型教学的标准。

从我国目前本科研究型教学的实施的大致情况可以看到，指导学生参加竞赛，虽然能很好地发展学生的探究能力和综合能力,但是能参加竞赛的毕竟是少数精英学生,更多的大学生还是被排除在探究之外;指导学生毕业论文设计可以很好地使学生将所学与所用结合起来,但就现实的实施情况来看,毕业论文设计安排在大四,学生受到找工作、考研究生等压力的影响,毕业论文往往难以保证质量,指导学生的毕业论文并没有起到研究性教学的作用。大学研究性教学更多是集中在诸如各类竞赛活动、大学生科研计划等"第二课堂"来开展,而专门在"第一课堂"的教学中来实施研究型教学的实践很少。通过一门课的教学,让所有学生都能够独立地进行探究学习,是我们大学教学更加需要的。

结合地矿类学科专业特点,在地矿类创新人才培养中开展研究型教学方法可以从如下几方面着手。

(1)组成研究型学习小组。由于我国高等教育规模的扩张,目前很多学校的教学班级规模都偏大,一个班常常有100多个人。在这种情况下,一些教师开展研究型教学存在困难,所以现在上课最多能够做到启发式的,在地矿类学科专业中真正能够展开深入的讨论必须是小班,但是现在客观条件肯定做不到。我们现在一个人承担两个大班,基本上一个大班是120~150人,所以根本没有办法去开展这样的工作。或者在大班的基础上,根据学生的研究兴趣,再组成小的研究型学习小组,进行更进一步的研究型教学。如在百人大班的地矿领域基础课教学中,再组织一门只有10人左右的小班。在大班上可以讲比较基础的东西,小班则是研讨性的专题课。由于这10个人对这门课特别有兴趣,愿意进行更深入的学习与探讨,所以教授讲授的内容应该是前沿一点的专题。在这种小班设计中,不要求学生一定完全懂,但希望告诉他们存在这样一个领域,在这个领域做研究的话,大概需要做一些什么样的东西,以此激励学生的学习和研究兴趣。具体形式是教师自己先讲两个专题,然后给出一些问题(有的选题都是从国外一流大学的同行那里获得的,很前沿),让学生做。学生两个人或者三个人一组,去查一些资料,然后一起讨论,并且做汇报。类似的做法被不少教授采用,他们还鼓励学生把自己讨论、研究的东西整理成论文发表。或者把课程变成两部分,一部分是老师在课堂上讲课,如每周讲两个小时,剩下的两个小时由助教和老师带着学生利用课后和业余的时间开讨论课,讨论更深层次的问题。或者在地矿类学生中组成小班讨论,一个老师带几个学生。讨论班围绕地矿类学科专业的某一个方向,进行研究型学习。由老师选定方向,学生根据自己的兴趣报名;如果学生自己有方向也可以。小组的学生就某些问题查阅资料或写一些论文,然后学生报告,老师作指点,最后形成论文。

(2)开设一些符合地矿类学科专业的研究型课程。可以给地矿类专业学生开设新生研讨课,在大一年级开设新生研讨课,并且让知名教授去授课,讲授教授自己的科研及研究的经历与体会,给学生们开专题讲座,让学生一进校门就知道做研究,而不是一种简单的知识的积累。另外,可针对地矿类学科特点,开设暑期课题研究课。高校可利用暑假为地矿类学生开设小班化的课题研究课,这是地矿类本科生的一个创新型课,学生可以自愿报名,由教师负责指导,院系提供学习的场所。学习时间在一个月内,主要任务是科研培训,学习做研究,每一届最后都出一本学生的学术论文集。经过这种科学研究的培训之后,学生到了研究生阶段后的科研能力将会明显比别的同学强。

(3)让地矿类本科生参与研究梯队。让地矿类本科生直接参与到教师的科研梯队,让他们在参与研究中学习,也是一种研究型教学形式。有条件的教师可以组成一支由博士、硕士、本科生参与的研究梯队,本科生在这个梯队中学会研究,另一方面他们对教授的科研也是一种促进，能够把博士、硕士、本科生很好地融为一体，有效地培养学生的研究素养。另外，让本科学生参与到研究中来，参与到知识的生产和创造中来，对社会也是一种贡献。所以，教师要改变对学生的看法，学生并不是一种单纯的消费性的学习，而可以成为一种产出性的学习。从知识生产来看，学生的学习不仅仅是消费知识，如果一个学生从小学到大学都是在消费着社会的财富的话，他付钱，他上学，而这种学习过程中一点都没有给社会的回报；如果让他们的学习本身不仅是消费，而且是一种创造，特别是知识的生产与创造，加入这个链条、这个环节以后，会增加不少财富。变消费性学习为产出性学习。

(4) 以研究为基础，培养地矿类学生的实践动手能力和创新能力。研究型大学的核心是创新，途径是实践。因此，首先要及时将一批学科前沿课程纳入人才培养方案，将科研训练纳入教学计划，开设有利于培养学生科学思维和创新能力的设计性、研究型和综合性的实验；其次要建设一批教学实验中心和校内外教学实习基地，为培养学生实践动手能力提供优越的条件；再次是推进大学生学科竞赛和科技创新，增加科技训练环节，建立能吸纳大学生参加和独立进行科技创新、创业设计活动的大学生创业中心，让大学生尽早接触科研，引导大学生在研究和开发中学习，激发学习和探究的兴趣，使实践能力和创新能力得以提高。教学中，教师如果能够还原问题的来龙去脉，就能较好地与学生形成共鸣，在分析中较容易与学生达成共识，从而使分析、解决问题的方法逐步渗透到学生自己的思维活动和知识体系中，成为学生解决问题的动力。教学中碰到的问题很多，有的需要师生共同去探索，但多数问题需要留给学生，让学生通过实验、实践活动，去伪存真，认识和发现规律。这是一个探究的过程，也是一个发现的过程，更是一个收获惊喜的过程。无论成功还是失败，学生们撒下的汗水、走过的足迹，都将是他们人生前行中的宝贵财富。在大学学习期间，一要加强培养自律能力，学会自我约束、自我管理，这是每个人成才成功的基础；二要培养自学能力，学会自我完善、自我提升，这是踏入社会后的一种最重要的能力；三要培养自立能力、表达能力、交际能力、创造能力、操作能力、组织管理能力，这是成就事业的核心等。这些能力，各自并不孤立，而是互相渗透、相辅相成的。

(5) 因材施教，发展个性。多渠道培养优秀人才要以人为本，充分赋予学生较多的自主权和选择权，不断根据需要调整课程设置，更新教学内容，制定有利于人才培养的管理措施。①逐步实行完全学分制，允许学生在一定范围内选择专业、课程、教师。②进一步修订完善人才培养方案，增加课程综合训练学分和创新学分，给予学生更多自主的空间。③优化课程结构和内容，鼓励教师开设跨学科、跨专业课程以及前沿进展课程，积极推进教授上本科生讲台，让学生充分享受最优质的教育资源。推进教学管理改革，实行重修和弹性学制，允许学生提前毕业或延长学习年限、休学创业。推行双学位和主辅修制，全方位满足学生需要，提高学生的学习积极性和主动性。

(6) 加强研究型教师队伍建设。研究型教师要对教育实践中遇到的各种情况和问题进行分析和研究，就必须具备进行分析和研究的基本条件，最主要的是思想条件、能力条件和必要的物质条件。具体地说就是：树立正确的价值观，具有强烈的事业心和责任感，敬业爱生，教书育人，为教育事业乐于奉献。不断更新教育观念，能在现代人才观、质量观和以人为本、促进主动发展的教学观指导下组织实施教育教学活动。掌握一定的现代教育理论，对现代社会及其教育的基本特征、现代教育的目标任务、方法和手段等有明确的认识。具有较强的教育教学研究能力，善于在教育教学实践中发现问题、分析问题，在科学理论指导下针对问题进行实验研究，并善于把研究实践中获得的感性认识总结上升为理性认识。把握一般规律，用以指导教育教学实践活动，求得提高教育教学质量的实际效益。具有较强的创新意识，能通过各种信息传播手段广泛获取现代教育教学信息和教育教学改革经验，并善于结合教育教学实际，创造性地予以运用，博采众长，形成特色。研究型教师的培养是一项系统的工程，是一项长期艰巨的任务。在一所学校范围内，教师要实现从传统经验型向研究型的转变，必须从上到下，在各个层面上，采取有力措施，组织开展多种方式的教师自培活动。创设浓厚研究氛围，实现有利于研究活动广泛开展的管理机制。研究型教师的培养要靠科学的质量管理保证。在设计教学评估问卷及其指标体系时，必须有意识地引导教师向研究型教学方式转变，充分体现"以教师为主导，学生为主体"的教学思想。①以人为本，突出学生是学习的主体。教育的最终目的是要归结到受教育者的身心发展上，学生是教师课堂教学的直接对象，因此，从学生的直接感受来宏观评价课程及教师具有重要意义。②转变教学理念，推行"研究型"教学方式。针对研究型大学的教学方式，对课程讲授、课堂讨论、作业训练、考核等主要教学环节提出具体要求。③重为学更重为人，寓育人于教学。把师生关系融洽、课下指导、交流好和对学生要求严格作为衡量教师爱岗敬业的具体指标，要求教师将教书育人、为人师表体现在课堂教学中，建立教与学的互动关系，不断加强师生之间的情感沟通。④鼓励教师将课堂教学与自己的特长、个性紧密结合起来，勇于进行教学改革的探索和实践，授课"有自己的风格和特色"。

(7) 处理好师生关系。同传统的以认知为基础的课程教学法相比，研究型教学在师生关系上有了巨大的变化。在传统的以知识传授为目的的课堂教学中，教师因为优先掌握知识而成为课堂的核心，课堂教学成功的关键往往是教师的"教"，仅关注教师教授的内容和宣讲的方式。但在研究型教学方法中，教师的主要工作首先是设计"问题"，然后是激发学生去思考、设计、总结和报告，工作由学生自觉完成。因此，教师不是课堂的操纵者、控制者，而是学生学习的促进者、推进者和辅导者。教师由知识的输出者逐渐转变为学生自主学习的指导者，教师由独立的劳动者逐渐转变为合作者。教师由传统和法定的"外在依附"权威向由感召的、专业的"内生生成"权威转移，即受教育者和非受教育者的角色在课堂上会发生逆转，学生由被动的学习者变成主动的学习者，从被动地接受知识到主动学习。在这种自主学习的过程中，学生也部分实现了研究者的身份。这一变化导致教师与学生在课堂中地位的迁移——从传统的以教师为中心向以学生为中心(students—centered)的迁移。师生之间更多地体现为合作与交流的关系，由知识"灌输"式教学向师生共同探究式教学转变。在知识面前教师和学生是绝对平等的，没有权威。传统的"灌输"式教学已经远远不能满足创新型人才培养的需要。师生间需要进行交流、对话、沟通，才能保证教学效果和达到课堂教学的最终目标，学生才能切实体会到教师的关怀和教学的乐趣，才会以学习主体的姿态积极主动地投入到课堂教学中去，才会积极地配合好教师的教学活动。在课堂教学中引入研究性教学的理念，就是要在课堂教学中围绕问题深入进行探究，通过质疑—查阅资料—确定研究思路—课内外讨论—总结等一系列步骤获取知识，充分发挥学生的参与性，使其从被动的"学"改变为主动的"研"，教师从单纯"教"改变为侧面"导"的一种教学模式。

8.1.5 研究型教学方法在实施中应注意的问题

地矿类本科教育的主要任务是打好地矿学科专业的知识基础，创新需要基础，当学生什么都不知道的时候，创新就无从谈起。首先，本科生大部分还是以学习知识为主，所以，在进行研究型教学时，要适度，不能忽视基础知识的教学。而且，教授做的科研一般很专深，或者说涉及的领域很窄，故必须在宽厚的基础上适度向专、深发展。其次，教授在课堂上介绍的科研要与课程相关，赵洪（2006）指出，如果在课堂上大部分时间来介绍自己的研究而与课程内容又没有太直接的关系的话，可能就不好了。

根据学科特点和教学对象，注重教学方法。研究型教学一定要考虑到地矿类学科的具体内容和学生已有的知识基础。一定要将科研问题、科研成果融入课堂中，但是内容要精挑细选，并不是所有的科研问题、科研成果都适合带入课堂。教师要进行一些挑选，即要考虑本科生的知识背景、能力和兴趣，关注科研方法与思维的训练。研究型教学不仅是把教授的科研成果带进课堂，更关键的是研究方法与思维的训练。教师做过研究之后，就可以把自己良好和科学的研究方法、研究思路融入课堂教学；分析问题，怎么搞研究，启发学生发现问题，发现问题后如何去思考，如何去解决，如何来进行验证，这样就把学习变成研究型的学习。所以，研究型教学，首先要研究型地教，才能引导研究型地学，这就是说老师教书，不能简单地像教书匠一样地把书上的东西转述给学生。

注重学生的学习方法和学习心理问题的解决。在传统的知识传递型教学过程中，教育就是把"包装""封存"在课程计划和课本之中的知识原封不动地教给学生，学生不必独立思考与自主构建，只需接受、吸纳、牢记就行了。学生的作业是封闭式的，有清晰准确的答案。而研究性教学过程从讨论问题开始，学生的作业没有标准答案，需要涉猎大量的资料，课程学习本身不仅在于学习知识，还在于掌握学习知识的能力，同时应学会分析问题的思路和解决问题的方法。对于习惯于传统的"填鸭式"教学模式的学生来说，参与教学、积极思考、大胆存疑、完成没有标准答案的作业是他们面临的新的挑战。研究性教学，首先要求师生间进行平等的对话与探讨，而对于习惯于被动接受知识的学生来说，要让他们参与尤其是有效地参与讨论与研究，不仅需要教师的努力，更需要学生学习心理与学习习惯的改变。从听讲到对话，学生也需要跨越心理界限，因为学习的过程是参与的过程，是创造的过程而非盲目接受的过程。从这个意义上说，我们教学过程的观念转变不应仅限于研究型课程，学生积极的思维习惯和探究问题的意识应该在所有的课程教学中得到培养。大学课程教学不仅传承知识，更肩负着创新知识的使命。因此，大学课程在传授知识的同时，更应培养学生的学习能力、解决问题的能力、交流能力、团队合作能力和创新能力，使他们能更快地适应未来工作的需求。研究型教学在培养学生的综合能力的过程中将发挥越来越重要的作用，它将成为综合性实践课程的主要教学方法。

教师权威心理问题的解决。传统的课程注重知识的传授，教学方式也主要是讲授。课堂上强调的是教师的"教"，评价教师是教师教授的内容和授课方式，对学生的"学"的关注很少。教师自己也习惯于认为自己应该知识渊博，所谓"给学生一杯水，自己要有一桶水"，强调知识上位即教师知识储备的重要性。但研究性教学是借助于问题或案例进行的一种开放性学习，不仅问题和案例对教师来说是新的，解决问题的方式、途径也不是唯一的，教师在这个过程中也是一个学习者。因此，教师不再是知识的先知者，师生间的交流与相互学习使师生关系从正式的、刻板的、权威性的关系转变为非正式、平等的关系。由于研究性教学具有开放性，学生有更多机会接触和利用课外资源，学习和掌握甚至教师都不具备的知识。因此，在知识占有方面先于、多于、优于教师的现象确实频频发生。教师在这个过程中，应转变自己的心态，教师的主要作用不是回答学生提出的所有问题，而是注重培养学生解决问题的能力。

8.2 地矿类工程技术创新人才培养的协作式教学方法

8.2.1 协作教学法的理论依据

协作教学法是指在教师指导下，学生在小组或团队中为了完成共同的任务，有明确的责任分工的互助性学习，以异质学习小组为基本形式，系统利用教学动态因素之间的互动，促进学生的学习，以团体成绩为评价标准，共同达成教学目标的教学活动的方法。协作教学法的基本内涵：协作教学是以小组活动为主体进行的一种教学活动；协作教学是一种同伴之间的协作互助活动；协作教学是一种目标导向性活动；协作教学以各个小组在达成目标过程中的总体成绩为奖励依据；协作教学是由教师分配学习任务和控制教学进程的。这种方法有其深厚的理论基础。

8.2.1.1 交往教学论

交往教学论是 20 世纪 70 年代前联邦德国的沙勒与舍费尔首先提出的、侧重探讨师生关系的教学论思想。该理论以"教学过程是一种交往过程"这一观点为基础，着眼于教学过程中的师生交往关系，十分强调教学的教育性，把"解放"作为学生学习的最高目标，要求学校尽可能发展学生的个性，强调学生个性的"自我实现"。交往教学论学派的代表人物舍费尔认为，教学中存在两种交往形式，即对称的形式和补充的形式。对称的相互作用形式意味着交往的参加者，具有同样的自由活动余地和同等的说话权力，任何人都没有优先权或者特权，不允许任何人支配或压制别人。补充的相互作用形式则意味着交往的参加者具有不同的自由活动余地。他们之中有人是起主导作用的，是站在给予他人的地位上的，也可以说是起补充别人不足的作用的。对此，后现代主义课程论者多尔用"平等者中的首席"界定教师的作用："作为平等者中的首席，教师的作用没有被抛弃；而是得以重新构建，从外在于学生情境转化为与情境共存""教师是内在情境的领导者，而不是外在的专制者"。事实上，正是由于这种地位的差异、发挥作用的不同，使教学交往目的的实现更为顺利。因为教学的中心任务在于发展学生，而不是教师。教学交往提倡师生主体之间的对话，因为对话使双方的内心世界不再闭锁。

交往教学论的倡导者认为，"合理的交往是一种合作式的交往"，"参加交往的双方都应放弃权威地位，相互持平等的态度"。他们强调民主对交往的重要性。但这种民主不能流于形式，而应该真正做到民主。"合理交往的结果将取得一致的认识，但并非一切合理的交往都必须达到一致的认识，尤其是不允许在交往终了时做出盲目的决定"。师生的交往就应当遵循这些原则。教师尤其要放弃权威的地位，民主、平等地进行教学，打破教师中心主义的传统。教师要善于引导学生质疑，而不是诱导他们向所谓的标准答案靠拢，要鼓励学生独立思考，大胆发表自己的见解，并为自己的观点找到恰当的理由。交往的目的是解放。交往教学论将"解放"作为教学的目的。所谓"解放"，这里指的是要求教师尽可能地发展学生的个性，强调学生个性的"自我实现"，使学生通过教育达到成熟状态，最终能够摆脱教育，从受教育的状态中解脱出来，从而具有独立的人格以及独立的能力。只有当教学面向学生、强调学生参与时,才能达到"解放"的教学目标。单纯的灌输只能导致学生过分依赖教师,缺乏独立思考和创新的能力,只能是离"解放"的目标越来越远。在课堂上,学生只有拥有更多学习、思考和活动的自由,个性才能得到更好的发展。为此,教师的教学应该是个性化的。交往的过程在于合作。交往教学论认为,教学活动是一个师生之间、学生之间的多边合作、互动过程。如果没有师生之间、学生之间的相互合作,教学过程就容易流于形式,教学任务就难以真正落实。因此,合作探究是交往教学模式中的重要一环。合作学习是一种促进学生之间人际交往和合作互动的基本形式,它通常将学生分成2~6人的小组,设置小组共同目标,并将小组成员按不同的角色、自身的家庭环境等进行组合。在教学时,教师可以将准备好的材料分给小组成员,但要注意资料的"故意残缺",即一个人不能占有全部资料,要求不同的角色完成不同的任务,学生必须共享所有的资料,在相互合作过程中才能完成任务。此外,在合作时,师生还应共同创设情景,提出假设和问题,进行探索、发现和创造,这种合作探索的过程,打破了传统的学生被动接受的过程,而非常重视学生对解决问题方法的获得,重视学生创新意识和创新能力的培养,从而在合作探究发现的过程中,使学生之间的交往频繁,方式增多,质量提高。在合作探究之后,教师应该先让各学习小组按照不同的角色分别进行程序性的发言,表述自己的观点,然后展开自由争辩,进行交流互动,而教师应起到启发性的指导和协助的作用。在交流互动过程中,既要注意加强组内交流,注重组内讨论、相互评价、相互激励,又要注意加强组际交流和师生交流,如组际互查、组际讨论、组际竞赛等,以促进个体与群体、群体与群体、教师与个体、教师与群体之间的互动交往,实现学习成果的分享。

8.2.1.2 建构主义教学理论

建构主义认为,学习活动中包含4个因素:学生的背景知识;学生的情感;新知识本身蕴涵的潜在意义;新知识的组织与呈现方式。学习活动要发生则必须满足两个条件:学生的背景知识与新知识有一定的相关度;新知识的潜在意义能引起学生情感的变化。学习活动发生后,学生通过与其他学生和教师的不断交流和沟通,在自己原有背景知识的基础上完成新知识的意义建构。

建构主义教学观认为,在传统教学观中,教学目的是帮助学生了解世界,而不是鼓励学生自己分析他们所观察到的东西。这样做虽然能给教师的教学带来方便,但却限制了学生创造性思维的发展。建构主义教学就是要努力创造一个适宜的学习环境,使学习者能积极主动地建构他们自己的知识。教师的职责是促使学生在"学"的过程中,实现新旧知识的有机结合。建构主义教学更为注重教与学的过程中学生分析问题、解决问题和创造性思维能力的培养。建构主义学习理论,以及建构主义学习环境相适应的教学模式可以概括为:以学生为中心,在整个教学过程中由教师起组织者、指导者、帮助者和促进者的作用,利用环境、协作、会话等学习环境要素,充分发挥学生的主动性、积极性和首创精神,最终达到使学生有效地实现对当前所学知识的意义建构的目的。教学过程中的教师、学生、教材和媒介四要素与传统教学相比,各自有完全不同的作用,彼此之间有完全不同的关系。特别是在教学方法上,为了保证学生在建构主义的教学模式下顺利完成知识意义的建构,建构主义提出了"对话教学"模式。所谓"对话教学"模式是教师不仅应支持教师与学习者之间,也应支持学习者与学习者之间的合作与交流。对话教学可以增强师生之间的交流,给学生自己创造知识的机会,在一个交流的环境中，学习者之间可以有更多的机会揭示问题，并就该问题寻求同龄人之间对问题的解释。通过在学习中与同龄人的交流，学习者会开拓自己的眼界帮助自己对知识的建构，与此同时也能学会尊重他人的观点和与人合作的方式。

8.2.2 协作教学法的实践探索

协作(合作)性是指现代教学方法越来越强调教学中各动态因素之间密切合作的重要性。合作不仅是为集思广益，相互切磋，提高学业成绩，而且是为培养学生的合作意识与行为，形成良好的非认知品质，顺应教育社会化的需求，培养现代社会所需要的人才。基于此，在地矿类工程技术创新人才培养模式的协作教学方法改革中，应从如下几点着手。

8.2.2.1 转变传统教学观

传统的教学观认为，教学就是教师教，学生学，教师讲，学生做，把学生当作消极、被动的接收知识的容器。而现代的协作教学观认为：教与学是互动，是师生之间、学生之间交往互动与共同参与、启发的活动。教学应从学生的特点和就业实际出发，创设有助于学生自主学习的工作情境，引导学生通过职场角色扮演，思考、探索、交流，获得知识，形成技能，发展思维，学会学习，促进学生在教师指导下生动、活泼、富有个性地学习。

8.2.2.2 合情使用辩论、小组讨论

在地矿类课程的教学中，教师经常会组织学生辩论，以达到学生之间和师生之间的互动目的。辩论形式生动活泼，有良好的效果，值得推广。但也有一些时候，教师为互动而互动，为活跃而活跃，实质性内容触及不深入，学生在辩论中所得甚少，教学目的模糊，目的不能达到。还有些时候课堂里的一些讨论、辩论、探究、合作正在使课程变味。例如：不论是否存在合作的时机，是否有合作的必要，教师都采用分组方式让学生小组讨论，一节课甚至进行多次讨论，似乎小组讨论就等于合作学习。其实，课型不同，其课堂结构、教学模式、教学手段等均不相同。小组讨论是学生根据教师所提出的问题，集中相互交流个人的看法，相互启发、相互学习的一种教学方式。小组讨论能很好地发挥学生学习的主动性和积极性，也培养学生如何听取别人的意见，从不同的角度看问题，容忍别人，优点很多，但它并不等于就是合作学习。有的教师认为，课堂上将一些内容放手给学生讨论交流就是合作学习，甚至有时课堂上教师出现困惑时，也让学生小组讨论，这样的合作学习是无效的，是不能达到合作学习目的和教学目的的。在教学过程中，要根据教学的实际需要，选择有利于产生争论的、有价值的、而且是个体很难完成的内容，让学生在独立思考的基础上交换意见。若问题过于简单，讨论将变成一种形式；若问题过深，则会影响教学任务完成。在小组讨论中，要做到以下几点：一是讨论前师生做好充分准备；二是讨论的议题简明扼要、有争议、有价值；三是适当地加以引导。学生分成"保护"和"阻碍"两大阵营，分小组搜集大量的案例和数据，进行辩论式讨论，学生用 PPT、图片、数据、案例、视频等多种手段表达各自的观点。这样一个本身具有讨论价值、有争议的命题，在教师的引导下，学生越讨论越明白。所以，合理地使用辩论、小组讨论等方法，可使课堂结构高效化。首先，教师在教学上要深入了解学生，认真备课，在课堂上始终发挥引导作用，把握上课的内容与节奏；围绕教学目的，知识由浅入深有梯度地传递给学生。其次，让学生在学习中成为汲取知识的主体，从对概念的理解、

利弊得失的分析,到案例、数据的提出和论证,都由学生通过自己寻找资料、独立分析、学友间讨论而完成。在教师的启发下,学生对讨论所涉及的相关专业知识理解是透彻的,教学目的才可以完全达成。

8.2.2.3 注重网络协作教学

我国高校创新人才培养模式的改革不断深化,由产学研一体化到校企合作,再到"工学结合"的演变就是例证。"工学结合"有着多种形式和途径,不能将"工学结合"教学模式简单地理解为一边在课堂学习,一边到企业实践。计算机技术的飞速发展推动了教学技术的变革,激发了人们对新的教学方法和模式的探讨与研究。计算机网络教学非常适合协同工作学习模式,因此在现代教学中,如何充分利用网络技术与资源,改革地矿类人才培养的传统教学模式和方法,在协同工作中培养地矿类学生的创新精神与实践能力、分析问题和解决问题的能力,全面提高学生的综合素质,是当前教学研究的重要内容。

基于网络的协作教学不同于一般意义上的网络教学,网络教学主要是指借助计算机和互联网进行教学的过程,教师通过网络传授知识、评阅作业和评阅试卷等,而学习者则利用网络丰富的学习资源、快捷的信息检索和多种通信工具等获取知识。基于网络的协作教学在利用计算机网络等相关技术的同时,注重构建协作的学习环境,使教师与学生、学生之间对同一主题的内容进行交流、讨论和合作,不仅让学生掌握知识,也强化了学生独立思考和彼此协作的能力。

就目前而言,基于网络的教学模式可以粗略地划分为3类:个别化的网络教学模式、师生交互式的网络教学模式和协同工作的网络教学模式。个别化的网络教学模式是一种基于网络资源的教学组织方式,教师上传教学资源,学生们运用网上的教育资源,根据自身的学习目标获取相应的知识。这样的学习往往不是全面的,而主要是为了解决某一方面的问题。师生交互式网络教学模式在某种意义上就等同于近期提倡的交互式远程教学,在这样的网络教学环境下,教育者和学习者之间的交流明显增强,教学向智能化方向发展。学习者不仅能够从网络获取需要的知识,还可以通过反馈,使教育者能够更好地了解学习者情况,从而更好地组织网络教学资源。因此师生交互式网络教学模式,充分体现了教与学的相互促进。协同工作网络教学模式下,教育者构建网络学习环境,学习者通过相互之间的协作,完成工作任务,获取知识。

个别化、交互式和协同式网络教学分别代表了基于网络环境的教学模式的过去、现在和未来。协同式的网络教学由于其不仅能够使学生获取知识,还能够促进学习者之间交流,培养学习者自主学习和相互协作的能力,受到了远程教育者和学习者的青睐。因此协作式的网络环境教学是将来网络教学的发展方向。首先,根据学生要求,获取一定的理论知识。布置这样的任务既可以在课程上进行,也可以在网络中。教育者需要设计一个合理的项目,使学习者在完成这样一个项目的分析与设计中能充分地应用所掌握的资讯。这样的项目化设计一个比较好思路是"单元化"设计,即将需要完成的大项目划分为知识结构相似的若干子项目。学习者分成几个小组,小组成员通过网络的协作完成其中的2~3个单元,余下的若干单元可以由学习者独立完成一个或两个。如此,学习者不仅通过协作掌握了知识,还可以通过独立的操作巩固了所学的知识。接下来,学习者将共同和各自设计的子项目进行连接,形成总体设计方案。项目的实施并不一定要到实验室中进行。近几年来仿真软件的发展,以及仿真软件中所"带有"的虚拟仪表，在一定程度上缓解了地矿类教学对大量实验设备的依赖性，它也将为网络环境下实现工学结合提供可行性。将仿真软件运用到网络教学中，是解决网络环境下工学结合的有效方法，小组成员只要将设计的子项目在仿真软件中连接和仿真，即可验证设计方案的可行性。如果整体方案有问题，以小组形式通过网络进行讨论和检查。当各小组将设计的方案和仿真的结果提交后，教育者根据设计的结果进行点评，并引出或强调本单元知识的核心内容，从而解决单纯的网络协作教学中，学习者对理论知识掌握不够深刻这一问题。

8.2.2.4 设计网络协作学习情境

协作与合作都有共同完成任务的意思。我国教育界研究领域对这两个名词一直处于混用状态，不加严格区分。但在国外这是两个不同的词组：合作学习（cooperative learning）、协作学习（collaborative learning）。合作学习主要是指学生在小组中展开学习活动，这种小组要足够小，以便让所有的人都能参与到明确的集体任务中，而且，学生们是在没有教师直接、即时的管理的情况下来进行学习的。协作学习指个人学习的成功建立在他人成功的基础之上，学习者之间的关系是融洽的、相互协作的，共享信息与资源，共负责任，共担荣辱。合作学习的含义很广，它包括了协作学习、小组学习等各种形式，但它强调集体性任务，强调教师放权给学生小组，这便把传统教学中的一些学生小组活动排除在外了。协作学习具有明显特点。首先强调学生个性的"自我实现"。每个人都是一个独立的具有自主性的个体，是处于发展中的、富有潜力的、整体性的人，是学习过程积极的参与者。协作学习鼓励各抒己见，而且每个人都要对他人的学习做出自己的贡献，对他人的意见做出客观的分析，容纳与己不同的意见，从而辩证全面地认识世界。另外，将学习过程看作交往的过程（多媒介、多方面）。学习过程是一种信息交流过程，是师生、学生之间通过各种媒介（口头语言、书信、电子通信手段等）进行的认知、情感、价值观等多方面多层次的人际交往和相互作用过程。这一过程中，参与者结成了多边多向的人际网络，在这个网络体系中，认知与交往密切结合，成为一个不可分割的整体。人际关系在教学中的隐性促进作用是协作学习特别关注的，要创造条件让学生在交往中学习，在学习中交往。协作学习能产生群体气氛，充分发挥群体的动力和集体协作的效应。协作学习强调整体的学习效果。教师可以按照某种标准将学习者分为若干小组，以小组共同目标的设置来保证和促进学习的互助、合作气氛，并以小组的总体成绩来评价每个成员的成绩，所以协作小组中的成员不仅要对自己的学习责任，还要关心和帮助他人的学习。协作学习有助于高级认知能力的发展。协作学习在认知建构发展中扮演很重要的角色。

8.2.2.5 小组协作教学方法实施策略

1）"小组协作"教学形式的提出

传统的教学重在如何传授知识技能的"教法"，很少考虑学生的主体地位及其在学习活动中的"学法"，教学中往往是学生在教师"指使"下整齐划一的被动表演。学生几乎成了练习机器，学生的主体作用以及学生之间的相互作用得不到充分发挥，影响了学生个性与素质教育的全面发展。为了发展学生的社会性，形成健康向上的性格，提高教学效率，在建构主义理论的基础上，开始探讨尝试"小组协作"教学形式。

2)"小组协作"教学形式的基本思想

"小组协作"教学形式：是在教师的指导下，学生自主、合理地组合成各个教育教学小组，充分发挥小组的自主性，促进学生主动地、协同地进行学习。它试图通过教学中的集体因素和学生间交流的社会性作用，通过学生的互帮互学来提高小组内各个学生的学习主动性，以提高全体学生的学习质量，达到对学生的生理、心理、交往能力、协作精神等方面进行培养和提高的作用。"小组协作"教学形式来源于3个教育理念：一是小组协作教学有利于学生个性的和谐发展。小组协作教学的关键在于挖掘学生的智慧潜力，形成健康向上的人格。当学生处于合作教学的过程中时，其需要、情趣会大大提高，渐渐地学会互相交流各种学习方法、思维方法。经过长期的训练，学生的思维会变得能发散而流畅、能变通而有独创，能从多方面、多方向和各种信息来寻求多种答案，避免观点、目的、心理和方法的定势，从不同的角度分析问题。这样，与之相辅相成的主动性、开放性与创造性等能力也得到了锻炼，学生的观察力、分析力、推理力均可得到较大的提高。同时在协作的过程中，学会了平等的与人相处、客观的看待问题，有利于学生个性的和谐发展。二是小组协作教学有利于学生主体性的发挥。课堂教学要充分发挥学生的主体作用，而小组合作教学正给予了学生更大的自由活动空间。在交流合作中，学生由被动听讲变为主动参与，敢于发表自己独特的见解，并学会倾听、尊重他人的意见。在这过程中，学生的思维方式、认识水平、交往能力等均能得到提高。因此，加强小组协作学习在课堂教学中的地位是现代化教学实践发展的一个重要趋向。三是小组协作教学有利于优化课堂教学效果。在现代课堂教学中，尤其是教学的重点难点处，有计划地组织学生讨论，为他们提供思维摩擦与碰撞的环境，就是为学生的学习搭建更为开放的舞台。创造心理学研究表明：讨论、争论、辩论有利于创造思维的发展，有利于改变喂养式的教学格局。此时，教师及时组织学生小组合作，则更有利于发挥每个人的长处，同学间相互弥补、相互借鉴、相互启发、相互拨动，是一种促进、提高，形成立体的思维网络，思维由集中而分散，由分散而集中，往往会产生 1+1>2 的教学效果(庞桦，2006)。

3)"小组协作"教学形式的基本教学策略

在小组协作教学的实施过程中，教师要重视以激情、激趣、激感的教学方法来培养学生主动学习的精神，以激疑、激思、激智的学法辅导与激发学生的心智活动。具体操作如下：

(1) 合理组合小组，激发学习兴趣。教师根据教学的需要与可能，提出组成小组的人数。小组成员在学生自由结合的基础上由教师调配而成，一般为5~8人。在其组合的过程中，教师更多考虑的是学生的需要。现代心理学研究表明：目标整合、志趣相投、心理相容、智能互补是组成良好小组的心理原则。在小组中，学生个人内在的不愿独处的"群集感"、喜欢和亲近的人相处的"亲属感"、喜欢和合得来的人相处的"友谊感"等社会性交往动机得到较好满足。于是，就会产生"归属感""认同感""群体支持力量"三方面的心理效果。"归属感"给予学生情感上的需要，"认同感"给予学生知识和信息，"群体支持力量"给予个人以力量。学生在智、情、意三方面都得到支持，是学习积极性、主动性得到较好发挥的重要原因。

(2) 发挥主体作用，增强双向互动。在小组协作探究过程中，各小组围绕问题展开讨论，学生各抒己见，每人既是老师，又是学生，互教互学，互补互促，共同动手操作。许多问题不用老师讲解，凭着小组的智慧得以解决，学生的主体作用得到最大限度的发挥，在愉快的合作中解决了问题，享受到了探索的乐趣，心理上得到极大的满足，学习兴趣进一步得到激发。教师要深入各小组参与讨论，以倾听为主，只在适当的时候加以点拨，拓展思维，将探索引向深入,切忌将主观意见强加给学生,影响学生探索的积极性。

(3)激发竞争意识,合作体验成功小组协作教学过程中,学生的活动以合作为主,团体间则以竞争为主。充满竞争性的课堂能让学生保持旺盛的学习热情,使他们的思维始终处于兴奋活跃之中。为了达到这一目的,教师要根据学生的好胜心理,抓住时机,以小组为单位,组织形式多样的学习竞赛。比赛中,每位同学为小组而奋斗,大家在一起出主意,想办法,在轻松、无压力的气氛中,对伙伴进行评价,表述自己的观点。组内成员密切合作,组外展开激烈竞争。与此同时,教师及时运用积极性的语言对同学们的学习情况进行评价。这既充分激发了学生的好胜心和集体荣誉感,又使他们在不知不觉中增进了友谊和了解,体验合作带来的成功乐趣,产生了积极的教学效果。

8.3 地矿类工程技术创新人才培养的项目导向教学方法

8.3.1 项目导向教学法的内涵

项目教学法在英文中为 Project—based learning,简称 PBL,可译为"基于项目的学习"、"专题式学习"或"基于课题式学习",在本节中,统称为项目教学法。"项目教学法"一词最早见于美国教育家凯兹和加拿大教育家查德合著的《项目教学法》。"项目教学法"的理论认为:知识可以在一定的条件下自主建构获得;学习是信息与知识、技能与行为、态度与价值观等方面的长进;教育是满足长进需要的有意识、有系统、有组织的持续的交流活动。2001年4月,查德博士曾来北京讲授"项目教学法"。该教学法陆续引进欧洲、南美、大洋洲、日本、韩国等国家和地区。德国引进该教学法后,联邦职教所自主创新,于2003年制定了"以行动为导向的项目教学法"的教学法规。项目教学法是指通过实施一个完整的项目而进行的教学活动,其目的是在课堂教学中把理论教学与实践教学有机地结合起来,充分发掘学生的创造潜能,提高学生解决实际问题的综合素质与能力。项目教学法作为一种教学方法,它有别于传统教学方法的主要特征如下:

(1)项目教学法是一种以学习者(学生)为中心的教学方式。在项目教学法中,学生是问题的独立解决者,教师的责任是提供学习素材和环境,在整个学习过程中,只起到指导和顾问的作用。学生在交互环境中参与探究性的团体活动和专项学习,学生安排自己的学习并控制自己的学习进度。

(2)项目教学法一般基于真实情境的问题。在项目教学法中,教师要提供给学生真实的工作情境、真实的工作环境和条件,为学生提供较多的学习资源,创设小组成员交流讨论的空间。

(3)项目教学法是以解决问题为核心的学习。基于项目的学习不再是传统教学中的片面的知识接受式学习,它的出发点和着眼点在于通过对问题的解决,来提高学生的处理复杂问题的能力。

8.3.2 项目导向教学法的实施步骤

项目教学法的学习是在建构主义学习理论指导下完成的,改变了传统教学中依据的"三个中心",由以教师为中心转变为以学生为中心,由以教材为中心转变为以项目为中心,由课堂为中心转变为以实验(实训)场地为中心(尹维伟,2010)。当前,高校地矿类专业学生学习存在如下问题：学生来源多样，知识基础不扎实，独立学习思考和解决问题的能力不高，厌学情绪严重，同时，缺乏与人沟通与合作的能力，不善于表达自己的思想。因此，必须改变传统教学模式。项目教学法教学采取以学生为中心、教师指导协助、以项目为导向的分小组协作的学习方式，对于地矿类专业学生，能够很好地调动学生的学习主动性与积极性，有利于培养学生的实践能力、社会能力、创造能力，促进学生在"做"中学，在"学"中做，通过"做"贴近实际生活的项目来加强专业课的学习，是一种实用有效地掌握专业技能的教学方法。"项目教学法"是为了实施一个完整的项目过程中而进行的教学活动。在教学活动中，教师将需要解决的主要任务以项目的形式交给学生，由学生自己按照实际工作的完整程序，在教师的指导下，以小组工作方式，共同制定计划、分工合作完成整个项目。因此，通过以上步骤，教师可以在课堂教学中调动学生学习积极性，充分发掘学生的创造潜能，使学生在"做"中学，把地矿学科专业理论与实践教学有机结合，提高学生解决实际问题的综合能力。"项目教学法"是切合地矿类学科专业实践性的教学方法。在地矿类学科专业人才培养模式中，实施项目导向教学法要从如下几个步骤予以具体设计。

1) 确定教学项目

在确定教学项目中，首先由教师提出若干个项目设想，然后与学生一起讨论，以确定项目教学的目标和任务。在教学项目确定过程中应注意如下两点：项目的目标性，即所选项目应实现教学计划内学科的教学要求目标；项目的完整性，教学项目从设计、实施到完成需要有一个完整的成品作为项目的成果。在确定项目目标时，可选择"典型工作任务"代为项目，一个典型工作任务是一项完整的工作行动，包括计划、实施和评估整个行动过程，它反映教学内容和形式。

2) 制定项目计划

这个环节一般由学生来完成，即由学生确定项目工作的步骤和工作程序，并且经过教师的审核通过。随后由教师根据学生制定的项目计划，根据具体情况和条件，做出项目实施决定。

3) 项目实施

在这一环节中，学生要明确自己在小组中的分工和任务，以及小组成员的合作形式，然后根据已确立的工作步骤和程序开展工作。在这个阶段中，教师指导尤其重要，教师要对项目实施的步骤解释清楚。教师除了要告诉学生需要完成的项目，还应该及时提醒学生先做什么、后做什么的程序性任务，从而避免独立学习能力较差的学生面对项目时束手无策。

4) 检查控制

教师要在学生的项目学习过程中，要分阶段地进行检查控制，这样既可以确认学生的工作是否按计划进行，时间安排是否合理，任务量完成是否实现，也可以控制项目进行的节奏和方向，及时发现问题并进行纠正，以避免整个项目无法按时完成。

5) 检查评估总结

在项目完成后，要及时进行总结评价，以促进学生知识的巩固。这个环节可以先按小组由学生对自己的工作结果进行自我评估，然后再由教师进行检查评分。随后可以由师生共同进行讨论，评判项目工作中出现的问题、学生解决问题的思路以及学习行动的特征。

8.4 地矿类工程技术创新人才培养的案例式教学方法

8.4.1 案例教学法的内涵

案例教学法是指教师根据课堂教学目标和教学内容的需要，组织学生对案例的调查、阅读、思考、分析、讨论和交流等活动，让学生在具体的问题情境中积极思考、主动探索，培养学生认识问题、分析问题和解决问题等综合能力，加深学生对基本原理和概念的理解，提高教与学的质量和效果的一种教学方法，其本质是理论与实践相结合的互动式教学(丁育林，2005)。

案例教学法的基本思想由来已久。根据"案例教学论"的重要代表人物之一 W·克拉夫基的观点，它"已深深地铭刻在欧洲的教育思想史上了"。就古代社会而言，案例性原则是古希腊、古罗马教育内容的选择准则。而在近代哲学和教育学范围内，诸如夸美纽斯、康德和胡塞尔等都曾提出过在认识、道德和审美能力形成中案例作用的思想。特别是瑞士教育家裴斯泰洛齐，对这个问题做了理论和实践上的系统探讨，并用"要素教育"这个概念来表示。到20世纪20年代末30年代初，德国哥廷根教学论学派代表人物施普兰格、E·韦尼、T·李特等，在"要素主义教育"观的基础上，直接提出了"案例教学"思想，倡导用案例教学代替按完整体系向学生传授知识的教学方法。德国"案例教学"理论兴盛于20世纪五六十年代，被理论界视为二战之后与苏联赞科夫的"教学与发展实验"教学理论以及美国布鲁纳"结构主义"教学理论并列的三大新教学论流派之一，在世界上具有重大影响。根据瓦格舍因的理论观点，案例就是"隐含着本质因素、根本因素、基础因素的典型事例"。因此，"案例教学"就是根据典型的事例进行的教学与学习。从克拉夫基的观点可以看出，案例教学使学生能够依据特殊案例掌握一般，并借助这种一般独立地进行学习(丁育林，2005)。案例教学理论认为：没有一个有计划的教学过程可以穷尽整个精神世界，没有人能够毫无缺漏地掌握整个学科的全部知识。然而，在以往的教学实践中发现：一门学科越古老，它的结构越严密，人们就会自觉地尝试去系统地从头到尾去教它，认为这些学科逻辑性强，教学中不能漏掉一点一滴。而这种追求点滴不漏的系统性，由于课时的限制，导致教学工作达不到彻底性。这种传统追求，是把系统思想与教材的系统性混为一谈。教学本质是给学生以系统性思想，使他们对一门学科有一个整体观念。但传统的做法是让学生去掌握一大堆所谓系统的材料。结果，学生难以把握学科整体结构。同时，由于教材的充塞，学生负担加重，往往产生厌学情绪，学习的积极性受打击。因此，解决上述问题的最好办法是：在有限的教学时间内，组织学生进行"教养性学习"，即促进学习者的独立性，让学习者从选择出来的有限的例子中主动地获得一般的、本质的、结构性的、原创性的、典型的，以及规律性的跨学科知识。通过这种学习，学生可以处在一种不断接受教育和培养的状态中。在案例教学论看来，教学不能是按部就班，有时候需要从实际出发，找到突破口深入下去。案例教学不但可以说明一个学科的整体——即传授知识，还能够开拓学生整个精神世界，如他们的认知、智能和对客观世界的态度。学生在获得关于自然和社会文化科学的一般知识的同时，也获得新的能力(包括了解事物的方式、解决问题的策略和行为观点)。可以说这是一个非常有价值的思想，这个思想贯穿于案例教学理论之中，体现了它的核心主张。

8.4.2 案例教学法的目标和要求

在地矿类专业创新人才培养过程中，实施案例教学方法要明确其实施目标，这些目标可以概括为"问题解决学习与系统学习的统一""掌握知识和培养能力的统一""主体与客体的统一"三方面。首先，关于"问题解决学习与系统学习的统一"目标，就是要打破地矿类专业人才培养的传统教学中学科体系的次序，用研究课题形式代替传统的系统形式，从课题出发进行教学。一方面，案例教学法要求针对地矿类专业学生以问题形式组织教学，从一个个课题出发进行教学；另一方面，每个课题应该是学生发现的突破口，把学生从一个发现引向另一个发现中去。这样的课题不是任意选择，而是有其学科系统性的，使学生通过课题学得系统的专业知识结构。因此，课题应是反映该学科整体相互关系，反映事物的整体的课题。每个课题都是一个局部的整体，各课题之间保持着有机的联系，这样才能保证学生能够掌握学科整体系统。地矿类专业人才培养中案例教学法的"掌握知识和培养能力的统一"目标则表现为："案例教学法"在知识与能力的关系问题上，既要培养学生的知识技能，又要培养学生各种能力，把传授知识与教给学习方法、科学方法、思想方法、发展智力、培养能力结合起来，统一在同一个教学过程中，使学生不仅获得知识，还获得支配知识的力量。关于地矿类专业人才培养中的案例教学的"主体与客体的统一"目标，"案例教学"的教学主体是受教育者，即学生；客体是指教学对象，这里表示教学材料。教学就是教师引导学生掌握教材。主客体统一就是要求教师既要了解和熟悉教材，又要了解和熟悉学生的智力水平和个性，在教学中要把两个主要的教学因素结合起来考虑。这样，教师才能将学生的积极性调动起来，使他们兴趣盎然地投入到学习活动当中去。对学习中这两个重要教学因素的任何一方把握不住，都不可能有成功的教育教学活动。

8.4.3 案例教学法的内容选取

地矿类专业创新人才培养中的案例教学法在教学内容的选择上应遵循如下原则："基本性""基础性"和"范例性"。"基本性"是针对学科的基本内容而言，强调教学应教给学生地矿类学科的基本概念、基本科学规律和基本知识结构。因此，在教学内容上，案例教学反对多而杂，力求去芜求精。例如，地矿类课程中，关于地矿领域的概念和规律是基础知识中最重要的内容。教师在教学中应重视概念和规律的教学，使学生掌握地矿现象和过程的本质，这样才能使学生发展知识，发展能力。"基础性"则是针对地矿类学生接受教学内容而言的，强调教学内容要适应学生的基本经验和生活实际，适应学生智力发展水平。也就是说，案例教学法的教学内容对学生来说是基础知识，同时又要通过教学促进学生智力发展。因此反对在教学内容上让学生高不可攀，同时也要反对过分容易，力求符合学生实际。在教学中，一方面要求教师要认真分析教材，从知识结构体系、教材编写意图上整体把握教材；另一方面要认真分析学生身心发展的特点，把握学生身心发展的顺序性、阶段性及个体差异，找到教材和学生发展的适应点，循序渐进地开展教学。"范例性"主要是指从既定的学科内容中，再精选出最具代表性的、范例性的或典型性的教学资源作为教学内容，通过同案例的接触，培养学生独立思考与判断的能力，使学生透过案例，掌握科学知识和科学方法论。因而，在案例教学中，要注重引导学生从各种各样的联系中，排除各种非本质的联系，把事物的本质暴露出来，透过表面现象，掌握它的本质。许多概念和规律都是从大量具体事物中抽象出来的。

在每一个概念和规律所包含的大量事例中,有的本质联系比较明显,有的非本质联系却很强烈。因此,案例教学中,教师就应该从有关地矿类专业概念和规律所包含的大量事例中,精选那些包括主要类型的、本质联系明显的、能引起学习兴趣、激发学习动机的,能使学生认识知识的内在逻辑结构、发展能力的,与学生智力水平和知识经验水平相适应的典型事例来进行教学,就能收到预期的效果。

8.4.4 案例教学法的步骤设计

在地矿类专业创新人才培养案例教学法应包括如下4个步骤。

(1)案例性地阐明"个"的阶段。也就是要求以某一个别事物或对象来说明事物的特征,从具体直观的"个"的范例中抓住事物的本质。

(2)案例性地阐明"类型""类"的阶段。也就是要从第一阶段所掌握的"个"的案例中,抓住事物的本质特征,将其置于类型要领的逻辑范畴中予以归类。对于在本质特征上相一致的许多个别现象做出总结。例如在采矿专业教学中,目的在于使学生从"个"的学习迁移到"类"的学习,掌握某一类事物的普遍特征。

(3)案例性地理解规律性的阶段。也就是要将"个别"抽象为"类型之后",找出隐藏在"类型"背后的某种规律性的内容。这个阶段的教学,主要是使学生掌握事物发展的规律性。

(4)案例性地掌握关于人类的经验和生活的经验的阶段。这个阶段主要是使学生不仅要认识世界,更要认识自己。

在具体设计中,首先要明确教学目标。它是组织案例教学的根本出发点和归宿。只有明确了教学目标,才能切实做好可行的课堂设计。通过一次案例教学,要达到的目的应当具体而明确。如掌握一种方法,熟悉一个具体思维过程,或掌握一种分析工具,或通过较复杂的案例教学来提高综合分析问题的能力等。教学目标规定得越具体、目的越清楚,就越具有教学指导意义,案例教学就能够有效地达到既定教学目的。其次要进行案例选取。明确了案例教学目的后,就要根据教学目的,选择合适案例。作为教学过程中运用的案例,应具有一定的典型性和真实性,典型性一般能够反映地矿专业知识的内容和形式,通过对地矿专业典型案例的分析,使学生掌握基本理论、方法等。真实的案例则有助于激发学生的创造性和主动性;教学案例还要具备一定的难度,这样才能够提升学生思考的深度,认识到实际案例的复杂性,提高其全面思维的能力。最后,选取的案例要有一定的针对性和浓缩性。案例的针对性主要是指能够针对教学的目的和要求而不能盲目选取。浓缩性是指教师将相关知识有效集中到一个案例中,对案例进行适当加工,并去除无效部分,使案例教学有的放矢,实现教学目标。

8.4.5 案例教学中需要处理好的几个关系

在地矿专业创新人才培养模式中案例教学法实施过程中,要处理好一些重要关系。

(1)要处理好案例教学与授课教学的关系。案例教学和授课教学之间存在诸多异同之处。案例教学侧重于实践,它主要是从归纳的角度展开地矿领域某一专题的学习,学习过程中让学生高度投入既定的一系列精巧设计的案例讨论之中,从而达到教学效果;而授课教学则侧重理论讲解,并通过演绎推理来传授知识,这种教学法的逻辑是较正式地阐述概念结构和理论,然后用例子和问题来讨论。这两种教学法的最终目的都是为了促使学生对理论的掌握和理解。在教学过程中，要处理好二者之间的关系，首先，在地矿类学科专业教学中，要善于指导学生利用案例来加强理论知识的理解和吸收。可以采用在讲授地矿相关理论知识之后，配合采用地矿领域典型案例进行讨论。案例讨论可以在当次课中进行，也可以在几节课后专门开展；可以采用时效好、针对性强的"小案例"，也可以选用情景复杂、综合性高的"大案例"。但无论选择哪一类，都应该紧扣讲授的理论知识，围绕所学的理论知识展开。其次，在以地矿领域实践为主要目的的教学中，要善于引导学生利用理论知识来研究和分析案例。

(2) 要处理好案例教学与其他教学手段的关系。在地矿类学科专业教学中，除授课教学和案例教学外，地矿学科专业教学中还经常采用一些其他教学手段，如社会实践、习作、模拟实践、考察考试等。这些教学手段与案例教学一样，也具有增强学生分析问题和解决问题的能力的作用，同时它们又与案例教学之间存在诸多不同之处。案例教学不能替代社会实践。社会实践主要是指学生到煤矿、采矿企业中去，了解地矿行业企业环境和工作特点，直接参与地矿企业工作活动。这都是案例教学替代不了的。另外，案例教学也替代不了习作。所谓习作，是指习题、作业等需要学生具体操作的习题。这些是教师锻炼学生掌握知识、学作操作、培养技能所必需的。运用案例教学，难以舍弃这些环节。案例教学也难以代替模拟实践。模拟实践就是让学生充当地矿企业某方面的技术人员，由教师提问，学生做答。这同案例教学所要求的要有充分时间去"准备""领悟""思考""分析""谋划"不同，模拟实践教学方法则要求学生及时处理和做答，训练学生临场解决问题的能力。

(3) 要处理好案例教学中"教"与"学"的关系。一般来说，在传统教学中教师主要担任"讲解员"，学生是"听众"。教师将学科知识传授给学生，学生接受、理解和消化吸收。而案例教学与这种"传道、授业、解惑"式的教学方法不同，其主要形式是课堂讨论，也就是教师和学生共同参与对典型案例的讨论与分析。与传统教学相比，在案例教学中，教师和学生的角色都要发生转变。教师要充当好"导演"和"导航"角色，也就是要指导案例讨论的过程，包括有针对性地选择案例，引导学生去思考、去争辩、去做出选择，去"解决"案例中的特定问题，并引导学生探究案例中各种复杂的情形及其背后隐含的各种因素和发展变化的多种可能性。在这一过程中，教师的作用是，既不能让案例讨论放任自流，同时又不能对讨论过程控制过严。学生要充当"参与者"，要成为课堂的主体。因此，学生在课前必须仔细阅读教师指定的案例材料，分析和思考案例中的问题，做好课前准备。要积极发言，阐明自己观点，讲出自己思考结论，大胆同他人展开辩论。

8.5 本章小结

本章主要分析研究了地矿类工程技术创新人才培养中使用的几种常用的教学方法。首先分析了研究型教学方法的理性认识、内涵，地矿类工程技术创新人才培养中研究型教学方法的使用以及实施中应注意的问题；其次，分析了协作式教学方法的理论依据和该方法在创新人才培养中的实践；再次，分析了项目导向教学方法的内涵和实施步骤；最后，分析了案例教学法的内涵、目标和要求、内容选取、步骤设计，以及实施中需要处理好的几个关系。

第9章 地矿类工程技术创新人才的培养模式

人才培养模式就是指在一定的教育理论、教育思想指导下，按照特定的培养目标和人才规格，以相对稳定的教学内容和课程体系、管理制度和评估方式，实施人才教育的过程的总和。它由培养目标(规格)、培养过程、培养制度、培养评价4个方面组成，它从根本上规定了人才特征并集中体现了教育思想和教育观念。它具体可以包括4个方面的内容：①培养目标和规格；②为实现一定的培养目标和规格的整个教育过程；③为实现这一过程的一整套管理和评估制度；④与之相匹配的科学的教学方式、方法和手段。目前较为普遍的模式有：通才教育人才培养模式、专才教育人才培养模式、复合型人才培养模式、宽口径专业人才培养模式、创新人才培养模式等多种。

9.1 地矿类专业创新人才培养模式的现状

9.1.1 地矿类专业工程技术创新人才培养面临的挑战

高等教育的任务是培养具有创新精神和实践能力的高级专门人才，发展科学技术文化，促进社会主义现代化建设。我国高等教育的规模，包括地矿类专业人才培养的规模，短期看是适中的，长期看还应该有较大的发展。自国内高等教育为适应社会经济发展开展"厚基础、宽口径、强能力"的教学改革以来，高等教育为国家社会经济发展培养的大批高素质创新型人才。社会经济的快速发展和全球化等国际竞争与合作的新局面的形成，使得对高素质复合型创新人才的培养已经成为高等教育的主要任务，人才培养质量已经成为高等教育最为重要的问题。

根据社会经济发展的需求，目前高等教育的人才培养至少存在如下问题。

(1) 人才结构和质量问题。当前社会经济快速变化、人才竞争日益激烈，社会发展对高素质创新型人才的需求不断扩大，而目前人才培养在结构和质量问题上远远满足不了社会需求，直接的表现就是一方面我国蓬勃发展的经济和社会需要大量人才，一方面不少大学毕业生又面临找工作难的问题。

(2) 用人单位在人才使用上的功利主义和人才培养中实践环境与实践动手能力普遍欠缺的鸿沟给学生就业带来压力，恶性循环的结果是在大学四年级学生就开始找工作，传统模式的教学秩序受到严重干扰，教学效果下降，这又使得在传统教学模式下的教育质量受到严重影响。

(3) 在实施"厚基础、宽口径、强能力、重创新"的教学改革过程中，由于种种原因而造成的"厚而未懂、宽而不专、欲强不能"的现象，加上对学生人格塑造的忽视，使得对学生在高素质创新人才所需要的健全人格、知识基础、专业能力等方面的培养存在缺陷，使学生的未来发展潜力受到限制。

在20个世纪我国改革开放后，社会经济发展对地矿类专业人才的需求与日俱增，国内地矿类专业也得到了蓬勃发展。但是由于起步晚,我国现在的地矿类专业的本科生比例、人才培养适应社会发展需求和满足个性需求的多元化模式、人才培养模式与西方发达国家的差异等仍然是目前值得关注和研究的问题。

9.1.2 产学研合作教育对地矿类专业创新人才培养体系的要求

产学研合作教育是一种以培养学生的全面素质、综合能力和就业竞争能力为重点,充分利用学校与企业、科研单位等多种不同的教育环境和教育资源,以及在人才培养方面的各自优势,把以课堂传授知识为主的学校教育与直接获取实际经验、实践能力为主的生产、科研实践有机地结合于学生的培养过程之中的教育形式。

在人才培养目标上,要实现大学生"零距离"就业,高校培养目标应坚持以市场需求为导向,推行"零距离"培养模式,实现校企教学、科研、基地、就业等全方位一体化合作。通过整合校企优质教学资源,建立完善的实践教学体系;通过联合开展科技攻关项目,提升校企的科研水平和科技创新能力;通过强化实践教学、联合研发、共建基地,促进校企联合培养的无缝对接,实现大学生"零距离"就业。

在师资队伍建设上,要实现从"单一型"向"双师型"教师转变。一方面企业要指派具有丰富经验的技术骨干参与指导大学生实训实习,另一方面高校要改变传统的师资培训方式,选派优秀教师参加企业科技研发或生产实践,拓宽教师专业知识结构,提高教师专业实践技能和科技创新能力,使教师成为既懂专业理论、又熟悉专业技能,既是学生的"老师",又是学生的"师傅",真正实现从"单一型"向"双师型"教师转变。

在教学方法上,要实现从"纯理论"向"理论+实践"教学转变。高校要根据市场需求,深化教学改革,适时修改专业培养方案,合理调整课程结构,创新教学方式和手段,逐步改变传统的理论教学模式,建立"理论+实践"一体化教学模式。借助校企合作平台,实现课堂理论教学向企业生产实践的延伸,实现从"纯理论"单一式教学向"理论+实践"的一体化教学转变。

产学研合作教育的兴起,从根本上讲是为了解决学校教育与社会需求脱节的问题,缩小学校和社会对人才培养与需求之间的差距,增强学生进入社会的竞争力。通过产学研合作教育,利用学校和社会两种教育环境,合理安排课程学习与社会实践,使人才培养方案、教学内容和实践环节更加贴近社会发展的需求,促进学生实践能力和整体素质的提高,达到培养创新人才的目的。

实施产学研合作教育,必须构建培养创新人才的体系,深化教学改革,提高育人质量,创建能适应和推动产学研合作教育培养创新人才的教学内容、课程体系、教学方法、教学手段。具体要求如下。

(1)人才培养模式。人才培养模式必须与市场需求相适应。这就要求把专业社会建设作为一项经常性工作来抓,与产业单位建立密切联系,以把握社会经济发展对人才需求的新要求及行业结构发展变化情况,结合地方经济发展要求及本院校师资、文化、办学经验、设备等情况,探索人才培养模式。

(2)人才培养方案。在人才培养方案中产学研合作教育包括两方面内容:一是人才培养方案的制定应充分考虑行业发展对人才的知识、能力、素质要求;二是人才培养方案的制定既要尊重教学规律,也要考虑产业运作规律,以便将教学进度与生产过程结合起来,为产学研合作教育顺利开展创造条件。

(3) 实践教学体系。建立起运行正常、相对独立的实践教学体系是开展产学研合作教育的一项重要任务。实践教学体系应系统设计，包括基础实验、专业实验、现场实习等，尤其是学生到企业实习，可达到巩固理论知识、提高综合素质和实践能力之目的。

(4) 教学内容。教学内容的确定一是要考虑专业要求，二是要及时吸纳科学技术和社会发展的最新成果。要深化教学改革，并根据培养目标不断进行课程体系和课程内容革新。

(5) 教学方法。开展产学研合作教育，必须对传统的教学进行改革，引入适合产学研结合的教学方法。实践证明，项目法、课题研究法、情景教学法、案例教学都是行之有效的产学研结合教学方法。如项目教学法就是把项目引入教学中，组织学生在校内外实地中加以应用。项目既是学习内容，又是教师的科研项目，同时也是基地的生产任务，组织实践教学中，教师把生产当作学习任务交给学生，用生产要求作为学生的学习标准和考核标准。

(6) 教学手段。为使产学研合作教育取得良好成效，应引入现代教学技术手段，如多媒体技术，教学现场要由校内向校外教室、向生产现场延伸。

(7) 考试考核。考试考核是度量教学效果的标尺，其方法除理论课程的考试考核外，还应注重实践课程和环节的考核。

(8) 信息反馈。应建立毕业生质量信息反馈系统，经常、主动地征求企业对毕业生的意见和要求。

9.2　地矿类专业创新人才培养的主要模式

9.2.1　基于"订单式"的产学研结合人才培养模式

针对行业、企业的需要制定培养计划，实行学校教学与企业实训相结合的教学方式，行业、企业参与人才质量评估，学生毕业后直接到行业、企业就业。通过本模式培养的学生，岗位针对性和适应能力强，大大缩短了岗位适应期，减少了企业的运营成本。对地矿专业而言，该模式能最大限度地实现以就业为导向的目标，同时也有利于专业和学科建设，使办学更贴近市场。

本模式通过寻求一批具有行业代表性和合作条件的企业，引进、开发、组合一批能将产学研结合在一起的产业、产品开发项目，既为学生提供了职业氛围浓厚、设备先进、同产业运作相对应的院内生产性实训基地，又能转化学校自身及引进的高科技成果，企业也从中得到较丰厚的回报，真正实现了校企合作共赢的目标。从育人效果上看，参加上述项目实践的学生，其动手能力和解决实际问题的能力都有明显提高，其就业率和就业质量也明显高于其他学生。

9.2.1.1　"订单式"紧缺人才培实施背景

1998 年，根据国务院教育管理体制改革的决定，绝大部分煤炭高校、管理干部学院、职工大学、中等职业学校等转由地方管理，国有重点煤炭企业也下放到地方。煤炭院校转由地方管理后，地方加强统筹力度，服务方向也发生了变化，由原来的主要面向行业，转变为主要面向地方。相应地，煤炭院校对学科和专业结构也进行了较大幅度的调整，大多数服务于煤炭行业的学科、专业被调整改造为社会和地方急需的热门专业。同时，由于煤炭企业下放地方管理，与煤炭院校的联系也日趋淡化，其直接的结果是，煤炭行业人才供求渠道出现"阻塞"，煤炭院校输送给煤炭行业的毕业生大幅度减少，煤炭企业引进毕业生困难，煤炭行业遇到了新的人才短缺，甚至出现了自20世纪70年代以来最严重的人才"断层"。煤炭行业出现人才危机，这次危机来势凶猛，范围广，时间长，影响大，程度深。

自进入21世纪以来，随着中国加入WTO，我国经济迅速发展，煤炭企业进入一个快速发展的时期。煤炭企业为了和世界接轨，优化资源配置，急需大量的煤炭企业人才，以增强跨地域作业的能力，提高市场竞争力。河南理工大学是一所以地矿学科为办学特色的高校，与煤炭行业有着特殊的、不可分割的关系，为其与煤炭企业之间的"订单式"合作培养创造了条件。经河南省煤炭工业局安排，河南理工大学地矿类专业从2003年起为河南省煤炭企业"订单式"合作培养采矿工程紧缺人才。由各煤炭企业选拔生源，在河南省煤炭系统内就业，并承认本科学历，每年培养实用人才200人左右，学制3年。在"订单式"实践过程中，对产学研结合人才培养模式有了更深的理解。

9.2.1.2 "订单式"紧缺人才培养实施的条件

1) 用人单位需求、学生愿意以及学校有提供相关教学的能力

(1) 用人单位需求。近几年，随着国民经济的快速发展，煤炭的需求量增加，价格上涨，煤炭企业对煤炭人才的需求与日俱增，各煤炭院校煤炭主干专业的招生规模远远不能满足煤炭行业发展的需要。每年的招聘会结束后，都有部分矿山企业仍招不到所需专业的学生。

(2) 学生生源由企业提供。煤炭企业需要大量的人才，同时自身的培养能力有限，大量的中专毕业生、煤炭高职、高专毕业生、技校毕业生需要进一步提高水平。同时随着煤炭开采的困难，煤矿开采深度逐渐增加，煤矿开采所遇到的技术问题越来越多，现场技术人员需要进一步扩充知识。由企业选拔的生源已有一定的工作经验，学习的积极性、主动性较高。

(3) 河南理工大学有提供相关教学的能力。河南理工大学前身为焦作矿业学院，已有近百年的采矿专业办学历史，在1998年以前是煤炭部部属院校，有雄厚的师资力量和实验设备，完全有能力完成相关的教学培养。

2) 校企双方签订用人及合作培养协议

"订单"是"订单式"合作培养模式的核心要素，它要求校企双方在充分进行市场调研的基础上，通过签订用人及人才培养协议（"订单"），形成一种法定的委托培养关系。通过签订用人和人才培养的"订单"，明确校企双方职责，学校保证按照企业需求培养人才，企业保证录用合格人才。

面对煤炭企业对人才的急缺，由企业提供生源，但入学考试由学校组织进行，保证了生源的基本质量，便于培养。同时企业与学校签订合作培养协议，对于培养合格的毕业生由企业统一安排，对于培养不合格的学生，则与企业解除劳动关系，这种做法从某些方面也增加了学生学习的积极性。

9.2.1.3 "订单式"紧缺人才培养的实施方案

"订单式"培养作为一种人才培养新模式已得到学校和用人单位比较广泛的认可，并在实践中广泛应用。其基本出发点是学校的教育坚持以就业为导向，为用人单位培养急需的高素质技能型人才，从而将人才培养事业引申为学校与用人单位双方共同关注的事业。其切入

点是严格按照用人单位技术岗位的现实需求来为学生"量身定做"教学计划和人才培养方案，直接针对学生就业需要的专业知识、技能技术、职业素质组织教学。

在开办"订单班"的过程中，校企共同协商，创造了不少产学研结合教育的新途径和新方法。

产学研结合教育模式包括人才培养、专业建设、教学改革、师资队伍建设等相关内容。在与企业产学研结合教育条件下，充分利用学校与企业、科研单位等多种不同的教育环境和教育资源及其人才培养方面的优势，改变学生知识能力培养的原有模式，加快专业建设步伐，深化教学改革，促进教师"双师型"素质快速提高。产学研结合教育可以"订单班"为载体，通过企业技术人员参与专业建设和教学，教师到企业实习、工学结合、共同组建技术应用中心等模式进行具体的实践。

开办"订单班"，明晰了学业与就业融通、专业与产业贴合、教研与科研共促、育人与用人双赢的人才培养指导思想，形成了"四段式"的人才培养模式，即：第一段，以通识教育为主，兼顾基本理论(1年)；第二段，以技术基础为主，兼顾企业导向(半年)；第三段，以技术基本技能为主，兼顾企业文化(半年)；第四段，以专业理论与技能为主，工学结合，学校学习与企业实习交替(1年)。

9.2.1.4 "订单式"紧缺人才培养的教学质量保障体系

1) 制定"订单式"人才培养的目标

由于"订单式"培养的出发点是以就业为导向，为用人单位培养急需的高素质技能型人才，其切入点又是瞄准用人单位技术岗位的现实需求来组织教学，因此，要求调整原有的4年制本科专业人才培养目标，重新制定"订单式"人才培养的目标。"订单式"人才培养的目标则是为用人单位培养急需的高素质应用型人才。"订单式"学生毕业后的工作问题是具体的，具有单一指向性。针对这一特殊性，在教学中，不应该单纯仿照相关学科的本科教学，而是明确以后学生所从事的方向及所做的工作，进行专业性强、应用性强的课程教学。

"订单班"学生是来自煤矿生产一线的优秀青年，其中一些还是一线区队的区队长或班组长，虽然都具有高中以上学历，基础比较差，但是他们具有丰富的实践经验，毕业后工作单位和工作对象更明确。应根据这一特点，制定并实行面向现代企业、面向煤矿生产实际的"订单式"培养方案。在该方案中，制定教学计划时，既要考虑采矿专业完整的知识结构和知识体系，又要注重实际需要，保证企业急需。在课程设置上，根据培养目标的要求，确定必须设置的课程，根据确定的理论课和实践教学课程对学生知识能力要求，确定相应的课程内容。基础课以能形成采矿专业完整的知识结构和知识体系为目标保证学时，专业课尽量加强，专业课进一步向细化和实用方向调整。如安全工程专业的课程体系把原本科"矿山安全技术"课分为矿井开采、矿山通风、矿山压力与顶板控制、井巷工程4门课程，并结合煤矿生产实际、矿山抢险救灾、煤矿安全管理、安全人机工程等具有特色和实用性强的课程。与本科教学计划相比，其专业课学时增加了近一倍。另外，结合部分矿区特殊的地质及开采状况，开设特色专题课程，如针对义马矿区煤层易自然发火的特点，对来自义马煤集团的学生开设"易自然发火煤层安全开采技术"；针对来自高瓦斯突出煤层矿区的学生，开设"高瓦斯突出煤层开采技术"等专题研讨课程，深受学生和用人单位欢迎。"订单班"的学生普遍反映，这些课程听得懂、学得会、用得上。

2) 整合课程体系，建立有利于提高人才培养质量的课程体系

(1) "订单式"培养的课程要求。"订单式"培养作为一种新的人才培养模式，其课程设置相对于传统的本科教学专业课程设置有比较大的改变，集中表现为：①突出专业技术技能的实地训练与实习；②重点围绕用人单位技术岗位的核心技术的特定要求设置课程；③适当压缩专业知识理论课时，较大幅度增加具有高度岗位针对性的专业技术课时；④强调把传统的专业基础知识理论验证性实验课程，最大限度地转换成为实际应用的技能技术操作训练课程；⑤对公共基础课程，要求在压缩和精简课时的基础上，把课程内容调整为充分满足企业技术岗位员工特定需要的思想政治素质、职业道德素质和人文综合素质的专项训练；⑥对毕业课程设计，直接与即将就业的单位挂钩，跟随单位的高技术人员参与实际的工作实习。根据以后从事工作方向来制定毕业实习内容，从学校过渡到单位，从学生过渡到员工。

(2) 课程整合。"订单式"培养就是以单位的"订单"为导向，确定培养目标。因此，其教学计划和课程安排是经过学校和用人单位共同开发和认可的。学校要按照教育部对高等教育人才培养的基本要求，结合用人单位的实际需要，在教学内容、课程安排等方面进行改革。构建一个新的"订单式"培养模式专业课程体系，是一项十分复杂的系统工程，各种因素中既要统筹兼顾全面整合，又要突出重点有所侧重。新的课程体系必须尽量满足"订单式"培养模式在课程设置方面的独特要求，特别是围绕单位技术岗位的核心技能技术的特定要求，务必使学生通过新的课程体系的学习，练就一身本领，形成较强的就业竞争力。同时也要符合高等教育的基本教学规律，既要注意与学生原有的知识能力结构紧密衔接，又要特别注意兼顾学生未来发展所需要的智能、技能的开发。

学校紧缺人才专业学生，不设选修课，所有课程均为必修课，课程体系可以分为3个部分：一是通识教育课程，共578学时；二是学科大类基础课程，共470学时；三是专业课程，共720学时。实践性环节课程，共36周。与4年制本科相比，专业课的学时增加了。

3) 通过强化技能、实践性教学，努力提高学生的实际动手能力

"订单式"培养模式在教学上要求以技能为本位，要求学生通过大量的实际操作、实际训练、实习、实践等强化训练，熟练掌握工作时急需的核心技能、技术和相关技能、技术以及综合素质。这点针对采矿工程专业显得尤为重要。

(1) 在教学内容上，在进行学科专业知识讲授的同时，要加强专业技能知识的传授，要求与相应的制度、政策和任务有机统一与衔接。制度化要求教师经常下单位学习补充更新技能技术知识，熟练掌握新的操作要领；政策性鼓励教师与用人单位的技术人员一起研究教学改革创新；任务式要求根据新的教学内容变化，编写相应的技术知识与应用为主体的新讲义、新教材，增强学生实践性环节的培养。作为矿山类专业，特别要加强在煤矿井下实习。如表9-1所示。

(2) 在教学方法上，要从"填鸭式"的灌输转向"启发式"教学，加强学生的动手操作能力，使某些实践性较强的课程，尽可能地从课堂学习转向实地训练。这方面，要充分利用用人单位的技术人员，邀请他们作为教师对学生进行系统授课或做专题报告。充分利用校内校外的各种资源，一切为学生能力的提高而努力。

表 9-1 安全工程专业(订单班)指导性教学计划实践教学计划安排表

序号	实习、实训环节	编号	学分	周数	所在学期 I	II	III	IV	V	VI	备注
1	入学教育		1	1	I						
2	军训		2	2	I						
3	画法几何与工程制图课程设计		1	1	I						
4	矿山测量实习		1	1			III				
5	煤矿地质实习		1	1		II					
6	金工实习		1	1		II					
7	机械设计基础课程设计		1	1			III				
8	矿井开采课程设计		2	2			III				
9	矿井通风课程设计		2	2				IV			
10	地道通风实习		1	1				IV			
11	瓦斯灾害防治课程设计		1	1				IV			
12	矿山机械课程设计		1	1				IV			
13	生产实习		4	4					V		
14	毕业实习		4	4						VI	
15	毕业设计(论文)		13	13						VI	
	周学时合计		36	36							

4)在师资队伍建设上,要实现从"单一型"向"双师型"教师转变

"双师型"教师队伍建设的实施。一是靠培养,应鼓励教师承担科研项目,参与技术革新与改造,同时积极鼓励教师参加教学改革与教材编写等工作,以多种形式和手段促使教师提高业务和教学水平。二是靠引进,可从社会上引进专业技术人员。在"订单"教育中,许多课程可由企业调进的工程技术人员和管理人员来承担,他们已成为学校"双师型"教师队伍的重要组成部分。同时"订单"合作企业的工程技术人员也可以承担教学工作,可以说他们也是学校的"双师型"教师。在采矿工程专业的"订单式"培养模式中,不仅有各用人单位参与人才培养目标重新定位、教学计划与内容的重新调整、课程体系重新整合等重要教学活动,而且还有用人单位委派一些技术人员直接担任课堂教学和实践教学任务,直接指导学生技能训练与毕业实习,帮助学生从书本转向工作、从教室转向野外。与此同时,作为教师,他们也必须学习和掌握相关的教学规律、教学方法和教学管理的基本规范。

"双师型"师资队伍建设在数量上有两个重点:①要求学校专业教师必须全部成为真正意义上的"双师型";②要求用人单位有一定数量的技术人员能够真正胜任教学工作。"双师型"师资队伍在质量上的要求:对于学校专业教师来说,重在技术知识应用能力和动手操作能力的提高,也就是重在"技师"方面的建设;对于用人单位技术人员来说,则是重在教学管理基本规范、教学方法和教学水平的提高,也就是重在"教师"方面的建设。这两个侧重同样重要,其建设都不能偏废,以确保教学质量水平的持续提高。

5) 通过重新树立勤学苦练的学风，保证教学质量的提高

"订单式"培养模式为高校的学风建设创造了新的契机。如在对毕业生的调查中，各用人单位对河南理工大学 2003 届、2004 届安全工程专业毕业生在工作中的表现给予了肯定。普遍认为毕业生特别能吃苦耐劳，作为一名矿山工作者，这是首先要具备的。同时还一致认为，河南理工大学的毕业生具有认真负责的敬业精神，这是作为一名工程技术人员不可缺少的基本素质。所有这些都与河南理工大学在平时的教学过程中，注重树立勤学苦练的学风是密不可分的。

(1) 在学习过程中培养形成了严格、严谨、纪律等良好风格，有利于重建勤学苦练的学风。技能技术学习与训练需要严格的管理，由于用人单位参与了日常教学与管理活动，无论是技术人员授课，还是学生到单位实习，都会把严格的管理带给学校和学生。因此，学生在服从管理、遵守纪律、严格规范、严谨操作等方面，都会受到更多的约束、更多的体验、更多的历练。这对于学生重新树立勤学苦练的学风无疑会产生积极的促进作用。

(2) 在学习动力上强化了学生的学习兴趣、劳动兴趣、创作成就感等学习心理原动力，有利于重建勤学苦练的学风。高校学生以理论知识方面的学习为主，教师普遍反映学生学习不刻苦、不勤奋、不努力等学风问题，实质上就是因为学生在理论知识方面的学习能力偏弱，认为过于枯燥、乏味而造成的。在这种重理论轻实践的不合理状况下，要建设刻苦勤奋的学风具有一定的难度。"订单式"培养模式的教学过程中，加强了技能技术、动手操作的训练，学生比较容易在某些专项技能技术学习中获得成功，亲身体验到成就感，这对于激发学生的学习兴趣、动手兴趣、劳动兴趣、创作兴趣等学习心理原动力，并且在此基础上重新树立勤学苦练的学风，无疑是有巨大的推动作用。如河南理工大学安全工程专业的学生，参与张子敏教授主持的瓦斯地质编图，深入煤矿一线，到井下进行编图实习；另外煤矿地质学和瓦斯地质学的地质填图实习，也是到焦作、登封的野外进行地质编图实习，通过自己的辛勤劳动，最终完成了任务，使他们亲身体验到了成就感，从而激发了学习兴趣，使得学习从被动式向主动式转变，勤学苦练的学风逐渐养成。

综上所述，"订单式"培养作为一种新的人才培养模式，它既不同于过去计划经济时代的定向培养全包分配的模式，又不同于现在市场经济时期的完全自由择业模式。"订单式"培养模式对常规的教学管理机制提出了一系列新的变革要求。这些变革的核心，仍然是如何更有效地保障和提高人才培养质量，为社会输送更多的适用性人才。紧缺人才培养的成功经验显示，走产学研结合教育的道路是一种有利于高等教育发展的积极有效的实践活动。要让产学研结合教育顺利进行，需要企业的积极参与，需要教育工作者与企业员工的沟通，同时需要相互理解与支持。从开办订单班成功案例来看，只要紧密结合地方经济的发展，结合地区产业的特点，摸清人才市场的需要，校企共同努力，一定可以深入进行产学研结合教育，探索出一条人才培养的捷径。

9.2.2 基于卓越计划的"3+1"产学研创新人才培养模式

卓越工程师教育培养计划(简称"卓越计划")是贯彻落实国家中长期教育改革和发展规划纲要(2010—2020 年)和国家中长期人才发展规划纲要(2010—2020 年)的重大改革项目，也是促进我国由工程教育大国迈向工程教育强国的重大举措。该计划就是要培养造就一大批创新能力强、适应经济社会发展需要的高质量的各类型的工程技术人才，为国家走新型工业化

发展道路、建设创新型国家和人才强国战略服务。

参与高校"卓越工程师教育培养计划"的学校方案分为学校工作方案和专业培养方案两部分。河南理工大学的培养标准在国家通用标准的指导下，结合河南理工大学办学特色、办学理念和人才培养定位，制定各专业的卓越工程师培养标准及培养方案。如安全工程专业以实际工程为背景，以工程技术为主线，着力培养具有安全工程意识、工程素质和工程实践能力的应用型工程技术人才。培养重点适用于煤矿，兼顾其他安全工程领域。专业培养方案又由校内培养方案和企业培养方案组成，是产学研创新人才培养的重要途径之一。学院根据产学研一体化的原则，选择了20个院外合作企业及科研、生产单位，共同建立了紧密型的校企合作关系。双方签订联合办学协议，成立产学研合作卓越工程师人才培养教育领导小组和联合教研室，聘请企业工程技术人员、管理人员及技师担任兼职教师，校企双方共同制定卓越工程师人才培养方案及考核评价办法。根据安全工程专业卓越人才培养目标的要求，每年选择30~60名学生(逐步实现全部培养)进入卓越工程人才培养试点班，采用"3+1"模式(即学生前3年在校内学习与生产实习，后1年到企业实习和毕业设计)培养。

本模式的突出特点是产学研紧密结合，校企两个环境育人，校企两个主体育人，培养的学习综合素质高，动手能力强，走上工作岗位后适应期短，能很快进入角色。具体介绍如下：

1)校企合作培养模式

与矿山企业共同建立教学指导委员会(成员为本专业教师和各企业工程技术人员)。指导委员会的职能是研讨并提出毕业生能力要求；审核人才培养方案(培养计划)对专业培养目标的符合度，并适时提出改进建议；教学指导委员会(企业成员)单位应提供一定数量的企业专家作为兼职教师积极参与专业的教学活动，提供实践条件，开展实习、实训，为学生提供参与工程实践的机会，在人才培养过程中发挥作用。

2)培养目标

了解企业运行与管理模式，了解并掌握煤矿矿山生产、安全管理、安全技术及工程、矿山抢险与救灾决策运行的完整过程。培养本专业的职业技能、参与矿山安全工程项目研发、管理和工程实施的能力，培养团队协作精神、沟通交流能力和职业道德。

3)培养标准

(1)实践认知能力

通过企业实践和学习，能够将校内所学到的基础理论、专业基础知识和基本理论融会贯通，深刻理解科学技术与工程技术的关系。具有综合运用所学的专业知识和基础理论，能初步进行分析问题、解决问题。能够将工程技术中存在的部分问题上升到科学理论，反过来指导工程实践。熟悉和适应实习煤炭企业的社会环境和经济环境，养成自主学习获取新知识的能力。

(2)工程实践能力

经过安全工程集中实践性环节的实习、实验、课程设计和毕业设计，以及在现场进行掘进工作面、采煤工作面作业规程、矿井通风阻力测定、通风机性能测试、通风系统优化等单向工程的编制和设计等方面的学习，能够用于指导矿井安全生产。

参与编制矿井生产计划和进度，参与计划实施和项目管理，受到生产管理和技术管理的全面训练，基本具备独立工作能力。

(3)信息获取和自主学习能力

通过矿井生产计划、报告、通风报表、进度等生产技术文件和资料,以及现场交流等途径,获取生产技术信息和资料,并能够进行分类、提炼、整理和总结,为矿井提供有参考价值的结论、意见和整改措施。在企业培养阶段中发现自身知识、能力的不足,并能够自主学习。

(4)沟通交流能力

在实习矿井现有体制下,实习期间自觉遵守企业的各项规章制度,尊重领导,团结同事,通过与企业有关领导、工程技术人员、工人的书面和口头交流,养成正确处理人际关系能力和团队协作精神。

能够用口头或书面恰当的方式阐述自己的意见和观点。参与矿井项目招、投标书、可行性分析报告、专题报告等文件的编写工作,具有工程技术文件的编纂能力。

(5)职业道德、事业心和责任感

熟悉本行业适用的主要职业健康安全、环保的法律法规、标准知识。熟悉企业员工应遵守的职业道德规范和相关法律知识。遵守所属职业体系的职业行为准则,并在法律和制度的框架下工作。养成遵守法律、法规和企业规章制度的习惯,形成照章办事的良好作风,恪守职业道德。正确理解矿井开发与经济、社会、环境和可持续发展之间的关系,具有良好的质量、安全、服务和环保意识,并承担有关健康、安全、福利等事务的责任,具有强烈的社会责任感和事业心。

4)培养计划

河南理工大学"卓越工程师教育培养计划"应用型安全工程师按"3+1"培养模式,学生在煤矿企业实习时间为 1 年,分两个学期进行,每个学期的学习内容和要求如表 9-2、表 9-3 所示。

表 9-2　企业学习阶段教学计划(第七学期)

序号	学习单元	学习内容	学习形式	地点	时间(周)	完成形式
1	矿井开拓生产实习	矿井概况、井田开拓、采煤方法、巷道掘进及井巷工程等	听报告、井上下参观、查阅资料、跟班劳动等	实习矿井	1~4	实习报告
2	矿井通风生产实习	矿井通风系统设计、主要通风机工作方式及安全检测、通风阻力测定、通风系统优化、通风管理等	听报告、井上下参观、查阅资料、跟班劳动等	实习矿井通风区(队)	5~10	实习报告
3	瓦斯防治生产实习	矿井瓦斯含量、压力等参数测定、瓦斯涌出量预测、瓦斯等级鉴定、瓦斯抽放设计、防突设计及措施管理等	查阅资料、跟班劳动、井下实测、地面设计等	实习矿井防突(队)	11~16	实习报告
4	水、火、矿尘防治生产实习	矿井水、火、矿尘等灾害防治设计及技术管理	查阅资料、跟班劳动、井下实测、地面设计等	实习矿井通风(队)、安全科	17~20	实习报告

表 9-3　企业学习阶段教学计划（第八学期）

序号	学习单元	学习内容	学习形式及要求	地点	时间（周）	完成形式
1	毕业实习	全面系统的掌握矿井开拓开采、通风设计、安全技术及管理等方面知识并能应用	听报告、井上下参观、查阅资料、跟班劳动、井下实测、地面设计等	实习煤矿	1~4	报告答辩
2	毕业设计(论文)	收集、查阅资料，完成实习矿井通风与安全设计(论文)	在校内外教师的联合指导下，完成毕业设计(论文)大纲的要求	实习煤矿	5~17	报告
3	总结	答辩、全面总结	准备设计(论文)材料和按时参加答辩	学校	18~19	设计答辩

5) 师资配备

目前学校已经与实习基地签订合作关系，采用专职和兼职相结合的方式，组建了一支适合于"卓越工程师培养计划"教学任务的师资队伍。

(1) 对于校内专职教师队伍，以提高其实践能力为核心进行培养。培养的重点是缺乏工程实践和科研经验的 35 岁以下青年教师，培养方式结合"河南理工大学青年教师实践提高管理办法"的实施，规定青年教师至少有半年的时间在企业实践锻炼，并同时协助企业完成学生在企业学习阶段的指导、管理工作。

(2) 对于外聘兼职教师，重点提高其实践与理论的结合能力。

(3) 外聘教师主要来自河南煤业化工集团有限责任公司、中平能化集团和郑州煤业集团有限责任公司等集团公司所属的大型矿井，长期从事煤炭生产和技术管理工作的，具有大学本科以上学历的高级工程师，以及省内外专家和教授等。

(4) 外聘教师主要承担学生在企业学习阶段的培养和实践性强的课程内容的讲授。

(5) 外聘教师原则上是河南理工大学兼职教授。外聘教师的待遇按照其实际工作量发放补贴，由学院、学校人事处和企业劳资部门联合考核。

9.2.3　科研(基地)项目主导型产学研合作人才培养

校企合作、产学研结合，是现代高等教育的显著特征之一。企业处于经济社会发展的前沿，是知识创新的重要动力和源泉。高校聚集着大批人才，具有优良的教学科研条件，在人才培养、科学研究等方面具有独特的优势。加强高校与企业的合作，实现校企双方互相支持、互相渗透、双向介入、优势互补、资源互用、利益共享，是实现高校教育现代化、促进生产力发展、使教育与生产可持续发展的重要途径。

1) 加强科研基地建设的基本原则

(1) 必须坚持产学研结合的原则。基地的主要职能之一就是为培养高质量的人才提供条件，但是脱离了科学研究、社会服务功能要求，人才培养可能会变成空谈。只有三者密切结合，形成一个有机的整体，培养的人才质量才能得到保证。

(2) 坚持创新性原则。当前科学技术发展的速度惊人，"是否具有创新能力"是人才质量优劣的突出体现，科研基地作为人才培养的重要载体，其建设规划与管理必须具有前瞻性和创新性。

(3)坚持基地建设与学科建设相结合，实现多样性与优先发展的原则。科研基地建设只有与学科建设相结合，科研基地才有内容、有依托。同时，由于企业发展的水平可能存在差异，因此在基地的具体建设中应该结合实际，在实现基地多样化的同时走优先发展的路子。

(4)实施共赢原则。在激烈的市场竞争中，企业要想立于不败之地，就必须实施技术创新，提升自身的核心竞争力。企业在自身技术、人才、产品、项目遇到瓶颈时，借助其他组织的研发力量，积极与高校、科研院所合作，推广应用先进技术和科技成果，走产学研合作发展之路，是一条将科技成果尽快转化为现实生产力的重要的、有效的途径。

根据以上原则，我们将科研基地按成果类型分为以下两种类型。

(1)成果转化型科研基地。近几年，我校地矿类学科在科研领域取得了一批科研成果，实施科研成果的转化有效地提高了企业的效益。这种类型的科研基地主要是针对中小企业而建设的，如河南理工大学瓦斯装备所研制开发的煤层定点取样装置，在平煤四矿得到了推广应用，建立科研基地，进行成果的二次转化。

(2)成果合作开发型科研基地。地矿类专业是一个实践性很强的专业，同时，由于煤矿条件的复杂性，不同类型的科研成果的应用范围、应用条件不同，因此，高校与企业共同申请科研项目，共同合作开发。

近几年，河南理工大学与数百家企业联合建立了科研基地，如安全工程专业的主要科研基地如表9-4所示。

表9-4 安全工程专业科研(实习)基地一览表

序号	科研(实习)基地	类型
1	平顶山煤业集团一矿	成果合作开发型
2	平顶山煤业集团二矿	成果转化型
3	平顶山煤业集团四矿	成果合作开发型
4	平顶山煤业集团八矿	成果合作开发型
5	平顶山煤业集团十二矿	成果合作开发型
6	平顶山煤业集团十三矿	成果合作开发型
7	郑州煤业集团大平矿	成果合作开发型
8	郑州煤业集团告成矿	成果合作开发型
9	郑州煤业集团超化矿	成果合作开发型
10	郑州煤业集团米村矿	成果合作开发型
11	焦作煤业集团古汉山矿	成果合作开发型
12	焦作煤业集团赵固一矿	成果合作开发型
13	焦作煤业集团小马村矿	成果合作开发型
14	焦作煤业集团演马庄矿	成果合作开发型
15	义马煤业集团耿村矿	成果合作开发型
16	义马煤业集团曹窑矿	成果转化型
17	义马煤业集团千秋矿	成果合作开发型
18	鹤壁煤业集团四矿	成果合作开发型
19	鹤壁煤业集团六矿	成果合作开发型

续表

序号	科研(实习)基地	类型
20	鹤壁煤业集团八矿	成果合作开发型
21	永城煤电集团陈四楼矿	成果合作开发型
22	永城煤电集团城郊矿	成果合作开发型
23	神火集团新庄矿	成果转化型
24	神火集团泉店矿	成果转化型
25	河北金能集团邢东矿	成果合作开发型
26	平顶山煤业(集团)十二矿	成果合作开发型
27	郑州宇通客车股份有限公司	成果合作开发型
28	鹤壁煤电股份有限公司六矿	成果合作开发型
29	河南新飞电器股份有限公司	成果合作开发型
30	新乡工神锅炉有限公司	成果转化型
31	中国一拖集团有限公司	成果合作开发型
32	国内贸易部洛阳制冷机械厂	成果合作开发型
33	河南轮胎厂	成果合作开发型
34	河南科隆集团	成果合作开发型
35	焦作万方铝厂	成果合作开发型
36	焦作重型机械制造有限责任公司	成果合作开发型
37	河南焦煤能源有限公司九里山煤矿	成果转化型
38	晋城宏圣建筑工程有限公司	成果合作开发型
39	河南大有能源股份有限公司救护大队	成果转化型

2)科研基地建设的效果

(1)科研基地保证了实践教学的顺利开展。21世纪初人才最主要的特征是具有较强的实践能力和创新能力，较强的实践与创新能力不是在课堂上由教师教出来的，而是由学生自己在实践与科研的过程中积累和锻炼出来的。实践教学是巩固和充实课堂所学理论知识，着重培养学生基本操作技能和实践工作能力的重要环节，而科研基地的建设是实现这一目的最基本的途径之一。经验告诉我们，加强实践性教学，首先要有一个良好的实践教学基地，基地建设的好坏直接影响到教育质量的高低，教学基地的建设已成为提高教学质量不可缺少的物质基础。以实践基地为依托，以科研活动为载体，实践教学基地建设得越好，条件越充分，内容越丰富，能安排实践教学活动就越多，学生学到的实践能力、创新能力也越强。近几年，我校地矿类专业80%以上的学生实习均是在科研基地内进行的。

(2)科研基地是进行科研活动的重要场所。科研能力和水平是衡量高校办学水平、办学能力、学校知名度的一个重要指标。建立采矿科研基地既是为实现培养高素质技术人才的目标奠定扎实的基础，又是为采矿科学研究提供必备的基础条件，还是实现产学研结合、促进科研成果转化的重要阵地，更是矿业高校创新体系建设的重要内容。具体而言，它包括以下4个方面：①申请和争取煤炭行业科研项目的重要因素；②科研成果转化的重要场所；③科研成果获得的主战场；④培养高级工程人才的摇篮。

2002年以来,河南理工大学近800余项各类矿山科研项目在科研基地开展,不仅提高了科研经费的有效使用率,为实践教学提供了丰富的实验、实习材料,还充分发挥了科研基地作为科技示范的优势。高校必须以学校丰富的人才资源为支撑,以学科门类较齐全且具有明显优势的科研基地为依托,将教学、科研两者紧密联系,互为促进,相互推动发展,使大学的科学研究能更有效地与煤炭经济发展相结合,使大学宝贵的智力资源真正成为第一生产力,为我国煤炭行业的发展做出贡献。

(3)科学、科研基地是培养"双师型"教师队伍的重要摇篮。要造就一代真正能站在世界科学前沿的学术带头人和尖子人才,以带动和促进民族科技水平与创新能力,必须坚持培养高素质人才,理论联系实际的原则,解决这一问题最基础和最关键的还是教师。试想,如果没有一支既拥有丰富的理论知识又具备很强的动手能力的"双师型"教师队伍,"厚基础、宽专业、强能力、高素质"的本科人才培养目标只能是一种设想。高校教师必须依托教学、科研基地,通过锻炼来提高自身的实践动手能力,在能实现自己由知识传播者向知识创新者移位的前提下,才能完成将学生由学习知识者向实践创新者移位的任务,才能培养出真正符合社会需要的人才。

(4)产学研合作为企业的发展奠定了基础。通过走产学研合作道路,企业不仅取得了实际经济效益,在技术储备、科研管理方法的积累、技术人才的培养等方面也受益匪浅。

近几年,通过企业自身的努力以及同高等院校的技术协作,提高了技术水平;同时,企业也不断汲取科研管理经验,建立了一套较为完善的科研流程,弥补了企业在科研管理经验方面的不足。在理论与实践、技术与产品的认识方面也获得了长足的进步,为企业科技创新工作的顺利开展奠定了坚实的基础。

人才的培养是进行产学研合作的另一重要收获。在科技开发的过程中,校企双方共同参与,使技术人员的实践能力大幅提升。他们在每个项目合作结束后,不仅能将技术成果完整地接收回来,还能在原有成果的基础上,依据实际应用的要求进行不断改进。这种锤炼大大提高了企业技术人员的自主研发和开拓创新能力,加快企业技术队伍的成熟。

9.2.4 "本硕博一体化"产学研高级创新人才培养模式

1)优化培养方案,统筹构建本硕博教学体系

学院对本硕博的知识结构、能力结构和素质结构的全过程培养进行了纵向层次设计和横向分类设计,并分别落实到本硕博三阶段的课程、实验和科研3个环节中。本科生按一级学科设置课程,注重宽口径培养,强化专业基础知识;硕士生按一级学科知识结构遴选,按二级学科设置课程,注重培养科研素质;博士生在所研究前沿领域选择课程,注重培养创新意识和创新能力。部分课程实现了本硕课程结合,学分互认以及硕博课程衔接。硕士研究生可以选修博士研究生的课程。在教学实验体系中,面向本科生和研究生提供多层次的实验内容,特别是注重了本硕一体化的研究型、开放式的教学实验体系的建设。

2)依托学科优势,将本硕博科研能力与素质培养贯穿始终

注重营造探索性的学习氛围,构建研究性的学习环境,倡导创新性的学习精神。把素质培养作为重点,科技活动贯穿本硕博3个阶段。90%的研究生在实际科研项目中得到学习和锻炼,85%的硕博研究生参加了纵向课题研究或横向课题开发工作,有利于产生原创性的成果。特别是自开始实施优秀本科生科研能力培养计划以来,学院为部分优秀本科生配备导师,

因材施教，参与导师课题组的科研活动，接受科研学术团队的培养和熏陶。这些学生基本上都成为硕士推免生或者以优异成绩考取了国内重点大学的研究生，同时取得了许多优秀的研究成果。

3) 依托学科环境，建设一体化人才培养基地

学院始终坚持重点实验室、学科环境与人才培养基地统筹规划、同步建设的方针，把人才基地作为重要的建设内容。所有学科基地、教学实验室对学生全面开放，为学生提供了优良的学习、研究和开发环境。

通过本硕博一体化的培养模式，超过 30%的本科毕业生成为研究生，其中近 5%的优秀生为推免硕士研究生，一些硕士研究生直接被推荐攻读博士学位，一批优秀的学生脱颖而出，许多学生被直接推荐攻读硕士或博士学位。

9.2.5 "以重点实验室为基地"产学研的高级人才培养模式

1) 注重学科基地建设，提供一流研究环境

学校重点实验室拥有一批学术造诣深、学风严谨且年龄结构合理的学术队伍，承担着国家重大专项、国家重大基础研究项目 973、国家高技术计划 863、国家自然科学基金重点项目，以及部委的基金、国家预研和攻关项目等国家级研究课题或大型应用工程开发项目。年平均科研项目百余项，科研经费充足，拥有丰富的研究资源和优良的科研条件，为精英人才培养提供了一流的环境。

2) 以培养学术带头人为目标，探索研究生梯队式培养方式

重点实验室以"培养德才兼备的学术带头人"为目标，以"理论研究有创新，技术攻关有突破"为宗旨，研究生培养取得了丰硕成果。重点实验室摸索出一套以培养学术带头人为目标的研究生梯队式培养方法。各个实验室根据其不同的研究方向，选拔德才兼备、具有组织能力的博士生作为技术负责人，组成以博士生和硕士生为主体、吸纳优秀本科生参与的梯队式课题组。让他们直接参与项目立项论证与申请，组织实施与技术攻关等全过程，并着重加强对优秀的博士生或硕士生的综合素质培养。通过学术道德、科研能力和组织能力三方面的培养和锻炼，使相当一部分优秀的研究生成为技术负责人，为成长为学术带头人打好基础。

3) 注重国际化学术交流，为开展前沿性、创新性研究奠定基础

学校把重点实验室定位为高质量、创新型人才培养基地。以重点实验室为重要窗口，开展国际合作与交流。每年学院组织广泛的国际学术访问和交流活动，广泛开展国际学术交流，让学生与大师级学者交互，开阔了视野，为开展前沿性、创新性研究奠定基础。以重点实验室为基地，跟踪国际学术前沿，开展前沿性、创新性研究。在参加国家重大研究课题工作中，提升独立科学研究能力，培养创新素质。

4) 加强道德培养，营造优良学术氛围

重点实验室要求研究生要以"具备全面的科学素质、积极的创新能力和良好的职业道德"为目标来开展工作和学习。在此基础上，各实验室都依照国家、学校的有关规定以及重点实验室的特点，制定了一系列有关研究生培养机制、制度及实施办法，使实验室对学生的管理和培养更加规范化，收到了良好的效果。

2005 年以来，学校重点实验室培养的毕业和在校的博士生 12 名、硕士生 300 名和本科生 800 名。在各重点实验室，近 3 年先后有 40 余名博士或硕士研究生作为项目技术负责人承

担和组织了多项国家级的重点科研项目，取得了多项创新性的研究成果。在 3 项国家科技进步二等奖以及 9 项省部级奖项中研究生共有 52 人次获奖。如安全工程专业的贾智伟的博士论文入选全国百篇优秀论文提名，魏国营博士的论文获得国家科技进步二等奖和煤炭工业协会一等奖。

产学研合作教育培养创新性人才是一个系统工程，无论采取什么形式都要有体制创新的保证。体制是关于组织体系、相关制度的集合，是产学研合作教育培养创新性人才成功与否的载体。目前的体制实际上属于一种"民间组织"，是产、学、研三方按"自愿、互利"的原则，以协议的方式组织起来的，在实际的操作过程中对责、权、利的规定缺乏依据，比较模糊。体制方面存在的问题极大地制约了产、学、研合作教育的深入与推广。这也是培养创新性人才必须突破的一个障碍。体制创新的基本方法应该是：国家以法律、法规的形式对产学研合作教育的地位和性质做出原则规定；政府和教育行政部门以行政手段做出具体的规定。这些具体规定可以使产、学、研三要素能在良好的法规、政策环境中构建必要的相关机构和制度。

9.3　河南理工大学地矿类专业创新人才培养模式的案例分析

9.3.1　采矿工程专业产学研合作创新人才培养模式

河南理工大学采矿工程专业是在焦作路矿学堂矿务学门的基础上发展起来的，是学校的传统优势专业，具有丰富的办学经验积累和文化积淀，为国家培养了大批矿业领域的高级人才。多年来，在坚持"以教学为主，科研促教学，既出成果又出人才"指导思想的基础上，不断加强采矿学科和课程建设，拓宽了专业研究领域和人才培养方向，促进了采矿学科的发展和人才培养质量的提高，形成了矿业领域专业人才培养的优势，取得了显著成效，对促进河南省乃至全国煤炭工业的发展和进步发挥了积极作用。

9.3.1.1　采矿工程专业产学研合作创新人才的培养目标及要求

本专业培养社会主义现代化建设和科技发展需要，德、智、体、美全面发展，基础宽、能力强、素质高，具有创新意识和初步创新能力，掌握固体(煤、金属及非金属)矿床开采的基本理论和方法，具备采矿工程师的基本能力，能在采矿工程领域从事矿区开发规划、矿井设计、开采技术、矿井通风、矿山安全技术、矿山监察、生产技术管理和科学研究等方面工作，具有较强实际工程能力和一定研究能力的复合应用型人才。

本专业主要学习数学、物理、力学、计算机基础、现代企业管理、矿山地质学、测量学、矿山机电、矿井通风、安全技术、采矿学等有关的基本理论和基本知识，受到采矿工程师的基本训练。

毕业生应达到如下知识、能力和素质的基本要求。

(1) 具有较好的人文社会科学素养、较强的社会责任感和良好的工程职业道德。

(2) 具有从事采矿工程所需要的相关数学、自然科学知识，具有一定的经济管理的知识。

(3) 掌握固体矿床开采的基本理论和基本知识，掌握必要的工程基础知识，了解采矿学科研究现状和发展趋势。

(4) 掌握矿山地质学、矿山机电、矿井通风、安全技术、采矿学等有关的基本理论和技术,具有应用基础理论和专业知识分析解决采矿工程实际问题的基本能力。

(5)掌握文献检索、资料查询及运用现代信息技术获取相关信息的基本方法。

(6)具有创新意识和先进理念,具备应用采矿基础理论和专业知识分析解决工程实际问题,进行技术革新和新技术、新工艺研究的初步能力。

(7)了解国家有关采矿工程专业设计、生产、安全、研究与开发、环境保护等方面的方针、政策和法规。

(8)具有一定的组织管理能力、较强的表达能力和人际交往能力,以及在团队中发挥作用的能力。

(9)具有适应发展的能力以及对终身学习的正确认识和学习能力。

(10)具有国际视野和跨文化的交流、竞争与合作能力。

毕业生适于在固体矿床开采、岩土工程领域,从事煤矿设计、生产、施工管理、安全监察等工作,或在大中专院校、科研机构等单位从事相应的教学和科研工作。

9.3.1.2 采矿工程专业产学研合作创新人才培养的课程体系

课程体系是实现人才培养目标的具体课程结构框架。河南理工大学课程体系按"平台+模块"的方式构建,其结构如图 9-1 所示。

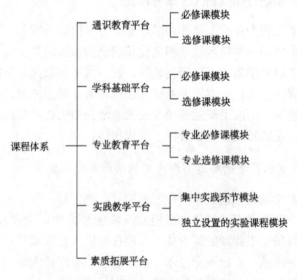

图 9-1 课程体系结构框架图

课程设置是培养方案的核心内容,是实现人才培养目标的中心环节。按照课程知识结构设置为通识教育平台、学科基础平台、专业教育平台、实践教学平台和素质拓展平台 5 类。通识教育课程平台划分为人文社会科学类课程、数学与自然科学类课程和工程基础类课程 3 类,学科基础平台由专业基础类课程组成,专业教育平台主要由专业类课程组成。

1)采矿工程专业主干课程体系与内容

采矿工程专业现设置 5 门主干课程。采矿工程专业覆盖了原有的地下开采、露天开采及矿井通风与安全 3 个专业。在课程的设置上,注意整体优化,坚持德智体全面发展,重视素质教育、基础教育,加强实践,着重学生能力的培养,注重课程结构和内容体系的改革和重视课外的教育培养等。专业课的门数和学时进行了多次优化,进一步突出采矿工程专业五门主干课程的中心地位和主导作用,使采矿学、矿井通风与安全、井巷工程、矿山机械和矿山电工在本专业课程体系中的重要性更加明确。

(1) 采矿学课程体系和课程内容改革。我校目前正在使用的新编《采矿学》教科书融合了原专业课程煤矿开采学、采煤工艺学、矿山压力及其控制、特殊开采、露天开采和矿井开采设计、矿山规划、采矿系统工程、非煤固体矿床开采等课程的基本教学内容,形成了矿井开拓、准备方式、采煤方法及采动影响及其治理4部分(原体系为矿井开拓、准备方式、采煤方法3部分)的新体系。由此建立矿井的"掘、采、治"三元开采技术体系,构建了重环保、少污染的绿色开采技术体系。课程的主要特点体现在:体系优、课时精、内容新、注重应用能力培养,风格新颖,适合启发式教学,有利于学生思维能力、创新能力与实践能力的培养。

(2) 矿山机械课程体系及内容。目前正在使用的《矿山机械》教科书融合了原专业课程机械设计基础、矿山常用机械、煤矿固定设备等课程的内容,从机械设备的工作原理、结构特点到机械设备的设计、选型方法、加工、维修等,形成了一体化的概念。尤其加强了对基本概念、基本理论和基本计算方法和能力的培养,提高了学生分析问题与解决问题的能力,尤其对提高学生选型设计的计算能力具有重要意义。

(3) 井巷工程课程体系及内容。《井巷工程》课程体系及内容的改革主要是在大量科学研究的基础上进行的,从20世纪60年代开始,我们就在井巷工程科研方面进行了大量的研究,承担了一系列国家级科研项目,如国家"六五"科技攻关项目《立井锚喷作用机理》、国家"七五"科技攻关项目《软岩巷道支护机理》、国家"八五"科技攻关项目《煤巷锚杆支护》,并取得了一系列的研究成果,这些都为《井巷工程》课程体系和教学内容的改革提供了大量素材。主要特点体现在:利用实习、实验、课堂教学相结合,注重基本理论的掌握,注重学生应用和引导能力培养。我校新编的《井巷设计优化与施工新技术》教科书已列为国家"653"工程培训教材。

(4) 矿井通风与安全课程体系与内容。《矿山通风与安全》教材有机融合了原专业课程矿井通风、煤矿安全与灾害防治、通风安全现代化管理等3门课程的基本教学内容,并在知识结构上进行了大力调整,在内容体系上进行了整体优化,在基础知识与应用技术的关系上进行了合理调整。此外适当增加了矿山安全技术和现代化管理方面最新的科技成就的内容。

(5) 矿山电工课程体系与内容。矿山电工是采矿工程专业电气知识领域的一门主要课程,是一门研究如何安全可靠、技术经济合理地为矿山企业连续供应交流电力,并控制采矿机械设备按生产工艺的要求高效运行的课程。该课程体系主要是结合矿井大型设备的安装与运转、高电压下井、矿井高产高效等对矿井供电提出的要求,通过这门课程学生可以对矿井地面与井下供配电系统有一个全面的了解,有利于更好地从事矿山开采与管理工作等。

2) 主要课程

主要课程有:材料力学、矿山经济学、电工与电子技术、矿山电工、矿山机械、矿山测量学、矿山地质学、岩体力学与工程、井巷工程、矿山压力与岩层控制、采矿学、矿井通风、矿山安全技术等。

3) 课程平台及学分比例

采矿工程专业人才培养课程体系结构如表9-5所示。

表 9-5 采矿工程专业人才培养课程体系结构

课程平台	课程模块	课程类别	修读学分要求	占总学分比例/%	备注
通识教育平台	必修课程模块	必修	93.5	45.30	
	选修课程模块	选修	8	3.96	含公选课
专业基础平台	专业基础课程模块	必修	16	7.92	
专业教育平台	必修课程模块	必修	24.5	12.13	
	选修课程模块	选修	13	6.44	
	小计		154	75.75	
实践教学平台	集中实践环节	必修	44	21.78	
	独立设置的实验课程模块	必修	2	0.99	物理实验
	课内实验	/	204（学时）		只计学时数
素质拓展平台	素质拓展课程模块	必修	5	2.48	
	合计		203	100	

4) 修业年限、毕业学分要求与授予学位

(1) 修业年限：3~6 年

(2) 毕业学分要求：总学分 203 学分

(3) 授予学位：工学学士

9.3.1.3 采矿工程专业产学研合作创新人才培养的主要内容

1) 加强实践教学，丰富第二课堂

创新能力的培养不仅仅依靠知识的获得，很大程度上依赖于直接经验的积累，所以切实加强实践教学、提高学生实践能力至关重要。

(1) 建立实践教学体系。

根据人才培养的需要，合理分配人才培养方案中理论教学和实践教学的比例，从一级学科上进行规划，各专业实践环节在课程体系中所占的比重相对明确，规定理工、经管、文法类专业的实验课程、课程实验及实训所占的学时数分别为总学时的 25%、20%、15%。按照学科基础、专业必修、专业选修等平台构建实验课程体系，加强综合性、设计性实验课。根据不同实践环节、不同教学内容采取相应的实践教学方法，充分发挥学生的主观能动性，加强师生互动。

学校重视校企联合的集中实践教学，一方面与企事业单位签订实习基地协议，使学生在集中实践时期内，有更多的机会走入企事业单位中，通过参观、访问、调研和亲自实践的方式，直接与生产第一线接触，拓宽学生的视野，增加感性认识；另一方面聘请企事业单位的高级技术人才和管理人才，通过来学校讲座、授课和亲自指导实践教学的方式，直接参与实践教学环节。如地学类专业，在每年的生产实习和毕业实习环节，都有大批的学生得到地质队、设计院和勘察院等单位工程师们的亲自指导，许多工程师被我校聘为本科毕业生指导教师，指导学生的毕业实习和毕业设计。

(2)丰富第二课堂活动。

第二课堂是第一课堂的延伸,是指为培养学生的创新精神、团队精神、奉献精神、适应社会能力及综合素质而设置的相应活动,为学生开设研讨课、学科前沿讲座、新技术专题、科技研究方法等课程,建立探究性学习的平台。开展创新教育,大力推进大学生科研计划,鼓励学生参加各类科技竞赛、科技创作和相关社团活动,鼓励学生积极参加课外社会实践活动。要求全校本科学生在校学习期间除完成课内规定的学分外,积极参与各项素质教育活动,取得课外学分后,方准予毕业。

2)采矿工程专业实习实训

采矿工程专业学生参加实习是一个重要的实践性教学环节,是理论联系实际的重要方式,它对学生科学世界观的形成,培养积极进取、开拓创新意识,提高分析问题和解决问题的能力都起重要的作用。它有利于学生工程实践能力的培养,有利于学生形象思维和创新能力的培养,有利于学生综合素质的培养。

实习教学包括采矿工程专业实习、地质实习、测量实习和工程训练,同时注重虚拟现实技术、数值模拟技术和相似模拟试验技术等先进技术手段在实习过程中的充分运用。

专业实习分3个阶段进行,第一阶段为认识实习,在大学三年级(第5学期的第1周)进行,时间为1周,安排在专业基础课之前。第二阶段为生产实习,安排在大学四年级(第7学期的前3周),专业基础课和部分专业课学习后、课程设计之前进行,时间为3周。第三阶段为毕业实习,安排在大学四年级(第8学期的前3周),所有课程学完之后,毕业设计(论文)之前进行,时间为3周。除此之外,学生还需在校内进行工程训练。

(1)工程训练。

突出对学生的综合性工艺能力训练和培养,创造性地推出一系列新的工程训练实习教学项目,增加学生动手能力,难度大的项目主要进行参观,了解其工艺工程,开阔视野。具体项目包括:电加工综合工艺能力训练、加工中心综合训练、普通车床工艺综合能力训练、普通车床附件工艺扩展训练、激光雕刻机CAD/CAM创新训练和参观等。突破传统的普通车削工艺训练模式,开设了能够有效引发学生学习车削高级工艺兴趣的普通车削综合工艺能力训练和普通车床附件工艺扩展训练新内容,使学生在经过了较简单的初级车削操作训练之后,能够接触到一个更宽、更深、更加实际的车削工艺知识空间。改变了目前国内大多数学校在"线切割工艺训练""电火花成型训练"上实行的内容独立、科目单设、分别实习的方式,按照此类工种在实际工业制造中的内在联系,开设了将CAD、WEDM(线切割加工)、WDM(电火花成型加工)以及ECFP(电化学抛光)和产品封装工艺有序组合的"电加工综合工艺训练"新项目。

(2)地质实习。

煤矿地质是采矿的基础之一,通过对野外基本的、典型的地质现象的观察、认识、描述与分析,使学生获得煤矿地质相关概念、构造的感性认识,认识一些基本、典型地质现象的发展规律和本质,培养时空观念和地质思维的能力,巩固、加深、拓宽室内所学的煤矿地质基本理论和知识。初步学习与掌握一些野外地质工作的基本方法和基本技能,了解地质工作的简要程序,熟悉罗盘的使用,了解岩地层、断层的观察和描述方法,了解常见地质图件的编绘方法;了解资源的勘探、利用和保护。参观与有关的煤炭工程建设,开阔视野。初步体验野外地质工作的生活,增强野外的适应能力,树立以苦为乐、献身煤炭地质专业的思想。

进一步掌握砂岩、砾岩、灰岩、白云岩、黏土岩等常见岩石的基本特征和定名，熟悉其描述方法，进一步体会"地层"的内涵，了解并熟悉断层、背斜、向斜、裂隙等常见地质构造的基本特征，根据条件了解海洋、湖泊、生物礁等典型沉积相的基本特征。

实习方法采用野外讲述、示范与学生认识、实践相结合；实习点地质观察与路线地质观察相结合；野外资料收集与室内资料整理相结合的方法。

实习成绩考核由根据野外现场表现、图件编绘、文字报告和实习考试(含提问、答辩等)综合决定。

(3) 测量实习。

测量实习在建井和巷道掘进中非常重要。通过测量实习可以巩固所学的知识，加深对测量知识的理解，培养学生以理论指导实践的独立工作能力；使学生初步掌握测量仪器的使用方法，理解和掌握基本测量工作(包括角度测量、距离测量和高差测量)的过程和方法；通过平面图测绘的综合实践，使学生理解和掌握测图的过程、掌握图根导线的测量和计算方法，培养学生的集体组织观念，在测、算、绘诸方面得到全面训练；培养学生独立分析和解决测量工作中出现的实际问题的能力。

具体来说，要完成以下实习内容：①水准仪的认识、使用与高程测量实习，掌握水准仪(微倾和自动安平水准仪)的使用、水准路线的外业测量和内业计算方法；②经纬仪(光学和电子)的认识、使用与角度测量实习，每个学生要学会经纬仪(光学经纬仪和电子经纬仪)的使用，掌握水平角度的测量方法；③经纬仪前方交会测量实习，进一步熟悉角度测量的方法，了解经纬仪前方交会测量的基本原理，掌握经纬仪坐标反算和前方交会测量的方法；④经纬仪导线测量，进一步熟悉水平角的测量方法，掌握经纬仪导线的外业测量(包括水平角度测量和水平边长丈量)和内业计算的方法；⑤整理出观测资料和计算数据，并编写实习报告。

本实习课程要求每一个学生必须严格按照实习指导书中所指出的实习规则与要求，协同或独立完成实习内容，并上交实习报告。在学习知识、培养能力的过程中，树立严谨、求实、勤奋、进取的良好学风和认真细致的工作作风。实习成绩考核按百分制实行，根据学生在实习期间的态度、出勤、遵纪情况，完成实习任务的数量和质量，以及实习报告的编写质量综合评定。

(4) 矿井认识实习。

矿井认识实习是在学完基础课之后、开设专业基础课之前进行的一个承上启下的重要教学环节。通过实习，初步了解煤矿的生产技术状况及发展情况，使学生认识和了解煤矿井上、下概貌，了解原煤的生产工艺过程及矿井各主要生产环节，为今后有关课程的学习创造条件，打好基础。

认识实习由经验丰富的教师带队去实习矿井进行井上、井下参观，地面主要是参观工业广场，井下参观主要了解井底车场、开拓系统、采掘工作面及采煤工艺等生产工艺及系统。同时，还要聘请经验丰富的工程技术人员做报告，开展座谈、讨论等活动。

认识实习也是一次接触社会、了解煤矿、向煤矿工人和工程技术人员学习的好机会。通过实习，要进一步培养和提高学生观察问题和分析问题的能力，学习一些初步的管理知识。

实习内容包括：了解实习煤矿的矿井概况；熟悉工业广场设施、各类建筑，把握工业广场各工艺流程；认识井田开拓方式和主要生产系统，了解采取巷道布置和采煤工艺；初步熟悉井巷工程的施工、支护等工艺。

在上述基础上，学生根据辅导教师的要求和大纲要求，完成实习报告和作业，带队老师根据学生的实习表现，结合口试等方式，进行成绩评定。

(5) 矿井生产实习。

生产实习是在讲授完"煤矿地质学""矿山测量学""井巷工程""采矿学""岩石力学""矿山压力及其控制"等课程之后，学生已具备一定的专业理论知识的情况下进行的。通过对实习矿井的全面了解，巩固所学专业理论知识，充实井田开拓、采区(盘区)巷道布置、采煤工艺等方面的实际知识，了解和初步掌握采煤工作面的生产组织和管理知识，关注煤矿存在的问题与所处的困境。培养学生独立分析问题、提出建议与解决问题的能力，以及理论联系实际、尊重实践的科学态度。引导学生学习煤矿工人的优秀品质，增强群众观点、劳动观点，增强建设社会主义的事业心、责任感。同时，还应为采矿课程设计收集资料，打下实践性基础，努力使学生成为具有"采矿精神，乌金品质"的新一代煤炭工作者，实现思想与业务双丰收。

生产实习由教师带队去实习矿井进行为期3周的实习，实习内容包括以下几方面。

① 听取矿井主管工程师技术报告，包括矿区开发、建设和生产概况；矿区与井田地质概况；井田开拓方式及生产系统；采区(盘区)巷道布置方式及采煤工艺；采场矿压及巷道支护方式；矿井灾害及预防等。

② 在矿有关工程师及指导教师的指导下，阅读相关图纸和资料。

③ 井上、井下参观。地面参观包括矿井地面运输生产系统；地面机电设备，工业广场平面布置等。井下参观包括井底车场、硐室及矿井主要生产系统设施参观；井田开拓和采区(盘区)巷道布置参观。

根据矿井的具体生产情况，安排学生跟班劳动，和工人师傅融为一体，认真参加劳动实践，通过交谈、访问及借阅资料等形式，虚心学习，充实和丰富实习内容，抓住机会锻炼自己的工作能力、适应能力和交往能力。

实习成绩的评定是对学生实习质量的量化考核。按以下3部分综合评定：首先，学生的实习态度、劳动出勤和操作技能占30%；其次，对学生现场认识、分析和解决实际问题的能力，进行现场口试，占30%；最后，实习报告质量占40%。

(6) 毕业实习。

本次实习是学生学完教学计划规定的全部理论课程之后，于毕业设计(论文)前进行的一次比较全面又深入的现场专业实践，是学生达到专业培养目标的一个重要教学环节。毕业实习安排在第8学期开学完成，大多数同学已和就业单位签约。为了使同学们尽快进入工作角色，增强其实践工作能力，并熟悉工作环境，本次实习以自主实习的方法为主，即学生自己或在指导教师帮助下联系已签约的矿井去完成毕业实习。

通过这次实习要达到以下目的和要求。

① 用所学理论知识，结合矿井生产实际，分析研究实习矿井开采技术工艺的合理性及存在问题，进一步培养分析实际问题的能力。

② 充实生产实际知识，学习采区生产组织、技术管理方法，培养组织管理与解决实际问题的能力。

③ 为毕业设计(论文)收集资料，初步酝酿设计方案。

④ 学习工人师傅的优秀品质和生产技艺。

毕业实习以学习实习矿井的开拓、采区准备、采煤方法及分析其合理性并为做毕业设计(论文)收集资料为主,同时,全面深入地了解矿井地质、井巷工程、矿山机械设备、矿井运输、通风安全、供电系统、地面生产流程和工业广场平面布置,以及企业经济组织与计划等方面的情况,以达到重点深入、全面熟悉,建立矿井生产系统和过程的总体概念。各阶段的实习内容、方法如下。

① 全矿了解:本阶段着重了解实习矿井的地质条件,矿井开拓的各项基本问题,采区巷道布置和生产系统,采煤工艺方式,井底车场硐室、提升、运输、通风、排水及动力系统和设备。工业广场平面布置及生产流程,矿井生产的安全技术等,且参考"收集资料提纲",收集矿井生产中的经验和资料。

② 区队实习:本阶段实习的主要任务是学习采煤工作面作业方式,完成各道工序的操作方法,收集采煤工艺的各种技术工艺参数。其中主要了解下列内容:熟悉采煤工作面作业规程及实现正规循环作业的措施,了解作业规程贯彻的情况、存在问题及其原因;了解区队所拥有的各种机械电气设备,区队机械设备的检修制度及执行情况;工作质量标准与评定方法、工作汇报制度及执行情况。

③ 科室实习:科室实习的主要任务是收集毕业设计(论文)所需的图纸资料。本阶段实习小组以生产技术科为基地,与地测、资料、机电等科室以及开拓、掘进、通风、运输、维修等区队建立联系,开展广泛的调查访问活动,其中包括与部门负责人座谈,阅览图纸资料、文件、报表、抄录、索取毕业设计(论文)所需用的图纸、资料等。

④ 问题分析:通过本阶段的实习,要求对实习矿井的开拓、采区划分及采区要素、采区间的开采顺序、井底车场的形式及通过能力、地面工业广场的平面布置、采区巷道布置及生产系统、采煤工艺及循环工作组织、采场矿压控制方法、回采工作面接替关系等问题的合理性,做比较深入的分析研究。

(7) 应用虚拟现实技术、数值模拟技术和相似模拟试验技术等先进技术手段,提高和改善实习效果。

随着生产的需要和计算机技术及相关数值模拟技术的发展,考虑到煤炭工业生产规模大、现场安全要求高,某些实习环节可能影响现场生产,采矿工程专业积极探索新方法,促进实习教学效果。

3) 自主设计、研发、制造系列采矿教学模型

为配合采矿学等课程的教学,帮助学生理解地下井巷空间关系,掌握矿井主要生产系统,采矿实验室的模型室自主设计、研发、制造了现代化矿井模型、综采(综放)开采生产系统及安全演示模型、掘进生产系统及安全演示模型、矿井通风系统实验模型、立井(斜井)提升及保护演示模型、井下运输(皮带输送)系统及保护演示模型、井下双回路供电演示模型等一系列采矿教学模型(100 多台件),并配备专门实验教师,面向全校学生开放。通过学生组装和演示模型模拟矿井各生产系统工艺过程,启发学生主动研究采矿系统等相关理论知识,培养学生结合专业知识主动学习和协作学习的能力。

模型室自主研发的教学模型,经多次更新、改造,采矿模型的智能化、自动化水平不断提高,不仅供本校学生使用,还为全国煤矿各级安培中心和全国煤炭院校提供采掘安全、通风安全、机电提升运输安全等成套实验设备近 2000 套,促进了采矿工程学科教学和科研能力的提高,扩大了学校在全国的影响力。

同时，利用学科建设、科研课题的研究条件，积极开展关于教学模型方面的教学研究工作，以更好地服务于教学，先后主持"现代化矿井教学实验模型研制""矿井模型在'采煤概论'课程体系中的作用分析"等教学研究课题，为探索教学模型在教学中的应用奠定了基础。

9.3.2 测绘工程专业产学研合作创新人才培养模式

测绘工程专业注重培养适应21世纪经济和社会发展需要德、智、体全面发展的宽口径、厚基础、高素质、强能力测绘专业人才。通过各种教育教学活动，培养学生正确的世界观、人生观和价值观，具备人文社科基础知识和人文修养，具有国际化视野，受到科学思维训练和专业技能训练，掌握较宽厚的自然科学基础和扎实的测绘工程专业基础理论和技术，具有测绘领域自我更新完善的知识获取能力、创新能力、良好沟通与组织管理能力和国际化视野，具有较强的实际工程能力和一定创新能力的复合应用型人才。

实践是工程教育创新人才培养的关键环节，是培养学生理论联系实际、充分运用所学基础知识进行工程实训、工程设计、工程实习等工程实践的环节，培养学生创造能力、开发能力、独立分析问题和解决问题的能力，全面提高学生在工程领域的综合素质。我校测绘工程专业一直坚持应用型人才培养模式，近几年在教学改革和创新人才培养模式研究方面做了大量工作和改革尝试，形成了一套完整的测绘工程专业创新人才培养模式。

通过贯穿高等教育4年培养过程并融入实践环节的阶梯项目的组织和实现，引导学生接受专业认知、工程能力、团队协作、社会责任、国际视野等教育目标的学习体验和系统训练。利用高校高水平的科研创新优势，利用政府和行业机构对工程人才培养在行业可持续发展中所起作用和需求，将政府和行业机构拉入工程人才培养的大系统，构建共建机制；充分运用学科重点实验室、工程实验室、工程技术研究中心、校企战略合作、研究中心等平台的优质资源和学术氛围，借助行业企业的力量(如顶岗实训、企业兼职导师等)进行企业工程环境的模拟，培育学生的工程兴趣、工程意识和初步的工程实践能力。在企业培养阶段，发挥企业先进的文化、真实的工程环境和优良的工程实践条件等优势，系统训练学生在现代真实的工程环境下所需具备的工程实践能力、工程设计能力和工程创新能力，对于提高培养质量，增强社会服务能力具有重大意义。

世界一流工科大学的主要特征之一就是把"培养工程领导人"作为重要的人才培养使命，这与我国目前的人才需求相一致。而欧美等国的高等教育经验证明，"基于项目的学习"是培养工程领导人的重要途径。实施"测绘工程专业创新人才培养模式研究"的目的是改变目前高校人才培养和行业企业需求脱节的现象，着力解决当前高等工程教育中"工程性"和"创新性"不足的问题，是高校创新型人才教育培养不可或缺的重要环节，也是关键环节。

9.3.2.1 测绘工程专业创新人才培养模式实施的依托与支撑

测绘学院现拥有大地测量学与测量工程学科博士学位授予权，该学科是河南省重点学科。拥有测量工程博士后流动站、具有测绘科学与技术一级学科博士、硕士学位授予权，测绘工程领域工程硕士授予权。是河南省测绘与国土领域规模最大、层次最高的专业教育与科学研究基地，在矿山开采地表沉陷监测与采动损害防护、数字矿山建设、小型数码航空摄影测量等领域在全国同类院校居于先进水平，为本项目的实施在资源与政策上都给予了极大的支持。

测绘工程国家级特色专业建设专项经费支撑，建设经费主要用于资助教师开展教改与科研、实习基地建设等，并要求院(系)加强对特色专业建设点的指导和支持，积极为特色专业建设提供相关服务。

学校对特色专业建设点在招生计划安排、人才引进和师资培训等方面予以政策倾斜，在师资队伍建设、教学条件改善、教学改革和管理等方面给予重点支持，具有高级职称的优秀企业技术人员可来校任教。

"国家测绘地理信息局重点实验室——矿山空间信息技术实验室"为本项目的实施提供了良好科研平台支持条件，软硬件设施齐全，有高性能计算平台曙光4000系统、Leica-ALS50II型机载LiDAR、全数字摄影测量工作站等硬件设施，有ArcGIS、Oracle、ERDAS等应用软件，以及丰富的中外文图书文献资料，可以满足项目的研究需要。

9.3.2.2 测绘工程专业创新人才培养模式构成

重构学习培养体系，对于实践教学，在学院实习基地、科研平台、中心实验室及合作单位实习基地的支持下，建设工程型人才培养的师资队伍，打造一体化实践教学内容，形成激励动手能力与创新能力的产学研工程型人才培养模式。

1) 课程体系设计三目标

态度目标、方法目标、能力目标。

2) 实践教学设计三原则

- 开放性原则：教学内容的开放性；学习方式的开放性；教学评价的开放性。
- 主体性原则：重视学生的主体参与，学生通过自身的研究活动，不断选择、整合、构建有价值的知识结构，并在体验学习的过程中获得发展。
- 实践性原则：学生通过探究、交往、创造、即时反馈等现实或模拟的活动，实现对知识的吸收、运用和建构，逐步学会发现问题、提出问题、研究问题和解决问题。

3) 实践教学相互衔接依次递进三阶段

- 第一阶段：原理概念操作步骤掌握熟悉阶段——主要依托教学实验资源，对所学知识与内容理解与掌握，经历资料收集、实践探究、解决问题等学习过程。
- 第二阶段：工程训练中心、科研中心基于项目学习阶段——对于实际生产中问题，以项目分解形式形成可以完成的中小项目，经历项目理解、项目分解、学生分组、小组分工、解决问题、成果汇集、集体讨论、改善提高等过程，直至项目完成。
- 第三阶段：企业实习基地创新能力与科学思维培养阶段——以合作企业科研院所为实践单位，形成真实的实践环境，提高学生的创新能力提高。

9.3.2.3 测绘工程专业创新人才培养产学研模式构建

1) 校企合作

校企共同制定培养方案，消除了学校在制定培养方案时"纸上谈兵"的弊端，使方案更加合理，更有利于学生实践创新能力的培养，培养满足企业需求的优秀人才。

通过改革旨在从专业教育转向素质教育、从理论教学为主转向以实践工程为主、从面向行业甚至企业的教育转向面向新型工业化与人的全面发展的教育，以突出学校的特色与服务地方经济建设。

2) 平台建设

依托专业科研平台、工程训练中心、实验室、校内实习基地与企业基地打造专业基础、技术应用与科技创新三位一体实践教学平台，走产学研结合模式。

重组整合依托专业的科研平台、工程训练中心、实验室和校企战略合作平台等资源，按照基本实验－综合应用－技能培训－科技创新－成果转化实践教学体系改革的要求，优化资源配置，购置技能型、创新型、综合应用型等实验及仪器设备，建设面向信息化测绘技术、提高学生综合工程应用能力的工程实践平台，为各层次的实践教学服务。本着软硬件结合的原则，加强实验教学系统建设，重视大学生课外科技创新活动，依托重点学科建设基础，建立信息化测绘技术科技创新实践基地，广泛开展课外科技创新与实践活动，丰富学生实践教学内容。

实践教学平台建设，关键在于保证学生在实习中的安全、企业生产安全和各方利益均衡。无论是参与横向项目实践还是到企业真刀实枪实习，都有一个安全问题，都比校内实习基地危险性高。从学校这方面来说，如何设计组织好实践课程，使学生到企业去是为企业和项目创造价值，而不是"添乱"，这是个需要学校重视的任务。让学生参与教师科研实践、参与企业生产实际，进行实习是实践课程必须严肃对待的问题。更重要的是，产业方面要理解培养人才是全社会的责任，尤其是企业的真实生产环境，更有利于增强学生的竞争力。

无论参与横向项目实践还是到企业顶岗实习，学生和企业的合法权益都要受到保护，做到利益均衡。

3) 工程实践

以科研工程项目为驱动，培养学生创新能力与自主学习能力，构建切实的工程实践教学环节。

实施学生在学习过程中以项目为学习研究对象的基于项目的参与式学习，通过参与工程项目的设计、开发、研究的全过程，学会应用已有的知识，选择有效的方法和技术，拿出解决项目任务的方案进行方案评价与比较的学习方式。教师提炼企业的实际项目或源于工程实际的项目。学生在参与项目的学习过程中，不仅要综合运用所掌握的知识、方法、技术，而且要从系统的角度处理好局部与整体、个人与集体的关系。通过学习，要求学生不仅对知识理论有更深刻的理解与掌握，认知能力和完成实际项目的能力得到提高，而且能够表现出更好的交流沟通能力和团队合作精神。而完成项目还要注重对已掌握知识的集成和对知识的创新。

4) 双师教师

加强教师队伍培养，着力提升教师的工程实践能力，创新工程型教师评聘制度，建设高水平的工程型师资队伍。

学生创新能力的培养与教师队伍素质密切相关。建设一支结构合理、具有较强工程实践能力和技术创新能力的师资队伍是培养创新人才的关键。在教师队伍建设方面，依托国家级特色专业项目建设，和学校人才引进政策，采用引进和送出两种方式培养"双师型"教师，加上聘用兼职教师，有利于优化资源，缩短培养周期。建立专任教师与非专任教师相结合的高水平教师队伍。专任教师以活跃在工程现场和科学研究领域的优秀教师为主，非专任教师实施聘任制，面向社会、业界和国际聘任高水平专家承担相应的教学任务。学校出台相应配套政策，逐步完善与高水平工程教育师资队伍相符合的师资政策，包括职称评定、岗位聘任、任期考核、公派出国、申请教改项目等方面的优惠政策和激励措施。通过出国考察、同企业交流、参与工程项目研究和到工程现场实践等方式，提升教师工程能力素养，强化工程背景，建立一支拥有一定工程经历的教师队伍。以具有丰富工程教育经验的教授、企业高级工程师、企业高管为带头人，组建校内外专兼职教师共同参与的工程教学团队。制定校内工程型教师评聘与考核条例，侧重工程实践能力，强化教师在工程项目设计、专利、产学合作和技术服务等方面取得的成果。把工程实践经历作为工程型教师专业技术职务评聘的基本要求，将教师接受企业工程训练的环节纳入考核中来，企业培养阶段的待遇予以保障。校企协商制定企业教师聘任和管理办法。

5) 制度保障

建立有效的评价机制，重视过程教育，探讨人才培养的质量监控体系及保障措施，深化产学研培养模式。

高校要密切与行业企业的合作，共同设计培养目标，制定培养方案，共同实施培养过程。改变过去学科化的工程教育模式，更加强调实践和设计，使课堂教学、工程训练、工程实践诸环节相互交融。紧密关注"产""学""研"的各方主体，而且还要考虑所涉及的利益相关者，将工程教育的主要利益相关者——学校、企业、政府、研究机构有机地"捆绑"起来，以此来调动各方面参与人才培养的积极性。同时，在推进产学研合作过程中，既要重视学生校外实习实践基地的拓展，更要重视校内工程中心和实验室的建设，要充分利用引领行业潮流的企业愿意在高校投资宣传的契机，与其共同建设工程中心和实验室。联合与符合本专业发展方向的企业，强化学校产学研一体化的工程训练中心作用，将专业工程要素融入工程实践与实训项目中，让学生在模拟的工程环境下进行工程实训与实践。工程训练中心专门向学生和实习人员开放，提供给学生一个系统而真实的工程理论环境。

6) 团队精神与综合素养

注重学生团队协作能力提高，加强人文精神与职业素养道德教育。

培养学生的职业道德素养，加强学生在采矿行业道德准则方面的教育，培养学生的团队合作精神，提高学生个体在团队中分析问题、评估项目、讨论问题和演讲的能力，让学生适应行业的行为规范，加强师生之间、团队个体之间的沟通，煤炭等采矿企业在人才招聘过程中，应不局限于个人技术水平的考核，对从业人员融入团队和沟通能力、认同价值、行为主动和处事技巧等职业素养都要进行相关的考核。良好的职业道德素养是从业人员做到与企业同理同心、融入企业文化和遵守企业规章制度的前提和保证，能够使从业人员在工作过程中注重实效、发挥主观能动性和创造性。人文精神是优秀工程技术素养的重要组成部分，在工程项目开发和建设中自觉与不自觉地都会体现出来。

9.4 本章小结

本章主要分析研究了地矿类工程技术创新人才的培养模式。首先分析了地矿类专业创新人才培养面临的挑战和产学研合作教育对创新人才培养体系的要求；然后分析了地矿类专业创新人才培养的几种主要模式，包括订单式、卓越计划、科研项目主导、本硕博一体化和以重点实验室为基地的创新人才培养模式；最后以河南理工大学采矿工程和测绘工程专业为例，说明了地矿类创新人才的培养模式。

第 10 章 地矿类工程技术创新人才培养的保障机制

推动产学研合作的保障机制构建,是确保地矿类工程技术创新人才培养的重要条件,也是提高地矿类工程技术创新人才培养质量的重要环节。要构建产学研合作的地矿类工程技术创新人才培养模式的保障机制,就必须从理念、环境、课程、师资队伍、条件和平台等方面下功夫。

10.1 大工程的产学研合作教育环境

自 1912 年美籍奥地利经济学家熊彼特提出创新理论以来,创新的概念便被广泛应用在各个领域,成为各个领域顺应知识经济发展、推动各领域进步的重要标志。创新的主体,一是高校和科研院所,另一个就是企业。在推动创新的过程中,高校拥有无可替代的独特地位。高校具有能激发创新思维的独特人文环境,源源不断脱颖而出的创新人才,使其在探索性较强的基础科学和前沿高新技术研究方面具有独特优势。实践证明,高等学校已经成为我国科技创新体系最重要的组成部分之一,并在国家科技创新体系中发挥着核心作用(曾旸,2005)。同时高校也是培养创新精神和创新人才的重要场所,广大教育工作者要转变教育观念,改革人才培养模式,以激发学生的创新精神和实践能力为重点(蒋笃运,2000)。

大工程的概念来源于美国,美国工程教育经历了传统的技术模式、形式的科学模式,直到当前实践的工程模式,大工程教育理念就是伴随美国工程教育发展历史的一系列变革而形成系统的关于工程教育的教育理念。直到 20 世纪三四十年代之前,美国工程教育的发展以传统工程观为导向的工程教育"技术模式",侧重专业技术知识的掌握和技艺技能本身的研究与运用,重点强调处于工程经验阶段的实践环节。这一过程持续直到 20 世纪 40~80 年代,美国工程教育界开始转向强调科学基础理念的研究和教育,为此引进了科学教育,开设了数学、物理、力学等基础学科,这就是以"工程科学运动"为指导的美国工程教育理念。"工程科学运动"在当时许多领域取得了广泛成功,同时这场运动的弊端也逐渐显现出来,它促使了工程教育过度强调科学化、学术化,过分偏向于科学基础理念的研究和教育,从而使得 20 世纪 40 年代之前的重视工程实践的实用教育被削弱了,这场运动直接阻碍了美国基础工业生产的前进,让美国的工业发展越来越减弱了竞争力。20 世纪末,美国工程教育界为了适应当时工程教育对工程实际服务的要求,提出了"回归教育"即"回归工程",大工程教育的理念是"回归教育"的直接产物。这场以把工程教育的任务转向工程实践的运动受到美国工程教育界的广泛关注,前 MIT(麻省理工学院)院长莫尔称这一阶段的工程教育改革运动为"工程系统运动","一个运动,我称它为工程系统运动,就开始应对这些问题了"。1993 年,莫尔总结了美国工程教育的发展历程和现状,提出了"大工程观"教育理念,得到了世界范围内许多教育者的普遍认同和卓有成效的实践。1994 年,美国工程教育学会发表了《面对变化世界的工程教育》,1995 年美国科学基金会发表了《重建工程教育:集中于变革——NSF 工程教育专题讨论会报告》,这些学术报告集中体现了美国工程教育的改革和发展(夏玉颜,2009)。

总结美国的大工程教育理念，实质上就是现代的工程师必须具备多种学科背景和多种综合素质，在此基础上才能成长为一名合格的工程师。大工程教育理念的提出其本质上是科学和社会发展的必然要求，现代科学的发展一方面高度综合，呈现出强烈的综合化倾向，另一方面又高度分化，呈现出强烈的专业化倾向。与此同时，社会的发展也呈现出多元化的趋势，过去以经济增长为主要指标的发展模式越来越不适应现代社会的需要，现代的社会发展既需要经济增长，同时也要兼顾环境、健康、生活质量的发展。科学和社会的发展趋势就使得现代的工程技术人才既要精通本专业的高深知识，也要具备相关学科的通识知识；既要精通工程技术知识，也要具备人文社科知识，这样才能真正成为一名合格的现代工程师。

我们构建产学研合作的地矿类工程技术创新人才培养模式的保障机制就必须在培养学生的创新理念上下功夫，着力推动大工程教育环境的构建，以便为创新型人才的培养提供大工程教育环境。

10.1.1 大工程的产学研合作文化环境

饶艳萍(2008)认为，高等学校是思想、学术和文化交汇的场所，其自身的文化应表现出导向性、超越性、民族性、开放性、包容性等特点，即高等学校的校园文化应当是一种高雅文化、优秀传统文化，一种面向世界的现代文化和对多种风格和流派兼容并包的多元文化。大学文化是大学建设的重要内容，也是大学之间相互区别的重要标志，大学的发展都是在一定的文化环境中进行的，有什么样的文化就会有什么样的大学。建立基于产学研合作的地矿类工程技术创新人才培养模式就必须营造创新的文化环境，以此来推动大工程文化环境的建立，从而为基于产学研合作的地矿类工程技术创新人才培养模式创造条件，其中最关键的就是大学的学术文化培育。

追求学术发展是高校生存的重要基础之一，自从洪堡提出"科学研究是大学的重要职能之一"以来，追求学术的发展就成为大学核心价值之一。大学人在科学研究过程中所遵循的符合科学研究发展本质规律的规范、价值和范式，就是我们所说的大学学术文化，学术文化是大学文化的重要组成部分，是大学的核心价值之一。要体现创新，创建大工程教育环境，就必须充分重视学术文化创新问题。饶艳萍(2008)提出，要建设一流的大学，没有一流的学术活动和空气不行；而一流的学术活动，没有原发性创新和创新团队不行。在校园学术文化的建设中，要突出创新和创新团队建设这个主题，凸显科学文化这条主线，做到百花齐放、百家争鸣，形成一种崇尚宽松自由、和而不同、敢于探索、不怕失败、相互尊重、彼此协作、共同发展的团队精神和良好的科学学术氛围，激发广大教师进行科学研究的主动性、积极性。并把研究引入到教学当中，积极引导学生开展科学文化活动，拓展智能结构，锻炼实践能力，激发创新意识，为社会输送高素质、强能力、敢创新的复合型人才。学术研究来不了半点虚假，必须实事求是，尊重事实和规律，这些科学研究的要求有利于培养大学人脚踏实地、艰苦奋斗、一丝不苟的科学精神和品质，有利于养成创新的精神，从而为提高创新能力奠定基础。

10.1.1.1 创造学术创新的制度环境

规范学术文化的发展是推动学术文化持续、快速和健康发展的保障，良好的、健康的、创新的学术文化在依靠学者自身道德规范的基础上，还必须依靠制度的激励和约束才能不断形成。张锐戟(2011)认为，作为政策、制度和规范，都是一种文化的体现。有没有科学有序、公平公正、合理有效和富有激励力的政策和规章制度以及规范体系，就决定了一所高校的学术风气和学术氛围能不能形成气候，学术活动和学术行为是不是符合科学发展规律，以及是真科学还是假科学、伪科学，它作为规范学术行为和保证良好学术风气形成的重要保障，是一个学校学术文化力成长的保护神和试金石。只有建立健全必要的学术规章制度，形成科学有效的学术激励政策体系，建立清明、公正、精干的组织管理体系和培育良好的组织文化，才能真正发挥其制导功能，充分调动大学人的学术奋发精神和学术进取心，以及执着追求的旺盛原动力。因此，要推动创新的学术文化发展就必须从制度层面来设计学术文化发展的制度环境，从严要求、规范要求，严格按照教育部和国家相关部门出台的学术规范的要求，制定出详细的学术文化规范，这样，才能正确引导和约束学术文化发展的方向，从而不断推动学术创新的发展。

10.1.1.2 破除行政权力对学术权力的影响和障碍

激发学术活力，一方面需要制度的规范，另一方面也需要制度的激励。科学研究是高校的重要职能，人才培养、社会服务和文化传承都离不开科学研究作为基础，因此，如何激发高校的学术研究活力就成为大学学术文化创新的重要动力。激发高校的学术研究活力要破除行政权力对学术权利的干涉，长期以来，高校就存在着行政权力和学术权利的矛盾，如何处理好高校行政权力和学术权利的关系就成为激发学术研究活力的重要制度性因素。由于我国长期存在行政化主义倾向，官本位的思想在高校的管理和学术活动中有着重要的市场，大学受这种传统的影响，追求行政发展而忽视学术研究的倾向相当严重，学术研究成为教师走向行政岗位的手段和途径，这在一定程度上制约了学术研究的发展，阻碍了学术活力的激发。魏京明(2008)认为，大学是开展教学和学术活动的场所，应该以办学质量的好坏和科研水平的高低作为衡量学校优劣的标准。大学行政组织机构的设置沿袭了政府机关的模式，很多大学比照党政机关干部的级别来制定职位晋升制度和福利政策等，这显然背离了大学学术导向的基本原则，背离了大学的精神。受官本位思想的影响，多数大学在有限资源的配置使用中，优先保证行政权力运行的条件，基本的学术环境、学术自由得不到保障，严重损害了学术的尊严和权威，动摇了学术权力的根基。因此，必须破除行政权力对学术权利的影响，把行政权力限制到行政权力所属的范围之内，把原属于学术权利的职权归还给学术本身，只有这样，才能真正从根本上激发学术活力，推动学术创新的发展。

10.1.1.3 建立激励产学研相结合的激励机制

要在学术创新评价体系、科研管理体制等方面真正建立能够激励学术创新的体制和机制，这样，才能推动学术创新的发展。骆冬青(2008)提出以下3方面的措施。

(1)需要建以质为中心的学术评价体系。现在，动辄以论文、著作的数量及发表刊物的级别为标准评价成果，忽视了学术的生命质量。其中，有科研体制的原因，更多的是学术批评的缺席所造成的。只有学术的相互批评和论争，才可以在同行专家的严格评审下，显示其真正价值。质的评价体系，有着一定的模糊性、不确定性，甚至会出现分歧和论争的情况，但是，学术共同体的力量，自会让学术成为天下之公器。

(2)提倡不计功利、追求真理的精神。学者的使命是追求真理，任何学者概不例外。但是，以市场为导向，以一些领导的好恶为转移，把学术当作追求名、利的工具，这就失去学术之真义，形成虚假繁荣的学术泡沫。

(3) 创新教育行政部门和高校的科研管理体制，真正让具有高度学术含量、创新思维的学术成果脱颖而出，得到应有的评价。应当把学术还给学术，真正采用学术的方式来管理学术。科研管理中的任何导向、任何目标，都必须符合科研本身的规律。高校的科研管理尤其如此，因为在本校范围内的科研评价，对一个人的学术生命影响最为显著。"墙内开花墙外香"，对科研人才是极为不公的。除此之外，要建立有利于学术创新的物质激励机制，现代的科学研究离不开物质基础的支持，要把科研经费、实验条件、人才培养、职务评聘等扶持多向学术创新的人才和成果倾斜，让他们安心学术、安心创新，这样才能有利于为学术创新创造环境、提供基础。

10.1.2 大工程的产学研合作管理环境

科学管理、规范管理是推动产学研合作创新的关键，现代管理学研究表明，管理出效益、管理出创新。张晓萍等(2010)认为，近年来，我国高校在创新人才培养、科学研究与原始创新等方面发挥了重要作用。然而，在促进科技成果产业化和服务经济社会发展方面效果仍不显著，很多高校教师不了解社会需要，研究成果脱离实际，难以获得企业青睐，导致部分高校与企业的合作渐行渐远。为了充分发挥高校在产学研结合中的作用，有必要以高校体制改革为契机，探索与产学研合作相适应的高效、规范、开放、有序的高校教师组织模式和管理机制。高校作为产学研合作中的重要创新源头，拥有人才、学科、实验条件及国际合作等资源优势，具有智力供给多元化、技术支撑行业化、政策咨询专业化等多维特征，承担着培养人才、科学研究和服务地方的使命。在产学研合作中，大学和高新技术产业发展之间的互动，能把智力资源与生产结合起来，使高校的新技术和新思想能及时移植到企业，从而帮助企业加快技术创新，建立和保持竞争优势。高校通过加强与高新技术有关的教育，为高新技术产业的发展提供了人才库；通过研究与高新技术有关的科学，为高新技术产业的发展提供了知识库和思想库。因此，重视高校管理有利于在管理层面推动高校产学研合作的发展，从而为创新人才的培养提供管理保障。

10.1.2.1 转变产学研合作观念

高校现有的产学研合作主要放在怎么样争取科研课题、科研经费上，并没有真正形成负责企业和行业的产学研科研链条，并没有把服务企业和行业作为高校的重要方面来看待，仍然沿用传统的怎么样发挥高校的社会服务和科研职能上，只是从"我能够服务什么就服务什么"出发，而没有形成真正的"企业需要什么、行业需要什么我就服务什么"的原则来为企业服务。产学研合作关键在于要瞄准企业和行业的需求，充分发挥高校和科研院所的人力和科技优势，其中为企业和行业服务是产学研合作的关键。

(1) 要充分发挥产学研三方的合力，调动三方的积极性，使三方在合作的基础上实现共赢共利。段瑞春(2008)认为，既要坚持企业的主体地位，又要发挥高等学校和科研机构的科学依托和技术支撑功能，大力推进产学研协同创新。创新能力的真谛在市场竞争力。站在市场竞争最前线的是企业。衡量产学研相结合的成败，评价一个产学研合作创新战略联盟好坏，应看其在多大程度上增强了企业的创新能力、市场竞争能力。然而，企业技术创新的主体地位与科研机构和高等学校的科学依托、技术支撑功能密切相关,二者相得益彰、相辅相成、缺一不可。

(2)要把产学研合作的重点放在企业、行业和国民经济的眼前和长远的技术和服务需求上。产学研前期的合作重点在于解决企业、行业和国民经济的近期的迫切需求,这是推动产学研不断合作和深入发展的关键。一些产学研合作之所以走向失败,关键在于没有实事求是,忽视或者不关注可行性,只想在重大需求上和重大创新上产出成果、获得经费,一度认为小的合作和非重大的需求是没有合作意义的,这实际上忽视了企业和行业的现实需求,直接导致的结果就是产学研合作面临许多问题而难以进行。

10.1.2.2 转变产学研合作模式

传统和现有的产学研合作主要依靠的是教师个人,现有的高校产学研合作管理机构主要的职责是负责教师个人的产学研合作——主要是横向课题的管理,而且管理的重点也主要在横向科研经费上。随着我国创新型国家建设目标的提出,如何更好地推动产学研合作,提升高校、企业和国家的创新能力就成为实施创新型国家的重要基础。为此,国家实施了一系列的产学研合作政策和措施,当前最重要的合作方式就是大学科技园、产学研协同中心等,这把高校传统的教师个人合作演变成了由学校、政府、主管部门、企业共同出面,为推动产学研合作提供了广阔的平台和基础,教师和企业可以进入科技园和协同中心。这种合作模式的转变为产学研合作提供了各种便利,有利于产学研合作的进行。总之,无论是产学研联合攻关、共建产业化基地、组建具有设计、研发、生产、服务一体化的经济实体,都有一个管理创新的问题。事实上,任何企业技术创新成功的背后,都有一整套良好的结构、模式和科学管理的支撑。在实践中,或者由于结合松散,或者由于管理粗放,或者由于协议空洞,或者由于诚信缺失,有些产学研合作形同虚设,有始无终,甚至陷入层层纠纷和漫长诉讼之中,这类教训值得借鉴。关键是,一要确立共同目标,形成各方需求与利益的汇合点;二要健全合作共同体的治理结构,建立自律、互律和他律相结合的激励与约束机制;三要在竞争中产生能够带领联合部队团结奋战,打硬仗、打胜仗的领军人物(段瑞春,2008)。

10.2 构建注重创新的产学研合作课程平台

课程是高等学校教育教学的基本元素,一切教育教学必须充分落实到课程上才具有价值和意义,离开了课程,教育教学就失去了存在的载体,因此,高校的教育教学改革其本质上是围绕着课程来进行的。课程体系是课程所组成的一个统一整体。李波(2011)认为,科学、完善的课程体系建设对培养满足社会需求的高质量人才起着基础性、方向性和决定性的作用,这也是具体落实学校办学指导思想、办学理念,实现人才培养目标和培养规格的实施路径与关键所在。课程体系改革是教育改革的一个核心问题,也是教育改革中最为复杂的系统工程。课程体系既包括依据人才培养目标设置的课程类型,又包括用什么形式来组织这些课程,以及各种课程之间的比例和衔接关系如何。课程体系建设应本着"夯实基础、注重综合、加强实践、鼓励创新"的原则,体现先进性、开放性、人本化、立体化等时代特征。推动课程体系改革的核心是依据人才培养目标,合理确定人才培养的规格和要求,细化为知识、能力和素质的基本要求,并通过课程来实现和完成。

10.2.1 构建注重素质的通识教育课程平台

通识教育课程是泛指一切以人的全面素质培养为目标的课程。通识教育一词是从英文 general education 翻译过来的。最先由美国 9 所常春藤盟校提出，最初时称为"博雅教育"，以修习七艺（文化、逻辑、修辞、几何、天文、数学、音乐）及博雅艺术为主，主要用来培养律师和教师。其后，哈佛大学在此基础上，新增了语文、人文、社会、自然科学等学科，逐渐发展形成了今天所说的通识教育。通识教育在高等教育中应作为一种教育思想和教育理念，应贯穿高等教育的全过程。假如说高等教育是一个人，那么通识教育就是人的血液，专业教育则是人的骨骼，通识教育应流动于高等教育的所有筋脉，从而为高等教育提供合理的营养和正确的指引（孟永红，2006）。高校的通识教育课程主要包括人文、社科、自然科学类课程三大部分，由于各个高校的主导思想、办学目标各不相同，因此，在通识教育的理念上也存在着很大的差异，在课程设计上也存在不同。目前国内各高校的通识教育课程大多为公共必修课程和选修课程，这类课程名称也不统一，有些高校叫作公共基础课程，有些叫作素质教育课程。必修课程是要求每个学生都必须学习和掌握的课程，这类课程有一定的学分和学时要求。选修课程是素质拓展课程，在学分和学时上的灵活性较大。随着我国高等教育的发展和大众化、普及化趋势的到来，加强通识教育，培养全面发展的人才就成为高等教育发展的重要趋势之一，因而也得到了众多高校的重视。

10.2.1.1 从全面发展的角度推动通识教育的深入发展

杜鹏（2011）认为，通识教育作为大学的理念应该是造就具备远大眼光、通融见识、博雅精神和优美情感的人才的文明教育和完备的人性教育。通识教育是人人都必须接受的职业性和专业性以外的那部分教育，它的内容是一种广泛的、非专业的、非功利的基本知识、能力、态度与价值的教育，它的目的是把学生培养成健全的个人和负责任的公民，它的实质是培养"和谐发展的人"。由于功利化主义的影响，特别是当前很多高校受制于大学生就业问题的影响，在通识课程上的认识存在众多的误区，仍然是从专业教育的角度来看待通识教育问题。有些人认为通识教育不重要，专业教育和职业教育更重要；有些人认为，通识教育是学生自身的问题，高校应该关注的是学生的专业和职业教育，高校是培养面向市场和社会的人才，不是培养全面发展的人；有些高校认为，通识教育很重要，但是一旦落实到实践就存在课程设置不合理、课时分配不足、师资力量不足、经费难以到位等问题。这些都极大地制约了高校通识教育的发展。庞海芍（2011）认为，我国大学的通识教育必修课过分突出了政治教育功能、工具技能掌握，以及服务于专业学习的自然科学基础教育，没有很好地体现通识教育精神。事实上，我国的大学普遍没有立足于通识教育的办学理念和目标而专门设计公共必修课，也没有把公共必修课看作通识教育课程的一部分，而是把通识教育的重任交给了"通识教育选修课"。因此，要推动通识教育的发展就必须在理念和目标上重新认识通识教育的重要意义和价值，通识教育的理念主要是培养社会所需要的全面发展的人才。如果说专业教育旨在培养学生在某一知识领域的专业技能和谋生手段，那么通识课程则要通过知识的基础性、整体性、综合性、广博性，使学生拓宽视野、避免偏狭，培养独立思考与判断能力、社会责任感和健全人格，也就是教化他们学会做人（庞海芍，2011）。在培养目标上，应破除那种认为通识教育是为专业教育服务的思想和认识，不可否认的是通识教育的确有服务专业教育的一面，但那并不是通识教育发展的全部目的，通识教育的根本目标就是要把专业教育和通识教育结合起来，用通识教育统领专业教育的发展，在此基础上培养社会发展所需要的全人。鄢彬华（2010）认为，作为专业教育拓展、统帅的通识教育，其目的是超越功利，弘扬人文精神和科学精神，培养"全人"。这种观点决定了通识教育是大学教育的灵魂，大学教育必须出于知识教育之外，入于知识教育之中，走向情感教育、道德教育、人性教育。

10.2.1.2 从与专业教育和素质教育相融合的角度推动通识教育课程体系的不断完善

通识教育课程体系设置的模式主要是指高校通识教育课程的安排和组织形式，通俗地讲就是通识教育课程和专业教育的关系，开设的课程、必修和选修、学分多少等所组成的一个通识教育的系统。当前，国内外的通识教育课程体系设置模式主要有以下几种：分布必修型、核心课程型、名著课程型、自由选修型等。无论哪一种通识教育课程体系模式，其根本目的都在于让学生能够在通识教育课程中既有自主选择的权利，也有学习某些课程的重要义务和责任，尤其在我国，政治思想课程的学习就是学生重要的责任和义务，在这方面学生必须接受，而不能不选。在我国，大部分高校采用的模式主要是分布必修型，这种课程模式，明确规定了必修领域和课程门类或最低学分，课程多为各单位开设的入门课程，利于拓宽学生的知识面。该模式易于管理，对学校的实施条件要求相对较低，是美国和我国高校采用最多的一种形式（杨洲，2011）。在我国通识教育课程的设置过程中，大部分高校往往是从通识教育本身来思考问题，并没有把通识教育和专业教育结合起来思考问题，通识教育和专业教育的内容相分离，不利于学生更好地从专业的背景下来思考通识教育的问题。例如，在人文社科类课程设置中，所开设的课程往往局限在本学科领域内，有人文社科背景的学生理解起来比较容易，但是，那些没有人文社科背景的理工科学生学习起来就比较困难，在一定程度上影响了通识教育的学习效果。这除了课程本身、师资队伍等条件的限制以外，最关键的因素就是任课老师往往没有把通识教育和专业相结合，通识教育是通识教育，专业教育是专业教育，没有把两者联系起来考虑问题。例如，教艺术的教师，往往是从艺术学科本身出发来讲授通识课程，如果艺术教师能够把艺术教育和专业教育结合起来，把艺术设计与工业设计、机械设计、土木工程设计等专业教育结合起来；教哲学的教师如果能够从理工科的发展史的角度来介绍自然界中存在的哲学问题，相信通识教育的教学效果会更好。因此，推动通识教育课程体系的改革，除了在课程设置、师资队伍、学分学时等方面努力外，最主要的就是要把通识教育和专业教育相结合，这样，才能真正推动通识教育的发展，同时也有利于更好地推动专业教育的学习。

10.2.2 构建重基础—强能力的专业教育课程平台

专业教育是与通识教育相对应的一种教育，专业教育的根本目的在于培养人在某一学科领域的专业技能和理论知识，使人成为该领域的专家，进而能够有效地解决该学科领域的相关问题，其核心在于培养专门人才。专业教育强调的是在学科和专业方面的高深性，不像通识教育那样具有广博性。专业教育的发展形成于工业革命发展对大学的影响。大学的专业教育往往由专业基础课、专业方向课所组成。由于17、18世纪的科学革命、工业革命及启蒙运动的影响，科学知识已取代了宗教、哲学的知识，加上科学与技术的结合，各学科的发展也越来越专门化及工具化。科学的进步导致了学科的不断分化和知识日趋专精；技术的更新导致了生产方式的变革和社会分工的加快，从而也使得社会对专业人才的需求大大增加。专业化是工业社会最根本的原则之一，它起源于工业社会的劳动分工。为了提高劳动生产率，工业社会将统一的生产过程划分为一道道不同的工序和一个个不同的分工。这种分工尽管提高了劳动生产率，但却把人当作机器的一部分，人成了机器的附庸和奴隶。这种工业生产过程的狭隘专业化，很快发展为教育的狭隘专业化。专业教育的兴起与自由教育传统的衰弱相联系。自由教育是在一个分为自由人与奴隶、工匠两大部分的社会中实施的教育，只限于人数很少的自由人享受，以自由发展理性为目标，帮助自由人获得德行、智慧与身体的和谐发展，排斥功利的职业教育。到了18世纪，法国革命和美国革命摧毁了旧社会的思想基础，提出了"自由、平等、民主、公正"等社会政治思想，于是出现了所谓的"高等教育民主化"运动。科学技术科目在大学教育中的地位有了显著提高，使得注重理智发展和个人完善与修养的自由教育传统面临来自专业教育的严峻挑战。专业教育发展成为世界各国高等教育的主流(季诚钧，2002)。大学的专业教育主要包括专业基础课程和专业方向课程以及为专业课程所服务的实践和实验课程。推动专业课程改革，关键在于要面对现代科学技术革命的发展，及时更新课程内容，重在强化课程基础知识学习和实践能力的训练。

10.2.2.1 不断整合专业课程

现代科技革命的发展使学科的分化越来越细，同时在一定程度上，学科的综合化程度也在不断提高。19世纪中叶以前，科学与技术是分离的，它们遵循独特的文化传统独自发挥社会作用，新学科的建立主要是由于学科的分化；而在19世纪以后，学科的分化与综合几乎处于同样地位，科学逐步进入社会、进入产业；到20世纪，新学科的产生主要是由于综合的结果，这种综合同时也反映了相关学科的最新成就及其水平，研究的领域一般是学科间空白区间，这就极大地推动了学科的发展，成为科学进展的前沿和突破口。20世纪以来，自然科学学科的发展一方面分化得更为精细，另一方面各门学科之间相互渗透，出现了高度的综合，形成了当代自然科学整体化的重要特色(王㴝井，1997)。顺应这种学科综合化和整体化、高度分化的发展趋势，大部分高校都把提升学科的综合化水平作为学科和专业发展的重要方向，高校的学科和专业综合化改革也在不断深入进行。但由于受到传统理念和专业化教学的影响，这种综合化的发展趋势受到了一定程度的阻碍。一是综合化将会打破传统的以学科和专业为界限的院系设置，给现存的院系管理和教研室工作带来了不便。二是由于目前高校的管理体制和政府的科研工作体制都是以学科和专业为主来进行的，还没有从管理体制上给综合化的学科发展提供制度保障，尤其是高校的科研模式主要还是以教师个人为主体的模式，还没有形成跨学科的、综合化的学科团队，这就在利益分配、权责关系、行政隶属等方面存在种种矛盾，从而影响了综合化学科的发展，也影响了专业发展的综合化。因此，要推动学科专业的综合化水平，就必须彻底转变观念，打破学科专业之间的壁垒，改革学科和专业管理体制。杜朝晖(2002)认为，在教学内容上，使受教育者具备综合的知识结构和智能结构，也就是变高等教育原来的单一的专才教育为综合性的通才教育。赵国金(2011)则提出，在专业设置与课程体系的建构方面，文理科要交叉融通，打破学科间的界限和壁垒，课程选择面要宽、选择范围要广，要加强基础，淡化专业，多学科融合渗透。只有这样才能真正为学科专业的综合化发展提供制度基础和条件，才能推动专业课程的不断整合，提升专业课程的综合化水平。

10.2.2.2 强化实践课程体系建设

方永秋(2010)认为,实践课程是指那些建立在一定理论基础之上的,运用在理论课程中所学的知识来实践于现实,可以让学生通过自己在动手操作中检验所学知识,并获取新的知识,以这种方式传授知识可以被理解为实践课程。在推动创新型国家建设的过程中,如何提升我国高层次人才的创新能力一直是国家关注的重要主题。目前,我国高校培养出来的学生普遍存在实践能力和创新精神不强、学生解决实际问题的能力不高等问题,许多企业需要对使用的人才进行二次培养。这不但造成了教学资源的浪费,也影响企业创新能量的直接提高。产生这些问题的直接原因在于我国原有的重视理论教学、轻视实践教学的人才培养模式(王守绪,2011)。学生创新能力的培养离不开多种因素的影响,但是最重要的就是在校期间要接受实践和实验课程的锻炼,这是提升学生实践创新能力和创新素质的重要基础。21世纪需要的是具有操作能力的人才,对于社会中的人来说,已不像曾经那样只要有丰富的知识就够了,更重要的是要知道如何将所学应用于实践,这才是衡量一个人才的基本标准。所以,社会的进步要求高等学校的大学生在重视基础的同时,也要注重自身实践能力的培养,要求高等学校在课程配置方面要将理论课程和实践课程共同抓起来,要达到两手都要抓,两手都要硬。因为只有如此,才能培养出社会所需要的真正人才,才能在真正意义上促进社会的发展(方永秋,2010)。在我国实施的卓越工程师教育培养计划中,对于学生实践能力的培养提出了重要要求,那就是学生要在4年的学习中至少有一年时间是在实践环节中学习,并要求高校和实践基地联合建立实践培养基地,制定校外内实践学习的课程计划并付诸实施,这种举措在我国过去的高校学习中是不多见的,这也表明了国家对学生创新能力培养的重视和要求。推动实践课程体系建设首先要把实践课程单独独立,成为与理论课程同样重要的课程体系,单独编排、单独实施教学计划,这样才能从体制上彻底解决实践课程依附于理论课程的弊端,解决重理论轻实践的思想和倾向。其次,要对实践环节和课程体系提出学分和学时的要求,同时改革实践环节的考试方式,实践环节考核的重点是学生的实际操作能力和独立实验能力,这也是培养创新素质和创新能力的关键。

10.3 提高教师的教育教学水平

师资队伍是提升工程技术创新人才培养的核心要素,任何教学计划和课程安排最终都必须依靠高水平的师资队伍才能实施,这是推动工程技术创新人才培养的关键。离开了教师队伍的教学、指导,任何教学计划和课程计划都不会真正发挥效益。因此,必须加强对高水平师资队伍的培养和引进,使高水平师资队伍能够成为高等学校高水平教育教学的主体。孙萍茹(2001)认为,要培养学生的创新精神和创新能力,首先教师必须具有创新精神和创新能力,掌握培养创造性思维的理论和方法,营造宽松和谐的教育环境。因此,在实施创新教育的过程中,充分激励和发挥教师的积极性、创造性,是实施创新教育的动力;全面提高教师队伍素质,提高教师对实施创新教育的认识和能力,是实施创新教育的基本保证。高水平大学的发展和创新人才的培养必须紧紧依靠教师的能力和素质的提高,这是推动创新人才培养的最核心要素。尤其在知识经济时代,对教师各方面能力和素质的要求越来越高,教师必须具备适应现代时代需要的知识、能力和素质要求,才能在推动创新人才培养中发挥主导作用,从而为高水平工程技术创新人才的培养贡献力量。

10.3.1 提升教师队伍的知识水平

教师知识的多寡将直接影响其教学的质量。孙萍茹（2001）认为，高水平、高素质的教师不仅取决于教师的学历学位和学术水平，还取决于教师的思想道德品质和文化素养。教师的思想道德品质和文化素养，在一定程度上决定着他们的治学态度、奉献精神和教书育人质量。一般认为，教师的知识结构至少包括以下几个部分：学科专业知识、教育专业知识、信息技术知识、相关学科知识等。

1）学科专业知识

教师专业知识是教师从事教育事业的根基和专业进一步发展和提高的土壤。关于教师专业知识发展研究，国外不同学者如埃尔伯兹（Elbaz）、舒尔曼（Shulman）、布罗姆（Bromme）等相继提出过不同的教师专业知识结构模型。埃尔伯兹提出，教师需要拥有学科知识、课程知识、教学知识以及自身的知识，这种知识分类过于宽泛；而舒尔曼则将教师的知识分为7类：学科内容知识、一般性教学知识、课程知识、教学的内容知识（pedagogical content knowledge，PCK）、学习者及其特点的知识、教育环境的知识和关于教育目标、目的和价值以及它们的哲学和历史基础的知识。按照舒尔曼的教师专业知识结构体系，教师的学科内容知识和教学的内容知识是两类重要知识，这是一个学科教师区别于另一个学科教师的根本所在，而PCK知识是与社会其他行业或专业人士的根本区别之所在，是教师之所以成为教师的标志性知识（邵光华，2009）。一般认为，教师的学科专业知识应该包括以下几点。

（1）学科的基础知识。主要是指教师要掌握和精通某门学科的基本事实、基本概念、基本规律以及它们之间的联系，也就是要掌握这门学科的价值与核心思想、本科学的重点、难点、学生应掌握的基本点等，哪些知识需要学生掌握，哪些知识需要学生了解，哪些知识需要学生展望等。

（2）学科发展史。学科发展史是本科学科发展的基本状况，包括学科思想的演进、学科发展的代表人物、学科发展的基本规律，学科发展的前景等。通过学科发展史的掌握，教师就能够把握本门学科的基本发展规律，是教师理解和传授知识的钥匙。

（3）科学的研究方法。科学方法是认识主体研究和揭示自然事物的本质和规律的手段，它在教学活动中具有非常重要的地位，科学上的任何一次伟大的发现，无一不是科学方法的发现。同时，科学方法的教学工作也是培养学生创新能力和创新素质的关键，创新型人才其核心的内容就是掌握一定的科学方法。因此，我们说，科学方法是教师专业知识中的一个不可或缺的内容。

2）教育专业知识

教师要胜任教学工作，仅仅掌握基础的专业知识是远远不够的，还必须具有丰富的教育学、心理学等教育科学知识。赵虎（2009）认为，教育科学知识是教师知识体系的重要组成部分。教师要把学科知识最有效、最大限度地转化为学生的知识经验，取得最佳的教学效果，就必须在教育科学理论方面有较深的造诣。因此现代教师应加强教育科学理论的学习，系统地学习教育原理、课程与教学论、学科教学论、儿童心理学、学校卫生等教育科学知识，深入研究和掌握教育规律，知识的内在规律及学生的年龄特征和心理发展规律，还要及时了解和掌握国内外教育改革的成果和动态，并加以吸收借鉴，从而用于指导体育教学实践。如果教师缺乏教育学、心理学的基本知识，不了解学生的心理特点及发展规律，不了解学生学习和教学的发展规律，他就没有办法根据学生的心理规律和教学规律来进行授课。杜威(1936)指出：为什么教师要研究心理学、教育史、各科教学法一类的科目呢？有两个理由：①有了这类知识，他能够观察和解释儿童心智的反应，否则便容易忽略。②懂得了这些有效的方法，他能够给予儿童以恰当的指导。苏霍姆林斯基(1983)也指出：一个好教师要精通教育学和心理学，懂得而且能体会到，缺乏教育科学知识，就无法做好孩子们的工作。一般来说，教师要具备教育学的相关知识，就必须掌握两个方面的知识。一是教育学的普遍知识，这类知识主要是指教育学原理、教学论知识、学习论知识、心理学知识、教育史学知识、教育科研方法知识等与教育有关的一般教育学知识。二是专业教育学知识，这主要是指与本学科或者专业授课有关的专门教育学知识，专门教育学知识不同于一般的教育学知识，它是在一般教育学知识的基础上与一定的学科和专业相结合的产物，主要是指学科教育学、学科教学论、学科学习论、学科科研方法、学科教育心理等，这其中最重要的就是教材教法，这是教师讲授一门课程的具体方法论指导，对于教师的专业发展具有重要的作用。教师只有在掌握一般教育学和学科教育学的基础上才能真正讲好一门课程。

3) 信息技术知识

以现代信息技术为核心的现代教育技术发展正在改变和影响着教育教学的发展，作为教师就必须把掌握现代信息技术作为教育教学的重要手段。信息技术知识主要包括通信技术知识、计算机技术知识、多媒体技术知识、自动控制技术知识、视频技术知识、遥感技术知识、网络技术知识等。作为教师，主要应该掌握以计算机为核心的应用技术知识。胡艳春(2009)认为，现代信息技术的应用已经成为教育改革的重要手段，信息技术可以带动教育领域各个方面的发展，对高校的教学形式、教育体制和教学理论都将产生深刻的影响。现代信息技术以计算机技术为核心，以多媒体技术和网络技术为代表，贯穿从教育科研信息的采集、加工、整理到传播全过程的有机整合。高校教师的信息技术素质要求高校教师在教学和科研工作中必须充分运用现代信息技术，通过多途径的信息检索快速获取有用信息，并利用信息技术对收集的信息进行有效的整理加工，最终应用于教师的备课、教学、管理和科研工作中，改进传统的工作方式，有效地提高高校教师的工作效率。教师需要掌握的信息技术知识主要包括以下几个方面。

(1) 信息技术的基本知识。这主要包括与信息技术有关的概念、名词、原理、应用，以及信息技术的发展历史，它们在教育和各行各业应用的情况和趋势等，这是教师进一步掌握信息技术的基础知识。

(2) 信息技术的核心知识。主要应该掌握与信息技术的软件知识、硬件知识、网络知识、应用知识、远程教育知识等，这是在信息技术基础知识的基础上，进一步了解和掌握信息技术的工作原理、工作方法、应用方法等，从而为教师更好地应用这些知识和推动信息技术与课程整合提供了手段。

(3) 信息技术的系统知识。现代的信息技术是一个系统，而不是孤立的技术知识。尤其是随着网络技术的进步，网络已经把各种信息资源都整合了起来，形成了以网络为基础的全球信息资源库。这就要求教师必须掌握信息技术的系统知识，了解信息系统组成部分的形式与功能。

(4) 信息技术的法律道德知识。信息技术在带给人类极大方便的同时，也给人类带来了许多负面的应用，如网络犯罪、网络暴力、网络成瘾、黑客攻击等。因此，作为教师必须充分发挥信息把关人的角色，熟悉信息技术的各种法律和道德问题，以防止和控制这些负面东西对学生和教育产生不利影响，努力把它们的不利影响控制在最低限度，从而为顺利开展教育教学创造良好环境。

4) 相关学科知识

在教师传授信息、教授知识的过程中，除了要掌握本学科基本的专业知识外，还必须具备较丰富的相关学科知识。随着现代科学技术的发展，各门学科知识在相互分化的基础上，又呈现出高度综合的发展趋势，可以说，相互渗透、相互结合、相互分化正日益成为现代科学和技术发展的重要趋势。作为教师，必须充分重视交叉学科知识在教育中的应用，努力掌握哲学、经济学、法学、工科、理科等各门学科知识，以便为更好地从事教育教学工作提供扎实的科学知识基础。同时，从人才培养的角度来讲，高素质的复合型人才正日益成为社会的主流，这不仅是顺应学科发展趋势的需要，更是社会高度复杂化的需要。现在的学校很难确定学生将来从事什么样的行业，因此，必须把培养高素质的复合型人才作为学校人才培养的重点，这就要求教师也必须具有从事复合型人才培养的各种知识和能力。所以说，教师要主动适应这一发展趋势，在掌握专业学科知识的基础上，大力吸取其他学科的优秀成果，不断扩大自己的知识视野和知识技能。

10.3.2 提升教师队伍的素质水平

姜仁建(2011)认为，教师素质是教师作为专业教学人员，从事教学工作所应必备的基础性和通识性素养。具备良好的职业素质，对于教师自身专业水平的发展、教师队伍整体素质的提升以及教育教学质量的提高都具有重要的现实意义。教师的素质主要包括教师的道德素质、知识素质、能力素质和心理素质，教师素质的高低直接影响和决定着人才的素质高低。教师的素质主要应该包括以下几点。

1) 良好的思想道德素质

教师要具有高尚的思想道德素质，也就是师德。邓廷奎(2009)认为，师德是教师职业所要求的行为标准和指导教育行为的规范，是教师品德的集中体现。师德建设是学校教师队伍建设的根本和基础，在学校建设中起着决定性的作用，是学校发展的精神动力和思想保证。首先，教师应有良好的政治思想素质。政治思想素质是教师从业执教的首要条件。良好的政治观、人生观、价值观、知识观，不仅有利于教师自身的发展，更为重要的是，教师能够把这样的价值观念传递给学生，对于培养合格的社会主义建设者和接班人具有重要的意义和价值。其次，教师要具有高尚的道德素质。高尚的道德素质主要包括良好的性格、高尚的人格、无私的爱心和奉献精神、担当天下的责任感和义务感等。教师只有具备这样的素质，才能在教书育人中产生良好的效果。胡勇(2009)认为，教师要成为教书育人的良师，就必须修身养性，尊道崇德，处处身先垂范，为人师表。这样，他的言行才具有号召力、感染力和影响力，否则，其教育教学工作就不能达到预期的目的，而且学生还会从他的不良言行中受到负面影响。在2007年全国优秀教师座谈会上，胡锦涛总书记向全国广大教师提出了师德的新要求，"爱岗敬业、关爱学生，刻苦钻研、严谨笃学，勇于创新、奋发进取，淡泊名利、志存高远"。这也可以理解为是对新时期人民教师师德内涵所做的经典阐述，从社会责任、治学态度、创新精神、道德情操几方面诠释了人民教师的师道精髓，契合新时期师德建设要求，既体现了广大教师的人生追求，又体现了人民群众对人民教师的人格期望(胡蓉，2009)。具体来说，良好的思想道德素质主要表现在：①在对待教育事业上，教师要把爱岗敬业、潜心执教放在教育育人的首位；②在对待学生上，要把关爱学生、尊重学生、发展学生作为根本；③在对待集体上，要做到顾全大局、团结协作，正确处理好集体与个人的关系；④在对待自己上，要做到严于律己、宽以待人、严谨治学、诲人不倦。

2) 良好的知识素质

良好的知识素质是教师教书育人的基础和关键，也是教师从教立业的天职。教师的知识素质主要是指教师拥有的知识数量和深度，以及教师的知识结构。知识素养是包括知识观、知识的深度广度、知识的结构、获取管理运用知识的能力等在内的综合性的知识水平的体现。教师承担着传授知识的重任，具有良好的知识素养是教师胜任工作的重要前提(钮伟国，2002)。现代社会的发展对教师的要求越来越高，一方面，现代科学技术知识高度分化，又高度综合，各种新学科、新知识不断涌现，尤其是现代信息技术的发展更是对现代教师的素质提出了新的要求，教师必须适应现代科学技术的发展，紧跟科学技术发展的形势，不断学习，不断提高自己驾驭知识的能力和素质，扩大自己的知识面，在知识的广度和综合知识的掌握上下功夫。另一方面，现代教育的发展逐步由工业社会的大规模培养走向后工业时代的个性化培养，学生的素质和能力也呈现出千差万别的情况，学校的教育教学改革也在不断深入发展，这些都要求教师要适应这一发展趋势，不断调整自己的知识结构，推进教育教学改革，在完善自身的知识结构上下功夫，提高自身专业知识，掌握现代科学技术知识，了解相关学科知识，形成以专业知识为基础、现代科学技术知识为手段、相关学科知识为辅助的科学合理的知识结构。

3) 良好的能力素质

廖惠敏(2008)认为，教师的能力素质是指教师在教育教学活动中形成并表现出来的、直接影响教育教学活动的成效和质量，决定教育教学活动的实施与完成的某些能力的结合。教师的能力素质对教育教学工作影响甚大，在新的教育形势下，教师只有正确自我认知自身的长处与不足，才能有效开展能力的开拓与创新。世界各国有关教师能力的研究表明，教师必须具备一系列能力素质才能胜任教育教学工作。美国认为，未来教师必须具备具体感受的能力、思维观察的能力、抽象概括的能力、积极实践的能力。苏联学者彼得罗夫斯基提出教师必须具备6种能力：教学能力、创造能力、知学能力、表述能力、交际能力、组织能力。英国对教师能力的要求比较突出教师的应用技术能力和学习能力。日本认为，教师应该具备全球化的观念和网络生存的能力，等等(宋宏福，2008)。在新的历史条件下，教师的能力素质发展呈现出多元化的趋势，一方面，教师的能力素质的内涵和外延不断扩大，另一方面，对教师的能力素质的要求也在不断提高。一般来说，教师的能力素质主要包括：科研能力、教学能力、创新能力、组织能力、终身教育能力、沟通能力、语言表达能力、应变能力等。

4) 良好的心理素质

王丽君(2009)认为，心理品质是一个人在心理过程和个性心理特征等方面所表现出来的本质特征。教师的心理品质是指教师在教育教学工作中智力因素和非智力因素两个方面所表现出来的稳定特点的综合。教师的职业特点、社会角色和人际关系，决定了教师应具备一系列特定的心理品质，这些品质主要包括教师的认知能力、情感、意志和人格的特征等。心理素质是教师的重要素质，对于教师来说具有十分重要的意义。一方面，教师本身也迫切需要良好的心理素质，现代研究表明，在面临越来越多压力的社会中，教师的心理健康问题正日益成为学校教育教学中的重要问题，化解和消除教师本身的心理健康问题也是教师提高心理素质的基础。另一方面，教师良好的心理素质对学生也有非常大的影响。研究表明(黎君，2009)，如果一个教师以乐观积极的态度帮助、引导学生，学生就会在教师身上学会积极的人生态度和处世方式；而如果一个教师自身心理不健康，沮丧、抑郁、暴躁，那么学生也会无形中习得老师的焦虑，遇到事情习惯于退缩。教师良好的心理品质主要包括知情意等几个方面。从认知方面来讲，教师要具备良好的感知能力、认知能力、记忆能力、思维能力等；从情感方面来看，教师要具备丰富的情感、博大的爱心、乐观的心态等；从意志方面来看，教师要具备坚强的意志品质、良好的自制能力、高尚的道德人格、善于自我调节的适应能力、高度的敬业精神、善于组织和管理的能力等。概括而言，只有教师的心理素质良好，才能培养全身心全面发展的高素质人才。王丽君(2009)认为，教师优秀的心理品质综合体现在：人格的完整性、情感的丰富性、意志的坚韧性、人格的独立性、思维的缜密性与创新性以及民主与合作的精神。

10.3.3 提升教师队伍的能力水平

教师的能力是教师从事教育活动的专业要求，是教师多种角色、多种专业知识和技能的综合反映。廖惠敏(2008)认为，所谓教师的能力是指教师在教育教学活动中形成并表现出来的、直接影响教育教学活动的成效和质量，决定教育教学活动的实施与完成的某些能力的结合。一般来说，教师要具备以下几种能力。

1) 教育教学能力

教学能力是教师作为教师的基本能力，教学能力是教师顺利完成教学活动所需的个体心理特征，是通过实践将个人智力和教学所需知识、技能转化而形成的一种职业素质。教师缺少了这种职业素质，就很难实现教学目标、完成既定的教学任务，很难在学生面前树立威信，因此，教师的教学能力是教师专业素养的真实体现，是教师提高教学质量的核心因素(张波，2008)。作为教师必须具备过硬的教育教学能力，这是教师从事教学工作的基本前提。教育的发展对于教师的教学能力有着极高的要求。对于教师来讲，知识的储备量、与学生课堂教学的沟通方式，提高观察和管理学生的能力，都是在教育发展过程中积累出来、总结出来的。完善的教育素质要求教师在教学能力方面要具备不同的能力，组织教学及合理使用教材的教学技能，结合教育其他学科了解学生、管理学生的技能，以及正确运用语言教学及非语言方式使学生能够理解教学内容，能够针对学生的特点及专业特点合理安排教学内容，不断变化发展的能力(姜营，2009)。具体来说，作为教师要具备以下基本的能力。

(1) 语言表达能力。语言表达能力是作为教师的首要能力，教师水平的高低最重要反映在他们能够把深奥的专业知识转化为学生喜闻乐见的教学内容，并用通俗易懂、抑扬顿挫的语言表达出来。

(2) 课堂组织能力。课堂组织能力是教师驾驭学生和学科专业知识、合理分配课堂教学内容、调控课堂气氛的重要条件和基础，如果一个教师善于组织课堂教学，那么就可以起到事半功倍的作用和效果。

(3) 文字能力。文字能力不仅表现在他们课堂的板书能力，更为重要的是要表现在他们组织文字的逻辑性、生动性、易懂性等方面。

教师的教育教学能力的提高，一方面来自理论的学习，教师要不断磨炼自己的专业学科知识和教育学知识，深入钻研教育教学方法和教学技能；另一方面，教师也要积极投身实践，在实践中不断总结教育教学的新规律、新方法，不断完善和修正自身教育能力存在的不足。同时年轻教师也要积极向老教师请教，用他们丰富的实践经验尽快提高自己。

2) 教育科研能力

教育科研能力，简言之，就是指开展教育科研活动的能力，具体地讲，是指研究者在科学理论的指导下，运用科学而系统的方法对教育问题进行研究，以探索教育规律、促进教育改革与发展的能力(刘本剑，2009)。教育教学研究是以教育理论为指导，以教育领域中的一切教育现象和教育过程以及与此现象有关的各种问题为研究对象，以探索教育的客观规律为目的的创造性认识活动。教育教学研究是开展各种教学活动的先导，没有教育教学研究所发现和认知的教育发展规律，教师就不可能从事正常的教育教学活动，更不可能实现人才培养的重要职责。当前，在学校中，由于种种因素的影响，人们普遍关心专业学科的科学研究，而对教育科学研究重视程度不够，这不仅制约了教师教育教学水平的提升，更为重要的是影响了教育教学质量。实际上，从教育教学研究的定义和内涵来看，教学研究是对教育现象和问题进行研究、探索教育规律的一种认知活动。教育规律是一种现实的存在，是在教学活动起作用的东西，无论我们认知与否，它总是要对教学活动起作用的。因此，我们说，任何教学活动都必须遵循教育教学规律的要求，只有遵循了教育规律的教学活动才能真正推动教育教学发展，而违背教育规律的教学活动必然会对教学活动产生危害，并影响教学活动的顺利进行。教师从事教育科学研究必须具备以下几种基本的能力：一是正确选择教育科学研究问题的能力；二是探索发现的能力；三是进行科学假说的推理判断能力；四是组织教育科学研究的能力；五是撰写教育科学研究报告的能力；六是正确表达教育科研内容的能力；七是收集和发布教育科研成果的能力。

3) 信息收集、整理和加工能力

随着信息技术在教育中广泛应用，教师应当具备信息时代信息收集、整理和加工的能力就显得格外地迫切。滕聿峰(2007)认为，信息能力已成为信息时代的人的基本能力，从事各行各业的人都需要具备信息能力，不同行业的人又因领域的特点而有其各自特殊要求的信息能力。而学生信息能力的提高，离不开教师的指导和培育。从一定意义说，教师信息能力的提高，是整个国家和民族信息教育成败的关键。因此，加强现代教师信息能力的培养，显得极为迫切与重要。教师的信息收集、整理和加工能力主要包括：

(1) 掌握信息技术知识的能力。知识是能力形成的基础，更是能力发展的重要载体，因此，教师必须把掌握一定的信息技术知识作为发展信息能力的前提条件。教师要熟悉和了解信息技术的基本原理、概念、发展历史、现代进展和教育、课程的整合等基础知识，这样才能为形成信息技术能力奠定基础。这主要包括能熟练掌握计算机的基本操作技能，能利用计算机网络查找相关的教学与科研信息；能正确使用计算机与多媒体网络等现代媒体设备从事课堂教学；学会使用多媒体软件制作、设计各种教学课件；学会使用国际互联网操作技术查询、下载各种信息并加以整理等(滕聿峰，2007)。

(2) 信息技术与教育教学整合的能力。信息技术的根本目的在于应用，教育信息技术要想发挥重要作用，推动教育教学的发展，就必须依托教育来发展信息技术。传统的信息技术虽然可以应用到教育中，但是，真正要想使信息技术发挥最大的功效，就必须把信息技术和教育整合起来，使信息技术真正成为教育教学中的信息技术，使教育真正成为应用信息技术的教育，这样才能推动教育教学的发展。因此，教师必须把教育和信息技术结合起来，掌握它们相互融合的能力。

(3)信息的收集、整理和加工能力。信息时代，各种信息呈现爆炸性的增长，如何在众多的信息中获取对教育教学有价值的信息就成为教师能力发展面临的重要考验。信息收集能力主要表现在如何通过科学的方法和途径掌握和获取有价值的信息；信息整理和加工能力主要表现在如何把获取到的信息加工成为对教育教学有用的信息。

4)教学组织管理能力

蒯超英(1996)认为，教学组织能力是教师为达到教学目标、取得教学成效，在教学过程中表现出来的一种操作能力。它是教师业务素质的一个重要组成部分，对于保证教学工作有条理、有系统和实现教学目标有着重要的作用。教师的组织管理能力主要包括：

(1)教学内容的组织管理能力。教学内容是教师从事教学工作的蓝本，面对众多的纷繁复杂的教学内容，教师如何把这些内容组织整理并加以编排，以便适合学生的能力水平发展状况就成为教师组织管理管理能力的重要标志。

(2)课堂教学的组织管理能力。课堂教学工作是教师教育教学的主要场所，也是学生学习的主要场所，面对众多学习水平各异、性格各异、能力各异的学生群体，教师如何根据学生的具体需要并选择合适的教育教学方法、教学组织形式等都是教师在教育教学过程中必须解决的重要问题。

(3)对学生的组织管理能力。对学生的组织管理的目的就在于充分调动学生学习的积极性和主动性，善于了解和把握学生学习的规律和特点，并在此基础上实施因材施教、个性化教育，以便培养高素质的创新型人才。

(4)对教师自身的组织管理能力。教师作为教育教学工作的组织者和管理者，其自我控制管理工作关系到教育活动的成败或教学效果的好坏。其自我管理主要包括对教育教学工作的进度、难易、学生情绪的调动、积极性的激发、选择恰当的教学方法、教学技术，以饱满的热情、良好的心理状态、循循善诱的教学态度、诲人不倦的奉献精神来从事教育教学活动。教师作为教学工作的主导者，必须以自己渊博的知识素质、良好的心理状态、饱满的工作热情来从事教育教学工作，只有这样才能影响学生、感染学生、教导学生，才能使学生始终在好奇、平静、热情、向上的教学环境中获得知识和能力的发展。

10.4　创造有利于人才创新的环境和条件

产学研合作是培养创新人才的重要途径之一，高校作为创新人才培养的主阵地，由于受传统教育思想的影响，过分注重理论教育和专业教育，而对于学生的实践能力和创新能力培养缺乏应有的认识。实施产学研合作有利于学生把所学的理论和专业知识应用到实践当中，一方面帮助企业解决实际的技术难题，另一方面也有利于培养学生的创新素质和创新能力。在现代社会发展中，产、学、研具有不同的知识运行活动形式，学是传承知识、研是创新知识、产则是应用知识。产学研三者的关系是围绕知识来运行的，产依赖于掌握知识的专门人才所进行的技术开发，要求不断提高产业的综合竞争力，更新产业产品；学则必须联系生产(社会生活)实际，传承科学和技术的新成就，以此来培养高质量的专门人才；研依赖于掌握知识的专门人才和生产实践提出的各类问题，有所发明，有所创造。产学研三者本质上具有不同的价值取向，但也存在着互相联系的重要方面。因此产学研在人才培养上是相互联系和依存的(胡庆，2011)。推动产学研结合，培养创新人才，还必须为创新人才培养提供环境和条件。要形成产学研合作教育与人才培养新模式，应在教学活动中引入研究性活动和生产性劳动，或者把教学活动延伸到研究过程中去，或者使教学过程与生产过程交替进行。培养具有研究开发和工程实践素养，加速学生从知识的接受者向知识的应用者转化，甚至向知识的创造者过渡(胡庆，2011)。

10.4.1 推进产学研合作教育

实践环节是创新人才培养的重要基础，长期以来，高校在实践教育环节存在着众多的矛盾和问题急需解决。一是实践教育基地数量少，难以满足学生校外实习的需要。一些高校把校外实习看作是走过场，不重视校外实习基地的建设。二是校外实习基地的合作单位存在着众多的问题需要解决，大学生进入校外实习基地实习，本是为了当地的企业服务，但是由于不是正式职工，难以起到正式职工应有的作用。三是现代企业讲求经济效益，不允许在校大学生顶替正式职工来工作，同时大学生的生命财产安全管理等由于国家缺乏相应的法律和制度规范，存在着众多的漏洞，致使许多企业对高校的实习基地建设缺乏动力和热情，直接导致了校外实习基地建设困难等问题。

10.4.1.1 加强产学研合作教育

产学研合作教育产生于20世纪的美国，最早提出合作教育思想的是杜威，后来，美国俄亥俄州辛辛那提大学教授赫尔曼·施奈德开始实施合作教育，成为实施合作教育的第一人。到了20世纪，经济和科学技术的发展不仅使欧美国家的社会生活发生了很大变化，而且对高等教育提出了新的要求，而传统教育思想的教育与社会脱离、理论与实践脱离的弊端逐渐显现。针对这种情况，美国哲学家和教育家约翰·杜威提出了实用主义教育思想：①教育必须适应现实需要，不仅要与社会生产相结合，还必须与社会生活相联系；②教育应该注重实用的知识和技能的传授；③应使受教育者为将来进入社会做好准备；④教育与生产相结合应该与受教育者的实际需求结合起来。合作教育便是这种思想理论指导下发展的结果。实施合作教育的第一人是美国俄亥俄州辛辛那提大学教授赫尔曼·施奈德。他于1905年提出了一项后来被称为合作教育的"工读课程计划"，并于1906年在辛辛那提大学实施，取得了较好的成效。此后，合作教育在北美中学和高等学校中流行，20世纪60年代以后得到迅速发展，并在世界范围内产生较大影响。对于合作教育，美国国家合作教育委员会的描述是："合作教育是一种独特的教育形式，它将课堂学习与在公共或私营机构中的有报酬的、有计划的和有督导的工作经历结合起来；它允许学生跨越校园界限，面对现实世界去获得基本的实践技能，增强学生的自信和确定职业方向。"合作教育产生的根本动因是满足学生就业的需要，实际上也就是满足用人部门的需要(刘常云，2006)。

产学研合作教育的实施为高校建设和完善校外实习基地提供了充分的条件和环境，产学研合作的目的是多重的，一方面企业需要高校所提供的技术和智力支撑，另一方面高校也需要企业提供相应的科研和人才培养经费，产学研合作把两者的需要结合起来，从而为双方的合作奠定了基础。产学研合作教育在现代社会以及知识经济背景下，大学已经走出"象牙塔"，越来越多地与企业、研究机构合作,组成推动经济社会发展的"产学研合作共同体"或"产学研合作联盟"。从不同合作主体的视角来看,产学研合作的侧重点或目标也有所不同。在企业看,产学研合作更多地被认为就是企业与大学、研究机构三方合作的简称,其目的是通过产学研合作充分利用大学和科研机构的科技和人才资源,促进企业产品开发、结构调整、科技成果转化、技术进步,进而提高产品质量和生产效益。从大学的角度看,主要是指大学的人才培养或教学活动、科研活动与企业生产活动之间的合作,其目的是通过产学研合作,促使大学更多地走向社会,获得更多的科研与教学资源的社会支持,进而提高大学的科技成果的经济效益和社会效益,提高人才培养质量。从政府的角度看,主要是通过产学研合作,实现大学、科研机构的科技、人才资源与企业的有效对接,促进经济社会发展的科技成果含量,提高我国大学的科研水平与企业的自主创新能力。因此,有学者认为,产学研合作只有大学、企业和研究机构三方是不够的,还必须有赖于政府的参与、政府的制度规制和政策调节,只有这样,才可能建立有效的产学研合作机制,实现产学研合作效能的最大化。在此基础上,不少学者进而提出了"官产学研合作"的概念,这里的"官"就是指各级政府(马廷奇,2011)。从这里可以看出,产学研相结合对于企业和高校和政府都具有巨大的作用,能够在更深层次上推动企业、高校和政府的合作和发展。

10.4.1.2 推动产学研合作互利共赢

产学研合作不同于传统的实践实习,而是在利益共同的基础上共同发展、共同进步。除了传统的为高校培养人才外,产学研合作还担负着为企业开展技术创新的重任。因此,如何实现产学研合作的互利共赢,切实推动产学研合作深入发展就成为开展产学研合作教育的关键。从人才培养来说,产学研合作是现代高等教育的基本原则,是高校人才培养的基本途径。但不同层次与类型的高校,以及不同的人才培养目标,产学研合作培养人才的功能定位、合作主体、合作内容都应该有所不同。从这个意义上来讲,产学研合作不存在一成不变的固定模式,创新人才培养的产学研合作模式也应该是多元化的。如教育部正在实施的"基础学科拔尖学生培养实验计划"和"卓越工程师教育培养计划"就属于不同层次的创新人才的培养目标。前者着眼于培养基础学科领域"大师级"创新人才,后者着眼于培养应用学科领域的创新人才。当然,无论是大师级人才的培养还是卓越工程师的培养,都涉及人才培养模式、培养环境、师资条件、管理制度等方面的一系列变革,但产学研合作是必不可少的途径。从产学研合作的模式与目标取向而言,基础学科拔尖学生的培养更多地强调大学与研究机构合作,更多地强调教师把学术研究与学生培养结合起来,给予学生更多的参与重大研究项目和基础性研究课题的机会,国家重点实验室、教师科研实验室等科研资源都要向学生开放,同时还要创造条件,鼓励学生利用国外优质科研资源开展研究工作。相比较而言,卓越工程师的培养有不同于基础学科创新人才培养的特点:一是行业企业深度参与培养过程;二是学校按通用标准和行业标准培养工程人才;三是强化培养学生的工程能力和创新能力。可见,卓越工程师的培养关键是要改革工程教育人才培养模式,创新高校与企业联合人才培养机制,给予学生更多的参与企业技术创新活动的机会,注重在工程实践中培养学生的工程能力和创新能力(马廷奇,2011)。就科技创新来讲,对企业而言,通过产学合作,能从高校获取先进的科研成果,同时与高校联合进行科学研究与技术开发,有助于形成企业的核心技术,而核心技术是企业自主知识产权与核心竞争力形成的基础(刘常云,2006)。同时,也有利于企业形成科学研究的氛围，产学研为企业营造的是一种学习的氛围，而且通过企业和高校的积极有序的互动，企业的员工们潜移默化地不停接受着新技术、新方法的洗礼。同时，大学生的激情和朝气激发企业员工进行技术创新。这些都是企业可持续发展的动力。企业站在培养和引导的角度，把企业发展和学生发展联系在一起，将企业实际存在的一些技术问题作为课题让学生来完成，为其指导方向、提供资源，帮助其成功。这不光解决了企业的需求，企业还可以通过培养定制自己需要的员工。同时，企业能利用学生对新事物的想象力和好奇心，激发了他们的创造力，为企业跟踪最新的技术，取得信息资源(刘常云，2006)。可以说，人才培养和技术创新是产学研合作互利共赢的重要内容和核心要素，双方在这方面如果能够实现共赢，将会显著提升产学研合作教育的水平，从而为更好地开展产学研合作提供了纽带。

10.4.2 创新产学研合作方式

产学研合作教育方式是指企业和高校在开展产学研合作过程中所采用的、以实现不同目的为核心要素的组合方式。长期以来，高校的产学研合作主要局限在学生实习、横向科研项目合作，这种方式不仅单一，而且主要依靠教师个人的努力才能实现，学校、企业和政府游离在产学研合作的外部，并没有发挥三方的积极性和主动性，因此，这种合作方式常常是走过场，难以达到应有的效果。因此，如何创新产学研合作的方式，把三方的利益通过某种平台或者途径结合起来就成为推进工程技术创新人才培养的重要课题。

10.4.2.1 以企业为主体的产学研合作模式

以企业为主体的产学研合作模式主要是指企业作为产学研合作的主动方，企业根据自身的发展需要，在技术、咨询、人员培训等方面与高校开展合作，以便为企业更好地服务提供基础。以企业为主体的合作方式主要有以下几种模式。

• 技术开发，这是企业根据自身企业发展所遇到的技术障碍，企业自身难以解决或克服的、迫切需要和高校等研究机构一起合作开发技术，从而引领企业技术进步的一种模式。

• 技术咨询，这是企业根据特定的技术项目的需要，由高校等研究机构和企业一起共同论证该项目的可行性、科学性，进行技术调研、技术预测分析等。

• 人员培训，这是企业根据企业技术和企业本身发展的需要，有意识地推动本企业员工素质提升的一种模式，这种模式也就是我们所说的定向培训，由高校根据企业自身员工的专业和知识需要，对企业员工进行某一方面或特定方面的培训活动。

10.4.2.2 以高校为主体的产学研合作模式

以高校为主体的产学研合作模式主要是指高校作为产学研合作的主动方，高校根据自身的发展需要，在科学研究、人才培养等方面与企业开展合作，以便为企业更好地服务，从而为高校的发展和人才培养提供环境和条件。以高校为主体的合作方式主要有以下几种模式。

• 建立实习基地。这是高校根据学生学习的需要，有意识地在一些合作企业建立学生从事生产实习、认识实习、环境实习等环节的固定场所，这一般都是与高校有某种密切联系的企业才能实现。

• 横向项目合作，这是高校目前开展科学研究的重要形式之一，也是高校科研经费的重要来源渠道之一。所谓的横向项目就是给企业解决一定的技术难题，并从企业获得相应科研经费的一种方式，这种方式目前主要依靠教师个人的工作才能实现，一般学校并不出面从事相关的工作。

·大学科技园，这是高校为了吸引本校的科研开发力量而采取的以企业化的方式运作的一种科技开发形式。大学科技园一般要求企业和高校教师以项目、技术、专利等形式参与科技园的工作，并按市场化的规则来管理和运行。

10.4.2.3 以政府为主体的产学研合作模式

以政府为主体的产学研合作模式主要是指政府是产学研合作的牵头方，政府根据自身社会经济发展需要，促使企业和高校等研究机构开展合作，以便为政府更好地服务提供基础。以政府为主体的合作方式主要有以下几种模式。

·联合科技攻关，这需要企业和高校等机构一起才能完成的，单靠某一方都难以完成，主要采用招标的形式。

·协同中心，这是现阶段产学研合作的热点，也是由政府推动形成的新型产学研联合体，这是政府根据当地的需要，牵头企业和高校共同组成，以解决社会经济重大问题为导向的一种产学研合作模式。

10.4.3 创新产学研合作机制

产学研合作机制既包括各种制度规范，也包括这些制度规范运行的过程。产学研合作机制的建立离不开三方的共同努力，也离不开政府的有效推动，更离不开三者利益的共同性，离开这些因素，产学研合作就失去了基础。马廷奇(2011)认为，产学研合作最大的问题是合作机制问题，或者说，产学研合作能否取得成效，取决于通过合作能否满足各合作主体的利益诉求。虽然产学研合作主体各自的目的和价值取向不尽相同，但都希望通过科研或科技创新活动实现自身的目标，而科研活动或科技创新活动恰恰又是培养创新人才所必需的环境。就人才培养而言，关键是要找出产学研合作各方的最佳利益契合点。

(1)大学要根据自身的培养目标，着重选择一些具有较高科研实力和创新能力的大企业开展合作，因为创新人才培养需要有高水平、高起点的科学研究或创新实践平台作为支撑，同时这些企业本身就有比较强烈的科技创新和人才需求，有兴趣、有能力与大学合作进行创新人才培养。

(2)大学与企业或研究机构合作开发优质教育资源，选聘具有较深理论学术功底、又有很强解决实际问题能力的企业专家担任学生指导老师，引导学生用理论知识解决企业技术攻关难题；与企业或研究机构合作开发课程资源，因为创新人才的培养对教学内容及其学术水平提出了较高的要求，大学要紧密与企业或科研机构合作，将生产实践与技术开发以及科学研究的新成果转化为教学内容。

(3)产学研合作培养人才并不是把培养人才的责任转嫁给企业或研究机构，而是大学在积极参与企业的科技创新、解决关键技术难题以及与研究机构合作进行科学研究的过程中培养人才，这就必须明确合作各方的权利与义务，真正把培养人才落到实处。

因此，必须从管理、制度、人才、投入等方面建立产学研合作的机制，充分激发各方面的积极性，切实推动产学研合作的顺利进行。

10.4.3.1 创新产学研合作的管理组织

产学研合作关键要激发各方面的积极性,从组织管理上建立相应的协调管理机构是很有必要的,人才培养主要是高校的责任,但要彻底推动人才培养的产学研合作必须依靠政府部门的推动,必须把为企业培养创新人才考虑在内,只有这样才能激发高校和企业双方的积极性。当前,创新人才培养已经列为提高高等教育质量的重大项目和改革试点计划,理应得到企业和研究机构乃至全社会的支持;同时,产学研合作培养人才需要大学与政府之间、大学与企业之间、行业主管部门与企业之间、大学与政府或教育主管部门之间,以及大学内部各部门之间的沟通与协调,共同解决在人才培养过程中出现的难题。因此,需要打破以大学为中心、自我封闭的人才培养体系,建立产学研合作的人才培养的管理体制与运行机制。

(1)国家和省级政府要建立产学研合作领导体制和管理机构,负责产学研合作的政策制定、组织实施、开展试点与经验推广、检查评估等,并把人才培养作为产学研合作绩效考评的重要依据。

(2)大学要积极与政府、企业以及研究机构合作,成立由大学、政府、行业和研究机构等相关领导组成的产学研合作领导与协调机构,并把人才培养作为重要工作。

(3)就大学自身而言,要打破人才培养与学科建设、科学研究的体制性壁垒,把学科建设资源、科研资源转化为培养创新人才的优势,有条件的大学要积极创造条件,鼓励学生参与校办科技产业的科技创新与成果转化活动;通过教师考核与评价制度改革,鼓励教师把人才培养与科学研究结合起来(马廷奇,2011)。

在国家推动的卓越工程师教育培养计划中,国家就出台了相应的政策措施,要求政府和企业与高校一起联合申报国家级工程实践教育中心和制定企业学习阶段的人才培养方案,这些都需要政府牵头才能真正实现。

10.4.3.2 建立企业和高校的科教协调机制

加强产学研合作关键是要做到高校和企业在科学研究和教育教学方面真正成为一个整体,在科学研究和人才培养、教育教学方面合作方面成为一个整体,只有这样才能发挥产学研合作的有效性。为此,要加强高校和企业在科教合作方面的协同,在科研项目确定、重大科研平台、试验中心申报、人才培养、人才培训等方面全面加强合作和联系,也就是要建立科教协调机制,从而为产学研合作教育提供保障。

(1)要加强教育教学方面的协调。在制定人才培养方案的过程中,尤其是在企业阶段的实习教学,必须要求实习企业的人员参与,从而为高校的企业实习提供帮助和指导。高校的人员大多不熟悉企业的运行情况和生产流程,往往在安排企业实习的时候总是考虑高校和学生的方便性,这种安排往往与企业的生产产生矛盾。同时,在具体实习的过程中,究竟哪些环节需要加强和强调,这些都是高校人员所不了解的。企业人员参与高校的实习教育计划的制定,有利于从企业的角度出发,提出企业对人才的具体要求,这些都有利于高校优化人才培养方案和实习方案,从而在人才培养上达到有的放矢。在毕业设计的过程中,要求学生必须参与企业的生产设计,把毕业论文的题目直接和企业的生产要求相结合,毕业论文题目来源于企业,最终服务于企业,把这作为企业实习的重点来强调,避免在企业实习,毕业设计却和企业没有关系,这些都不利于生产企业接纳学生实习。同时,毕业设计题目来源于企业也有利于提高学生参与企业生产实习的积极性,并把所学的理论知识应用到企业的具体实践中去。大胆尝试毕业设计与企业岗位、科研实际项目相结合。每年学生都要做毕业设计,如果毕业设计与企业的实际项目或企业的岗位、科研实际项目相结合,经产学研合作单位的严格考核,学生到企业进行实质性实习,参与实际工作,在毕业设计(论文)期间深入生产实际,为企业排忧解难,使学生做到了真题真做,有效地提高了综合素质,以达到"零距离就业"为目标,灵活选择毕业设计课题,提高学生就业竞争能力。同时对有科研兴趣的学生进入科研团队,进行实际项目的开发,提高学生对学习的兴趣与信心(马廷奇,2011)。这些都有利于培养学生的实践创新能力和素质。

(2)要在科技开发和研究方面加强合作。现在大部分横向课题都是教师个人和企业的行为,缺乏长期的系统的合作战略规划,因此,为加强企业和高校的科研战略合作,建立相关的科研合作管理机构,如大学科技园、协同创新中心、试验中心、重大科技攻关项目等,都是充分发挥高校和企业科研合作的重要手段。在企业技术开发上,建立由企业和高校所组成的联合团队,瞄准企业的技术需求,开展相关的应用技术研究,着力解决企业面临的技术难题,为企业发展服务。在科研队伍培养上,要选择具有一定水平的高校教师牵头组成高校和企业的联合科研团队,共同申报高水平项目,开展高水平科技攻关,申报高水平发明和实用专利。产学研相结合是制度创新和技术创新的重要形式,其基本前提是合作各方互相需要,各自都能为合作做出自己独有的贡献,即提供各自掌握的生产要素,高等院校和科研机构的高新技术资源通过合作流向企业,与企业的制造技术相结合,实现技术的新组合。通过合作及科技人员之间,科技人员和管理人员、市场营销人员及生产工人之间的互相沟通与交流,实现了人才的新组合。产学研各方面掌握的各种信息,包括最新科技动态、新技术研制生产过程、生产供需和政策法规信息,通过产学研相结合汇集一起,实现了信息的有效组合与综合利用,产学研各方共同建立的新经济技术实体,为知识与技术创新提供了新的组织资源,提高企业组织的整体有效性,保证了创新所需技术、人才、信息等资源的稳定供给和有效组合,这种互相需求、互相信赖的关系是产学研相结合关系能够维持的基础。大量的实践表明,产学研相结合是生产要素进行新组合的过程,所以,先要寻找能够提供实现新组合所需的因素,才能在产学研相结合中确定自己的位置,发挥自己的作用和责任(王玉民,2003)。

10.5 本章小结

本章主要分析研究了地矿类工程技术创新人才培养的保障机制。首先,通过文化创新和管理创新,积极培育大工程的产学研合作教育的文化环境和管理环境;其次,通过改革课程体系,构建注重素质的通识教育课程平台和注重基础—强能力的专业教育课程平台;再次,通过加强师资队伍建设,提升教师队伍的知识水平、素质水平和能力水平,为工程创新人才的培养奠定更加坚实的基础;最后,通过推动产学研合作教育、创新产学研合作方式和合作机制,努力创造有利于人才创新的环境和条件。

参考文献

埃德温, 等, 2002. 以问题为本的学习在领导发展中的运用[M]. 冯大鸣, 等译. 上海: 上海教育出版社.
奥特加·加塞特, 2001. 大学的使命[M]. 汪利兵译. 杭州: 浙江教育出版社.
白逸仙, 2007. 社会需求导向的工程人才培养目标研究[D]. 华中科技大学, 59.
陈立红, 2005. 产学研合作教育及其办学模式研究[D]. 上海: 同济大学, 57-58.
陈萍, 2007. 人才柔性流动机制——产学研合作创新的必然选择[J]. 当代经济(10): 156-157.
程国华, 仝好林, 巩杰, 2017. 河南省高校产学研合作教育人才培养模式探索——基于上海工程技术大学产学研合作教育研究[J]. 教育现代化, (14): 10-11
陈先霖, 1999. 工程科技人才成长的土壤、氛围和机制[J]. 高等工程教育研究, (3): 1-2.
崔艳琦, 张春艳等, 2007. 浅析国外产学研合作教育的主要模式[J]. 中山大学学报论丛, (7): 163-165.
邓廷奎, 2009. 加强新时期师德建设的几点思考[J]. 学校党建与思想教育, (1): 209-210.
丁三青, 2006. 矿业类高级工程技术人才培养的战略思考[J]. 高等工程教育研究, (6): 89-93.
丁育林, 2005. 案例教学与创新人才培养[D]. 南京: 东南大学, 33-38.
丁芸, 2008. 关于产学研联合培养研究生与复合型应用性人才的探讨[J]. 法制与社会, (27): 300-301.
杜朝晖, 2002. 高校实现学科综合化存在的问题及其解决对策[J]. 教育探索, (3): 50-51.
杜鹏, 2011. 浅论多元视角下的大学通识教育课程观[J]. 黑河学刊, (5): 117-118.
杜威, 1936. 思维与教学[M]. 北京: 商务印书馆.
段瑞春, 2008. 论产学研合作理念、机制与法制[J]. 科技与法律, (5): 3-6.
范福娟, 2010. 主要发达国家政府在产学研合作中的职能特点分析与借鉴[J]. 中国高校科技与产业化, (S1): 36-38.
方永秋, 2010. 理论课程与实践课程的配置——从美国高等教育发展的进程角度分析[J]. 哈尔滨学院学报, (8): 116-120.
付保川, 张兄武, 徐宗宁, 2013. 以强化实践创新能力为导向的高校实践教学体系重构——以苏州科技学院为例[J]. 教育理论与实践, 33(12): 45-47.
高玉蓉, 2010. 对我国高校课程国际化的思考[J]. 教育探索, (11): 37-38.
关荐伊, 张磊, 2006. 加强产学研合作教育努力培养创新人才[J]. 承德石油高等专科学校学报, (S1): 47-49.
关毅, 2002. 产学研联合质量评估指标体系初探[J]. 科技与管理, (4): 104-108.
郭桓宇, 2009. 地矿类紧缺专业人才培养问题研究[D]. 武汉: 华中科技大学, 52-53.
河南省人民政府, 2015. 关于发展众创空间推进大众创新创业的实施意见(豫政[2015]31 号). http://www.henan.gov.cn/zwgk/system/2015/06/01/010555805.shtml.
洪银兴, 2008. 加快高水平大学建设推进科技创新. 中国教育报, 第 9 版. http://www.jyb.cn/xwzx/gdjy/plfx/t20080521_164262.htm.
胡昌送, 卢晓春, 2007. 浅析英国产学研结合的历史沿革及其发展趋势[J]. 职业时空, (8): 36-37.
胡庆, 2011. 走产学研合作之路探索教育与创新人才培养模式[J]. 教育教学论坛, (27): 116-117.
胡蓉, 2009. 师德, 教师教学的灵魂[J]. 内蒙古师范大学学报(教育科学版), (7): 98-100.
胡小清, 马北玲, 周立, 2013. 有色金属工业创新型工程技术人才培养研究[J]. 世界有色金属, (S1): 260-263.
胡艳春, 2009. 论高校教师教育信息技术素质的培养[J]. 河南职业技术师范学院学报(职业教育版), (1): 37-38.
胡燕平, 郭源君, 等, 2010. 研究生培养创新基地建设与人才培养模式改革[J]. 当代教育理论与实践, (8): 50-51.
胡勇, 2009. 浅谈教师的道德素养与人才培养[J]. 成功(教育), (6): 133-134.
霍红豆, 2010. 美国高等学校"产学研合作教育"研究[D]. 辽宁大连: 辽宁师范大学, 29.
霍妍, 2009. 产学研合作评价指标体系构建及评价方法研究[J]. 科技进步与对策, (10): 125-128.

季诚钧, 2002. 试论大学专业教育与通识教育的关系[J]. 中国高教研究, (03): 48-50.
姜海燕, 姜德刚, 2008. 从本质主义到生成性思维: 现代教学设计的路径探寻[J]. 教育学术月刊, (4): 88-91.
姜健等, 2006. 产学研合作教育的内涵与时代特征[J]. 教学研究, (2): 107-111.
姜仁建, 2011. 教师素质结构的追问与反思[J]. 教育科学论坛, (3): 54-56.
姜艳辉, 2008. 产学研结合模式及机制研究[D]. 海口: 海南大学, 28-36.
姜营, 2009. 论教师教育素质的培养与教学能力的提高[J]. 现代商贸工业, (7): 226-227.
蒋笃运, 2000. 素质教育与创新人才培养[J]. 河南师范大学学报(哲学社会科学版), (3): 151-153.
景欣, 2011. 浅谈美国高等工程教育课程改革对我国的启示[J]. 科教导刊(上旬刊), (7): 14-25.
蒯超英, 1996. 论教师的教学组织能力[J]. 现代中小学教育, (3): 30-32.
赖旭龙, 等, 2002. 国外地质类专业课程体系研究[M]. 北京: 中国地质大学出版社.
雷·马歇尔, 马克·塔克, 2003. 教育与国家财富: 思考生存[M]. 顾建新, 赵友华译. 北京: 教育科学出版社.
黎君, 2009. 教师的心理素质对学生成长的影响[J]. 基础教育研究, (15): 61-62.
李炳安, 2012. 产学研合作的英国教学公司模式及其借鉴[J]. 高等工程教育研究, (1): 58-63.
李波, 2011. 按培养模式重构地方高校课程体系[J]. 教育研究, (8): 59-63.
李大胜, 2007. 产学研合作办学与创新型人才培养[J]. 高教探索, (5): 59-62.
李继怀, 王力军, 2011. 工程教育的理性回归与卓越工程师培养[J]. 黑龙江高教研究, (3): 140-142.
李盛青, 2007. 深化产学研合作培养药学类创新人才的思考[J]. 中医药导报, (10): 107-108.
李陶深, 2009. 产学研合作培养地方应用型、创新型信息技术人才[J]. 高教论坛, (1): 34-36.
李伟铭, 黎春燕, 2011. 产学研合作模式下的高校创新人才培养机制研究[J]. 现代教育管理, (5): 102-105.
李延成, 2000. 重建本科生教育: 美国研究型大学蓝图[J]. 教育参考资料, (19): 1, 8, 14.
李炎锋, 李明, 等, 2009. 教学基地建设结合产学研合作进行创新人才培养[J]. 实验技术与管理, (3): 183-185.
李正, 2006. "大工程"背景下的研究型大学工程人才培养[J]. 中国高等教育, (10): 15-16, 63.
李正, 徐向民, 2010. 广东省高等工程教育官产学研结合体系设计[J]. 高等工程教育研究, (3): 8.
厉建欣, 2006. 日本高校的产学研合作及启示[J]. 临沂师范学院学报, (1): 110-112.
厉威成, 2012. CDIO 模式的教育理念及其实践[D]. 成都: 四川师范大学, 44.
梁喜, 2010. 重庆市高校产学研合作教育实践中的问题及对策[J]. 重庆交通大学学报(社会科学版), (2): 80-82.
廖惠敏, 2008. 论教师能力的开拓与创新[J]. 高教论坛, (2): 127-131.
廖哲勋, 田慧生, 2003. 课程新论[M]. 北京: 教育科学出版社.
林卉, 2006. 开展产学研合作教育培养创新人才[J]. 河北农业大学学报(农林教育版), (1): 85-88.
林健, 2010. "卓越工程师教育培养计划"通用标准研制[J]. 高等工程教育研究, (4): 21-29.
林健, 2011. 面向"卓越工程师"培养的课程体系和教学内容改革[J]. 高等工程教育研究, (5): 1-9.
林健, 2013. "卓越工程师教育培养计划"质量要求与工程教育认证[J]. 高等工程教育研究, (6): 49-61.
林健, 2014. 基于工程教育认证的"卓越工程师教育培养计划"质量评价探析[J]. 高等工程教育研究, (5): 35-45.
林健, 2015. "卓越工程师教育培养计划"专门要求考查评价分析[J]. 清华大学教育研究, 36(4): 43-55.
林健. 卓越工程师创新能力的培养[J]. 高等工程教育研究, 2012, (5): 1-17.
刘宝存, 2004. 美国研究型大学基于问题的学习模式[J]. 中国高教研究, (10): 60-62.
刘本剑, 2009. 中小学教师教育科研能力及其培养微探[J]. 沧桑, (4): 224-225.
刘常云, 2006. 产学合作教育的内涵及模式研究[J]. 北京化工大学学报(社会科学版), (3): 23-27.
刘东, 王秋萍, 等, 2008. 产学研合作制定教学计划培养高素质创新人才的研究与实践[J]. 经济研究导刊, (5): 204-205.
刘济良, 2004. 论大学的教育理念[J]. 河南社会科学, (9): 28-30.
刘莉, 惠晓丽, 胡志芬, 2011. 基于 PBL 理论的工科人才培养途径探究[J]. 高等工程教育研究, (3): 104-108.
刘平, 张炼, 2007. 产学研合作教育概论[M]. 哈尔滨: 哈尔滨工程大学出版社.
刘彦, 2007. 日本以企业为创新主体的产学研制度研究[J]. 科学学与科学技术管理, (2): 36-42.
刘英岩, 2006. 加强产学研合作 提高人才培养质量[J]. 中国成人教育, (7): 109-110.
刘作华, 周小霞, 等, 2010. 共建校企联合实验室, 提高研究生创新能力[J]. 广东化工, (7): 145-146.

卢丽君, 2004. 产学研合作教育人才培养模式的探索——株洲工学院产学研合作教育的实践[D]. 长沙: 湖南师范大学.

卢明德, 2003. 论创造性思维的特征及其能力的培养[J]. 广东青年干部学院学报, (2): 38-43.

罗克美, 2012. 产学研合作中卓越人才培养对策研究[D]. 长沙: 中南大学, 21-29.

罗文标, 2006. 基于知识创新的企业技术创新人才培养研究[D]. 广州: 暨南大学, 237-238.

罗祖兵, 2006. 生成性教学及其基本理念[J]. 课程·教材·教法, (10): 28-33.

骆冬青, 2008. 重建师道尊严激励学术创新——关于振兴大学精神的一些思考[J]. 江苏高教, (2): 148-149.

吕明, 白薇, 钟华, 2006. 以科学发展观为指导 建立地矿类人才培养新模式[J]. 煤炭高等教育, 24(3): 60-61.

马勤, 2011. 学习借鉴西方高校人文素质教育[J]. 赤峰学院学报(科学教育版), (6): 142-145.

马廷奇, 2011. 产学研合作与创新人才培养[J]. 中国高等教育, (6): 44-46.

孟芳, 邱玉兴, 等, 2012. 基于高校创新型人才培养模式下课程体系设置的研究[J]. 商业经济, (5): 118-120.

孟永红, 2006. 本科通识教育课程建设的实践探索[J]. 教师教育研究, (9): 53-55.

钮伟国, 2002. 教师知识素养新论[J]. 江南论坛, (6): 39-40.

潘柏松, 2008. 基于区域经济产学研联盟的机械工程学生创新实践能力培养模式探索[J]. 高等工程教育研究, (12): 40-43.

潘艳平, 包秋燕, 江吉彬, 2011. 基于卓越工程师培养的本科实践教学体系改革[J]. 实验室科学, 14(6): 213-216.

庞海芍, 2011. 通识教育课程: 问题与对策[J]. 大学(学术版), (5): 15-22.

庞桦, 2006. 小组协作教学形式在物理教学中的实验研究[D]. 天津: 天津师范大学, 28-34.

彭向东, 刘羽, 黄borderRadius明, 等, 2011. "卓越工程师教育培养计划"人才培养模式下的地矿类专业英语系列课程建设研究[J]. 中国地质教育, (2): 69-71.

皮埃尔·布迪厄, 等, 1998. 实践与反思[M]. 李猛等译. 北京: 中央编译出版社.

强欣, 2006. 我国高等工程人才培养模式研究[D]. 哈尔滨工程大学. 69-71.

秦旭, 陈士俊, 2001. 美英产学研合作教育的经验及其启示[J]. 科学管理研究, (3): 78-82.

饶艳萍, 2008. 高校校园文化创新途径的思考[J]. 湘潮(下半月)(理论), (4): 65-66.

邵光华, 2009. 教师专业知识发展研究的若干视角分析[J]. 河北师范大学学报(教育科学版), (2): 64-66.

施良方, 1996. 课程理论——课程的基础原理与问题[M]. 北京: 教育科学出版社.

石伟平, 陈霞, 2001. 职教课程与教学改革的国际比较[J]. 职业技术教育: 教科版, 22(19): 49-55.

宋宏福, 2008. 教师能力建设机制与策略初探[J]. 湖南科技学院学报, (2): 185-188.

宋玉华, 等, 2002. 美国新经济研究——经济范式转型与制度演化[M]. 北京: 人民出版社.

宋之帅, 田合雷, 等, 2012. 产学研合作培养研究生创新人才的研究与实践[J]. 中国电力教育, (12): 17-18.

苏霍姆林斯基, 1983. 帕夫雷什中学[M]. 北京: 教育科学出版社.

孙福全, 2008. 主要发达国家的产学研合作创新——基本经验及启示. 北京: 经济管理出版社.

孙健, 2011. 广东省地方本科院校产学研合作教育的现状、问题与对策: 基于广东省10所院校的调查问卷分析[J]. 中国高教研究, (4): 58-61.

孙萍茹, 2001. 高校创新人才培养与师资队伍建设研究[J]. 华北电力大学学报(社会科学版), (2): 74-78.

孙志农, 仇旭, 2009. 论问题式学习在外语教学中的运用[J]. 安徽农业大学学报 (社会科学版), 18(6): 115-118.

滕聿峰, 2007. 信息时代教师信息能力培养探讨[J]. 中国成人教育, (3): 117-118.

汪辉, 2006. 美欧日高等工程教育质量评估机制的比较[J]. 高等工程教育研究, 2: 98-101.

汪劲松, 张文雪, 等, 2005. 创建研究型本科教学体系提升教育质量[J]. 清华大学教育研究, 26(4): 1-4.

王纯旭, 2013. 基于协同创新平台的我国高校创新人才培养研究[D]. 哈尔滨工程大学, 42.

王德广, 2003. 坚持产学研合作教育 为地方经济建设培养创新人才[J]. 高等工程教育研究, (2): 36-39.

王东旭, 2010. 研究生校企产学研联动培养机制研究[J]. 黑龙江高教研究, (9): 44-46.

王俊波, 凌树才, 方洁, 等, 2008. 借鉴国外研究型教学经验, 积极开展创新型本科教学改革[J]. 中国高等医学教育, (6): 30-31.

王丽君, 2009. 关注教师心理品质在教育教学中的效能[J]. 思想政治教育研究, (4): 118-120.

王栾井, 1997. 学科群: 学科综合化发展的新趋势[J]. 江苏社会科学, (1): 171-176.
王守绪, 2011. 实践课程人才培养新模式产学研平台探索[J]. 实验科学与技术, (5): 118-181.
王小虎, 王乐乐, 等, 2010. 产学合作教育: 应用型人才培养的重要途径[J]. 现代教育科学, (9): 173-175.
王新宏, 2008. 现代管理学[M]. 天津: 天津大学出版社.
王秀丽, 2007. 我国高校创新人才培养研究[D]. 东北师范大学. 31.
王雪峰, 曹荣, 2006. 大工程现与高等工程教育[J]. 高等工程教育研究, (4): 23-29.
王迎军, 2010. 深化产学研合作教育培养拔尖创新人才[J]. 中国高等教育, (21): 9-11.
王玉民, 2003. 产学研相结合的有效途径研究[J]. 科技进步与对策, (8): 91-92.
魏德洲, 2011. 关于地矿类创新型人才培养的思考[J]. 教育教学论坛, (29): 113-114.
魏京明, 2008. 大学行政权力与学术权力关系探析[J]. 教育与职业, (32): 35-36.
温家宝, 2010. 钱学森之问对我是很大刺痛. http://news.xinhuanet.com/politics/2010-05/05/c_1273985.htm.
吴菲, 张红, 2011. 产学研合作与研究生创新能力培养[J]. 中国高校科技, (7): 34-35.
吴立保, 谢安邦, 2008. 全人教育理念下的大学教学改革[J]. 现代大学教育, (1): 69-74.
夏玉颜, 2009. 基于大工程理念机械类专业创新人才培养的研究[D]. 镇江: 江苏大学, 21-26.
肖川, 2002. 教育的理想与信念[M]. 长沙: 岳麓书社.
肖芬, 2007. 本科课程体系优化研究[D]. 长沙: 湖南农业大学, 40-46.
肖国芳, 2007. 产学研结合的研究生培养模式研究——以"交大—宝钢"模式为例[D]. 上海: 上海交通大学, 40-46.
肖鸣政, 2010. 产学研合作培养创新人才需完善"四种制度". 人民网. http://opinion.people.com.cn/GB/188503/12153893.html.
谢笑珍, 2008. "大工程观"的涵义、本质特征探析[J]. 高等工程教育研究, (3): 35-38.
辛继湘, 2003. 生成性思维: 当代教学论研究的思维走向[J]. 教育评论, (5): 61-64.
徐厚峰, 2013. 基于 AGIL 模型的我国高校创新人才培养研究[D]. 兰州大学, 40.
徐继存, 2004. 教学技术化及其批判[J]. 教育理论与实践, (2): 48-51.
徐小芬, 2006. 浅谈产学研相结合与高等教育人才培养[J]. 宁德师专学报(自然科学版), (2): 153-156.
续勇波, 兰建强, 等, 2011. 产学研合作培养烟草应用型创新人才模式探索[J]. 农业教育研究, (3): 23-25.
鄢彬华, 2010. 通识教育的内涵辨析[J]. 教育学术月刊, (6): 17-18.
杨浪萍, 2007. 产学研合作教育培养高素质工程技术人才[J]. 中国电力教育, (9): 84-85.
杨志坚, 2005. 中国本科教育培养目标研究[M]. 北京: 高等教育出版社.
杨洲, 2011. 高校通识教育课程设置的目标及方略[J]. 科技信息, (12): 459.
叶忠海, 2010. 实施产学研合作培养创新人才政策让创新型人才争相涌现. 中国人事报. http://www.cnr.cn/allnews/201007/t20100719_506755030.html.
佚名, 1995. 国外高校课程改革趋势: 跨学科与综合化[J]. 教师博览, (10): 36.
佚名, 2007. 六部委要求加速培养国家重点领域紧缺人才[Z]. 中国高等教育, (20): 7.
佚名, 2015. 中共中央关于制定十一五规划的建议. http://dangshi.people.com.cn/GB/151935/204121/205068/12926232.html.
易迎, 2009. 产学研合作教育培养高层次创新型人才的研究——以湖南师范大学化学化工学院为案例[D]. 长沙: 湖南师范大学, 36-46.
尹维伟, 2010. 项目教学法在职业院校计算机教学中的应用研究[D]. 大连: 辽宁师范大学, 27-32.
余本胜, 高建良, 2009. 高校地矿类专业人才培养模式课程体系改革的实践[J]. 中国大学教学, (2): 45-47.
袁慧, 2007. 新形势下培养提高工科学生工程实践能力的认识与实践[J]. 高教探索, (2): 61-63.
曾丽娟, 2010. 产学研合作教育培养创新人才的研究与实践[J]. 佳木斯大学社会科学学报, (3): 107-108.
曾蔚, 游达明等, 2012. "产学研合作教育"培养学生创新能力的探索与实践——以 C 大学为例[J]. 大学教育科学, (5): 63-70.
曾旸, 2005. 高校在国家科技创新体系中的定位[J]. 科技管理研究, (9): 77-79.
张炳生, 2006. 工程人才培养目标、规格和模式的关系研究[J]. 中国高教研究, 6: 38-39.
张波, 2008. 教师教学能力的培养途径和方法[J]. 教育理论与实践, (35): 39-40.

张传燧, 2002. 自主实践生活综合——综合实践活动课程破解[J]. 湖南师范大学教育科学学报, (3): 86, 89.
张继河, 张帆, 2011. 高校培养本科生实践创新能力的研究——基于实践教学路径角度[J]. 中国高校科技, 12: 70-71.
张建英, 2012. 基于校企联合, 创新人才培养实证分析[J]. 科技管理研究, (4): 163-165.
张丽英, 2008. 理工院校文化素质课程设置的审视与思考[J]. 华北水利水电学院学报(社科版), (3): 94-97.
张炼, 2001. 产学研合作教育: 值得关注的人才培养模式[J]. 现代大学教育, (3): 71-73.
张秋月, 陶瑞, 等, 2010. 对我国地矿类专业本科人才培养的思考[J]. (缺少期刊名——王注) (6): 167-172.
张锐戬, 2011. 略论高等教育的文化功能与学术文化力之构建[J]. 淮海工学院学报(社会科学版), (18): 1-6.
张晓东, 2009. 人才培养与产学研结合实践中的问题及对策[J]. 沈阳航空工业学院学报, (s1): 41-44.
张晓萍, 余怡春, 2010. 高校在产学研合作中的组织与管理[J]. 教育评论, (5): 18-20.
张永安, 2007. 产学研结合高素质创新人才培养范式探析——以主体性教育为中心[J]. 黑龙江高教研究, (4): 138-141.
赵成, 2007. 中国产学合作教育发展策略研究[D]. 北京: 北京交通大学, 32-40.
赵国金, 2011. 大学专业教育改革与发展研究——以知识创新的视野[J]. 中国高等教育评估, (2): 31-35.
赵红, 2011. 高校创新人才培养政策研究[D]. 上海: 上海交通大学, 63-69.
赵洪, 2006. 研究性教学与大学教学方法改革[J]. 高等教育研究, (2): 71-75.
赵虎, 2009. 传统到现代——教师知识结构的实然性建构[J]. 前沿, (8): 191-193.
赵惠芳, 王桂伶, 徐晟, 2010. 基于证据理论的产学研合作质量评价研究[J]. 科技进步与对策, (6): 108-111.
赵建春, 2005. 江苏创建产学研联合培养研究生基地[N]. 中国教育报.
赵启峰, 王玉怀, 田多, 等, 2014. 采矿工程专业"卓越工程师"培养及效果分析[J]. 华北科技学院学报, 11(1): 105-110.
中共中央国务院, 2010. 国家中长期人才发展规划纲要 (2010－2020 年). http: //www. gov. cn/jrzg/ 2010-06/06/content_1621777. htm.
中共中央国务院, 2015. 关于深化体制机制改革加快实施创新驱动发展战略的若干意见. http: //www. gov. cn/gongbao/content/2015/content_2843767. htm.
中国工程院"创新人才"项目组, 2010. 走向创新——创新型工程科技人才培养研究[J]. 高等工程教育研究, (1): 1-19.
中国教育网, 2011. 厦门大学与中国广东核电集团签订战略合作协议. http: //www. edu. cn/ke_ji_chan_ye_1086/20110211/ t20110211_575481. shtml.
中国教育新闻网, 2009. 上海交大－宝钢产学研合作情况. http: //www. jyb. cn/high/xwbj/200905/t20090511_271989. html.
中华人民共和国国务院, 1993. 中国教育改革和发展纲要(中发[1993]3 号). http: //www. moe. edu. cn/jyb_sjzl/moe_177/tnull_2484. html.
中华人民共和国国务院, 2006. 国家中长期科学和技术发展规划纲要 (2006—2020). http: //www. most. gov. cn/mostinfo/xinxifenlei/gjkjgh/200811/t20081129_65774. htm.
中华人民共和国教育部, 1998. 面向 21 世纪教育振兴行动计划. http: //www. moe. edu. cn/publicfiles/business/htmlfiles/moe/s6986/200407/2487. html.
中华人民共和国教育部, 2005. 教育部关于进一步加强高等学校本科教学工作的若干意见. http: //www. moe. edu. cn/publicfiles/business/htmlfiles/moe/moe_1615/200708/25595. html.
中华人民共和国教育部, 2007. 教育部关于进一步深化本科教学改革全面提高教学质量的若干意见 (教高〔2007〕2 号). http: //www. gov. cn/zwgk/2007-03/01/content_538286. htm.
中华人民共和国教育部, 2010. 国家中长期教育改革和发展规划纲要 (2010—2020 年). http: //www. moe. edu. cn/publicfiles/business/htmlfiles/moe/moe_838/201008/93704. html.
中华人民共和国教育部, 2011. 教育部关于实施卓越工程师教育培养计划的若干意见 (教高[2011]1 号). http: //www. moe. edu. cn/srcsite/A08/moe_742/s3860/201101/t20110108_115066. html
周伟, 2002. 产学研合作教育探析与研究[D]. 天津: 天津工业大学, 29-46.
周文锦, 2004. 高职教育产学结合人才培养模式的比较研究[J]. 教育发展研究, (10): 55-57.

邹克敌, 1997. 试论高等工程人才的素质教育[J]. 成都纺织高等专科学校学报, 14(3): 32-38.
邹克敌, 2001. 关于高等工程教育教学质量的讨论[J]. 成都纺织高等专科学校学报, 18(1): 34-40.
邹晓东, 王忠法, 2004. 开展新体制产学研合作培养高素质应用型人才[J]. 高等工程教育研究, (4): 27-30.
PATIL A, GRAY P, 2009. Engineering education quality assurance: a global perspective[M]. Springer Science Business Media, LLC 2009.
RICHARD M F, REBECCA B, 2002. Designing and Teaching Courses To Satisfy Engineering Criteria 2000[M]. ERIC Clearinghouse
RYAN C D, 2009. Engineering Curricula: Understanding the Design Space and Exploiting the Opportunities[M]. National Academies Press.
STEVENS R, CONNOR, K O GARRISON L, et al, 2008. Becoming an engineer: toward a three dimensional view of engineering learning[J]. Center for the Advancement of Engineering Education, 97(3): 355-368.
The National Academy of Engineering, 2004. Engineer of 2020: visions of engineering in the new century[M]. National Academies Press.
The National Academy of Engineering, 2005. Educating the engineer of 2020: adapting engineering education to the new century[M]. National Academies Press.
VYAKARNAM S, ILLES K, KOLMOS A, 2008. Madritsch. Making a difference. A report on Learning by Developing-Innovation in Higher Education at Laurea University of Applied Sciences[R]. Vantaa: Laurea University of Applied Sciences.